Beispiele zur Bemessung von Betontragwerken

nach EC 2

DIN V ENV 1992
Eurocode 2

Deutscher Beton-Verein E.V., Wiesbaden

Beispiele zur Bemessung von Betontragwerken nach EC 2

DIN V ENV 1992
Eurocode 2

BAUVERLAG GMBH · WIESBADEN UND BERLIN

Die Deutsche Bibliothek – CIP-Einheitsaufnahme

Beispiele zur Bemessung von Betontragwerken nach EC 2 :
DIN V ENV 1992 Eurocode 2 / Deutscher Beton-Verein E.V.,
Wiesbaden. – Wiesbaden ; Berlin : Bauverl., 1994
  ISBN 978-3-322-83014-2   ISBN 978-3-322-83013-5 (eBook)
  DOI 10.1007/978-3-322-83013-5
NE: Deutscher Beton-Verein; EC 2

INHALTSVERZEICHNIS[1]

---

[1] English version of contents list see overleaf

CONTENTS LIST

VORWORT

Nach mehr als zehnjähriger Bearbeitung ist im Juni 1992 *Eurocode 2* als Europäische Vornorm

> DIN V ENV 1992-1-1: Eurocode 2 – Planung von Stahlbeton- und Spannbetontragwerken – Teil 1: Grundlagen und Anwendungsregeln für den Hochbau

erschienen. Die Vornorm wurde zwischenzeitlich in fast allen Bundesländern bauaufsichtlich eingeführt oder als Technische Baubestimmung bekanntgemacht. In den entsprechenden Erlassen der Bundesländer wird u. a. festgestellt, daß

– bei der Anwendung dieser Vornorm für die Bemessung von Stahlbeton- und Spannbetonbauteilen *gleichwertige* Lösungen mit denen nach DIN 1045, Ausgabe Juli 1988, und DIN 4227 Teil 1, Ausgabe Juli 1988, erzielt werden

und daß

– die Europäische Vornorm DIN V ENV 1992-1-1 daher *alternativ* zu DIN 1045 bzw. DIN 4227 Teil 1 dem Entwurf, der Berechnung und Bemessung sowie Ausführung von Stahlbeton- und Spannbetonbauteilen zugrunde gelegt werden kann.

Hiermit sind die wesentlichen bauaufsichtlichen Voraussetzungen für die Anwendung dieser Vornorm geschaffen.

Ähnlich wie 1972 bei der Neuausgabe von DIN 1045 stellte sich die Frage, wie das neue Gedankengut der Norm den Ingenieuren in der Praxis am besten nahegebracht werden könnte. Der Hauptausschuß „Technisch-Konstruktive Fragen" des Deutschen Beton-Vereins E. V. hat wie seinerzeit reagiert und einen Arbeitskreis eingesetzt, dem die Aufgabe gestellt wurde, eine Beispielsammlung zu Eurocode 2 zu bearbeiten. Das Ergebnis ist der vorliegende Band.

An der Ausarbeitung der neuen Beispielsammlung und an der Beratung der dabei auftauchenden Fragen haben folgende Arbeitskreis-Mitglieder mitgewirkt:

> Dr.-Ing. K. *Bachmann*, Frankfurt
> Dipl.-Ing. J. *Brodmeier*, Gelsenkirchen
> Dipl.-Ing. O. *Deneke*, Wiesbaden
> Dr.-Ing. H.-D. *Dietz*, Neu-Isenburg
> Dr.-Ing. H. D. *Eisert*, Frankfurt
> Dipl.-Ing. T. *Endruszeit*, Neu-Isenburg
> Dipl.-Ing. A. *Fink*, Darmstadt
> Dipl.-Ing. A. *Frimmersdorf*, Düsseldorf
> Dr.-Ing. C.-A. *Graubner*, München
> Dr.-Ing. H. *Hochreither*, München
> Dipl.-Ing. K. *Holz*, Rösrath
> Prof. Dr.-Ing. D. *Jungwirth*, München
> Dipl.-Ing. A. *Klein*, Mannheim
> Dr.-Ing. Ch. *Körner*, Dresden
> Dr.-Ing. H.-U. *Litzner*, Wiesbaden
> Dipl.-Ing. K. *Loche*, Wiesbaden
> Dipl.-Ing. T. *Otto*, München
> Dr.-Ing. K.-H. *Reineck*, Stuttgart
> Dr.-Ing. W. *Rossner*, München
> Dr.-Ing. H. *Rützel*, Frankfurt
> Dipl.-Ing. R. *Schadow*, Essen

FOREWORD

After a working period of more than ten years, the German version of the European Prestandard

> DIN V ENV 1992-1-1: Eurocode 2 – Design of concrete structures – Part 1: General rules and rules for buildings

has been published in June 1992.

In the meantime, this Prestandard has already been approved by the majority of the Building Authorities in the German Bundesländer. In the respective Directives of these Authorities, it is stated that

– the design results for reinforced and prestressed concrete structures, achieved by using this European Prestandard, are considered as *equivalent* to those derived from the German Codes DIN 1045 and DIN 4227 Part 1, both edition July 1988,

and that, as a consequence,

– the European Prestandard DIN V ENV 1992-1-1 may be used as an *alternative* to DIN 1045 and DIN 4227 Part 1 for the design and execution of reinforced and prestressed concrete structures.

By these statements, the essential legal basis for the application of Eurocode 2 in Germany is given.

In 1992, when Eurocode 2 was issued, the situation for the profession was similar to that in 1972, when the revised basic Code DIN 1045, with a completely new design concept, was first published. The question was, how to introduce this new concept into practice. The "Committee on Design and Construction" (HATKF) of the Deutscher Beton-Verein has reacted as in 1972 and established a Working Group with the task of produce worked examples which demonstrate the proper application of Eurocode 2. The result of this activity is the present handbook.

The present "Design examples to Eurocode 2" has been prepared for the DBV by:

> Dr.-Ing. K. *Bachmann*, Frankfurt
> Dipl.-Ing. J. *Brodmeier*, Gelsenkirchen
> Dipl.-Ing. O. *Deneke*, Wiesbaden
> Dr.-Ing. H.-D. *Dietz*, Neu-Isenburg
> Dr.-Ing. H. D. *Eisert*, Frankfurt
> Dipl.-Ing. T. *Endruszeit*, Neu-Isenburg
> Dipl.-Ing. A. *Fink*, Darmstadt
> Dipl.-Ing. A. *Frimmersdorf*, Düsseldorf
> Dr.-Ing. C.-A. *Graubner*, München
> Dr.-Ing. H. *Hochreither*, München
> Dipl.-Ing. K. *Holz*, Rösrath
> Prof. Dr.-Ing. D. *Jungwirth*, München
> Dipl.-Ing. A. *Klein*, Mannheim
> Dr.-Ing. Ch. *Körner*, Dresden
> Dr.-Ing. H.-U. *Litzner*, Wiesbaden
> Dipl.-Ing. K. *Loche*, Wiesbaden
> Dipl.-Ing. T. *Otto*, München
> Dr.-Ing. K.-H. *Reineck*, Stuttgart
> Dr.-Ing. W. *Rossner*, München
> Dr.-Ing. H. *Rützel*, Frankfurt
> Dipl.-Ing. R. *Schadow*, Essen

Dipl.-Ing. D. *Schwerm*, Bonn
Dr.-Ing. H.-F. *Seiler*, Wiesbaden
Dr.-Ing. A. *Steinle*, Stuttgart

An der Bearbeitung der Bewehrungszeichnungen und der Textskizzen waren darüber hinaus beteiligt:

Dr.-Ing. K. *Beucke*, Frankfurt
Dipl.-Ing. K.-H. *Dames*, Frankfurt
Dr.-Ing. W. *Ehlert*, Köln
Dipl.-Ing. L. *Perez Belmonte*, Stuttgart
Frau Dipl.-Ing. S. *Steinmetz*, Frankfurt
Dipl.-Ing. W. *Wannek*, Stuttgart

Für ihren uneigennützigen Einsatz und die große Mühe danken wir ihnen an dieser Stelle sehr. Unser Dank gilt ferner weiteren Fachleuten aus Hochschulen und Mitgliedsfirmen des Deutschen Beton-Vereins, die uns in Einzelfragen mit ihrem Rat zur Seite standen.

Die Manuskripte für die Druckvorlagen wurden in der Geschäftsstelle des Deutschen Beton-Vereins hergestellt. Diese umfangreichen Arbeiten haben Dr.-Ing. H.-U. *Litzner*, Dipl.-Ing. K. *Loche*, und Frau R. *Menk* durchgeführt, denen wir an dieser Stelle ebenfalls danken. Druck und Vertrieb hat in bewährter Weise wieder der Bauverlag GmbH, Wiesbaden und Berlin, übernommen.

Die neue Beispielsammlung zu Eurocode 2 wird ein erwünschtes Hilfsmittel für die Bemessungs- und Konstruktionsaufgaben in der täglichen Praxis des Stahlbeton- und Spannbetonbaus sein. Auch den Studierenden der Universitäten und Fachhochschulen soll sie Verständnis für den Gang der Nachweise nach DIN V ENV 1992-1-1 und Anregungen für eigene Übungen vermitteln.

Die vorliegende Beispielsammlung möge daher eine ebenso freundliche Aufnahme finden, wie dies bei den „Beispielen zur Bemessung nach DIN 1045" der Fall ist.

Wiesbaden, im Juni 1994

DEUTSCHER BETON-VEREIN E. V.

Geschäftsführung
Dr.-Ing. M. Stiller   Dr.-Ing. H.-F. Seiler

Dipl.-Ing. D. *Schwerm*, Bonn
Dr.-Ing. H.-F. *Seiler*, Wiesbaden
Dr.-Ing. A. *Steinle*, Stuttgart

The drawings and figures in the text have been prepared by:

Dr.-Ing. K. *Beucke*, Frankfurt
Dipl.-Ing. K.-H. *Dames*, Frankfurt
Dr.-Ing. W. *Ehlert*, Köln
Dipl.-Ing. L. *Perez Belmonte*, Stuttgart
Mrs. Dipl.-Ing. S. *Steinmetz*, Frankfurt
Dipl.-Ing. W. *Wannek*, Stuttgart

The Deutscher Beton-Verein is very grateful for the enormous efforts made by all colleagues mentioned above. The DBV also thanks all other engineers in practice and universities who contributed effectively to the solution of specific design questions.

The manuscripts of this handbook have been prepared in the headquarter of the DBV in Wiesbaden by Dr.-Ing. H.-U. *Litzner*, Dipl.-Ing. K. *Loche* and Mrs. R. *Menk*. The DBV thanks them for all their efforts. The DBV is also grateful for the cooperation and services offered by the publisher, the Bauverlag GmbH, Wiesbaden and Berlin.

The DBV expects that the "Design examples to Eurocode 2" will be accepted in practice as a welcome tool for the design and execution of reinforced and prestressed concrete structures. It is also intended as a textbook for students who wish to become familiar with the design concept in DIN V ENV 1992-1-1.

The DBV will be very pleased indeed, if the present handbook is accepted in the same way as the earlier DBV-publication "Design examples to DIN 1045", which proved to be of interest and value to a wide range of readers.

Wiesbaden, June 1994

DEUTSCHER BETON-VEREIN E. V.

Geschäftsführung
Dr.-Ing. M. Stiller   Dr.-Ing. H.-F. Seiler

HINWEISE ZUM BEMESSUNGSKONZEPT IN EUROCODE 2

Die Grundzüge des Bemessungskonzeptes in der Vornorm DIN V ENV 1992-1-1, die im folgenden als Eurocode 2 oder nur als EC2 bezeichnet wird, sind in EC2-Abschnitt 2.1 mit der Überschrift „Grundlegende Anforderungen" beschrieben. Dort heißt es unter anderem:

„P(1) Ein Tragwerk muß so bemessen und ausgebildet werden, daß es

- unter Berücksichtigung der vorgesehenen Nutzungsdauer und seiner Erstellungskosten mit annehmbarer Wahrscheinlichkeit die **geforderten Gebrauchseigenschaften** behält;

- mit angemessener **Zuverlässigkeit** den Einwirkungen und Einflüssen standhält, die während seiner Ausführung und seiner Nutzung auftreten können, und eine angemessene **Dauerhaftigkeit** im Verhältnis zu seinen Unterhaltungskosten aufweist.

P(2) Ein Tragwerk muß ferner so ausgebildet sein, daß es durch Ereignisse wie Explosionen, Aufprall oder Folgen menschlichen Versagens nicht in einem Ausmaße geschädigt wird, das in keinem Verhältnis zur Schadensursache steht . . .

P(4) Die genannten Anforderungen müssen durch die Wahl geeigneter Baustoffe, eine zutreffende Bemessung und zweckmäßige bauliche Durchbildung sowie durch die Festlegung von Überwachungsverfahren für den Entwurf, die Ausführung und die Nutzung des jeweiligen Bauwerks erreicht werden."

Anders ausgedrückt, bestehen die wesentlichen Elemente des Bemessungskonzeptes in Eurocode 2 in

- einer angemessenen Dauerhaftigkeit;

- der notwendigen Tragsicherheit, die auch die räumliche Steifigkeit und Stabilität umfaßt;

- der Sicherstellung der Gebrauchstauglichkeit.

Für die Erfüllung der **Dauerhaftigkeitsforderungen** sind bei der Tragwerksplanung im einzelnen folgende Schritte erforderlich:

- Festlegung der zu erwartenden Umweltbedingungen, denen das Tragwerk ausgesetzt ist (EC2, Tabelle 4.1);

- darauf aufbauend, Vorgaben für die Betonzusammensetzung (DIN V ENV 206, Tabelle 3). Hierdurch ergibt sich unter Umständen bereits die Betonfestigkeitsklasse, die der Tragwerksplanung zugrunde zu legen ist;

- Festlegung der Betondeckung (EC2, Tabelle 4.2)

sowie im Falle vorgespannter Bauteile

- die Einhaltung einer bestimmten Rißbreite oder des Grenzzustandes der Dekompression (EC2, Tabelle 4.10). Hierdurch wird in der Regel die erforderliche Vorspannkraft bestimmt. Eine Definition bestimmter Vorspann**grade** im Sinne von DIN 4227 enthält EC2 nicht.

INTRODUCTION INTO THE GENERAL DESIGN CONCEPT IN EUROCODE 2

The framework of the general design concept in ENV 1992-1-1 (Eurocode 2 or EC2 in the following) is defined by sub-clause 2.1 "Fundamental Requirements". These fundamental requirements are:

"P(1) A structure shall be designed and constructed in such a way that

- with acceptable probability, it will remain **fit for the use** for which it is required, having due regard to its intended life and its cost, and

- with appropriate degrees of **reliability**, it will sustain all actions and influences likely to occur during execution and use and have adequate **durability** in relation to maintenance costs.

P(2) A structure shall also be designed in such a way that it will not be damaged by events like explosions, impact or consequences of human errors, to an extent disproportionate to the original cause . . .

P(4) The above requirements shall be met by the choice of suitable materials, by appropriate design and detailing and by specifying control procedures for production, design, construction and use as relevant to the particular project."

In other words, the key elements of the design concept in Eurocode 2 are

- adequate durability;

- appropriate degree of reliability, including robustness, e.g. low sensitivity to hazards and

- adequate performance in service conditions.

For the fulfillment of the **durability** requirements, the following steps are necessary during the design process:

- reliable estimation of the environmental conditions to which the structure will be exposed (EC2, Table 4.1);

- based on this, choice of the composition of the concrete (ENV 206, Table 3). This may lead to the relevant concrete strength class on which the design will be based;

- determination of the minimum concrete cover (EC2, Table 4.2)

as well as in the case of prestressed members

- limitation of the crack width to acceptable values or to fulfill the limit state of decompression (EC2, Table 4.10). In general, this leads to the relevant prestressing force. It should be noted, however, that – compared with the German Code DIN 4227 Part 1 – a *degree* of prestress is not defined in Eurocode 2.

Das Bemessungskonzept in EC2 basiert darüber hinaus auf sogenannten Grenzzuständen, bei denen das Tragwerk die an es gestellten Anforderungen nicht mehr erfüllt. Je nachdem, ob diese Anforderungen die Tragfähigkeit im rechnerischen Versagenszustand oder die Nutzungseigenschaften betreffen, wird in EC2 zwischen

   — Grenzzuständen der Tragfähigkeit

und den

   — Grenzzuständen der Gebrauchstauglichkeit

unterschieden.

Bezüglich der ersten Gruppe unterscheidet EC2-Abschnitt 4.3:

4.3.1 Grenzzustände der Tragfähigkeit für Biegung mit Längskraft
4.3.2 Grenzzustände der Tragfähigkeit für Querkraft
4.3.3 Grenzzustände der Tragfähigkeit für Torsion
4.3.4 Grenzzustände der Tragfähigkeit für das Durchstanzen

sowie

4.3.5 Grenzzustände der Tragfähigkeit infolge Tragwerksverformungen (Knicksicherheitsnachweis oder andere Stabilitätsfälle).

Der Nachweis des globalen Gleichgewichts (z. B. Abheben von den Lagern, Kippen, Gleiten) ist in EC2-Abschnitt 2.3.2.1 geregelt.

Der Nachweis, daß die geforderte Bauwerks***zuverlässigkeit*** („Sicherheit") in den genannten Grenzzuständen der Tragfähigkeit erreicht ist, wird nach EC2-Abschnitt 2.3.2.1 durch Vergleich des Bemessungswertes der Beanspruchung S_d (z. B. Bruchschnittgrößen, Traglasten) mit dem entsprechenden Wert der Beanspruchbarkeit R_d geführt. Die Sicherheitsanforderungen gelten als erfüllt, wenn

$$S_d \leq R_d \, , \tag{1}$$

oder, ausgeschrieben für die Grundkombination im Sinne von EC2, Abschnitt 2.3.2.2:

$$S_d \left[\sum (\gamma_G \cdot G_k) + \gamma_Q \cdot Q_{k,1} + \sum_{i>1} (\gamma_Q \cdot \psi_{0,i} \cdot Q_{k,i}) + \gamma_p \cdot P_k \right]$$

$$\leq R_d \left[\frac{f_{ck}}{\gamma_c} ; \frac{f_{yk}}{\gamma_s} ; \frac{f_{pk}}{\gamma_s} \right] \tag{2}$$

mit

G_k charakteristischer Wert der ständigen Einwirkung

P_k charakteristischer Wert der Vorspannung

$Q_{k,1}$ charakteristischer Wert der veränderlichen Leiteinwirkungen (z. B. Wind, Schnee, Verkehrslast)

$Q_{k,i}$ charakteristischer Wert weiterer veränderlicher Einwirkungen (Begleiteinwirkungen)

f_{ck}; f_{yk}; f_{pk} charakteristische Festigkeit von Beton, Betonstahl und Spannstahl

γ_G, γ_Q, γ_P Teilsicherheitsbeiwerte für ständige, veränderliche Einwirkungen bzw. für die Vorspannung P_k

γ_c, γ_s Teilsicherheitsbeiwerte für Beton bzw. Betonstahl und Spannstahl

$\psi_{0,i}$ Kombinationsbeiwert

Besides that, the design concept in Eurocode 2 is based on limit states beyond which the structure no longer satisfies the design performance requirements. Depending on the requirements, i. e. with regard to a collapse or to other forms of structural failure which may endanger the safety of people or to the performance in service conditions, distinction is made in EC2 between:

   — ultimate limit states;

and

   — serviceability limit states.

The ultimate limit states are covered by sub-clause 4.3 distinguishing between

4.3.1 Ultimate limit states for bending and longitudinal force
4.3.2 Ultimate limit states for shear
4.3.3 Ultimate limit states for torsion
4.3.4 Ultimate limit states for punching

as well as

4.3.5 Ultimate limit states induced by structural deformation (buckling or other forms of instability).

The verification of the ultimate limit state of static equilibrium or of gross displacement of the structure is covered by sub-clause 2.3.2.1 of Eurocode 2.

With regard to the ***reliability*** level at the ultimate limit states, the design value S_d of an internal force or moment or of the acting load shall be compared with the corresponding design value R_d of the resistance. When considering the ultimate limit states, it shall be verified that

$$S_d \leq R_d \, , \tag{1}$$

or, for the fundamental combination of actions defined in sub-clause 2.3.2.2P(2) of EC2, written in a symbolic form:

$$S_d \left[\sum (\gamma_G \cdot G_k) + \gamma_Q \cdot Q_{k,1} + \sum_{i>1} (\gamma_Q \cdot \psi_{0,i} \cdot Q_{k,i}) + \gamma_p \cdot P_k \right]$$

$$\leq R_d \left[\frac{f_{ck}}{\gamma_c} ; \frac{f_{yk}}{\gamma_s} ; \frac{f_{pk}}{\gamma_s} \right] \tag{2}$$

where:

G_k Characteristic value of a permanent action

P_k Characteristic value of a prestressing force

$Q_{k,1}$ Characteristic value of one of the variable actions (e. g. wind, snow load, imposed loads)

$Q_{k,i}$ Characteristic value of the other variable actions

f_{ck}; f_{yk}; f_{pk} Characteristic value of the compressive strength of concrete, the yield strength of reinforcing steel and of the tensile strength of the prestressing steel respectively

γ_G, γ_Q, γ_P Partial safety factors for permanent and variable actions or for actions associated with prestressing P_k

γ_c, γ_s Partial safety factors for concrete and steel respectively

$\psi_{0,i}$ Combination factor

Angaben über die Größe der Teilsicherheitsbeiwerte finden sich in EC2, Abschnitte 2.3.3.1 und 2.3.3.2, in Verbindung mit den ergänzenden Festlegungen in [A1][1]. Für den Kombinationsbeiwert $\psi_{0,i}$ gilt [A1], Tabelle R1.

Die Grenzzustände der **Gebrauchstauglichkeit** in EC2 bezeichnen einen Tragwerkszustand, bei dessen Erreichen die vereinbarten Nutzungsbedingungen nicht mehr erfüllt werden. Die entsprechenden Modelle in EC2-Abschnitt 4.4 sind

    4.4.2 Grenzzustände der Rißbildung

    4.4.3 Grenzzustände der Verformung

sowie ein Überschreiten zulässiger Spannungen im Beton, Betonstahl oder Spannstahl unter Gebrauchsbedingungen (Abschnitt 4.4.1), das ebenfalls zu einer Beeinträchtigung der Nutzungseigenschaften führen kann.

In den genannten Grenzzuständen der Gebrauchstauglichkeit nimmt Gl. (1) in der Regel die Form

$$S_d \leq C_d \tag{3}$$

an, worin C_d einen Nennwert der geforderten Bauwerks- oder Bauteileigenschaft bezeichnet. Beispiele für C_d sind eine zulässige Durchbiegung, eine maximale rechnerische Rißbreite oder eine bestimmte zulässige Gebrauchsspannung. Entsprechende Grenzwerte enthält EC2-Abschnitt 4.4. Die Teilsicherheitsbeiwerte γ_F für die Einwirkungen werden bei ungünstiger Auswirkung gleich Eins gesetzt.

Für die rechnerischen Nachweise gemäß EC2-Abschnitt 4.4 wird hinsichtlich der Häufigkeit ihres Auftretens unterschieden zwischen

a) seltenen Einwirkungskombinationen

$$S_d = S_d \left[\sum G_k + P_k + Q_{k,1} + \sum_{i>1} (\psi_{0,i} \cdot Q_{k,i}) \right] \tag{4}$$

b) häufigen Einwirkungskombinationen

$$S_d = S_d \left[\sum G_k + P_k + \psi_{1,1} \cdot Q_{k,1} + \sum_{i>1} (\psi_{2,i} \cdot Q_{k,i}) \right] \tag{5}$$

c) quasi-ständigen Einwirkungskombinationen

$$S_d = S_d \left[\sum G_k + P_k + \sum_{i} (\psi_{2,i} \cdot Q_{k,i}) \right] \tag{6}$$

Angaben über die Größe der Kombinationsbeiwerte $\psi_{1,i}$ und $\psi_{2,i}$ findet der Leser in [A1], Tabelle R 1. Die Fußzeiger 1 bzw. 2 bezeichnen dabei die Einwirkungskombination (häufig oder quasi-ständig), der Fußzeiger i die jeweilige veränderliche Einwirkung. Hinweise, welche Einwirkungskombination für den jeweiligen Nachweis maßgebend ist, enthält ebenfalls EC2-Abschnitt 4.4.

Die vorstehenden Nachweisgleichungen (1) bis (6) werden in den nachfolgenden Bemessungsbeispielen ausgewertet. Dabei zeigt sich, daß entweder die Grenzzustände der Tragfähigkeit *oder* die der Gebrauchstauglichkeit maßgebend sind. Ausführliche Begründungen hierfür finden sich z. B. in [A2] oder [A5].

Values for the partial safety factors are given in EC2, sub-clauses 2.3.3.1 and 2.3.3.2, in connection with the German National Application Document [A1][1], where the relevant combination factors $\psi_{0,i}$ are given in Table R1.

Serviceability limit states in Eurocode 2 correspond to states beyond which specified performance requirements are no longer met. The corresponding design models in EC2, sub-clause 4.4, are:

    4.4.2 Limit states of cracking

    4.4.3 Limit states of deformation

as well as a limitation of stresses under serviceability conditions (EC2, sub-clause 4.4.1) because excessive stresses may also affect the performance of the structure.

In the serviceability limit states, expression (1) is replaced by

$$S_d \leq C_d \tag{3}$$

where C_d is a nominal value or a function of certain design properties of materials related to the design effects of actions considered. Examples for C_d are a critical crack width, a critical deflection or an admissible stress in service conditions. Limiting values C_d are given in sub-clause 4.4 of Eurocode 2. The partial safety factor for actions γ_F may be assumed to $\gamma_F = 1,0$ if the action effects are unfavorable.

For the verifications, three combinations of actions for serviceability limit states are defined by the following expressions:

a) Rare combination

$$S_d = S_d \left[\sum G_k + P_k + Q_{k,1} + \sum_{i>1} (\psi_{0,i} \cdot Q_{k,i}) \right] \tag{4}$$

b) Frequent combination

$$S_d = S_d \left[\sum G_k + P_k + \psi_{1,1} \cdot Q_{k,1} + \sum_{i>1} (\psi_{2,i} \cdot Q_{k,i}) \right] \tag{5}$$

c) Quasi-permanent combination

$$S_d = S_d \left[\sum G_k + P_k + \sum_{i} (\psi_{2,i} \cdot Q_{k,i}) \right] \tag{6}$$

Values for $\psi_{0,i}$, $\psi_{1,i}$ and $\psi_{2,i}$ will be found in [A1], Table R1. The subscripts 1 and 2 denote the combination of actions (i.e. frequent or quasi-permanent) and the subscript i denotes the relevant variable action. Guidance for the relevant combination of action at the serviceability limit state considered is also given in sub-clause 4.4 of Eurocode 2.

The expressions (1) to (6) above are used in the worked examples below. From this it will be seen that design is either governed by the ultimate or by the serviceability limit states. Explanations and justifications may be found in references [A2] and [A5].

---

[1] siehe nachfolgendes Verzeichnis der allgemeinen Literatur, auf die in dieser Beispielsammlung Bezug genommen wird.

[1] see clause "References" below

HINWEISE FÜR DIE BENUTZUNG DIESER SAMMLUNG

Den Leser der vorliegenden Sammlung interessiert die Frage, welche Unterschiede sich bei den Bemessungsergebnissen nach Eurocode 2 und DIN 1045 ergeben. Aus diesem Grunde wurden die meisten Beispiele aus der Sammlung „Beispiele zur Bemessung nach DIN 1045" (Literatur [A4] im nachfolgenden Literaturverzeichnis) übernommen.

Mit Rücksicht auf den Lehrbuchcharakter dieser Sammlung wurden die Beispiele zudem so gewählt, daß ein möglichst vollständiger Überblick über die Bemessungs- und Konstruktionsregeln in Eurocode 2 gegeben wird. Wirtschaftliche Gesichtspunkte konnten daher, besonders bei der Festlegung der Bauteilmaße, nicht immer vorrangig maßgebend sein.

Die Beispiele sind bewußt ausführlich abgehandelt, um viele Nachweismöglichkeiten vorzuführen. In der täglichen Bemessungspraxis wird man auf diese Ausführlichkeit und auf einige Nachweise verzichten können, ohne daß die Berechnungen an Aussagekraft verlieren. Die Bearbeiter der Beispielsammlung sind davon ausgegangen, daß diese Ausführlichkeit nicht als allgemein verbindliche Empfehlung mißverstanden, sondern als Hilfe zur schnellen Orientierung bei der Einarbeitung – vornehmlich von Studierenden – begrüßt wird.

Darüber hinaus sei auf folgendes hingewiesen:

– Anforderungen des baulichen Brandschutzes, des Wärme- und des Schallschutzes sind nicht Gegenstand dieser Beispielsammlung und wurden daher nicht berücksichtigt.

– Längenmaße sind der Baupraxis entsprechend grundsätzlich in den Einheiten m oder cm angegeben, nur in Ausnahmefällen (z. B. bei den Stabdurchmessern) in mm.

– Die Darstellung der Bewehrung am Ende jedes Beispiels enthält in der Regel nur das Prinzip der Bewehrungsführung, ist also nicht immer als vollständiger Bewehrungsplan anzusehen. Rand- und Anschlußbewehrungen sind meist nicht dargestellt.

Formel- und Kurzzeichen werden in der Text- bzw. Erläuterungsspalte der einzelnen Beispiele angegeben. Ein umfangreiches Stichwortverzeichnis befindet sich am Ende der vorliegenden Sammlung.

GUIDANCE FOR THE USE OF THIS HANDBOOK

The German reader of this handbook is mainly interested in the differences, which might be expected, in the design output from Eurocode 2 compared with that from the German Code DIN 1045. For that reason, most of the numerical examples in this handbook have been taken from our publication "Design examples to DIN 1045" ([A4] in the list of references below).

With regard to the scope and nature of this publication, the numerical examples and design data have been chosen to demonstrate the application of as many of the design rules in Eurocode 2 as possible. This means that economic aspects have not been considered as top priority; this is especially true with regard to the choice of cross-sectional dimensions.

The calculations have been performed in great detail, in order to illustrate the possible design situations and methods in EC2. It is the intention of the authors of this handbook to give guidance to all those (including students) who may be using Eurocode 2 for the first time. However, in every-day practice, this level of detail – and some of the design situations – will not be necessary, without in any way reducing the acceptability of the design.

The following points should also be noted:

– this handbook does not cover resistance to fire, nor acoustic or thermal design;

– according to current practice, structural dimensions are given in m or cm; in specific cases (e.g. diameter of reinforcing bars) dimensions are given in mm;

– the drawing at the end of each example mereley summarises the general principles for detailing the reinforcement, and should not be considered as comprehensive. In particular, they do not generally contain non-structural reinforcement.

Notations are defined in either the main text or in the explanatory column of each example. A comprehensive list of key words may also be found at the end of this handbook.

LITERATUR

REFERENCES

Neben den Literaturangaben in der Erläuterungsspalte zu den einzelnen Beispielen, die sich auf spezielle Fragestellungen beziehen, wird auf folgende allgemeine Literaturstellen Bezug genommen:

Apart from the publications listed in the explanatory column of each example and which deal with specific design aspects, reference is made in this handbook to the following general literature:

[A1]   Deutscher Ausschuß für Stahlbeton:

Richtlinie zur Anwendung von Eurocode 2 – Planung von Stahlbeton- und Spannbetontragwerken Teil 1: Grundlagen und Anwendungsregeln für den Hochbau. Fassung April 1993.

[A2]   Kordina, K., u. a.:

Bemessungshilfsmittel zu Eurocode 2 Teil 1 (DIN V ENV 1992 Teil 1–1, Ausgabe 06. 92) – Planung von Stahlbeton- und Spannbetontragwerken. Heft 425 des Deutschen Ausschusses für Stahlbeton, 2. ergänzte Auflage. Berlin, Köln: Beuth Verlag GmbH 1992.

[A3]   Deutscher Ausschuß für Stahlbeton:

Richtlinie zur Anwendung von DIN V ENV 206/10.90 – Beton; Eigenschaften, Herstellung, Verarbeitung und Gütenachweis. Fassung November 1991.

[A4]   Deutscher Beton-Verein E. V.:

Beispiele zur Bemessung nach DIN 1045. 5., neubearbeitete und erweiterte Auflage 1991. Berlin, Wiesbaden: Bauverlag GmbH 1991.

[A5]   Litzner, H.-U.:

Grundlagen der Bemessung nach Eurocode 2 – Vergleich mit DIN 1045 und DIN 4227. Beton-Kalender 1994 Teil I, Seiten 671 bis 864. Berlin: Verlag Ernst & Sohn 1994.

[A6]   Grasser, E., u. Thielen, G.:

Hilfsmittel zur Berechnung der Schnittgrößen und Formänderungen von Stahlbetontragwerken nach DIN 1045, Ausgabe Juli 1988. Heft 240 des Deutschen Ausschusses für Stahlbeton, 3. überarbeitete Auflage. Berlin, Köln: Beuth Verlag GmbH 1991.

[A7]   Schießl, P.:

Grundlagen der Neuregelung zur Beschränkung der Rißbreite. Heft 400 des Deutschen Ausschusses für Stahlbeton, Seiten 157 bis 175. Berlin, Köln: Beuth Verlag GmbH 1989.

[A8]   Bertram, D., u. Bunke, N.:

Erläuterungen zu DIN 1045 – Beton- und Stahlbeton, Ausgabe 07.88. Heft 400 des Deutschen Ausschusses für Stahlbeton. Berlin, Köln: Beuth Verlag GmbH 1989.

[A9]   Leonhardt, F., u. Mönnig, E.:

Vorlesungen über Massivbau. Erster Teil: Grundlagen zur Bemessung im Stahlbetonbau, zweite Auflage. Berlin, Heidelberg, New York: Springer-Verlag 1973.

[A10]   Grasser, E., Kordina, K., u. Quast, U.:

Bemessung von Beton- und Stahlbetonbauteilen nach DIN 1045, Ausgabe Dezember 1978; Biegung mit Längskraft, Schub, Torsion; Nachweis der Knicksicherheit. Heft 220 des Deutschen Ausschusses für Stahlbeton, 2. überarbeitete Auflage. Berlin, München, Düsseldorf: Verlag Ernst & Sohn 1979.

[A11]   Rehm, G., Eligehausen, R., u. Neubert, B.:

Hinweise zur DIN 1045, Ausgabe Dezember 1978; Erläuterung der Bewehrungsrichtlinien. Heft 300 des Deutschen Ausschusses für Stahlbeton. Berlin, München, Düsseldorf: Verlag Ernst & Sohn 1979.

[A12]   Grasser, E., Kupfer H., Pratsch, G., u. Feix, J.:

Bemessung von Stahlbeton- und Spannbetonbauteilen nach EC2 für Biegung, Längskraft, Querkraft und Torsion. Beton-Kalender 1993 Teil I, Seiten 313 bis 458. Berlin: Verlag Ernst & Sohn 1993.

[A13]   DIN V ENV 1992-1-3:

Eurocode 2 – Planung von Stahlbeton- und Spannbetontragwerken. Teil 1–3: Vorgefertigte Bauteile und Tragwerke. Normenmanuskript März 1994.

BEISPIEL 1: VOLLPLATTE, EINACHSIG GESPANNT

Inhalt   Seite

BEISPIEL 1: VOLLPLATTE, EINACHSIG GESPANNT

Aufgabenstellung, Teilsicherheits- und Kombinationsbeiwerte

Zu bemessen ist eine über zwei Felder durchlaufende Stahlbetondecke in einem Versammlungsgebäude. Die Umweltbedingungen (Innenraum mit trockener Umgebung) entsprechen EC2, 4.1.2.2(2), Tab. 4.1, Z. 1. Die Belastung ist vorwiegend ruhend. Die horizontalen Windlasten werden durch aussteifende Bauteile aufgenommen.

siehe auch DIN V ENV 206, Tab. 2

Für die Nachweise in den Grenzzuständen der Tragfähigkeit bzw. Gebrauchstauglichkeit sind folgende Teilsicherheits- und Kombinationsbeiwerte vorgegeben:

EC2, 2.2.2.3 P(2), 2.2.2.4 P(2), 2.2.3.2 P(1)

a) Teilsicherheitsbeiwerte in den Grenzzuständen der Tragfähigkeit

- für ständige Einwirkungen $\quad : \gamma_G = 1{,}35$ bzw. $1{,}0$

- für veränderliche Einwirkungen $\quad : \gamma_Q = 1{,}50$ bzw. 0

EC2, 2.3.3.1(1), Tab. 2.2; der zweite Zahlenwert gilt bei günstiger Auswirkung.

- für Beton $\quad : \gamma_c = 1{,}50$

- für Betonstahl $\quad : \gamma_s = 1{,}15$

EC2, 2.3.3.2(1), Tab. 2.3, für die Grundkombination; die außergewöhnliche Bemessungssituation im Sinne von EC2, 2.3.2.2 P(2), Gl. (2.7 b), ist nicht Gegenstand dieses Beispiels.

b) Kombinationsbeiwerte in den Grenzzuständen der Gebrauchstauglichkeit

EC2, 2.3.4 P(2); für die Teilsicherheitsbeiwerte gilt in der Regel $\gamma_F = \gamma_M = 1{,}0$.

- für die häufige Einwirkungskombination: $\quad : \psi_{1,i} = 0{,}8$

[A1], Tab. R1, Z. 1, Sp. 3

- für die quasi-ständige Einwirkungskombination $: \psi_{2,i} = 0{,}5$

[A1], Tab. R1, Z. 1, Sp. 4; der Fußzeiger i bezeichnet dabei die veränderliche Einwirkung (Verkehrslast) $Q_{k,i}$, die mit $\psi_{1,i}$ bzw. $\psi_{2,i}$ multipliziert wird. $\psi_{2,i}$ wird u. U. für den genaueren Durchbiegungsnachweis benötigt, der im Rahmen dieses Beispiels jedoch nicht geführt werden muß.

c) Baustoffe
- Beton C 20/25 (Stahlbeton); bei dieser Betonfestigkeitsklasse gelten bei Verwendung eines Zementes der Festigkeitsklasse CE 32,5 die Anforderungen an den maximal zulässigen Wasserzementwert nach Tab. 3 in DIN V ENV 206 als erfüllt.

DIN V ENV 206, 7.3.1.1, Tab. 8; DIN V ENV 206, 6.2.2 und Tab. 3, für die Umweltklasse 1 und Stahlbeton, sowie 11.3.8, Tab. 20

- Betonstahlmatten BSt 500 M (normale Duktilität)

[A1], Tab. R2, Z. 3

1   System, Bauteilmaße, Betondeckung

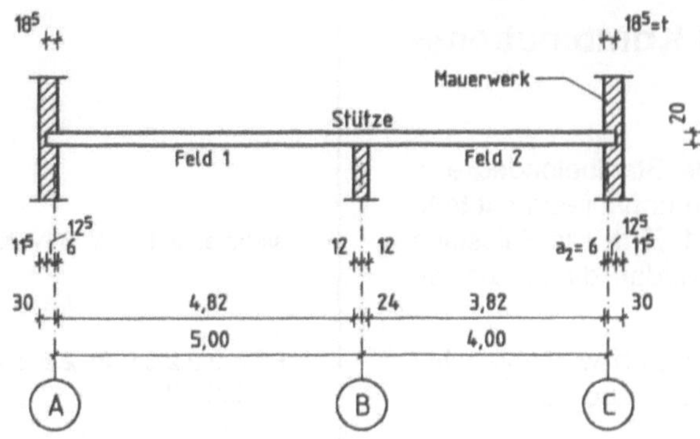

Bild 1.1: Längsschnitt durch die Stahlbetonplatte

Bezüglich der Kurzzeichen siehe EC2, 2.5.2.2.2(1), Bild 2.4

1.1   Wirksame Stützweiten

EC2, 2.5.2.2.2; siehe Bild 1.1

$$l_{eff} = l_n + a_1 + a_2$$

EC2, 2.5.2.2.2(1), Gl. (2.15)

$$l_{eff,1} = 4{,}82 + \frac{0{,}185}{3} + \frac{0{,}24}{2} \qquad = 5{,}00\ m$$

EC2, 2.5.2.2.2(1); a_1 und a_2 entsprechend Bild 2.4 a) und b)

$$l_{eff,2} = 3{,}82 + \frac{0{,}185}{3} + \frac{0{,}24}{2} \qquad = 4{,}00\ m$$

1.2   Betondeckung

EC2, 4.1.3.3

a) in Abhängigkeit von den Umweltklassen

EC2, 4.1.3.3(6), und Tab. 4.2

min c =   = 15 mm

EC2, Tab. 4.2, für Umweltklasse 1 und Betonstahl; eine Abminderung von min c nach Anm. 2) zu Tab. 4.2 ist hier unzulässig, da Umweltklasse 1 vorliegt.

b) zur sicheren Übertragung der Verbundkräfte ($d_g \leq 32$ mm)

EC2, 4.1.3.3(5); d_g: Nennwert des Größtkorndurchmessers

min c = $\varnothing$ = 7 mm

Der Stabdurchmesser wird in EC2 mit $\varnothing$ bezeichnet.

c) Nennmaß der Betondeckung

EC2, 4.1.3.3(8)

nom c = min c + Δh = 15 + 10   = 25 mm

Δh = 10 mm; nach [A1], 4.1.3.3(8), sind Vorhaltemaße $\Delta h < 10$ mm nur dann zulässig, wenn besondere Maßnahmen nach DIN 1045/07.88, Abschn. 13.2.1(4), getroffen werden.

Die für den Feuerwiderstand erforderliche Mindestbetondeckung einschließlich der Maßabweichungen, die im Rahmen dieses Beispiels nicht weiter verfolgt werden, richten sich nach DIN 4102 Teil 4 (vgl. [A1], 4.1.3.3(10)).

1.3   Begrenzung der Biegeschlankheit

EC2, 4.4.3.2

Annahmen:

– der Beton der Platte gilt als „gering" beansprucht im Sinne von EC2

EC2, 4.4.3.2(5), (b)

– die Stahlspannung beträgt im Grenzzustand der Gebrauchstauglichkeit unter der häufigen Einwirkungskombination $\sigma_s \leq 250$ N/mm²

EC2, 4.4.3.2(4)

Diese Annahmen werden bei den Nachweisen in den Grenzzuständen der Gebrauchstauglichkeit überprüft.

$$\text{zul} \left(\frac{l_{eff}}{d} \right) = 32; \quad \text{erf } d = \frac{\text{vorh } l_{eff,1}}{32} = \frac{500}{32} \qquad = 15,6 \text{ cm}$$

$$h = \text{erf } d + \frac{\varnothing}{2} + \text{nom } c = 15,6 + \frac{0,7}{2} + 2,5 \qquad \approx 18,5 \text{ cm}$$

$$\text{gewählt:} \qquad h = 20 \text{ cm} > \text{erf } h \qquad = 18,5 \text{ cm}$$
$$> \text{min } h \qquad = 5,0 \text{ cm}$$

vgl. Abschn. 5.3.2

EC2, 4.4.3.2(2), Tab. 4.14, Z. 2, Sp. 3

nom c und $\varnothing$: vgl. Abschn. 1.2 „Betondeckung"

EC2, 5.4.3.1(1); Mindestdicke bei Ortbeton-Vollplatten. Bei einer genaueren Durchbiegungsberechnung wäre auch eine kleinere Plattendicke bei Einhaltung der Grenzdurchbiegung $\frac{l_{eff}}{250}$ (EC2, 4.4.3.1(5)) möglich. Hierauf wird jedoch im Rahmen dieses Beispiels verzichtet.

2 Einwirkungen

2.1 Charakteristische Werte

Tabelle 1.1: Charakteristische Werte der Einwirkungen

EC2, 2.2.2

EC2, 2.2.2.2 P (1)
[A1], 2.2.2.2: Als charakteristische Werte der Einwirkungen gelten grundsätzlich die Werte der DIN-Normen, insbesondere der Normen der Reihe DIN 1055, und gegebenenfalls der bauaufsichtlichen Ergänzungen und Richtlinien.

Zeile	Bezeichnung der Einwirkungen	Charakteristischer Wert (kN/m²)
	1	2
1	ständige Einwirkungen (Eigenlasten):	
	– 20 cm Stahlbetonvollplatte 0,20 m · 25 kN/m³	5,00
	– 3 cm Ausgleichsbeton 0,03 m · 24 kN/m³	0,72
	– 2 cm Kunststoff-Fußboden 2 · 0,15 kN/m³	0,30
	– 3 cm Schalldämmung 0,010 kN/m²	0,03
	ständige Einwirkungen insgesamt:	$G_k \approx 6,10$
2	veränderliche Einwirkung (Verkehrslast):	$Q_{k,1} = 5,00$

DIN 1055 Teil 1, 7.4.1.5

DIN 1055 Teil 1, 7.4.1.4

DIN 1055 Teil 1, 7.9, Nr. 7

DIN 1055 Teil 1, 7.10.1, Nr. 6

DIN 1055 Teil 3, 6.1, Tab. 1, Z. 5b

2.2 Repräsentative Werte und Bemessungswerte

2.2.1 Grenzzustände der Gebrauchstauglichkeit

a) seltene Einwirkungskombination

$$G_k \qquad\qquad = 6,10 \text{ kN/m}$$
$$Q_{k,1} \qquad\qquad = 5,00 \text{ kN/m}$$

b) häufige Einwirkungskombination

$$G_k = \qquad\qquad = 6,10 \text{ kN/m}$$
$$\psi_{1,1} \cdot Q_{k,1} = 0,8 \cdot 5,00 \qquad = 4,00 \text{ kN/m}$$

EC2, 2.2.2.3 und 2.2.2.4

EC2, 2.2.2.3

EC2, 2.3.4 P(2), Gl. (2.9 a); diese Einwirkungskombination wird für den Nachweis der Stahlspannung an der Stütze B benötigt (EC2, 4.4.1.1(7); siehe Abschn. 5.1).

EC2, 2.3.4 P (2), Gl. (2.9 b); benötigt für den Nachweis der zulässigen Biegeschlankheit (EC2, 4.4.3.2(4); siehe Abschn. 5.3.2).

Der erste Fußzeiger von $\psi_{1,1}$ bezeichnet die Einwirkungskombination, der zweite die veränderliche Last (Verkehrslast), die mit $\psi_{1,i}$ multipliziert wird.

c) quasi-ständige Einwirkungskombination

$$G_k = \hspace{6cm} = 6{,}10 \text{ kN/m}$$

$$\psi_{2,1} \cdot Q_{k,1} = 0{,}5 \cdot 5{,}00 \hspace{3cm} = 2{,}50 \text{ kN/m}$$

EC2, 2.3.4 P(2), Gl. (2.9 c); benötigt u. U. für die Berechnung der Plattendurchbiegung (EC2, 4.4.3.1(5)).

2.2.2 Grenzzustände der Tragfähigkeit

Bemessungswerte der Einwirkungen für die Grundkombination:

$$\gamma_G \cdot G_k = 1{,}35 \cdot 6{,}10 \hspace{3cm} = 8{,}23 \text{ kN/m}$$

$$\gamma_Q \cdot Q_{k,1} = 1{,}50 \cdot 5{,}00 \hspace{3cm} = 7{,}50 \text{ kN/m}$$

$$\gamma_G \cdot G_k + \gamma_Q \cdot Q_{k,1} \hspace{3cm} = 15{,}73 \text{ kN/m}$$

EC2, 2.2.2.4

EC2, 2.3.2.2 P(2), Gl. (2.7 a)

Die außergewöhnliche Bemessungssituation nach EC2, 2.3.2.2 P(2), Gl. (2.7 b), wird im Rahmen dieses Beispiels nicht verfolgt.

3 Schnittgrößenermittlung

3.1 Grenzzustände der Gebrauchstauglichkeit

EC2, 2.5

EC2, 2.5.3.2.1 P (1): Die Schnittgrößen werden auf der Grundlage der Elastizitätstheorie ermittelt.

Tabelle 1.2: Schnittgrößen im Grenzzustand der Gebrauchstauglichkeit (kNm/m; kN/m)

Zeile	Lastfall	$M_{Sd,B}$	$M_{Sd,F1}$	$M_{Sd,F2}$	$V_{Sd,A}$	$V_{Sd,Bli}$	$V_{Sd,Bre}$	$V_{Sd,C}$
	1	2	3	4	5	6	7	8
1	$G_k + Q_{k,1}$ in Feld 1 u. 2	−29,14	21,65	10,03	21,92	−33,58	29,48	−14,92
2	$G_k + \psi_{1,1} \cdot Q_{k,1}$ in Feld 1	−22,95	21,13	3,42	20,66	−29,84	17,94	− 6,46
3	$G_k + \psi_{2,1} \cdot Q_{k,1}$ in Feld 1	−20,35	17,66	4,14	17,43	−25,57	17,29	− 7,11

Die Gebrauchstauglichkeitsnachweise werden im Rahmen dieses Beispiels in Feld 1 und an der Stütze B geführt. Deshalb sind hier nur die dafür maßgebenden Lastfälle untersucht.

Z. 1: für die seltene Einwirkungskombination: $G_k + Q_{k,1}$
Z. 2: für die häufige Einwirkungskombination: $G_k + \psi_{1,1} \cdot Q_{k,1}$
Z. 3: für die quasi-ständige Einwirkungskombination: $G_k + \psi_{2,1} \cdot Q_{k,1}$

3.2 Grenzzustände der Tragfähigkeit

Tabelle 1.3: Schnittgrößen im Grenzzustand der Tragfähigkeit (kNm/m; kN/m)

Zeile	Lastfall	$M_{Sd,B}$	$M_{Sd,F1}$	$M_{Sd,F2}$	$V_{Sd,A}$	$V_{Sd,Bli}$	$V_{Sd,Bre}$	$V_{Sd,C}$
	1	2	3	4	5	6	7	8
1	$\gamma_G \cdot G_k + \gamma_Q \cdot Q_{k,1}$ in F. 1 u. 2	−41,29	30,68	14,20	31,07	−47,58	41,78	−21,14
2	$\gamma_G \cdot G_k + \gamma_Q \cdot Q_{k,1}$ in Feld 1	−34,63	33,37	3,70	32,40	−46,25	25,12	− 7,80
3	$\gamma_G \cdot G_k + \gamma_Q \cdot Q_{k,1}$ in Feld 2	−28,27	13,52	18,90	14,92	−26,23	38,53	−24,39

EC2, 2.5.3.2.2 und 2.5.3.5.3

EC2, 2.5.3.5.4 P (1): Die Schnittgrößen werden nach der Elastizitätstheorie mit anschließender Momentenumlagerung ermittelt. Für das Maß der Umlagerung gilt EC2, 2.5.3.4.2 (3).

3.3 Schnittgrößenumlagerung über der Stütze B im Grenzzustand der Tragfähigkeit

Umlagerung des extremalen Biegemomentes an der Stütze B:

$$M'_{Sd,B} = M_{Sd,B} \cdot \delta = - 41{,}29 \cdot 0{,}85 \hspace{2cm} = - 35{,}10 \text{ kNm/m}$$

Sicherstellung des Gleichgewichts in Feld 1:

$$V'_{Sd,A} = 15{,}73 \cdot \frac{5{,}0}{2} - \frac{35{,}10}{5{,}0} \hspace{2cm} = 32{,}30 \text{ kN/m}$$

EC2, 2.5.3.5.4 P (1), und 2.5.3.4.2 (3); der Abminderungsbeiwert δ für das extremale Stützmoment $M_{Sd,B}$ (vgl. Tab. 1.3) wird hier zu $\delta = 0{,}85$ festgelegt. Diese Annahme ist bei der Bemessung für Biegung mit Längskraft zu überprüfen (vgl. Abschn. 4.2.1).

EC2, 2.5.3.1 P (1): Die Gleichgewichtsbedingungen sind grundsätzlich zu erfüllen.

$$V'_{Sd,Bli} = -15,73 \cdot \frac{5,0}{2} - \frac{35,10}{5,0} = -46,35 \text{ kN/m}$$

$$M'_{Sd,F1} = \frac{32,30^2}{2 \cdot 15,73} = 33,17 \text{ kNm/m} < 33,37 \text{ kNm/m}$$

Sicherstellung des Gleichgewichts im Feld 2:

$$V'_{Sd,C} = -15,73 \cdot \frac{4,0}{2} + \frac{35,10}{4,0} = -22,68 \text{ kN/m}$$

$$V'_{Sd,Bre} = 15,73 \cdot \frac{4,0}{2} + \frac{35,10}{4,0} = 40,24 \text{ kN/m}$$

$$M'_{Sd,F2} = \frac{22,68^2}{2 \cdot 15,73} = 16,35 \text{ kNm/m}$$

Die zugehörigen Momentengrenzlinien sind in Bild 1.2 dargestellt.

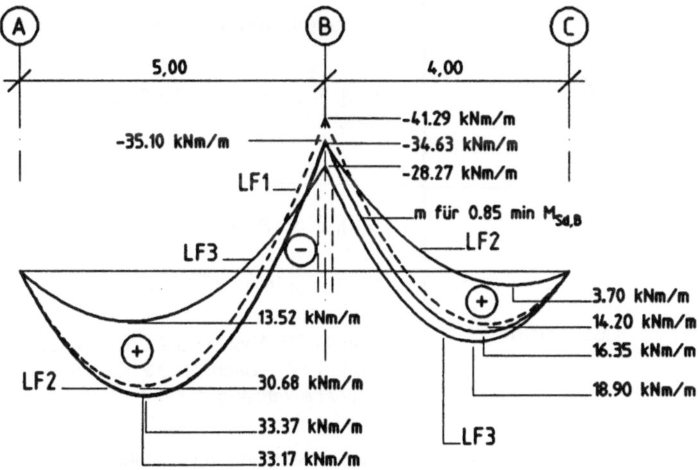

Bild 1.2: Momentengrenzlinien im Grenzzustand der Tragfähigkeit

4 Bemessung in den Grenzzuständen der Tragfähigkeit

EC2, 4.3

4.1 Bemessungswerte der Baustoffe

EC2, 2.2.3.2

Beton: C 20/25 f_{ck} = 20 N/mm²

EC2, 3.1.2.4 (3), Tab. 3.1, Z. 1, Sp. 3

$$f_{cd} = \frac{f_{ck}}{\gamma_c} = \frac{20}{1,5} = 13,33 \text{ N/mm}^2$$

EC2, 2.2.3.2 P (1), Gl. (2.3); Bemessungswert der Betondruckfestigkeit

Betonstahlmatten: BSt 500 M f_{yk} = 500 N/mm²

[A1], 3.2.1, Abs. P (5); Tab. R2, Z.3, Sp. 2 und 6

$$f_{yd} = \frac{f_{yk}}{\gamma_s} = \frac{500}{1,15} = 435 \text{ N/mm}^2$$

EC2, 2.2.3.2 P (1), Gl. (2.3); Bemessungswert der Stahlfestigkeit an der Streckgrenze

4.2 Bemessung für Biegung

EC2, 4.3.1

4.2.1 Nachweis über der Stütze B

Ausrundung des Stützmomentes:

$$M^*_{Sd,B} = M'_{Sd,B} + \Delta M_{Sd,B}$$

EC2, 2.5.3.3(4); eine Bemessung für das Moment am Auflagerrand ist unzulässig, da Platte und Auflager nicht monolithisch verbunden sind (EC2, 2.5.3.3(5)).

Dieser Wert ist für die Bemessung für Querkraft maßgebend (vgl. Tab. 1.3 und Abschn. 4.3).

Das Moment $M'_{Sd,F1}$ ist kleiner als der Wert nach Tab. 1.3, Z. 2, Sp. 3, und somit für die Bemessung nicht maßgebend.

Dieser Wert ist ebenfalls nicht für die Bemessung maßgebend (vgl. Tab. 1.3).

$$\Delta M_{Sd,B} = \frac{F_{Sd,sup} \cdot b_{sup}}{8} = \frac{(46{,}35 + 40{,}24) \cdot 0{,}24}{8} = 2{,}60 \text{ kNm/m}$$

EC2, 2.5.3.3(4), Gl. (2.16); $F_{Sd,sup} = -V'_{Sd,Bli} + V'_{Sd,Bre}$ nach Abschn. 3.3 oben

Bemessungsmoment an der Stütze B, bezogen auf 1 m Plattenbreite:

$$M^*_{Sd,B} = -35{,}10 + 2{,}60 = -32{,}50 \text{ kNm/m}$$

Mindestwert des Bemessungsmomentes an der Stütze B:

EC2, 2.5.3.3(5) und 2.5.3.4.2(7); obwohl keine monolithische Verbindung von Platte und Auflager vorliegt, wird der Nachweis hier geführt.

EC2, 2.5.3.4.2(7)

$$\min M_{Sd,B} = -0{,}65 \cdot \frac{\gamma_G \cdot G_k + \gamma_Q \cdot Q_{k,1}}{8} \cdot l^2_{n,1}$$

$$= -0{,}65 \cdot \frac{(7{,}5 + 8{,}23) \cdot 4{,}82^2}{8} = -29{,}69 \text{ kNm/m}$$

$$|\min M_{Sd,B}| = 29{,}69 \text{ kNm/m} < |M^*_{Sd,B}| = 32{,}50 \text{ kNm/m}$$

Nutzhöhe über der Stütze B:

$$d = h - \left(\text{nom } c + \frac{\varnothing}{2} \right) = 20 - \left(2{,}5 + \frac{0{,}7}{2} \right) \approx 17 \text{ cm}$$

Annahme: vorh $\varnothing \leq 7$ mm

Bemessung je laufenden Meter Plattenbreite mit dimensionslosen Beiwerten:

[A2], S. 53, Abschn. 6.2.2.1.3, Tafel 6.2a

$$\mu_{Sds} = \frac{|M^*_{Sd,B}|}{b \cdot d^2 \cdot f_{cd}} = \frac{32{,}50 \cdot 10^{-3}}{1{,}0 \cdot 0{,}17^2 \cdot 13{,}33} = 0{,}085$$

interpoliert aus Tafel 6.2a:

[A2], S. 53, Abschn. 6.2.2.1.3

$$\omega; \ \xi; \ \zeta = 0{,}0899; \ 0{,}134; \ 0{,}945$$

$$\xi = \frac{x}{d}; \quad \zeta = \frac{z}{d}$$

$$\text{erf } a_s = \omega \cdot b \cdot d \cdot \frac{f_{cd}}{f_{yd}} \cdot = 0{,}0899 \cdot 100 \cdot 17 \cdot \frac{13{,}33}{435} = 4{,}68 \text{ cm}^2/\text{m}$$

[A2], S. 52, Abschn. 6.2.2.1.3, Gl.(6.21); [A2], S. 51, Abschn. 6.2.2.1.1: eine Druckbewehrung ist nicht erforderlich.

gewählt:

> 1 Betonstahl-Lagermatte BSt 500 M
>
> R 513 $\dfrac{150 \cdot 7{,}0d/7{,}0 - 2/2}{250 \cdot 6{,}0}$
>
> vorh $a_s = 5{,}13 \text{ cm}^2/\text{m} > $ erf $a_s = 4{,}68 \text{ cm}^2/\text{m}$

Mattenbezeichnung in Anlehnung an DIN 488 Teil 4, 3.3.1

Überprüfung des Umlagerungsbeiwertes δ:

EC2, 2.5.3.5.4 und 2.5.3.4.2(3)

$$\text{zul } \delta = 0{,}44 + 1{,}25 \cdot \xi$$

$$= 0{,}44 + 1{,}25 \cdot 0{,}134 = 0{,}61 < \text{vorh } \delta = 0{,}85$$

EC2, 2.5.3.4.2(3), a); die Umlagerung von 15 % ist somit zulässig (vgl. Abschn. 3.3).

Den Bemessungshilfen für Biegung mit Längskraft in [A2] liegt die Annahme einer maximalen Stahldehnung von max $\varepsilon_s = 20\text{‰}$ zugrunde, die im vorliegenden Fall über der Stütze B auch erreicht wird. Demgegenüber basiert die vorstehende Gleichung für den Umlagerungsfaktor δ auf dem Wert max $\varepsilon_s = 10\text{‰}$. Daher wäre der vereinfachte Nachweis der Rotationsfähigkeit über den Beiwert δ nach EC2, Abschn. 2.5.3.4.2(3), prinzipiell unter der Annahme max $\varepsilon_s = 10\text{‰}$ zu führen.

[A2], Abschn. 6.1.2, a), und [A2], Abschn. 6.2.2.1.3, Tafel 6.2a, für $\mu_{Sds} = 0{,}085$

siehe jedoch [A5], S. 710/711, Abschn. 4.4.1

Aus [A5], Tab. 7.1a), die auf max $\varepsilon_s = 10\text{‰}$ basiert, liest man ab für

[A5], S. 749 ff, Abschn. 7.1

$$\mu_{Sds} = 0{,}085$$

$$\xi = \frac{x}{d} \quad \begin{array}{l} = 0{,}162 \\ > 0{,}134 \end{array}$$

Wert bei max $\varepsilon_s = 10\text{‰}$
Wert bei max $\varepsilon_s = 20\text{‰}$

wodurch

$$\text{zul } \delta = 0{,}44 + 1{,}25 \cdot 0{,}162 \quad \begin{array}{l} = 0{,}64 \\ < 0{,}85 \end{array}$$

Die Umlagerung von 15 % ist somit auch nach den Kriterien in [A5], Abschn. 4.4.1, zulässig.

4.2.2   Nachweis in den Feldern

a) Feld 1

$$\mu_{Sds} = \frac{M_{Sd,F1}}{b \cdot d^2 \cdot f_{cd}} = \frac{33{,}37 \cdot 10^{-3}}{1{,}0 \cdot 0{,}17^2 \cdot 13{,}33} = 0{,}087$$

interpoliert aus Tafel 6.2a:

$$\omega;\ \xi = 0{,}092;\ 0{,}137$$

$$\text{erf } a_s = 0{,}092 \cdot 100 \cdot 17 \cdot \frac{13{,}33}{435} = 4{,}79\ \text{cm}^2/\text{m}$$

gewählt:

```
1 Betonstahl-Lagermatte BSt 500 M
              150 · 7,0 d / 7,0 − 2/2
  R 513     ─────────────────────────
                  250 · 6,0
  vorh aₛ = 5,13 cm²/m  >  erf aₛ = 4,79 cm²/m
```

vorh $a_s = 5{,}13\ \text{cm}^2/\text{m} >$ erf $a_s = 4{,}79\ \text{cm}^2/\text{m}$

b) Feld 2

$$\mu_{Sds} = \frac{M_{Sd,F2}}{b \cdot d^2 \cdot f_{cd}} = \frac{18{,}90 \cdot 10^{-3}}{1{,}0 \cdot 0{,}17^2 \cdot 13{,}33} \approx 0{,}05$$

abgelesen:

$$\omega;\ \xi = 0{,}0518;\ 0{,}091$$

$$\text{erf } a_s = 0{,}0518 \cdot 100 \cdot 17 \cdot \frac{13{,}33}{435} = 2{,}70\ \text{cm}^2/\text{m}$$

gewählt:

```
1 Betonstahl-Lagermatte BSt 500 M
              150 · 5,5 d / 5,5 − 2/2
  R 317     ─────────────────────────
                  250 · 4,5
  vorh aₛ = 3,17 cm²/m  >  erf aₛ = 2,70 cm²/m
```

vorh $a_s = 3{,}17\ \text{cm}^2/\text{m} >$ erf $a_s = 2{,}70\ \text{cm}^2/\text{m}$

4.3   Bemessung für Querkraft

Der Nachweis wird für die extremale Querkraft am Auflager B, links, geführt:

$$|\,V_{Sd,Bli}\,| = 46{,}35\ \text{kN/m}$$

Dem Nachweis der Querkrafttragfähigkeit darf bei gleichmäßig verteilter Belastung die Querkraft im Abstand d vom Auflagerrand zugrunde gelegt werden:

$$V^*_{Sd,Bli} = 46{,}35 - (0{,}12 + 0{,}17) \cdot 15{,}73 = 41{,}79\ \text{kN/m}$$

Aufnehmbare Querkraft V_{Rd1} bei Platten ohne Schubbewehrung:

$$V_{Rd1} = \tau_{Rd} \cdot k \cdot (1{,}2 + 40 \cdot \varrho_l) \cdot b_w \cdot d$$

Marginalien:

Annahme: d im Feld 1 und über Stütze B gleich groß

[A2], Abschn. 6.2.2.1.3, Tafel 6.2a; [A2], Abschn. 6.2.2.1.1: eine Druckbewehrung ist hier ebenfalls nicht erforderlich.

[A2], S. 52, Abschn. 6.2.2.1.3, Gl. (6.21)

Mattenbezeichnung in Anlehnung an DIN 488 Teil 4, 3.3.1

$M_{Sd,F2}$ aus Tab. 1.3, Z. 3, Sp. 4

Annahme: d in Feld 2 und über Stütze B gleich groß

[A2], Abschn. 6.2.2.1.3, Tafel 6.2a

Schlußfolgerung bezüglich der Druckbewehrung wie in Feld 1

[A2], S. 52, Abschn. 6.2.2.1.3, Gl. (6.21)

Mattenbezeichnung in Anlehnung an DIN 488 Teil 4, 3.3.1

EC2, 4.3.2

vgl. Abschn. 3.3 nach Umlagerung von $M_{Sd,B}$

EC2, 4.3.2.2(10)

vgl. Abschn. 2.2.2

EC2, 4.3.2.3(1), Gl. (4.18) für $\sigma_{cp} = 0$

$$\tau_{Rd} = 0,24 \ \text{N/mm}^2$$

$$k = 1,6 - 0,17 \qquad\qquad = 1,43 > 1,0$$

$$\varrho_l = \frac{5,13}{100 \cdot 17} \qquad\qquad = 0,30\% < 2\%$$

$$V_{Rd1} = 0,24 \cdot 1,43 \cdot (1,2 + 40 \cdot 0,003) \cdot 0,17 \cdot 10^3 = 77,01 \ \text{kN/m}$$

$$V_{Rd1} > V^*_{Sd,Bli} \qquad\qquad = 41,79 \ \text{kN/m}$$

Nachweis der Druckstrebentragfähigkeit:

$$V_{Rd2} = 0,5 \cdot \nu \cdot f_{cd} \cdot b_w \cdot 0,9 \cdot d$$

$$\nu = 0,7 - \frac{f_{ck}}{200} = 0,7 - \frac{20}{200} = 0,6 > 0,5$$

$$V_{Rd2} = 0,5 \cdot 0,6 \cdot 13,33 \cdot 0,9 \cdot 0,17 \cdot 10^3 = 611 \ \text{kN/m}$$

$$> V^*_{Sd,Bli}$$

Rechte Randspalte:

[A1], 4.3.2.3, Tab. R4, für C 20/25

Nicht mehr als 50 % der Bewehrung wird gestaffelt.

EC2, 4.3.2.3(1), Bild 4.12, für das Zwischenauflager; für diesen Nachweis ist die obere Bewehrung maßgebend.

EC2, 4.3.2.3

EC2, 4.3.2.3(3), Gl. (4.19)

EC2, 4.3.2.3(3), Gl. (4.20)

5   Nachweise in den Grenzzuständen der Gebrauchstauglichkeit

EC2, 4.4

5.1   Begrenzung der Spannungen unter Gebrauchsbedingungen

EC2, 4.4.1

Die Spannungsgrenzen nach EC2 dürfen ohne weiteren Nachweis im allgemeinen als eingehalten angesehen werden, wenn

EC2, 4.4.1.2(2)

a) die Bemessung für den Grenzzustand der Tragfähigkeit nach EC2, Abschn. 4.3 erfolgt ist;

b) die Festlegungen für die Mindestbewehrung nach EC2, Abschn. 4.4.2.2, eingehalten sind;

c) die bauliche Durchbildung nach EC2, Abschn. 5, durchgeführt wird;

d) im Grenzzustand der Tragfähigkeit die Schnittgrößen um nicht mehr als 30 % umgelagert wurden.

Diese Bedingungen sind hier erfüllt, so daß ein Nachweis der Spannungen unter Gebrauchsbedingungen nicht erforderlich wäre.

EC2, 4.4.1.2 (2)

Um den Rechengang aufzuzeigen, wird hier dennoch der Nachweis für das Auflager B und die seltene Einwirkungskombination geführt.

EC2, 4.4.1.1(2) und (7); nach Abs. (2) zur Vermeidung von Längsrissen.

maßgebendes Stützmoment: $M_{Sd,B}$ $\qquad = -29,14 \ \text{kNm/m}$

Abschn. 3.1, Tab. 1.2, Z. 1, Sp. 2

Ausrundung des Stützmomentes $M_{Sd,B}$:

EC2, 2.5.3.3(4)

$$M'_{Sd,B} = -29,14 + \frac{0,24 \cdot (33,58 + 29,48)}{8} = -27,25 \ \text{kNm/m}$$

Abschn. 3.1, Tab. 1, Z. 1

Verhältnis der Elastizitätsmoduln: $\alpha_e = E_s/E_{c,eff}$ $\qquad = 15$

EC2, 4.4.1.2(3); der Anteil der quasiständigen Last beträgt mehr als 50 %.

Längsbewehrungsgrad über der Stütze: ϱ_l $\qquad = 0,30\%$

vgl. Abschn. 4.3

Druckzonenhöhe $\dfrac{x}{d}$:

[A2], S. 123, Abschn. 11.3; $\dfrac{x}{d}$ bei linearer Spannungsverteilung und einfacher Bewehrung.

$$\frac{x}{d} = [\alpha_e \cdot \varrho_l \cdot (2 + \alpha_e \cdot \varrho_l)]^{0,5} - \alpha_e \cdot \varrho_l$$

$$= (0,045 \cdot 2,045)^{0,5} - 0,045 = 0,258$$

$\alpha_e \cdot \varrho_l = 15 \cdot 0,0030 = 0,045$

$$x = 0,258 \cdot 0,17 = 0,044 \ \text{m}$$

$$z = d - \frac{x}{3} = 0,17 - \frac{0,044}{3} = 0,155 \ \text{m}$$

$$\sigma_c = \frac{2 \cdot M'_{Sd,B}}{x \cdot z} = \frac{2 \cdot 27,25 \cdot 10^{-3}}{0,044 \cdot 0,155} = 7,99 \ \text{N/mm}^2$$

$$< 0,6 \cdot 20 = 12 \ \text{N/mm}^2$$

EC2, 4.4.1.1(2)

$$\sigma_s \quad = \frac{M'_{Sd,B}}{z \cdot a_s} = \frac{27,25 \cdot 10^{-3}}{0,155 \cdot 5,13 \cdot 10^{-4}} \qquad\qquad \begin{aligned} &= 343 \text{ N/mm}^2 \\ &< 0,8 \cdot 500 \\ &= 400 \text{ N/mm}^2 \end{aligned}$$

EC2, 4.4.1.1(7)

Nachweis für die quasi-ständige Einwirkungskombination zur Vermeidung übermäßiger Kriechverformungen:

EC2, 4.4.1.1(3)

Dieser Nachweis sollte für biegebeanspruchte Stahlbetonbauteile geführt werden, wenn das Verhältnis von Spannweite zur Nutzhöhe $\dfrac{l_{eff}}{d}$ 85 % des in EC2, Abschn. 4.4.3.2, angegebenen Wertes überschreitet. Im vorliegenden Fall ist

Der Nachweis wäre nach EC2, 4.4.1.2(2), ebenfalls nicht erforderlich. Er wird hier aus Anschauungsgründen geführt.

$$\text{vorh} \left(\frac{l_{eff,1}}{d} \right) \qquad = \frac{5,00}{0,17} \qquad\qquad = 29,41$$

$$\text{grenz} \left(\frac{l_{eff,1}}{d} \right) \qquad = 0,85 \cdot 32 \qquad\qquad \begin{aligned} &= 27,20 \\ &< 29,41 \end{aligned}$$

Das Moment $M_{Sd,B}$ unter der quasi-ständigen Einwirkungskombination beträgt:

Tab. 1.2, Z. 3, Sp. 2

$$M_{Sd,B} \quad = \qquad\qquad\qquad = -20,35 \text{ kNm/m}$$

$$\sigma_c \quad = \frac{-20,35}{-27,25} \cdot 7,99 \qquad\qquad = 5,97 \text{ N/mm}^2$$

vgl. Nachweis für die seltene Einwirkungskombination

$$< 0,45 \cdot f_{ck} = 0,45 \cdot 20 \qquad\qquad = 9,00 \text{ N/mm}^2$$

Die Bedingungen zur Begrenzung der Spannungen unter Gebrauchsbedingungen sind somit eingehalten.

5.2 Grenzzustände der Rißbildung

EC2, 4.4.2

5.2.1 Mindestbewehrung zur Rißbreitenbeschränkung

EC2, 4.4.2.2; der Nachweis von min A_s zur Vermeidung eines Versagens ohne Vorankündigung wird in Abschn. 6.6 behandelt.

erforderliche Mindestbewehrung:

EC2, 4.4.2.2(3)

$$\text{min } A_s \quad = k_c \cdot k \cdot f_{ct,eff} \cdot \frac{A_{ct}}{\sigma_s}$$

EC2, 4.4.2.2(3), Gl. (4.78)

$$k_c \qquad = 0,4$$

EC2, 4.4.2.2(3), für Biegezwang

$$k \qquad = 0,8$$

wegen h < 30 cm

$$f_{ct,eff} \qquad = 3,0 \text{ N/mm}^2$$

EC2, 4.4.2.2(3); empfohlener Mindestwert; der Wert f_{ctm} nach EC2, Tab. 3.1, für C 20/25 ist kleiner.

$$A_{ct} \qquad = h \cdot \frac{b}{2} = 0,20 \cdot \frac{1,0}{2} \qquad\qquad = 0,1 \text{ m}^2$$

bei Biegezwang

$$\sigma_s: \text{ für vorh } \varnothing = 7 \text{ mm wird:}$$

vgl. Abschn. 4.2

$$\varnothing^* \qquad = \frac{2,5}{2,2} \cdot \frac{10 \cdot (20-17)}{20} \cdot 7 \qquad \approx 12 \text{ mm}$$

EC2, 4.4.2.3(2), Erläuterungen zu Tab. 4.11; $f_{ctm} = 2,2$ N/mm^2

$$\sigma_s \qquad = 320 \text{ N/mm}^2$$

EC2, 4.4.2.3(2), Tab. 4.11, für Stahlbeton

$$\text{min } a_s \quad = 0,4 \cdot 0,8 \cdot 3,0 \cdot 0,1 \cdot \frac{10^4}{320} \qquad\qquad \begin{aligned} &= 3,00 \text{ cm}^2/\text{m} \\ &< \text{ vorh } a_s \end{aligned}$$

bezogen auf 1 m Plattenstreifen vgl. Abschn. 4.2

5.2.2 Nachweis für die statisch erforderliche Bewehrung

EC2, 4.4.2.3

Bei nicht vorgespannten Platten in Bauwerken, die durch Biegung ohne wesentlichen zentrischen Zug beansprucht werden, sind keine besonderen Maßnahmen zur Beschränkung der Rißbildung notwendig, wenn deren Gesamtdicke 200 mm nicht übersteigt und die Festlegungen nach EC2, Abschn. 5.4.3, eingehalten sind.

EC2, 4.4.2.3(1)

Alle Bedingungen sind hier erfüllt, ein Nachweis des zulässigen Grenzdurchmessers bzw. des höchstzulässigen Stababstandes ist somit nicht erforderlich.

EC2, 4.4.2.3(2), Tab. 4.11 und 4.12

5.3 Beschränkung der Durchbiegung

EC2, 4.4.3

5.3.1 Übersicht

In Abschn. 1.3 wurde die erforderliche Plattendicke h über die Begrenzung der Biegeschlankheit $\frac{l_{eff}}{d}$ ermittelt. Dabei wurden folgende Annahmen getroffen:

EC2, 4.4.3.2

– der Beton der Platte ist gering beansprucht im Sinne von EC2;

EC2, 4.4.3.2(5), (b)

– die Stahlspannung im maßgebenden Querschnitt des Feldes 1 überschreitet unter den häufigen Einwirkungen nicht den Wert $\sigma_s = 250$ N/mm².

EC2, 4.4.3.2(4)

Diese Annahmen sind hier zu überprüfen. Sofern sie eingehalten sind und die nach EC2 zulässige Biegeschlankheit nicht überschritten wird, gilt der Nachweis der Beschränkung der Durchbiegung als erbracht.

EC2, 4.4.3.2(2)
EC2, 4.4.3.2 P (1) und (2)

5.3.2 Ermittlung der zulässigen Biegeschlankheit

EC2, 4.4.3.2(2) bis (5)

In Feld 1 vorhandener Bewehrungsgrad:

vgl. Abschn. 4.2.2, a)

$$\text{vorh } \varrho_l = \frac{5,13}{100 \cdot 17} \qquad = \quad 0,30\,\% < 0,5\,\%$$

Der Beton der Platte gilt somit als gering beansprucht.

EC2, 4.4.3.2(5), (b)

Vorhandene Stützweite:

$$l_{eff,1} = 5,00 \text{ m} \qquad\qquad < \quad 7,0 \text{ m}$$

Eine Abminderung der zulässigen Biegeschlankheit nach EC2, Tab. 4.14, ist somit nicht erforderlich.

EC2, 4.4.3.2(3)

Vorhandene Stahlspannung σ_s unter der häufigen Einwirkungskombination:

EC2, 4.4.3.2(4)

$$M_{Sd,F1} = \qquad\qquad = 21,13 \text{ kNm/m}$$

vgl. Abschn. 3.1, Tab. 1.2, Z. 2, Sp. 3

$$\alpha_e \cdot \varrho_l = 15 \cdot \frac{0,30}{100} \qquad = \quad 0,045$$

$\alpha_e = 15$ nach EC2, 4.4.1.2(3)

$$\frac{x}{d} = [0,045 \cdot (2 + 0,045)]^{0,5} - 0,045 \qquad = \quad 0,258$$

[A2], S. 123, Abschn. 11.3

$$x = 0,258 \cdot 17 \qquad = \quad 4,4 \text{ cm}$$

$d = 17$ cm; vgl. Abschn. 4.2.1

$$z = d - \frac{x}{3} = 17 - \frac{4,4}{3} \qquad = \quad 15,5 \text{ cm}$$

$$\text{vorh } \sigma_s = \frac{21,13 \cdot 10^{-3}}{0,155 \cdot 5,13 \cdot 10^{-4}} \qquad = 265 \text{ N/mm}^2$$

vorh $a_{s,F1} = 5,13$ cm²/m; vgl. Abschn. 4.2.2

Die in Abschn. 1.3 getroffenen Annahmen sind somit nicht erfüllt.

Die zulässige Biegeschlankheit ist mit $\frac{250}{\sigma_s}$ zu multiplizieren:

EC2, 4.4.3.2(4)

$$\text{zul}\left(\frac{l_{eff,1}}{d}\right) \cdot \frac{250}{\sigma_s} = 32 \cdot \frac{250}{265} \qquad = \quad 30,2$$

EC2, Tab. 4.14, Z. 2, Sp. 3

$$\text{vorh}\left(\frac{l_{eff,1}}{d}\right) = \frac{5,00}{0,17} \qquad = \quad 29,4 < 30,2$$

Nachweis der Durchbiegungsbeschränkung somit erbracht

6 Bewehrungsführung, bauliche Durchbildung

EC2, 5

6.1 Grundmaß der Verankerungslänge

EC2, 5.2.2.3

Verbundspannungen im Grenzzustand der Tragfähigkeit:

EC2, 5.2.2.2

Alle Stäbe liegen im Bereich mit guten Verbundbedingungen:

EC2, 5.2.2.1(2), b)

$$f_{bd} = \qquad\qquad = 2,3 \text{ N/mm}^2$$

EC2, 5.2.2.2(2), Tab. 5.3, Z. 2, für C 20/25

Grundmaß der Verankerungslänge:

EC2, 5.2.2.3(2), Gl. (5.3)

$$l_b = \frac{\varnothing}{4} \cdot \frac{f_{yd}}{f_{bd}} = 0,25 \cdot \frac{435}{2,3} \cdot \varnothing \qquad = 47,3 \cdot \varnothing$$

EC2, 5.2.2.3(3); bei geschweißten Betonstahlmatten mit Doppelstäben wird der Durchmesser $\varnothing$ in Gl. (5.3) durch den Vergleichsdurchmesser $\varnothing_n = \varnothing \cdot \sqrt{2}$ ersetzt.

Tabelle 1.4: Grundmaße der Verankerungslänge

Zeile	Ort	vorhandene Matte	$\varnothing$ (mm)	$\varnothing_n$ (mm)	l_b (cm)
	1	2	3	4	5
1	Stütze B und Feld 1	R 513	7,0 d	9,9	46,8
2	Feld 2	R 317	5,5 d	7,8	36,9

6.2 Verankerung am Endauflager A

Mindestens die Hälfte der erforderlichen Feldbewehrung ist über das Auflager zu führen und dort zu verankern. Im vorliegenden Fall wird jedoch jeweils die gesamte Feldbewehrung über das Auflager geführt.

zu verankernde Zugkraft:

$$F_s = V_{Sd} \cdot \frac{a_l}{d} + N_{Sd}$$

$$V_{Sd} = V_{Sd,A} \qquad\qquad = 32{,}40 \text{ kN/m}$$

Versatzmaß:

$$a_l = 1{,}0 \cdot d \qquad\qquad = 17{,}0 \text{ cm}$$

$$N_{Sd} = 0$$

$$F_s = 32{,}40 \cdot 1{,}0 \qquad\qquad = 32{,}40 \text{ kN/m}$$

$$\text{erf } a_s = \frac{F_s}{f_{yd}} = 32{,}40 \cdot 10^{-3} \cdot \frac{10^4}{435} \qquad = 0{,}75 \text{ cm}^2/\text{m}$$

erforderliche Verankerungslänge am Endauflager A:

$$\text{erf } l_A = \frac{2}{3} \cdot l_{b,net}$$

$$l_{b,net} = \alpha_a \cdot l_b \cdot \frac{a_{s,req}}{a_{s,prov}} \qquad\qquad \geq l_{b,min}$$

• $\quad \alpha_a = $ 0,7 für Betonstahlmatten aus Rippenstäben, wenn mindestens 1 Querstab im Verankerungsbereich vorhanden ist.

$a_{s,req}$: erforderliche Bewehrung $\qquad = 0{,}75 \text{ cm}^2/\text{m}$

$a_{s,prov}$: vorhandene Bewehrung $\qquad = 5{,}13 \text{ cm}^2/\text{m}$

$$l_{b,net} = 0{,}7 \cdot 46{,}8 \cdot \frac{0{,}75}{5{,}13} \qquad = 4{,}8 \text{ cm}$$

$$l_{b,min} = 0{,}3 \cdot 46{,}8 \qquad\qquad = 14 \text{ cm}$$
$$\phantom{l_{b,min}} = 10 \cdot 0{,}7 \qquad\qquad = 7 \text{ cm}$$
$$\phantom{l_{b,min}} = \qquad\qquad\qquad = 10 \text{ cm}$$

$$\text{erf } l_A = \frac{2}{3} \cdot 14 \qquad\qquad \approx 10 \text{ cm}$$

Die Betonstahlmatte wird um das Maß 14 cm hinter die Auflagervorderkante geführt. Dadurch wird auch das Verankerungskriterium nach EC2, 4.3.2.3, d. h. $l_{b,net}$ von der Auflagervorderkante aus, erfüllt.
Am Endauflager C werden die Mattenenden ebenfalls um das Maß 14 cm hinter die Auflagervorderkante geführt.

6.3 Verankerung am Zwischenauflager B

Mindestens die Hälfte der erforderlichen Feldbewehrung ist über das Zwischenauflager zu führen und dort zu verankern. Hier wird jedoch jeweils die gesamte Bewehrung über das Zwischenauflager B geführt.

erforderliche Verankerungslänge:

$$\text{erf } l_B = 10 \cdot \varnothing = 10 \cdot 7{,}0 \qquad\qquad = 7 \text{ cm}$$

EC2, 5.4.3.2.1(5), in Verbindung mit EC2, 5.4.2.1.4

EC2, 5.4.3.2.2(1)

EC2, 5.4.2.1.4(2), Gl. (5.15)

vgl. Tab. 1.3, Z. 2, Sp. 5

EC2, 5.4.3.2.1(1)

EC2, 5.4.2.1.4(3)

EC2, 5.4.2.1.4(3), Bild 5.12 a) bei direkter Auflagerung; l_A wird von der Auflagervorderkante aus gemessen.

EC2, 5.2.3.4.1(1), Gl. (5.4)

EC2, 5.2.3.4.2(1) und (2)

siehe oben, dort mit erf a_s bezeichnet

vgl. Abschn. 4.2.2, a)

EC2, 5.2.3.4.1(1), Gl. (5.5), für die Verankerung von Zugstäben; der Größtwert ist maßgebend.

EC2, 4.3.2.3(1), Bild 4.12, am Endauflager

EC2, 5.4.3.2.1(5), in Verbindung mit EC2, 5.4.2.1.5

EC2, 5.4.3.2.2(1)

EC2, 5.4.2.1.5(2), und Bild 5.13 b)

für die Betonstahlmatte R 513

Zur Aufnahme etwaiger positiver Stützmomente wird die Bewehrung der Felder 1 und 2 über der Stütze B kraftschlüssig gestoßen. Der Ermittlung der erforderlichen Übergreifungslänge l_s wird eine Kraft zugrunde gelegt, die einem Viertel der durch die Betonstahlmatte R 513 aufnehmbaren Zugkraft F_s entspricht:

$$l_s = \alpha_2 \cdot l_b \cdot \frac{a_{s,req}}{a_{s,prov}} \qquad = \geq l_{s,min}$$

EC2, 5.2.4.2.1(5), Gl. (5.9)

$$\alpha_2 = 0{,}4 + \frac{a_s/s}{800} = 0{,}4 + \frac{513}{800} = 1{,}04$$
$$> 1{,}0$$
$$< 2{,}0$$

$$l_s = 1{,}04 \cdot 46{,}8 \cdot 0{,}25 \qquad = 12 \text{ cm}$$

$\dfrac{a_{s,req}}{a_{s,prov}} = 0{,}25$; s. o.

EC2, 5.2.4.2.1(5)

$$l_{s,min} = 0{,}3 \cdot 1{,}04 \cdot 46{,}8 \qquad = 15 \text{ cm}$$
$$< 20 \text{ cm}$$
$$< 25 \text{ cm} = s_t$$

$s_t = 25$ cm; Abstand der Querstäbe

Größtwert ist maßgebend

Gewählt wird eine Übergreifungslänge von $l_s = 25$ cm.

6.4 Verankerung außerhalb der Auflager

EC2, 5.4.2.1.3

Die Stäbe der Bewehrung über der Stütze B sind von dem Punkt E aus, an dem sie rechnerisch nicht mehr benötigt werden, um das Maß $l_{b,net} \geq d$ zu verankern.

EC2, 5.4.2.1.3(2), Bild 5.11

$$l_{b,net} = \alpha_a \cdot l_b \cdot \frac{a_{s,req}}{a_{s,prov}} = 0{,}7 \cdot 46{,}8 \cdot 0 \qquad = 0 \text{ cm}$$

EC2, 5.2.3.4.1(1), Gl. (5.4)

$$< l_{b,min} = 0{,}3 \cdot 46{,}8 \qquad = 14 \text{ cm}$$
$$< 17 \text{ cm} = d$$

EC2, 5.2.3.4.1(1), Gl. (5.5) für Verankerungen der Zugstäbe; der Wert von d ist hier maßgebend.

6.5 Größtabstände der Bewehrungsstäbe

EC2, 5.4.3.2.1(4)

Hauptbewehrung:

$$\max s_l = 1{,}5 \cdot 20 \qquad = 30 \text{ cm}$$
$$< 35 \text{ cm}$$
$$> 15 \text{ cm}$$

hier maßgebender Höchstwert

$= $ vorh s_l

Querbewehrung:

$$\max s_q = 2{,}5 \cdot 20 \qquad = 50 \text{ cm}$$
$$> 40 \text{ cm}$$
$$> 25 \text{ cm}$$

hier maßgebender Höchstwert

$= $ vorh s_q

6.6 Mindestbewehrung, Einspannbewehrung

a) Mindestbewehrung zur Vermeidung eines Versagens ohne Vorankündigung

EC2, 5.4.3.2.1(3), in Verbindung mit 5.4.2.1.1(1), Gl. (5.14)

$$\min a_{s,l} = 0{,}6 \cdot b_t \cdot \frac{d}{f_{yk}} = 0{,}6 \cdot 100 \cdot \frac{17}{500} \qquad = 2{,}1 \text{ cm}^2/\text{m}$$

$$= 0{,}0015 \cdot 100 \cdot 17 \qquad = 2{,}6 \text{ cm}^2/\text{m}$$

maßgebend

$$\text{vorh } a_{s,l} > \min a_{s,l}$$

vgl. Abschn. 4.2

b) Querbewehrung

EC2, 5.4.3.2.1(2)

$$\min a_{s,q} \geq 0{,}2 \cdot a_{s,l}$$

Diese Bedingung ist bei den gewählten Betonstahl-Lagermatten erfüllt.

c) Bewehrung zur Berücksichtigung einer teilweisen Einspannung der Plattenränder

EC2, 5.4.3.2.2(2)

$$\text{erf } a_{s,E} \approx 0{,}25 \cdot a_{s,F1} = 0{,}25 \cdot 4{,}79 \qquad = 1{,}20 \text{ cm}^2/\text{m}$$

vgl. Abschn. 4.2.2, a), Feld 1; die Bemessung für ein Viertel des maximalen Momentes in Feld 1 würde einen kleineren Bewehrungsquerschnitt ergeben.

gewählt:

> 1 Betonstahl-Lagermatte BSt 500 M
>
> R 131 $\dfrac{150 \cdot 5,0}{250 \cdot 4,0}$
>
> vorh $a_{s,E} = 1,31$ cm²/m > erf $a_{s,E} = 1,20$ cm²/m

Länge dieser Bewehrung: min $l = 0,2 \cdot 4,82$ = 0,97 cm

EC2, 5.4.3.2.2(2)

Diese Bewehrung wird ebenfalls um das Maß von 14 cm hinter die Auflager-vorderkante geführt.

vgl. Darstellung der Bewehrung

6.7 Stöße der Querbewehrung

EC2, 5.2.4.2.2(1)

erf $l_{s,q} \geq s_l$ ≥ 15 cm

EC2, 5.2.4.2.2(1), Tab. 5.4, Sp. 2, für $\varnothing \leq 6$ mm (Querstabdurchmesser)

Mindestens zwei Längsstäbe (1 Masche) sollten innerhalb des Übergreifungs-stoßes liegen. Diese Bedingung ist bei vorh $l_{s,q} = 25$ cm erfüllt.

Längsschnitt (Höhenmaßstab verzerrt)

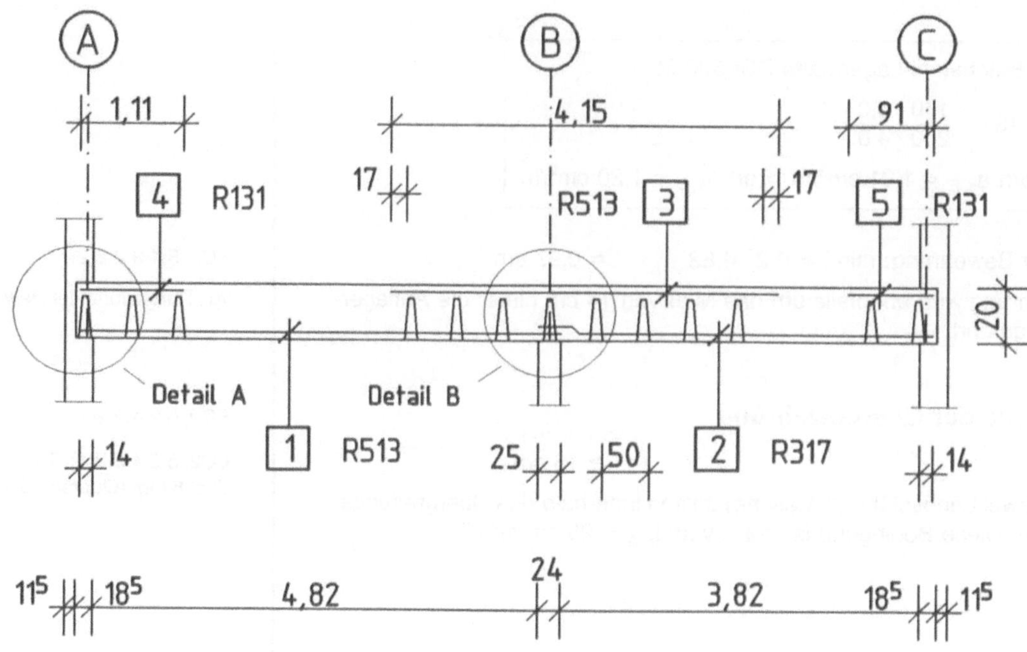

Zugkraft- und Zugkraftdeckungslinie

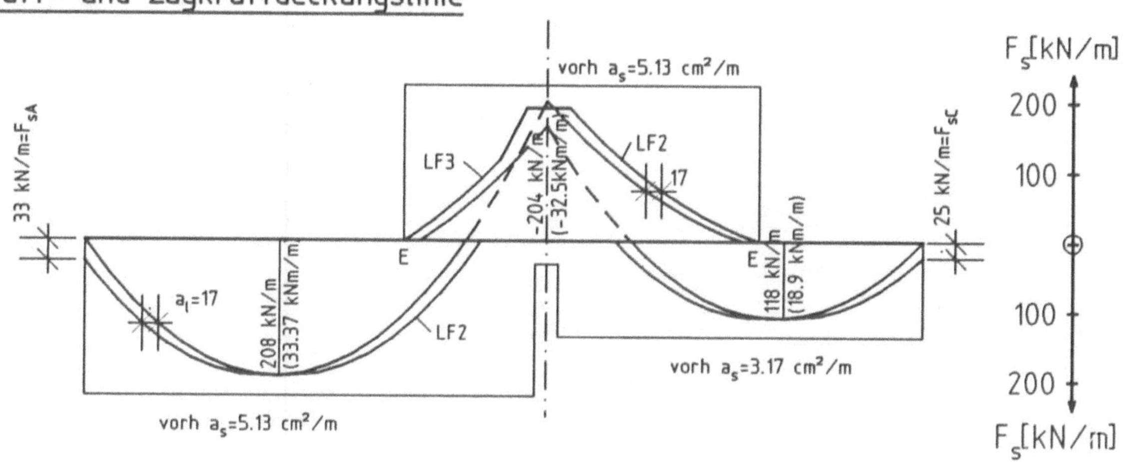

Detail A

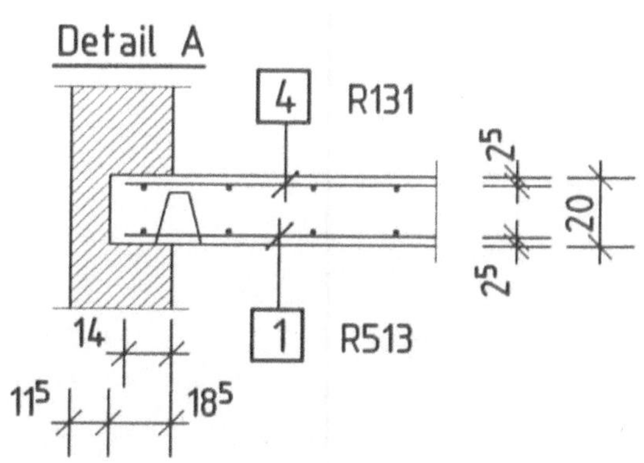

Detail B

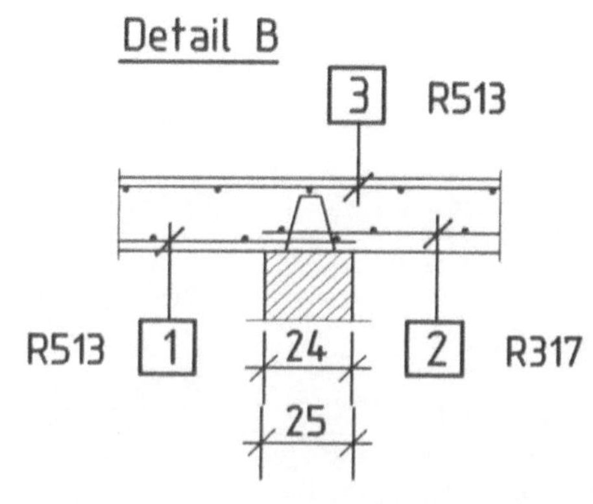

Liste der verwendeten Betonstahlmatten

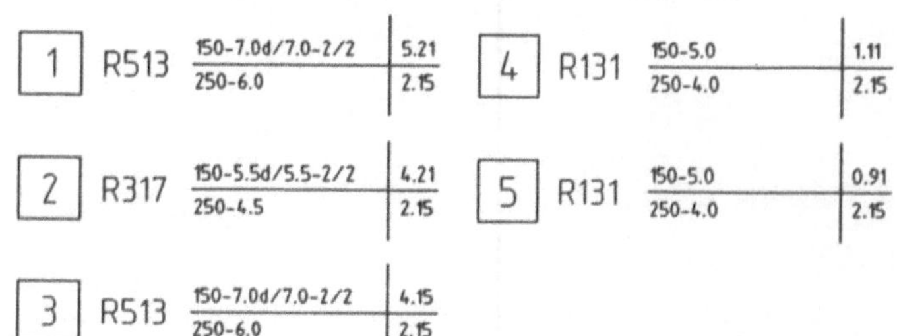

1	R513	150-7.0d/7.0-2/2 / 250-6.0	5.21 / 2.15
2	R317	150-5.5d/5.5-2/2 / 250-4.5	4.21 / 2.15
3	R513	150-7.0d/7.0-2/2 / 250-6.0	4.15 / 2.15
4	R131	150-5.0 / 250-4.0	1.11 / 2.15
5	R131	150-5.0 / 250-4.0	0.91 / 2.15

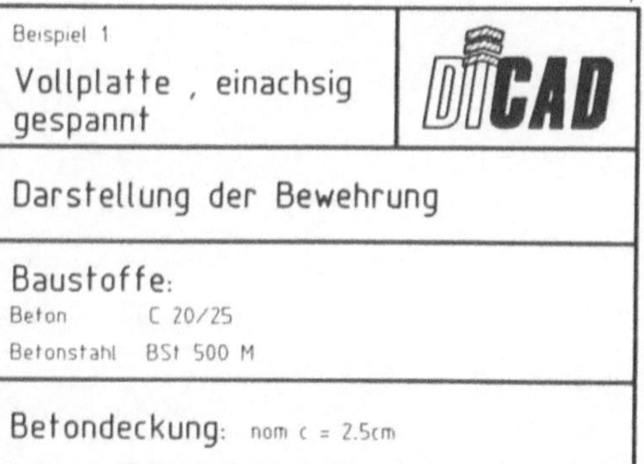

Beispiel 1

Vollplatte , einachsig gespannt

DICAD

Darstellung der Bewehrung

Baustoffe:
Beton   C 20/25
Betonstahl   BSt 500 M

Betondeckung: nom c = 2.5cm

BEISPIEL 2: VOLLPLATTE, ZWEIACHSIG GESPANNT

Inhalt

Beispiel 2: VOLLPLATTE, ZWEIACHSIG GESPANNT

Aufgabenstellung, Teilsicherheits- und Kombinationsbeiwerte

Zu bemessen ist eine über zwei Felder durchlaufende, linienförmig gelagerte Stahlbetonplatte einer Dachterrasse über einem Wohnraum. Die Platte ist zweiachsig gespannt. An der Oberseite sind eine äußere Wärmedämmung und eine wasserdichte Dachhaut angeordnet. Die Umweltbedingungen entsprechen somit EC2, Tab. 4.1, Z. 1 (Plattenunterseite) bzw. 2a (Plattenoberseite). Die Belastung ist vorwiegend ruhend.

Für die Nachweise in den Grenzzuständen der Tragfähigkeit bzw. Gebrauchstauglichkeit sind folgende Teilsicherheits- und Kombinationsbeiwerte vorgegeben:

a) Teilsicherheitsbeiwerte in den Grenzzuständen der Tragfähigkeit

- für ständige Einwirkungen   : $\gamma_G = 1{,}35$ bzw. $1{,}0$
- für veränderliche Einwirkungen   : $\gamma_Q = 1{,}50$ bzw. 0
- für Beton   : $\gamma_c = 1{,}50$
- für Betonstahl   : $\gamma_s = 1{,}15$

b) Kombinationsbeiwert in den Grenzzuständen der Gebrauchstauglichkeit

- für die quasi-ständige Einwirkungskombination: $\psi_{2,1} = 0{,}3$

c) Baustoffe

- Beton C 25/30 (Stahlbeton); bei dieser Betonfestigkeitsklasse gelten bei Verwendung eines Zementes der Festigkeitsklasse CE 32,5 die Anforderungen an den maximal zulässigen Wasserzementwert nach Tab. 3 in DIN V ENV 206 als erfüllt.
- Betonstahlmatten BSt 500 M (normale Duktilität)

1   System, Bauteilmaße, Betondeckung

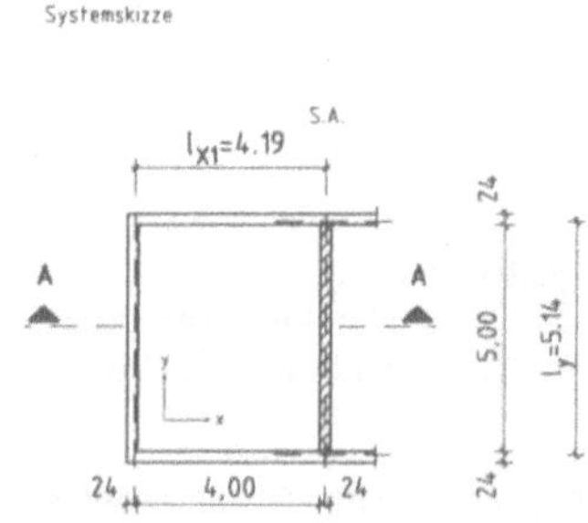

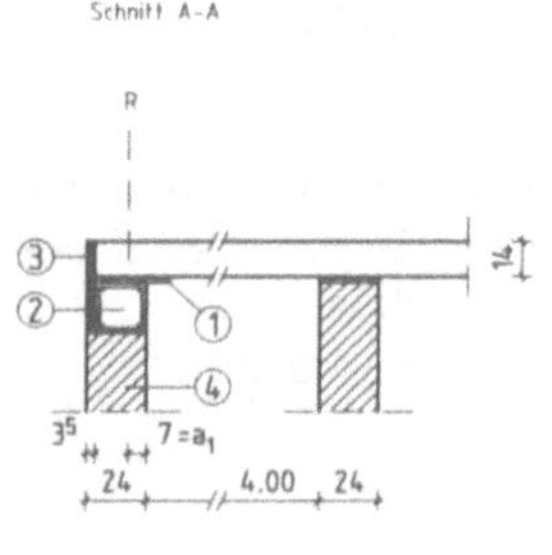

Bild 2.1: System und Bauteilmaße

1.1   Wirksame Stützweiten

$$l_{eff} = l_n + a_1 + a_2$$

$$l_{eff,x} = 4{,}0 + \frac{0{,}205}{3} + \frac{0{,}24}{2} \qquad = 4{,}19\ \text{m}$$

$$l_{eff,y} = 5{,}0 + \frac{2 \cdot 0{,}205}{3} \qquad = 5{,}14\ \text{m}$$

$$\varepsilon = \frac{l_{eff,y}}{l_{eff,x}} = \frac{5{,}14}{4{,}19} \qquad = 1{,}23$$

Literatur:

[2.1] Leonhardt, F.: Vorlesungen über Massivbau. Vierter Teil: Nachweise der Gebrauchsfähigkeit. Berlin, Heidelberg, New York. Springer-Verlag 1976.

[2.2] Stiglat, K., und Wippel, H.: Platten. 3. überarbeitete, ergänzte und erweiterte Auflage. Berlin, München. Verlag von W. Ernst & Sohn 1983.

EC2, 4.1.2.2(2), und DIN V ENV 206, 6.2.1, und Tab. 2

EC2, 2.2.2.3 P(2), 2.2.2.4 P(2), 2.2.3.2 P(1)

EC2, 2.3.3.1(1), Tab. 2.2; der zweite Zahlenwert gilt bei günstiger Auswirkung.

EC2, 2.3.3.2(1), Tab. 2.3, für die Grundkombination; die außergewöhnl. Situation im Sinne von EC2, 2.3.2.2 P(2), Gl. (2.7 b), ist nicht Gegenstand dieses Beispiels.

EC2, 2.3.4 P(2): für die Teilsicherheitsbeiwerte gilt in der Regel $\gamma_F = \gamma_M = 1{,}0$.

[A1], Tab. R1, Z. 1, Sp. 4, für Verkehrslasten auf Balkonen. Die Beiwerte $\psi_{0,i}$ und $\psi_{1,i}$ werden hier nicht benötigt.

DIN V ENV 206, 7.3.1.1, Tab. 8; DIN V ENV 206, 6.2.2 und Tab. 3, für die Umweltklasse 2a und Stahlbeton, sowie 11.3.8, Tab. 20

[A1], Tab. R2, Z. 3; da im vorliegenden Beispiel von einer begrenzten Schnittgrößenumlagerung im Sinne von EC2, 2.5.3.4.2, kein Gebrauch gemacht wird, sind über die Forderungen nach EC2, 2.5.3.4.2(5), hinaus keine Vorgaben an die Duktilität des Betonstahls erforderlich.

EC2, 2.5.2.2.2; siehe Bild 2.1

EC2, 2.5.2.2.2(1), Gl. (2.15)

EC2, 2.5.2.2.2(1); a_1 und a_2 entsprechend EC2, Bild 2.4 a) bzw. 2.4 b). Daher gilt für a_1: $t/3 \le a_1 \le t/2$, hier gewählt zu $t/3$.

1.2   Betondeckung

a) in Abhängigkeit von den Umweltklassen

$\min c_u$ =   = 15 mm

bzw.

$\min c_o$ =   = 20 mm

Bei plattenartigen Bauteilen kann für die Umweltklassen 2 bis 5 eine Abminderung des Mindestwertes (hier $\min c_o$) von 5 mm vorgenommen werden. Von dieser Möglichkeit wird hier Gebrauch gemacht. Der Mindestwert der Betondeckung beträgt somit aus Gründen der Dauerhaftigkeit an der Plattenober- und -unterseite:

$\min c$ =   = 15 mm

b) zur sicheren Übertragung der Verbundkräfte ($d_g \leq 32$ mm)

$\min c = \max \varnothing$ = 7 mm

c) aus Gründen des Feuerwiderstandes

Diese Kriterien werden im Rahmen dieses Beispiels nicht behandelt.

d) Nennwert der Betondeckung

Maßgebend ist nom c nach EC2, 4.1.3.3(8):

nom c = min c + Δh = 15 + 10   = 25 mm

1.3   Begrenzung der Biegeschlankheit

Annahmen: – der nach EC2 empfohlene Grenzwert der Durchbiegung ist hier einzuhalten

            – der Beton der Platte gilt als „gering" beansprucht im Sinne von EC2

            – die Stahlspannung beträgt im Grenzzustand der Gebrauchstauglichkeit unter der häufigen Einwirkungskombination $\sigma_s \leq 250$ N/mm².

$$\text{zul} \left(\frac{l_{eff}}{d} \right) = 32; \qquad \text{erf } d = \frac{l_{eff,x}}{32} = \frac{419}{32} = 13{,}1 \text{ cm}$$

$$h = d + \frac{\varnothing}{2} + \text{nom c} = 13{,}1 + \frac{0{,}7}{2} + 2{,}5 = 16{,}0 \text{ cm}$$

gewählt: h = 14 cm < erf h = 16 cm

Die gewählte Plattendicke von h = 14 cm ist kleiner als erf h = 16 cm über die Begrenzung der Biegeschlankheit. Deshalb wird im Grenzzustand der Gebrauchstauglichkeit die rechnerische Durchbiegung ermittelt.

Mindestdicke: min h = 5 cm < vorh h   = 14,0 cm

2   Einwirkungen

2.1   Charakteristische Werte

Tabelle 2.1: Charakteristische Werte der Einwirkungen

Zeile	Bezeichnung der Einwirkungen	Charakteristischer Wert (kN/m²)	
	1	2	
1	ständige Einwirkungen (Eigenlasten): – 14 cm Stahlbetonvollplatte 0,14 m · 25 kN/m³ = – Belag, Abdichtung, Dämmung ständige Einwirkungen insgesamt:		3,50 1,50 G_k = 5,00
2	veränderliche Einwirkung: (Verkehrslast)		Q_k = 3,50

EC2, 4.1.3.3

EC2, 4.1.3.3(6), und Tab. 4.2

EC2, Tab. 4.2, für die Umweltklasse 1 bzw. 2a und Betonstahl

EC2, 4.1.3.3(6), Tab. 4.2, und Anmerkung 2)

EC2, 4.1.3.3(5); wegen der Wahl von d_g siehe auch DIN V ENV 206, 5.4;

Mit $\varnothing$ wird hier der Einzelstabdurchmesser einer Betonstahlmatte mit Doppelstäben bezeichnet.

Nach [A1], 4.1.3.3(10), richten sich die für den Feuerwiderstand erforderliche Mindestbetondeckung einschließlich der Maßabweichungen nach DIN 4102 Teil 4.

EC2, 4.1.3.3(8): Δh = 10 mm; nach [A1], 4.1.3.3(8), sind Vorhaltemaße Δh < 10 mm nur dann zulässig, wenn besondere Maßnahmen nach DIN 1045/7.88, Abschn. 13.2.1(4), getroffen werden.

EC2, 4.4.3.2

EC2, 4.4.3.1(5)

EC2, 4.4.3.2(5), (b)

EC2, 4.4.3.2(4)

EC2, 4.4.3.2(2), Tab. 4.14, Z. 2, Sp. 3; maßgebend ist die kürzere Plattenseite $l_{eff,x}$ (EC2, 4.4.3.2(5), (d)).

vgl. Abschn. 5.3
EC2, 5.4.3.1(1); Mindestdicke für auf der Baustelle hergestellte Vollplatten.

[A1], 2.2.2.2: Als charakteristische Werte der Einwirkungen gelten grundsätzlich die Werte der DIN-Normen, insbesondere der Normen der Reihe DIN 1055, und gegebenenfalls der bauaufsichtlichen Ergänzungen und Richtlinien.

DIN 1055 Teil 1, 7.4.1.5
DIN 1055 Teil 1, 7.10

DIN 1055 Teil 3, Tab. 1, Z. 4a

2.2 Repräsentative Werte und Bemessungswerte

2.2.1 Grenzzustände der Gebrauchstauglichkeit

a) quasi-ständige Einwirkungskombination

$$G_k \quad\quad = \quad\quad\quad\quad\quad\quad = \quad 5{,}00 \text{ kN/m}^2$$

$$\psi_{2,1} \cdot Q_k \quad = \quad 0{,}3 \quad \cdot \ 3{,}5 \quad = \quad 1{,}05 \text{ kN/m}^2$$

$$G_k + \psi_{2,1} \cdot Q_k \quad = \quad 5{,}00 + 1{,}05 \quad = \quad 6{,}05 \text{ kN/m}^2$$

Im vorliegenden Beispiel werden in den Grenzzuständen der Gebrauchstauglichkeit nur die Schnittgrößen unter der quasi-ständigen Einwirkungskombination benötigt. Die Einwirkungen für die seltene bzw. häufige Einwirkungskombination werden deshalb hier nicht berechnet.

2.2.2 Grenzzustände der Tragfähigkeit

Bemessungswerte der Einwirkungen für die Grundkombination:

$$\gamma_G \cdot G_k \quad\quad = \quad 1{,}35 \ \cdot \ 5{,}00 \quad\quad = \quad 6{,}75 \text{ kN/m}^2$$

$$\gamma_Q \cdot Q_k \quad\quad = \quad 1{,}50 \ \cdot \ 3{,}50 \quad\quad = \quad 5{,}25 \text{ kN/m}^2$$

$$\gamma_G \cdot G_k + \gamma_Q \cdot Q_k \quad = \quad 6{,}75 + 5{,}25 \quad = \quad 12{,}00 \text{ kN/m}^2$$

3 Schnittgrößenermittlung

3.1 Grenzzustände der Gebrauchstauglichkeit

Biegemomente infolge ständiger Einwirkungen (Eigenlasten):

$$m_{xerm,\,G} \quad = \ -\,5{,}00 \ \cdot \ \frac{4{,}19^2}{10{,}0} \quad = \ -\ 8{,}78 \text{ kNm/m}$$

$$m_{xm,\,G} \quad = \ 5{,}00 \ \cdot \ \frac{4{,}19^2}{23{,}8} \quad = \quad 3{,}69 \text{ kNm/m}$$

$$m_{ymax,\,G} \quad = \ 5{,}00 \ \cdot \ \frac{4{,}19^2}{49{,}7} \quad = \quad 1{,}77 \text{ kNm/m}$$

Biegemomente infolge des quasi-ständigen Anteils der veränderlichen Einwirkung:
Stützmoment:

$$m_{xerm,\,Q} \quad = \ -\,1{,}05 \ \cdot \ \frac{4{,}19^2}{10{,}0} \quad = \ -\ 1{,}84 \text{ kNm/m}$$

Maximale Feldmomente infolge $\psi_{2,1} \cdot Q_k$ durch Belastungsumordnung aus symmetrischem bzw. antimetrischem Anteil:

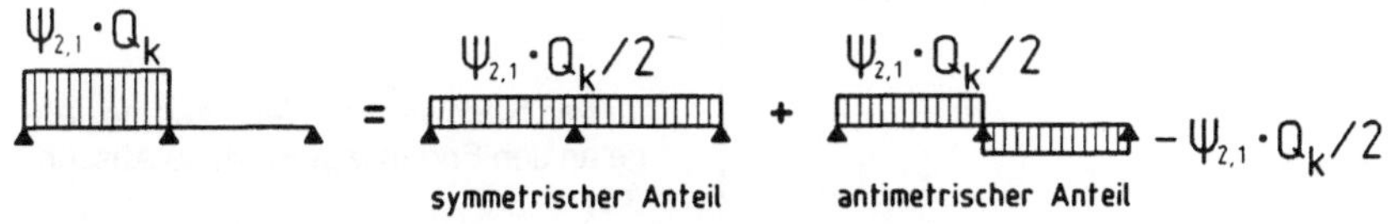

Bild 2.2: Aufteilung der veränderlichen Einwirkung in einen symmetrischen und einen antimetrischen Anteil

$$m_{xm,\,Q} = \psi_{2,1} \ \cdot \ \frac{Q_k}{2} \ \cdot \ l_x^2 \ \cdot \ \left(\frac{1}{\varkappa_s} + \frac{1}{\varkappa_a} \right)$$

Seitenrand-Verweise:

EC2, 2.2.2.3 und 2.2.2.4

EC2, 2.2.2.3

EC2, 2.3.4P(2), Gl.(2.9c); diese Einwirkungskombination wird für die Berechnung der Plattendurchbiegung benötigt.

vgl. hierzu Abschn. 5

EC2, 2.2.2.4

EC2, 2.3.2.2P(2), Gl.(2.7a)

EC2, 2.5

EC2, 2.5.3.2.1

EC2, 2.5.3.2.1P(1): Die Schnittgrößen werden auf der Grundlage der Elastizitätstheorie ermittelt. Zur Schnittgrößenermittlung werden die Tafeln von Czerny, siehe z. B. Beton-Kalender 1990 Teil I, S. 309 ff, insbesondere S. 313 bzw. 315, unter der Annahme $\mu = 0$ verwendet.

für die quasi-ständige Einwirkungskombination

Zur Vereinfachung wird hier $l_{eff,\,x}$ durch l_x ersetzt.

Momentenbeiwerte $\varkappa_s$ und $\varkappa_a$ aus Beton-Kalender 1990 Teil I, S. 315 bzw. 313

$$m_{xm,Q} = \frac{1,05}{2} \cdot 4,19^2 \cdot \left(\frac{1}{23,8} + \frac{1}{18,3}\right) = 0,39 + 0,50 = \quad 0,89 \text{ kNm/m}$$

für den quasi-ständigen Anteil der veränderlichen Einwirkung

$$m_{ym,Q} = \frac{1,05}{2} \cdot 4,19^2 \cdot \left(\frac{1}{49,7} + \frac{1}{29,6}\right) = 0,19 + 0,31 = \quad 0,50 \text{ kNm/m}$$

Wegen der abhebbaren Plattenecken sind die Feldmomente mit Hilfe von Faktoren δ_1 (für $\mu = 0$) zu erhöhen:

Da die Ecken nicht gegen Abheben gesichert sind, werden die Feldmomente entsprechend erhöht. Vorgehensweise nach [A6], S. 28, 2.3.2, für $\mu = 0$:

$$m_{xm} = (m_{xm,G} + m_{xm,Qs}) \cdot \delta_{1s} + m_{xm,Qa} \cdot \delta_{1a}$$

$\boxed{\delta_{1s}}$ Tafel 2.3:
x-Richtung: $\delta_x = 1,18$
y-Richtung: $\delta_y = 1,12$

Für die quasi-ständige Einwirkungskombination ergibt sich:

$\boxed{\delta_{1a}}$ Tafel 2.3:
x-Richtung: $\delta_x = 1,31$
y-Richtung: $\delta_y = 1,31$

$$m_{xm} = (3,69 + 0,39) \cdot 1,18 + 0,50 \cdot 1,31 = 5,47 \text{ kNm/m}$$
$$m_{ymax} = (1,77 + 0,19) \cdot 1,12 + 0,31 \cdot 1,31 = 2,61 \text{ kNm/m}$$

3.2 Grenzzustände der Tragfähigkeit

EC2, 2.5.3.2.2 und 2.5.3.5.3

Biegemomente infolge ständiger Einwirkungen (Eigenlasten):

$$m_{xerm,G} = -6,75 \cdot \frac{4,19^2}{10,0} \qquad = -11,85 \text{ kNm/m}$$

Beton-Kalender 1990 Teil I, S. 309 ff, insbesondere S. 313 und 315, mit Annahme $\mu = 0$.

$$m_{xm,G} = 6,75 \cdot \frac{4,19^2}{23,8} \qquad = 4,98 \text{ kNm/m}$$

$$m_{ymax,G} = 6,75 \cdot \frac{4,19^2}{49,7} \qquad = 2,38 \text{ kNm/m}$$

Biegemomente infolge veränderlicher Einwirkung:

$$m_{xerm,Q} = -5,25 \cdot \frac{4,19^2}{10,0} \qquad = -9,22 \text{ kNm/m}$$

Maximale Feldmomente infolge Q_k durch Belastungsumordnung aus symmetrischem bzw. antimetrischem Anteil:

$$m_{xm,Q} = \gamma_Q \cdot \frac{Q_k}{2} \cdot l_x^2 \cdot \left(\frac{1}{\varkappa_s} + \frac{1}{\varkappa_a}\right)$$

$$m_{xm,Q} = \frac{5,25}{2} \cdot 4,19^2 \cdot \left(\frac{1}{23,8} + \frac{1}{18,3}\right) = 1,94 + 2,52 = \quad 4,46 \text{ kNm/m}$$

$$m_{ymax,Q} = \frac{5,25}{2} \cdot 4,19^2 \cdot \left(\frac{1}{49,7} + \frac{1}{29,6}\right) = 0,93 + 1,56 = \quad 2,49 \text{ kNm/m}$$

Querkräfte:

für den Nachweis der Querkrafttragfähigkeit (siehe Abschn. 4.3)

$$q_{xerm} = (\gamma_G \cdot G_k + \gamma_Q \cdot Q_k) \cdot \frac{l_x}{1,62}$$

$$= (6,75 + 5,25) \cdot \frac{4,19}{1,62} = 31,04 \text{ kN/m}$$

$$\bar{q}_{xrm} = (\gamma_G \cdot G_k + \gamma_Q \cdot Q_k) \cdot \frac{l_x}{2,40}$$

für den Nachweis der Verankerungslänge an den Endauflagern (siehe Abschn. 6.2)

$$= (6,75 + 5,25) \cdot \frac{4,19}{2,40} = 20,95 \text{ kN/m}$$

Wegen der abhebbaren Plattenecken sind die Feldmomente mit Hilfe von Faktoren δ_1 (für $\mu = 0$) zu erhöhen:

Da die Ecken nicht gegen Abheben gesichert sind, werden die Feldmomente erhöht. Vorgehensweise nach [A6], S. 28, 2.3.2; δ_1 vgl. Abschn. 3.1

$$m_{xm} = (4,98 + 1,94) \cdot 1,18 + 2,52 \cdot 1,31 = 11,47 \text{ kNm/m}$$
$$m_{ymax} = (2,38 + 0,93) \cdot 1,12 + 1,56 \cdot 1,31 = 5,75 \text{ kNm/m}$$

Ausrundung des Stützmomentes:

$$m'_{xerm} = m_{xerm,G} + m_{xerm,Q} + 2 \cdot q_{xerm} \cdot \frac{b}{8}$$

$$m'_{xerm} = -(11{,}85 + 9{,}22) + 2 \cdot 31{,}04 \cdot \frac{0{,}24}{8} = -19{,}21 \text{ kNm/m}$$

EC2, 2.5.3.3(4)

EC2, 2.5.3.3(4), Gl.(2.16)

4 Bemessung in den Grenzzuständen der Tragfähigkeit

EC2, 4.3

4.1 Bemessungswerte der Baustoffe

EC2, 2.2.3.2

Beton: C 25/30 $\qquad f_{ck} = 25 \text{ N/mm}^2$

EC2, 3.1.2.4(3), Tab. 3.1, Z. 1, Sp. 4

$$f_{cd} = \frac{f_{ck}}{\gamma_c} = \frac{25}{1{,}5} = 16{,}7 \text{ N/mm}^2$$

EC2, 2.2.3.2P(1), Gl.(2.3), und
2.3.3.2(1), Tab. 2.3, Z. 1, Sp. 2

Betonstahlmatten: BSt 500 M $\qquad f_{yk} = 500 \text{ N/mm}^2$

[A1], 3.2.1P(5), Tab. R2, Z. 3, Sp. 2
und 6

$$f_{yd} = \frac{500}{1{,}15} = 435 \text{ N/mm}^2$$

EC2, 2.2.3.2P(1), Gl.(2.3), und
2.3.3.2(1), Tab. 2.3, Z. 1, Sp. 3

4.2 Bemessung für Biegung

EC2, 4.3.1

4.2.1 Nachweis über dem Zwischenauflager B

Nutzhöhe:

Annahme: $\varnothing_x = 7$ mm für die Stäbe der Längsbewehrung in x-Richtung

$$d_x = h - \frac{\varnothing_x}{2} - \text{nom } c = 14 - \frac{0{,}7}{2} - 2{,}5 \approx 11{,}0 \text{ cm}$$

Bemessung je laufenden Meter Plattenbreite mit dimensionslosen Beiwerten:

[A2], S. 53, Abschn. 6.2.2.1.3, Tafel 6.2a

$$\mu_{Sds} = \frac{|m'_{xerm}|}{b \cdot d^2 \cdot f_{cd}} = \frac{19{,}21 \cdot 10^{-3}}{1{,}0 \cdot 0{,}11^2 \cdot 16{,}7} = 0{,}095$$

interpoliert aus Tafel 6.2a:

$$\omega; \xi = 0{,}101; 0{,}148$$

$$\xi = \frac{x}{d}$$

$$\text{vorh } \xi = 0{,}148 < \text{zul } \xi = 0{,}45$$

EC2, 2.5.3.4.2(5), für C 25/30

Überprüfung der Notwendigkeit einer Druckbewehrung:

[A2], S. 51, Abschn. 6.2.2.1.1

Eine Druckbewehrung ist hier nicht erforderlich, da der Grenzwert $\xi_{lim} = 0{,}617$ größer als vorh $\xi = 0{,}148$ ist.

$$\text{erf } a_s = \omega \cdot b \cdot d \cdot \frac{f_{cd}}{f_{yd}} = 0{,}101 \cdot 100 \cdot 11{,}0 \cdot \frac{16{,}7}{435} = 4{,}27 \text{ cm}^2\text{/m}$$

[A2], S. 52, Abschn. 6.2.2.1.3, Gl.(6.21)

gewählt:

Mattenbezeichnung nach DIN 488
Teil 4, 3.3.1

Betonstahl-Lagermatte DIN 488 BSt 500 M
R 443 $\dfrac{150 \cdot 6{,}5 \text{ d/}6{,}5\text{–}2/2}{250 \cdot 5{,}5}$
vorh $a_s = 4{,}43$ cm²/m $>$ erf $a_s = 4{,}27$ cm²/m

Nachweis der Mindestbewehrung zur Beschränkung der Rißbreite bzw. zur Vermeidung eines Versagens ohne Vorankündigung siehe Abschn. 5.2.1 und 6.7

4.2.2 Nachweis im Feld in x-Richtung

Nutzhöhe:

d_x = $\approx 11,0$ cm

wie über dem Zwischenauflager B

$$\mu_{Sds} = \frac{m_{xm}}{b \cdot d_x{}^2 \cdot f_{cd}} = \frac{11,47 \cdot 10^{-3}}{1,0 \cdot 0,11^2 \cdot 16,7} = 0,057$$

interpoliert aus Tafel 6.2a:

[A2], S. 53, Abschn. 6.2.2.1.3 und Tafel 6.2a

$\omega; \xi$ = 0,059; 0,10

ξ_{lim} = 0,617 > vorh ξ = 0,10

[A2], S. 51, Abschn. 6.2.2.1.1: eine Druckbewehrung ist nicht erforderlich. Ebenso brauchen die Nachweise nach EC2, 2.5.3.4.2(3) und (5), zur Begrenzung der Druckzonenhöhe ξ = x/d hier nicht geführt zu werden, da hier kein „kritischer Schnitt" im Sinne von EC2 vorliegt.

$$\text{erf } a_{sx} = 0,059 \cdot 100 \cdot 11,0 \cdot \frac{16,7}{435} = 2,49 \text{ cm}^2/\text{m}$$

[A2], S. 52, 6.2.2.1.3, Gl.(6.21)

4.2.3 Nachweis im Feld in y-Richtung

$$d_y = d_x - (\varnothing_x + \varnothing_y)/2 = 11,0 - 2 \cdot 0,7/2 = 10,3 \text{ cm}$$

$$\mu_{Sds} = \frac{m_{ymax}}{b \cdot d_y{}^2 \cdot f_{cd}} = \frac{5,75 \cdot 10^{-3}}{1,0 \cdot 0,103^2 \cdot 16,7} = 0,033$$

Annahme: $\varnothing_x = \varnothing_y = 7$ mm für die Stäbe der Längsbewehrung in x- und y-Richtung

interpoliert aus Tafel 6.2a:

[A2], S. 53, Abschn. 6.2.2.1.3 und Tafel 6.2a

$\omega; \xi$ = 0,034; 0,071

Schlußfolgerungen bezüglich der Notwendigkeit einer Druckbewehrung wie in x-Richtung

$$\text{erf } a_{sy} = 0,034 \cdot 100 \cdot 10,3 \cdot \frac{16,7}{435} = 1,35 \text{ cm}^2/\text{m}$$

gewählt:

> Betonstahl-Lagermatte DIN 488 BSt 500 M
>
> Q 257 $\dfrac{150 \cdot 7,0/5,0 - 4/4}{150 \cdot 7,0}$
>
> vorh a_{sx} = 2,57 cm²/m > erf a_s = 2,49 cm²/m
>
> vorh a_{sy} = 2,57 cm²/m > erf a_{sy} = 1,35 cm²/m

Mattenbezeichnung nach DIN 488 Teil 4, 3.3.1

4.3 Bemessung für Querkraft

EC2, 4.3.2

Der Nachweis wird für die extremale Querkraft am Zwischenauflager B geführt:

$V_{Sd,B}$ = q_{xerm} = 31,04 kN/m

vgl. Abschn. 3.2

Dem Nachweis der Querkrafttragfähigkeit darf bei gleichmäßig verteilter Belastung die Querkraft im Abstand d vom Auflagerrand zugrunde gelegt werden:

EC2, 4.3.2.2(10)

$$V'_{Sd,B} = 31,04 - (0,24/2 + 0,11) \cdot (6,75 + 5,25) = 28,28 \text{ kN/m}$$

Aufnehmbare Querkraft V_{Rd1} bei Platten ohne Schubbewehrung:

EC2, 4.3.2.3(1), Gl.(4.18), für $\sigma_{cp} = 0$

V_{Rd1} = $\tau_{Rd} \cdot k \cdot (1,2 + 40 \cdot \varrho_l) \cdot b_w \cdot d$

τ_{Rd} = = 0,26 N/mm²

[A1], 4.3.2.3, Tab. R4, für C 25/30

k = 1,6 − 0,11 = 1,49 > 1

Annahme: Bewehrung wird nicht gestaffelt

ϱ_l = $\dfrac{4,43}{100 \cdot 11,0}$ = 0,4 % < 2,0 %

EC2, 4.3.2.3(1), Bild 4.12, rechts, für das Zwischenauflager

V_{Rd1} = $0,26 \cdot 1,49 \cdot (1,2 + 40 \cdot 0,004) \cdot 0,11 \cdot 10^3$ = 57,96 kN/m

> $V'_{Sd,B}$ = 28,28 kN/m

Nachweis der Druckstrebentragfähigkeit:

$$V_{Rd2} = 0,5 \cdot \nu \cdot f_{cd} \cdot b_w \cdot 0,9 \cdot d$$

EC2, 4.3.2.3(3), Gl.(4.19)

$$\nu = 0,7 - \frac{25}{200} \qquad = 0,575 > 0,5$$

EC2, 4.3.2.3(3), Gl. (4.20)

$$V_{Rd2} = 0,5 \cdot 0,575 \cdot 16,7 \cdot 0,9 \cdot 0,11 \cdot 10^3 \qquad = 475,33 \text{ kN/m}$$

$$> V'_{Sd,B} \qquad = 28,28 \text{ kN/m}$$

5 Nachweise in den Grenzzuständen der Gebrauchstauglichkeit

EC2, 4.4

5.1 Begrenzung der Spannungen unter Gebrauchsbedingungen

EC2, 4.4.1

Die Spannungsgrenzen nach EC2 dürfen im allgemeinen ohne weiteren Nachweis als eingehalten angesehen werden, wenn die Bedingungen a) bis d) nach EC2, 4.4.1.2(2), erfüllt sind. Da diese Voraussetzung hier gegeben ist, werden die Spannungen unter Gebrauchsbedingungen nicht rechnerisch nachgewiesen.

EC2, 4.4.1.2(2)

5.2 Grenzzustände der Rißbildung

EC2, 4.4.2

5.2.1 Mindestbewehrung zur Rißbreitenbeschränkung

EC2, 4.4.2.2

Bei den vorliegenden Verhältnissen (Abmessungen, Wärmedämmung, Lagerausbildung) kann davon ausgegangen werden, daß eine unter Umständen auftretende Zwangbeanspruchung die Rißschnittgröße nicht erreicht. Auf den Nachweis der Mindestbewehrung wird daher verzichtet.

EC2, 4.4.2.2(4)

5.2.2 Nachweis für die statisch erforderliche Bewehrung

EC2, 4.4.2.3

Da mit vorh h = 14 cm < 20 cm, wegen des Nichtvorhandenseins einer wesentlichen zentrischen Zugbeanspruchung (vgl. Abschn. 5.2.1) und wegen der Einhaltung der Festlegungen in EC2, 5.4.3, die Bedingungen nach EC2, 4.4.2.3(1), erfüllt sind, ist ein Nachweis des Grenzdurchmessers bzw. des höchstzulässigen Stababstandes hier nicht erforderlich.

EC2, 4.4.2.3(1)

EC2, 5.4.3, behandelt die bauliche Durchbildung von Vollplatten.

5.3 Beschränkung der Durchbiegung

EC2, 4.4.3

5.3.1 Übersicht

Da die gewählte Plattendicke von h = 14 cm kleiner ist als das zur Begrenzung der Biegeschlankheit erforderliche Maß, wird hier die Beschränkung der Durchbiegung im Sinne von EC2, 4.4.3.3 P(1) und P(2), über das im Anhang 4 von EC2 aufgezeigte Verfahren nachgewiesen. Im Rahmen dieses Beispiels sei angenommen, daß die Bedingung

vgl. Abschn. 1.3

EC2, 4.4.3.3(3)

$$\text{zul } f = \frac{l_{eff,x}}{250} = \frac{419}{250} \qquad = 1,7 \text{ cm}$$

EC2, 4.4.3.1(5)

unter quasi-ständigen Einwirkungen einzuhalten ist. Die rechnerisch vorhandene Durchbiegung wird nach [2.1] über

[A1], Anhang 4, A 4.2(5)
[2.1], S. 106, Abschn. 5.9.2

$$\text{vorh } f = k \cdot \frac{1}{r} \cdot l_{eff,x}^2$$

abgeschätzt, worin k einen von der Lastart und den Lagerungsbedingungen der Platte abhängigen Beiwert und (1/r) die Krümmung im maßgebenden Querschnitt (hier in Plattenmitte in x-Richtung) bezeichnen.

[2.1], S. 108, Bild 5.27

Bezüglich der Krümmung (1/r) legt EC2 fest, daß für Bauteile, in denen Risse zu erwarten sind, ein Wert anzunehmen ist, der zwischen dem des ungerissenen Zustands I, d.h. $(1/r)_I$, und dem des vollkommen gerissenen Zustands II, d.h. $(1/r)_{II}$, liegt. Unter der Annahme, daß sich unter quasi-ständigen Einwirkungen eine Rißbildung einstellt, sind zunächst die Krümmungen $(1/r)_I$ und $(1/r)_{II}$ zu bestimmen. Die Durchbiegung vorh f wird in Abschn. 5.3.5 ermittelt.

EC2, Anhang 4, A 4.3(2)

5.3.2 Ausgangswerte

a) Beton

Endkriechzahl φ_∞ und Endschwindmaß $\varepsilon_{cs,\infty}$:

Die Betonkennwerte, die das zeitabhängige Verformungsverhalten des Betons charakterisieren, hängen nicht nur von der Festigkeit, sondern auch und besonders von den Betonausgangsstoffen und den Umgebungsbedingungen ab. Eine verbindliche, einheitliche Festlegung war deshalb in EC2 nicht möglich. Deshalb sollten nach EC2, wenn wie im vorliegenden Fall eine genauere Berechnung erforderlich erscheint, die Verformungskennwerte anhand bekannter Daten festgelegt werden. Vorh f wird deshalb über die Endkriechzahl bzw. das Endschwindmaß gemäß DIN 4227 Teil 1 ermittelt.

EC2, 3.1.2.5(1)

Als bekannte Daten gelten z. B. die Festlegungen in DIN 4227 Teil 1, Abschn. 8.

Endkriechzahl φ_∞ für Innenräume, eine kleine mittlere Dicke h_m und ein Betonalter bei Belastungsbeginn von ca. 28 Tagen:

DIN 4227 Teil 1, Abschn. 8, Tab. 7, Kurve 3

$$\varphi_\infty \quad = \qquad\qquad\qquad = \ 2{,}6$$

Endschwindmaß:

$$\varepsilon_{cs,\infty} \quad = \qquad\qquad\qquad = -\,0{,}46\,\permil$$

DIN 4227 Teil 1, Tab. 8, Z. 4, Sp. 4; die Differenz $(k_{s,t}-k_{s,t0})$ nach Gl.(5) wird näherungsweise gleich Eins gesetzt.

Elastizitätsmodul:

$$E_{cm} \quad = \qquad\qquad\qquad = \ 30\,500 \ \text{N/mm}^2$$

EC2, 3.1.2.5.2(2), Tab. 3.2, für C 25/30; dieser Wert liegt in der gleichen Größenordnung wie die Angaben in DIN 4227 Teil 1, Tab. 6, für eine Betonfestigkeitsklasse zwischen B 25 und B 35.

Wirksamer Elastizitätsmodul unter Berücksichtigung des Kriechens:

$$E_{c,eff} \quad = \frac{E_{cm}}{1+\varphi_\infty} = \frac{30\,500}{3{,}6} \qquad \approx 8\,500 \ \text{N/mm}^2$$

EC2, Anhang 4, A 4.3(2), Gl.(A 4.3)

Mittlere Betonzugfestigkeit:

$$f_{ctm} \quad = \qquad\qquad\qquad = \ 2{,}6 \ \text{N/mm}^2$$

EC2, 3.1.2.4(3), Tab. 3.1, für C 25/30

Rißmoment:

$$m_{cr} \quad = \frac{f_{ctm} \cdot h^2}{6} = \frac{2{,}6 \cdot 0{,}14^2 \cdot 10^3}{6} \qquad = \ 8{,}5 \ \text{kNm/m}$$

je Meter Plattenbreite; es wird für die Überlagerung der Zustände I und II benötigt; siehe Abschn. 5.3.1 und 5.3.5

b) Betonstahl

$$E_s \quad = \qquad\qquad\qquad = \ 200\,000 \ \text{N/mm}^2$$

EC2, 3.2.4.3(1)

$$\alpha_e \quad = \frac{E_s}{E_{c,eff}} = \frac{200\,000}{8\,500} \qquad = \ 23{,}5$$

EC2, Anhang 4, A 4.3(2); Erl. zu Gl.(A 4.4)

c) Biegemoment unter der quasi-ständigen Einwirkungskombination

$$m_{xm,stän} = \qquad\qquad\qquad = \ 5{,}47 \ \text{kNm/m}$$

vgl. Abschn. 3.1

5.3.3 Krümmung im ungerissenen Zustand I

a) infolge Lastbeanspruchung

$$(1/r)_{I,Last} = m_{xm,stän}/(E_{c,eff} \cdot I_I)$$

$$= \frac{5{,}47 \cdot 10^{-3} \cdot 12 \cdot 10^{-3}}{8{,}5 \cdot 10^3 \cdot 1{,}0 \cdot 0{,}14^3} \qquad = \ 2{,}82 \cdot 10^{-6} \ \frac{1}{\text{mm}}$$

b) infolge Schwindens

$$(1/r)_{I,cs} \ = \varepsilon_{cs,\infty} \cdot \alpha_e \cdot S_I/I_I$$

EC2, Anhang 4, A 4.3(2), Gl.(A 4.4)

$$(1/r)_{I,cs} \ = \frac{0{,}46 \cdot 10^{-3} \cdot 23{,}5 \cdot 2{,}57 \cdot 10^{-4} \cdot (0{,}11 - 0{,}14/2) \cdot 12}{1{,}0 \cdot 0{,}14^3} \cdot 10^{-3}$$

$$= 0{,}49 \cdot 10^{-6} \ \frac{1}{\text{mm}}$$

S_I: Flächenmoment 1. Grades der Bewehrung, bezogen auf die Schwerachse des ungerissenen Querschnitts; vorh a_s = 2,57 cm²/m

c) Krümmung insgesamt

$$(1/r)_I = (2,82 + 0,49) \cdot 10^{-6} = 3,31 \cdot 10^{-6} \, \frac{1}{\text{mm}}$$

5.3.4 Krümmung im gerissenen Zustand II

a) Rechnerische Druckzonenhöhe x

Vorhandener Bewehrungsgrad im Feld in x-Richtung:

$$\varrho_{Ix} = \frac{a_{sx}}{b \cdot d_x} = \frac{2,57}{100 \cdot 11} = 0,0023$$

siehe Bild 2.3; bei Annahme einer linearen Spannungsverteilung über die Querschnittshöhe

Druckzonenhöhe:

$$x = \left([\alpha_e \cdot \varrho_I \cdot (2 + \alpha_e \cdot \varrho_I)]^{1/2} - \alpha_e \cdot \varrho_I \right) \cdot d_x$$
$$x = \left([23,5 \cdot 0,0023 \cdot (2 + 23,5 \cdot 0,0023)]^{1/2} - 23,5 \cdot 0,0023 \right) \cdot 11$$
$$= 3,1 \text{ cm}$$

$$z = d_x - \frac{x}{3} = 11 - \frac{3,1}{3} \approx 10 \text{ cm}$$

für Rechteckquerschnitte mit einfacher Bewehrung; Gl. für x siehe [A.2], S. 123, Abschn. 11.3

b) Krümmung infolge Lastbeanspruchung

Stahlspannung $\sigma_{s,\text{stän}}$ unter der quasi-ständigen Einwirkungskombination:

$$\sigma_{s,\text{stän}} = \frac{m_{xm,\text{stän}}}{a_{sx} \cdot z} = \frac{5,47 \cdot 10^{-3}}{2,57 \cdot 10^{-4} \cdot 0,1} = 213 \text{ N/mm}^2$$

$$(1/r)_{II,\text{Last}} = \frac{\varepsilon_{s,\text{stän}}}{d_x - x} = \frac{213}{200 \cdot 10^3} \cdot \frac{1}{0,11 - 0,03} \cdot 10^{-3} = 13,3 \cdot 10^{-6} \, \frac{1}{\text{mm}}$$

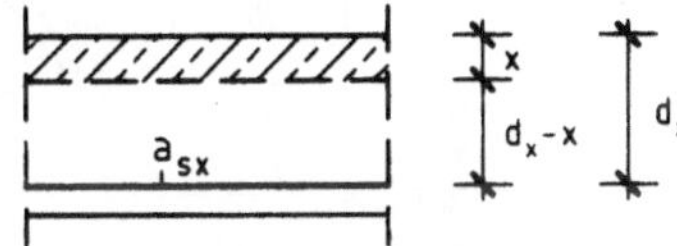

Bild 2.3: Beziehungen für die Krümmungsermittlung im Zustand II

c) Krümmung infolge Schwindens

$$(1/r)_{II,cs} = \varepsilon_{cs,\infty} \cdot \alpha_e \cdot S_{II}/I_{II}$$

$$S_{II} = a_{sx} \cdot (d_x - x) = 2,57 \cdot 10^{-4} \cdot (0,11 - 0,03) = 20,56 \cdot 10^{-6} \text{ m}^3$$

EC2, Anhang 4, A 4.3(2), Gl.(A 4.4); gegenüber Abschn. 5.3.3, b), sind die Querschnittswerte S_{II} und I_{II} im Zustand II zu ermitteln.

$$I_{II} = \frac{b \cdot d_x^3}{12} \cdot [4 \cdot k_x^3 + 12 \cdot \alpha_e \cdot \varrho_{Ix} \cdot (1 - k_x)^2]$$

$$= \frac{1 \cdot 11^3}{12} \cdot 10^{-6} \cdot [4 \cdot 0,282^3 +$$

$$+ 12 \cdot 23,5 \cdot 0,0023 \cdot (1 - 0,282)^2] = 47,04 \cdot 10^{-6} \text{ m}^4$$

$$(1/r)_{II,cs} = \frac{0,46 \cdot 10^{-3} \cdot 23,5 \cdot 20,56 \cdot 10^{-6}}{47,04 \cdot 10^{-6}} \cdot 10^{-3} = 4,7 \cdot 10^{-6} \, \frac{1}{\text{mm}}$$

siehe z.B. [A5], S. 802, Tab. 8.8, Z. 2 Sp. 3

$$k_x = \frac{x}{d_x} = \frac{3,1}{11} = 0,282$$

d) Krümmung insgesamt

$$(1/r)_{II} = 13,3 \cdot 10^{-6} + 4,7 \cdot 10^{-6} = 18 \cdot 10^{-6} \, \frac{1}{\text{mm}}$$

5.3.5 Ermittlung der vorhandenen rechnerischen Durchbiegung

$$\text{vorh } f = k \cdot (1/r)_{I,II} \cdot l^2_{\text{eff},x}$$

Der Beiwert k wird nach [2.1] näherungsweise als Mittel für die allseitig frei drehbar gelagerte bzw. einseitig eingespannte Platte und für das Verhältnis $\varepsilon = l_{\text{eff},y}/l_{\text{eff},x} = 1,23$ festgelegt:

$$k \approx 0,1$$

vgl. Abschn. 5.3.1

[2.1], S. 108, Bild 5.27, für die Lagerungsart 1 und drillsteife Platten; nach [2.2], S. 217, Platte Nr. IV/51/a, erhält man mit den dort gewählten Bezeichnungen k zu:

$$k = \frac{m}{k_w} \cdot \frac{l_{\text{eff},x}}{l_{\text{eff},y}} = \frac{11,44}{87,6 \cdot 1,23} \approx 0,1$$

Bezüglich der maßgebenden Krümmung $(1/r)_{I,II}$ gibt EC2 für die Überlagerung der Zustände I und II folgende Abschätzformel an:

$$(1/r)_{I,II} = \zeta \cdot (1/r)_{II} + (1 - \zeta) \cdot (1/r)_I$$

EC2, Anhang 4, A 4.3, Gl.(A 4.1)

Für den Verteilungsbeiwert ζ gilt:

$$\zeta = 1 - \beta_1 \cdot \beta_2 \cdot \left(\frac{\sigma_{sr}}{\sigma_s}\right)^2$$

β_1 Beiwert zur Berücksichtigung der Verbundeigenschaften des Betonstahls
     = 1,0 für Rippenstahl
     = 0,5 für glatten Betonstahl

β_2 Beiwert zur Berücksichtigung der Belastungsdauer oder wiederholter Belastung
     = 1,0 für eine einzelne kurzzeitige Belastung
     = 0,5 für Dauerbelastung oder zahlreiche Lastwiederholungen

σ_s Spannung in der Zugbewehrung bei gerissenem Querschnitt

σ_{sr} Spannung in der Zugbewehrung bei gerissenem Querschnitt unter der Erstrißbelastung

EC2, Anhang 4, A 4.3(2), Gl.(A 4.2)

Die zuvor beschriebenen Zusammenhänge sind schematisch in Bild 2.4 dargestellt.

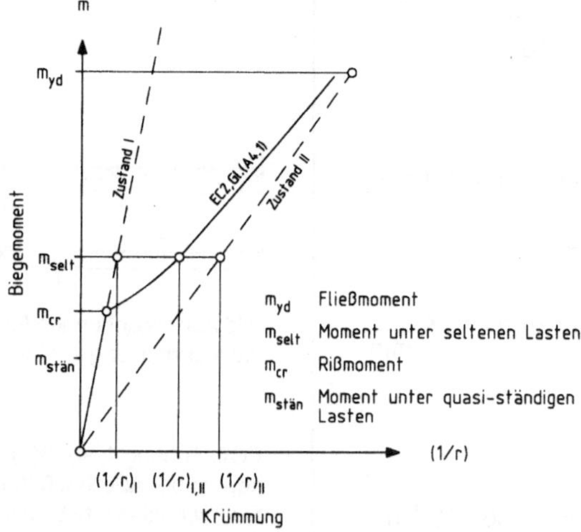

Bild 2.4: Überlagerung der Krümmung in den Zuständen I und II nach EC2

Gl.(A4.2) in EC2 für den Verteilungsbeiwert ζ gilt nur im Bereich zwischen dem Rißmoment m_{cr}, bei dem die Betonzugspannung den Höchstwert f_{ctm} annimmt, und dem Fließmoment m_{yd}, bei dem der Bemessungswert f_{yd} der Stahlfestigkeit an der Streckgrenze in der Biegezugbewehrung erreicht wird.

EC2, Anhang 2, A 2.2(3)
siehe Bild 2.4

Wegen $m_{xm,stän} = 5,47$ kNm/m $< m_{cr} = 8,5$ kNm/m kann der Verteilungsbeiwert ζ hier nicht über Gl. (A4.2) bestimmt werden. Andererseits würde die Annahme $\zeta = 0$ für ungerissene Querschnitte aus folgenden Gründen zu zu günstigen Rechenergebnissen führen:

vgl. Abschn. 5.3.2, a) und c)

EC2, Anhang 4, A 4.3(2)

Neben den quasi-ständigen Einwirkungen, die für die Durchbiegungsberechnung maßgebend sind, treten auch häufige oder seltene Kombinationen auf, die zu Momenten m > m_{cr} und somit zu einer Rißbildung führen. Bei Lastreduzierung auf das quasi-ständige Niveau (hier: $m_{xm,stän}$) nimmt zwar die Rißbildung wieder ab, jedoch ist der Zustand I bereits verlassen. Für diesen, in der Praxis häufigen Fall enthält EC2 keine konkrete Aussage für die Abschätzung von ζ.

[A1], S. 10, Anhang 4, A 4.2
EC2, 2.3.4P(2)
z. B. das Moment m_{selt} in Bild 2.4
[2.1], S. 96 ff, Abschn. 5.7

Daher wird im Rahmen dieses Beispiels unter Berücksichtigung der möglichen Einwirkungskombinationen die Krümmung $(1/r)_{I,II}$ auf der sicheren Seite liegend wie folgt abgeschätzt:

Das seltene Moment m_{selt} nach EC2, 2.3.4P(2), Gl.(2.9a), liegt hier ebenfalls im Bereich des Rißmoments m_{cr}.

$$(1/r)_{I,II} = \left(\frac{1}{r}\right)_I + \frac{(1/r)_{II} - (1/r)_I}{2}$$

d. h.

$$\zeta = \frac{1}{2}$$

$$(1/r)_{I,II} = 3,3 \cdot 10^{-6} + \frac{(18,0 \cdot 10^{-6} - 3,3 \cdot 10^{-6})}{2} = 10,6 \cdot 10^{-6}\ \frac{1}{mm}$$

wodurch

$$\text{vorh } f = 0,1 \cdot 10,6 \cdot 10^{-6} \cdot 4,19^2 \cdot 10^6 \approx 18 \text{ mm}$$

$$\approx \text{zul } f = \frac{l_{eff,x}}{250} = \frac{4190}{250} \approx 17 \text{ mm}$$

vgl. Abschn. 5.3.3, c), u. 5.3.4, d)
siehe Abschn. 5.3.1; trotz der geringfügigen rechnerischen Überschreitung von zul f können wegen der hier getroffenen, auf der sicheren Seite liegenden Annahmen die Anforderungen an die Beschränkung der Durchbiegung als eingehalten angesehen werden.

6 Bewehrungsführung, bauliche Durchbildung

6.1 Grundmaß der Verankerungslänge

Verbundspannungen im Grenzzustand der Tragfähigkeit:

Alle Stäbe liegen im Bereich mit guten Verbundbedingungen:

f_{bd} = = 2,7 N/mm^2

Grundmaß der Verankerungslänge:

$$l_b = \frac{\varnothing}{4} \cdot \frac{f_{yd}}{f_{bd}} = 0,25 \cdot \frac{435}{2,7} \cdot \varnothing = 40,3 \cdot \varnothing$$

Tabelle 2.2: Grundmaße der Verankerungslänge

Zeile	Ort	$\varnothing$ (mm)	$\varnothing_n$ (mm)	l_b (cm)
	1	2	3	4
1	Stütze	6,5 d	9,2	37,0
2	Feld, x-Richtung	7,0	–	28,3
3	Feld, y-Richtung	7,0	–	28,3

6.2 Verankerung an den Endauflagern A und C

Nach EC2, 5.4.3.2.2(1), sollte mindestens die Hälfte der erforderlichen Feldbewehrung über das Auflager geführt und dort verankert werden. Im vorliegenden Fall wird jedoch die gesamte Feldbewehrung über die Auflager geführt.

zu verankernde Zugkraft:

$$F_s = V_{Sd} \cdot \frac{a_l}{d} + N_{Sd}$$

$$V_{Sd} = \bar{q}_{xrm} = 20,95 \text{ kN/m}$$

Versatzmaß:

a_l = $1,0 \cdot d_x$ = 11,0 cm

N_{Sd} = 0

F_s = $20,95 \cdot 1,0$ = 20,95 kN/m

$$\text{erf } a_s = \frac{F_s}{f_{yd}} = \frac{20,95 \cdot 10^{-3} \cdot 10^4}{435} \approx 0,50 \text{ cm}^2/\text{m}$$

erforderliche Verankerungslänge an den Endauflagern A und C in x-Richtung:

$$\text{erf } l_A = \frac{2}{3} \cdot l_{b,net}$$

$$l_{b,net} = \alpha_a \cdot l_b \cdot \frac{a_{s,req}}{a_{s,prov}} \geq l_{b,min}$$

α_a = 0,7 für Betonstahlmatten aus Rippenstäben, wenn mindestens ein Querstab im Verankerungsbereich vorhanden ist.

$a_{s,req}$ = = 0,50 cm^2

$a_{s,prov}$ = = 2,57 cm^2

$$l_{b,net} = 0,7 \cdot 28,3 \cdot \frac{0,5}{2,57} = 4,0 \text{ cm}$$

Mindestwerte:

$l_{b,min}$ = $0,3 \cdot l_b$ = $0,3 \cdot 28,3$ $\approx$ 9,0 cm

= $10 \cdot \varnothing$ = $10 \cdot 0,7$ = 7,0 cm

EC2, 5

EC2, 5.2.2.3

EC2, 5.2.2.2

EC2, 5.2.2.1(2), b), h < 250 mm

EC2, 5.2.2.2(2), Tab. 5.3, Z. 2, für C 25/30

EC2, 5.2.2.3(2), Gl.(5.3)

EC2, 5.2.2.3(3): für Betonstahlmatten mit Doppelstäben ist $\varnothing_n = \varnothing \cdot \sqrt{2}$ zu setzen.

vgl. Abschn. 4.2.1

vgl. Abschn. 4.2.2

vgl. Abschn. 4.2.3

EC2, 5.4.3.2.1(5), in Verbindung mit EC2, 5.4.2.1.4

EC2, 5.4.2.1.4(2), Gl.(5.15)

vgl. Abschn. 3.2
Querkraft $\approx$ Stützkraft $\bar{q}_{xrm}$ in Randmitte

EC2, 5.4.3.2.1(1)

EC2, 5.4.2.1.4(3)

EC2, 5.4.2.1.4(3), Bild 5.12 a); bei direkter Auflagerung wird l_A von der Auflagervorderkante aus gemessen.
EC2, 5.2.3.4.1(1), Gl.(5.4)

EC2, 5.2.3.4.2(1) und (2)

erf. Bewehrung; siehe oben

vorh. Bewehrung; vgl. Abschn. 4.2.3

EC2, 5.2.3.4.1(1), Gl.(5.5), für die Verankerung von Zugstäben oder

$$l_{b,min} = \qquad\qquad = 10,0 \text{ cm}$$

$$\text{erf } l_A = \frac{2}{3} \cdot 10 \qquad\qquad \approx 7,0 \text{ cm}$$

Die Betonstahlmatten werden um das Maß 11 cm hinter die Auflagervorderkante geführt. Dadurch wird auch das Verankerungskriterium bei der Ermittlung der aufnehmbaren Querkraft V_{Rd1} nach EC2, 4.3.2.3, erfüllt.

Die Verankerungsverhältnisse in x- bzw. y-Richtung sind etwa gleich. Die Betonstahlmatten werden in y-Richtung ebenfalls um das Maß von 11 cm hinter die Vorderkante geführt, so daß ein Nachweis der Verankerung in y-Richtung entfallen kann.

6.3 Verankerung am Zwischenauflager B

Mindestens die Hälfte der erforderlichen Feldbewehrung ist über das Zwischenauflager zu führen und dort zu verankern. Hier wird jedoch ebenfalls die gesamte Bewehrung über das Zwischenauflager geführt.

erforderliche Verankerungslänge:

$$\text{erf } l_b = 10 \cdot \varnothing = 10 \cdot 7,0 \qquad\qquad = 7,0 \text{ cm}$$

Zur Aufnahme etwaiger positiver Stützmomente wird hier beispielhaft die Bewehrung der Felder 1 und 2 über dem Zwischenauflager B kraftschlüssig gestoßen. Der Ermittlung der erforderlichen Übergreifungslänge l_s wird eine Kraft zugrunde gelegt, die einem Viertel der durch die Betonstahlmatten Q 257 im Feld aufnehmbaren Zugkraft F_s entspricht:

$$l_s = \alpha_2 \cdot l_b \cdot \frac{a_{s,req}}{a_{s,prov}} \qquad\qquad \geq l_{s,min}$$

$$\alpha_2 = 0,4 + \frac{a_s/s}{800} = 0,4 + \frac{257}{800} = 0,73 \qquad < 1,0$$

$$\alpha_2 = \alpha_{2,min} \qquad\qquad = 1,0$$

$$l_s = 1,0 \cdot 28,3 \cdot 0,25 \qquad\qquad = 7,1 \text{ cm}$$

$$l_{s,min} = 0,3 \cdot \alpha_2 \cdot l_b = 0,3 \cdot 1,0 \cdot 28,3 \qquad = 8,5 \text{ cm} < 20 \text{ cm}$$
$$< s_t$$

Gewählt wird eine Übergreifungslänge von $\qquad l_s = 22$ cm.

6.4 Verankerung außerhalb der Auflager

Die Stäbe der Bewehrung über dem Zwischenauflager B sind von dem Punkt E aus, an dem sie rechnerisch nicht mehr benötigt werden, um das Maß $l_{b,net} \geq d$ zu verankern.

$$l_{b,net} = \alpha_a \cdot l_b \cdot \frac{a_{s,req}}{a_{s,prov}} = 0,7 \cdot 37,0 \cdot 0 \qquad = 0 \text{ cm}$$

Mindestwerte:

$$l_{b,min} = 0,3 \cdot 37,0 \qquad\qquad = 11,1 \text{ cm}$$

oder

$$l_{b,min} = 10 \cdot \varnothing = 10 \cdot 6,5 \qquad\qquad = 6,5 \text{ cm}$$

oder

$$l_{b,min} = \qquad\qquad = 10,0 \text{ cm}$$

oder

$$l_{b,min} = d_x \qquad\qquad = 11,0 \text{ cm}$$

Abstand zwischen Stützenmitte und Bewehrungsende der oben liegenden Bewehrung:

$$l \geq 0,2 \cdot l_{eff,x} + a_l + l_{b,net} = 0,2 \cdot 4,19 + 0,11 + 0,11 \qquad = 1,06 \text{ m}$$

Randspalte (EC2-Verweise):

Dieser Wert ist hier maßgebend.

EC2, 5.4.2.1.4(3), für direkte Auflagerung

EC2, 4.3.2.3(1), Bild 4.12, am Endauflager

EC2, 5.4.3.2.1(5), in Verbindung mit 5.4.2.1.5

EC2, 5.4.3.2.2(1)

EC2, 5.4.2.1.5(2), und Bild 5.13 b)

EC2, 5.4.2.1.5(3)

EC2, 5.2.4.2.1(5), Gl.(5.9)

vorh $a_s = 2,57$ cm²/m

EC2, 5.2.4.2.1(5)

EC2, 5.2.4.2.1(5)
$s_t = 15$ cm; Abstand der Querstäbe

EC2, 5.4.2.1.3

EC2, 5.4.2.1.3(2)
EC2, Bild 5.11, Endpunkt E

EC2, 5.2.3.4.1(1), Gl.(5.4); l_b nach Tab. 2.2 oben

EC2, 5.2.3.4.1(1), für die Verankerung von auf Zug beanspruchten Stäben; der Wert $l_{b,net} = l_{b,min} = 11,1$ cm ist hier maßgebend.

EC2, 5.4.2.1.3(2)

siehe z. B. Beton-Kalender 1990 Teil I, S. 315: Abstand zwischen Momentennullpunkt und Einspannung ($\approx$ Stützenmitte) $= 0,2 \cdot l_{eff,x}$; a_l: Versatzmaß

6.5 Übergreifungslängen in y-Richtung

a) Bewehrung im Feld

Betonstahl – Lagermatten Q 257

vorh a_{sy} = 2,57 cm^2/m   < 12,0 cm^2/m

Übergreifungslänge l_s:

$$l_s = \alpha_2 \cdot l_b \cdot \frac{a_{s,req}}{a_{s,prov}} \qquad\qquad \geq l_{s,min}$$

$$\alpha_2 = 0,4 + \frac{a_{sy}/s}{800} = 0,4 + \frac{257}{800} \qquad = 0,73 < 1,0$$

$$\alpha_2 = \alpha_{2,min} \qquad\qquad = 1,0$$

$$l_s = 1,0 \cdot 28,3 \cdot \frac{1,35}{2,57} \qquad = 14,9 \text{ cm}$$

Mindestwerte:

$$l_{s,min} = 0,3 \cdot \alpha_2 \cdot l_b = 0,3 \cdot 1,0 \cdot 28,3 \qquad = 8,5 \text{ cm}$$

< 20,0 cm

< 15,0 cm

gewählt wird eine Übergreifungslänge von l_s = 20,0 cm

b) Querbewehrung über der Stütze oben

Übergreifungslänge für den Stabdurchmesser $\varnothing$ = 5,5 mm:

$l_{s,q} \geq s_l$ = 15,0 cm

bzw.

$l_{s,q} \geq$ = 15,0 cm

Da mindestens 2 Querstäbe (d.h. 1 Masche) innerhalb des Übergreifungs-
stoßes liegen sollten, wird $l_{s,q}$ = 25 cm gewählt.

6.6 Größtabstände der Bewehrungsstäbe

Feld und Stütze in x-Richtung:

max s_{lx} = 1,5 · h = 1,5 · 14,0 = 21,0 cm   < 35,0 cm

> 15,0 cm

Feld in y-Richtung:

max s_{ly} = 1,5 · h = 1,5 · 14,0 = 21,0 cm   < 35,0 cm

> 15,0 cm

Stütze in y-Richtung (Querbewehrung):

max s_{ly} = 2,5 · h = 2,5 · 14,0 = 35,0 cm   < 40,0 cm

> 25,0 cm

6.7 Mindestbewehrung, Einspannbewehrung, Drillbewehrung

$$\min a_s = 0,6 \cdot b_t \cdot \frac{d}{f_{yk}} = 0,6 \cdot 100 \cdot \frac{11,0}{500} \qquad = 1,32 \text{ cm}^2/\text{m}$$

bzw.

$$\min a_s = 0,0015 \cdot b_t \cdot d = 0,0015 \cdot 100 \cdot 11,0 \qquad = 1,65 \text{ cm}^2/\text{m}$$

vorh a_{sx} = 2,57 cm^2/m
$\phantom{vorh a_{sx}}$ > $\min a_s$ = 1,65 cm^2/m
vorh a_{sy} = 2,57 cm^2/m

Im vorliegenden Beispiel wird vorausgesetzt, daß die Stahlbetonplatte über
den Außenwänden frei drehbar gelagert ist, d.h. keine unbeabsichtigte
Einspannung vorliegt. Daher wird auf eine Bewehrung zur Berücksichtigung
der teilweisen Einspannung verzichtet.

Darüber hinaus wurde angenommen, daß sich die Plattenecken frei abheben
können. Eine Drillbewehrung wird daher im Rahmen dieses Beispiels für nicht
erforderlich gehalten.

Randspalte (Verweise):

EC2, 5.2.4.2

vgl. Abschn. 4.2.3

EC2, 5.2.4.2.1(4); 100 % der Bewehrung können somit gestoßen werden.

EC2, 5.2.4.2.1(5), Gl.(5.9)

vorh a_{sy} = 2,57 cm^2/m

l_b: vgl. Tab. 2.2; bezüglich des Verhältnisses $\dfrac{a_{s,req}}{a_{s,prov}}$ siehe Abschn. 4.2.3

EC2, 5.2.4.2.1(5)

s_t = 15 cm; Abstand der Stäbe in x-
Richtung

EC2, 5.2.4.2.2

EC2, 5.2.4.2.2(1), und Tab. 5.4

s_l: Abstand der Längsstäbe der Matte,
hier in x-Richtung

EC2, 5.2.4.2.2(1)

EC2, 5.4.3.2.1(4)

vorh s_{lx} = 15,0 cm

EC2, 5.4.3.2.1(4)
vorh s_{ly} = 15,0 cm

EC2, 5.4.3.2.1(4)
vorh s_{ly} = 25,0 cm

EC2, 5.4.3.2.1(3), in Verbindung mit
5.4.2.1.1(1); 5.4.3.2.2 und 5.4.3.2.3

vorh a_{sx} bzw. a_{sy} vgl. Abschn. 4.2.3
(Feld maßgebend)

EC2, 5.4.3.2.2(2)

EC2, 5.4.3.2.3

Grundriß

untere Bewehrung

obere Bewehrung

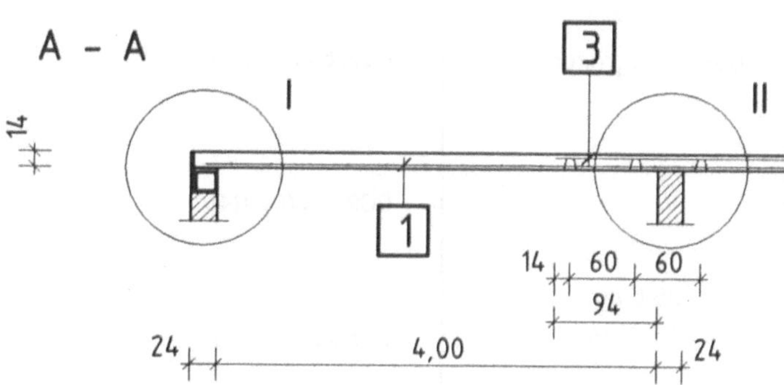

A – A

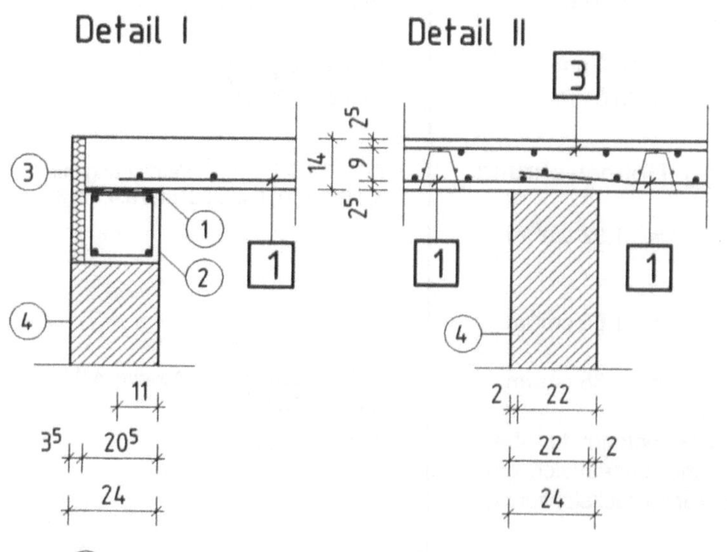

Verwendete Betonstahl-Lagermatten

1	Q 257	150-7.0/5.0-4/4	4.33
		150-7.0	2.15
2	Q 257	150-7.0/5.0-4/4	4.33
		150-7.0	1.32
3	R 443	150-6.5d/6.5-2/2	2.12
		250-5.5	2.15
4	R 443	150-6.5d/6.5-2/2	2.12
		250-5.5	1.42

Detail I   Detail II

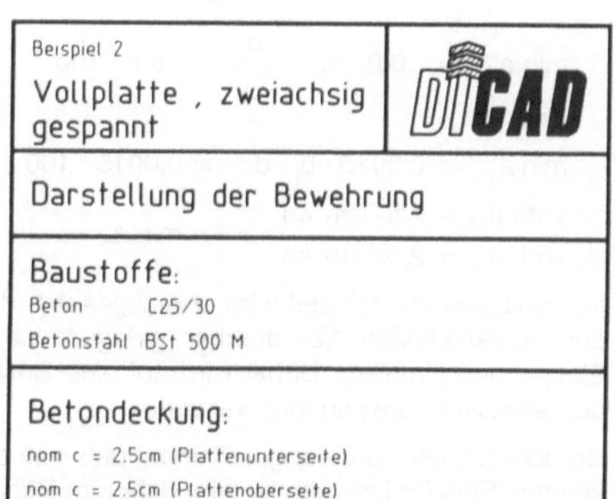

Beispiel 2	
Vollplatte , zweiachsig gespannt	DICAD
Darstellung der Bewehrung	

Baustoffe:
Beton   C25/30
Betonstahl BSt 500 M

Betondeckung:
nom c = 2.5cm (Plattenunterseite)
nom c = 2.5cm (Plattenoberseite)

BEISPIEL 3: VOLLPLATTE MIT GROSSER DICKE

Inhalt

BEISPIEL 3: VOLLPLATTE MIT GROSSER DICKE

Aufgabenstellung, Teilsicherheits- und Kombinationsbeiwerte

Zu bemessen ist eine dicke Stahlbetonmassivplatte unter einem starren Gebäude. In langjähriger Beobachtung wurde eine Schwankung des Grundwasserspiegels um die Gründungsebene von $\pm$ 50 cm festgestellt. Die Platte ist an ihrer Unterseite schwachem chemischem Angriff ausgesetzt. Die Plattenoberseite liegt im Bereich von geschlossenen Räumen. Die Umweltbedingungen entsprechen somit Klasse 5a (Plattenunterseite) bzw. Klasse 1 in EC2, Tab. 4.1. Die Belastung ist vorwiegend ruhend.

Für die Nachweise in den Grenzzuständen der Tragfähigkeit bzw. Gebrauchstauglichkeit sind folgende Teilsicherheits- und Kombinationsbeiwerte vorgegeben:

a) Teilsicherheitsbeiwerte in den Grenzzuständen der Tragfähigkeit

- für ständige Einwirkungen : γ_G = 1,35 bzw. 1,0
- für veränderliche Einwirkungen : γ_Q = 1,50 bzw. 0

- für Beton : γ_c = 1,50
- für Betonstahl : γ_s = 1,15

b) Kombinationsbeiwert in den Grenzzuständen der Gebrauchstauglichkeit

- für die quasi-ständige Einwirkungskombination : $\psi_{2,i}$ = 0,3

c) Baustoffe

- Beton C 30/37: Für Stahlbeton in der Umweltklasse 5a ist aus Gründen der Dauerhaftigkeit ein maximaler Wasserzementwert von w/z = 0,55 vorgeschrieben. Diese Anforderung gilt als erfüllt, wenn bei Verwendung eines Zementes der Festigkeitsklasse CE 32,5 die Betonfestigkeitsklasse C 30/37 erreicht wird.

- Betonstabstahl   BSt 500 S

- Betonstahlmatten   BSt 500 M

1   System, Bauteilmaße, Betondeckung

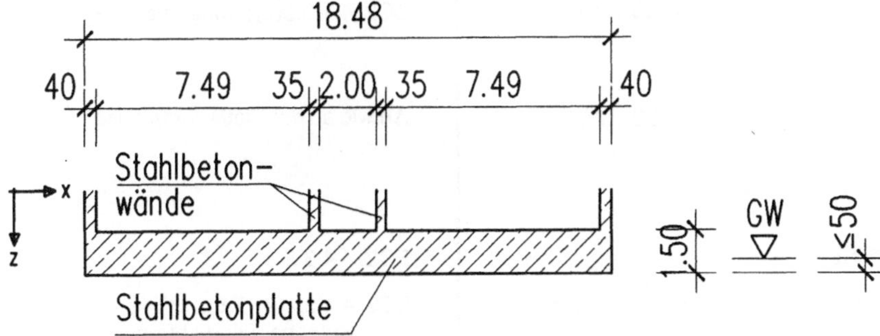

Bild 3.1: Schnitt durch die Platte in x-Richtung

EC2, 4.1.2.2(2); siehe auch [A3], Tab. R3, Z.1

siehe auch ENV 206, Tab. 2
[A1], 2.2.2.2, und DIN 1055 Teil 3, 1.4

EC2, 2.2.2.3P(2), 2.2.2.4P(2), 2.2.3.2P(1)

EC2, 2.3.3.1(1), Tab. 2.2; der zweite Zahlenwert gilt bei günstiger Auswirkung.

EC2, 2.3.3.2(1), Tab. 2.3, für die Grundkombination; die außergewöhnliche Bemessungssituation im Sinne von EC2, 2.3.2.2P(2), Gl.(2.7 b), ist nicht Gegenstand dieses Beispiels.

EC2, 2.3.4P(2); für die Teilsicherheitsbeiwerte gilt in der Regel $\gamma_F = \gamma_M = 1,0$.

[A1], Tab. R1, Z. 1, Sp. 4, für Verkehrslasten auf Decken in Bürogebäuden; die Beiwerte $\psi_{0,i}$ und $\psi_{1,i}$ werden im Rahmen dieses Beispiels nicht benötigt.

DIN V ENV 206, Tab. 3, Z. 1

DIN V ENV 206, 11.3.8, und Tab. 20, Z. 1, Sp. 3; bei der Betonzusammensetzung sind auch die Hydratationswärme und dadurch bedingte Zwangbeanspruchungen zu berücksichtigen.

[A1], Tab. R2, Z. 2

[A1], Tab. R2, Z. 3; da im vorliegenden Beispiel die Schnittgrößen nach der Elastizitätstheorie ohne Umlagerung (EC2, 2.5.1.1(5)) ermittelt werden, sind keine weiteren Vorgaben an die Duktilität des Betonstahls erforderlich.

GW bezeichnet den Grundwasserspiegel.

Senkrecht zur Zeichenebene (y-Richtung) beträgt die Plattenlänge l_y = 30 m.

Literatur: siehe S. 3–6

1.1   Wirksame Stützweiten

Zwischen den Stahlbetonwänden und der Platte wird wegen des großen
Steifigkeitsunterschieds eine frei drehbare Lagerung angenommen.

$$l_{eff} = l_n + a_1 + a_2$$

$$l_{eff,1} = l_{eff,3} = 7,49 + \frac{0,40}{3} + \frac{0,35}{2} = 7,80 \text{ m}$$

$$l_{eff,2} = 2,0 + 2 \cdot \frac{0,35}{2} = 2,35 \text{ m}$$

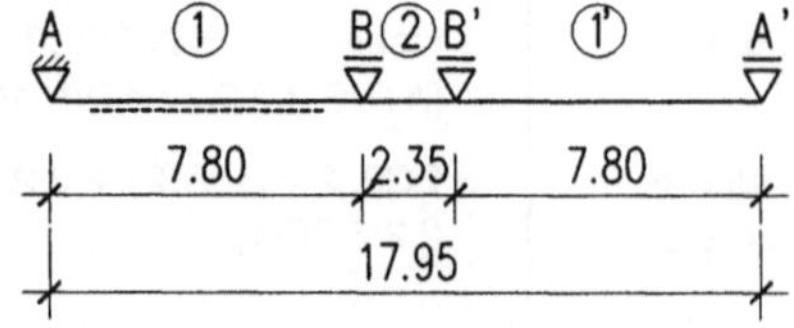

Bild 3.2: Statisches System in x-Richtung

EC2; 2.5.2.2.2

siehe Bild 3.1

EC2, 2.5.2.2.2(1), Gl.(2.15)

EC2, 2.5.2.2.2(1); a_1 und a_2 entsprechend Bild 2.4a) und b)

1.2   Betondeckung an der Plattenunterseite

EC2, 4.1.3.3

a) in Abhängigkeit von der Umweltklasse

$$\min c_u = \qquad = 25 \text{ mm}$$

EC2, 4.1.3.3(6), und Tab. 4.2

EC2, Tab. 4.2, für Umweltklasse 5a und Betonstahl; eine Abminderung von $\min c_u$ um 5 mm nach Anm. 2 zu Tab. 4.2 wäre hier zulässig, da die Umweltklasse 5a vorliegt.

b) zur sicheren Übertragung der Verbundkräfte

$$\min c_u = \varnothing \qquad = 25 \text{ mm}$$

EC2, 4.1.3.3(5)

Annahme: $\varnothing \leq 25$ mm

c) in Abhängigkeit vom Untergrund

$$\min c_u = \qquad = 40 \text{ mm}$$

EC2, 4.1.3.3(9), für Beton auf vorbereitetem Untergrund

d) Nennmaß der Betondeckung

$$\text{nom } c_u = \min c_u + \Delta h = 40 + 10 \qquad = 50 \text{ mm}$$

EC2, 4.1.3.3(8)

$\Delta h = 10$ mm; nach [A1], 4.1.3.3(8), sind Vorhaltemaße $\Delta h < 10$ mm nur zulässig, wenn besondere Maßnahmen nach DIN 1045/7.88, Abs. 13.2.1(4), getroffen werden.

1.3   Betondeckung an der Plattenoberseite

a) in Abhängigkeit von der Umweltklasse

$$\min c_o = \qquad = 15 \text{ mm}$$

EC2, Tab. 4.2, für Umweltklasse 1 und Betonstahl

b) zur sicheren Übertragung der Verbundkräfte

$$\min c_o = \varnothing \qquad = 20 \text{ mm}$$

EC2, 4.1.3.3(5); Annahme: $\varnothing \leq 20$ mm

c) Nennmaß der Betondeckung

$$\text{nom } c_o = \min c_o + \Delta h = 20 + 10 \qquad = 30 \text{ mm}$$

Δh wie an der Plattenunterseite

1.4   Begrenzung der Biegeschlankheit

Dieser Nachweis kann entfallen, da die Grenzschlankheit $l_{eff}/d = 23$ auf jeden
Fall eingehalten ist.

EC2, 4.4.3.2

EC2, 4.4.3.2(2), Tab. 4.14, Z. 2, für eine hohe Betonbeanspruchung

2   Einwirkungen

2.1   Charakteristische Werte

Die aus den vorgegebenen Einwirkungen G_k und Q_k resultierenden Sohlnormalspannungen σ_0 werden näherungsweise als gleichmäßig verteilt angenommen. Die charakteristischen Werte betragen:

- aus ständiger Einwirkung $\Sigma G_{k,j}$: σ_{0G} = 400 kN/m^2

- aus veränderlicher Einwirkung $Q_{k,1}$: σ_{0Q} = 200 kN/m^2

2.2   Repräsentative Werte und Bemessungswerte

2.2.1   Grenzzustände der Gebrauchstauglichkeit

a) seltene Einwirkungskombination

$\sigma_{0,\,\text{selt}}$ aus $\Sigma G_{k,j} + Q_{k,1} = \sigma_{0G} + \sigma_{0Q}$

σ_{0G} =   = 400 kN/m^2

σ_{0Q} =   = 200 kN/m^2

$\sigma_{0,\,\text{selt}}$ = 400 + 200   = 600 kN/m^2

b) quasi-ständige Einwirkungskombination

$\sigma_{0,\,\text{stän}}$ aus $\Sigma G_{k,j} + \psi_{2,1} \cdot Q_{k,1} = \sigma_{0G} + \psi_{2,1} \cdot \sigma_{0Q}$

σ_{0G} =   = 400 kN/m^2

$\psi_{2,1} \cdot \sigma_{0Q}$ = 0,3 $\cdot$ 200   = 60 kN/m^2

$\sigma_{0,\,\text{stän}}$ = 400 + 60   = 460 kN/m^2

2.2.2   Grenzzustände der Tragfähigkeit

Bemessungswerte der Einwirkungen für die Grundkombination:

$\sigma_{0,\,Sd}$ aus $\Sigma \gamma_{G,j} \cdot G_{k,j} + \gamma_{Q,1} \cdot Q_{k,1} = \gamma_G \cdot \sigma_{0G} + \gamma_Q \cdot \sigma_{0Q}$

$\gamma_G \cdot \sigma_{0G}$ = 1,35 $\cdot$ 400   = 540 kN/m^2

$\gamma_Q \cdot \sigma_{0Q}$ = 1,50 $\cdot$ 200   = 300 kN/m^2

$\sigma_{0,\,Sd}$ = 540 + 300   = 840 kN/m^2

EC2, 2.2.2

EC2, 2.2.2.2 P(1)

[A1], 2.2.2.2: Als charakteristische Werte der Einwirkungen gelten grundsätzlich die Werte der DIN-Normen, insbesondere der Normen der Reihe DIN 1055, und gegebenenfalls der bauaufsichtlichen Ergänzungen und Richtlinien.

EC2, 2.2.2.3 und 2.2.2.4

EC2, 2.2.2.3 und 2.3.4

EC2, 2.3.4P(2), Gl.(2.9a); diese Kombination wäre für den Nachweis der Stahlspannung an der Stütze B maßgebend; vgl. Abschn. 5.1.

EC2, 2.3.4P(2), Gl.(2.9c); diese Kombination wird für die Grenzzustände der Rißbildung (vgl. Abschn. 5.2) benötigt.

EC2, 2.2.2.4 und 2.3.2

EC2, 2.3.2.2P(2); die außergewöhnliche Bemessungssituation im Sinne von EC2, 2.3.2.2P(2), ist nicht Gegenstand dieses Beispiels.

EC2, 2.3.2.2P(2), Gl.(2.7a)

3 Schnittgrößenermittlung

3.1 Grenzzustände der Gebrauchstauglichkeit

Tabelle 3.1: Schnittgrößen im Grenzzustand der Gebrauchstauglichkeit (kNm/m; kN/m)

Zeile	Einwirkungs-kombination	$M_{Sd,B}$	$M_{Sd,F1}$	$M_{Sd,F2}$	$V_{Sd,A}$	$V_{Sd,Bli}$	$V_{Sd,Bre}$
	1	2	3	4	5	6	7
1	seltene	+ 3229	− 3091	+ 2815	− 1926	+ 2754	− 705
2	quasi-ständige	+ 2475	− 2370	+ 2157	− 1477	+ 2111	− 541

3.2 Grenzzustände der Tragfähigkeit

Die Schnittgrößen im Grenzzustand der Tragfähigkeit sind im Bild 3.3 dargestellt.

Biegemomente (kNm/m)

Querkräfte(kN/m)

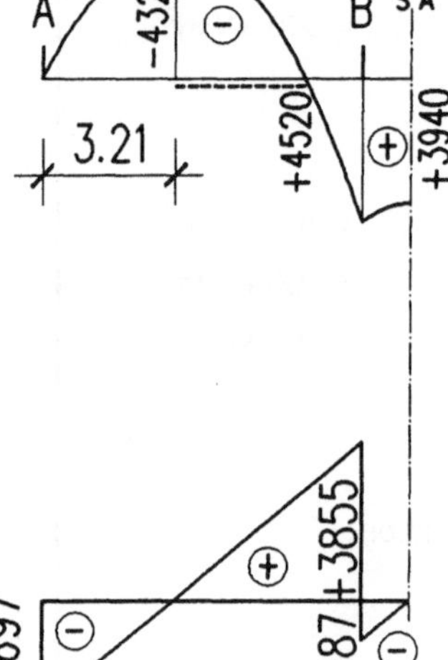

Bild 3.3: Schnittgrößenverlauf für die Grundkombination infolge
$\sigma_{0,Sd} = \gamma_G \cdot \sigma_{0G} + \gamma_Q \cdot \sigma_{0Q} = 840$ kN/m^2

EC2, 2.5

EC2, 2.5.3.2.1P(1): Die Schnittgrößen werden auf der Grundlage der Elastizitätstheorie ermittelt und auf einen Meter Plattenbreite bezogen. Ferner ist angenommen, daß die Sohlnormalspannung σ_{0Q} bzw. $\psi_{2,1} \cdot \sigma_{0Q}$ jeweils gleichzeitig in allen Feldern wirkt.

Literatur:

[3.1] DBV-Merkblatt „Begrenzung der Rißbildung im Stahlbeton- und Spannbetonbau", Fassung 1991.

[3.2] Horn, A.: Sohlreibung und räumlicher Erdwiderstand bei massiven Gründungen in nichtbindigem Boden. Reihe: Straßenbau und Straßenverkehrstechnik, herausgegeben vom Bundesminister für Verkehr, Abt. Straßenbau, Heft 110, 1970.

[3.3] Meyer, G.: Rißbreitenbeschränkung nach DIN 1045. Diagramme zur direkten Bemessung. Düsseldorf: Beton-Verlag GmbH 1989.

[3.4] Rostásy, F.S., u. Henning, W.: Zwang und Rißbildung in Wänden auf Fundamenten. Heft 407 der DAfStb-Schriftenreihe. Berlin, Köln: Beuth Verlag GmbH 1990.

[3.5] Rißbreitenbeschränkung und Mindestbewehrung. Grundlagen und praktische Beispiele. Darmstädter Massivbau-Seminar, Band 1, 2. Auflage. Darmstadt: Selbstverlag des Instituts für Massivbau der TH Darmstadt 1989.

[3.6] Rüsch, H., u. Jungwirth, D.: Stahlbeton-Spannbeton. Band 2: Berücksichtigung der Einflüsse von Kriechen und Schwinden auf das Verhalten der Tragwerke. Düsseldorf: Werner-Verlag GmbH 1976.

[3.7] Menn, Ch.: Zwang und Mindestbewehrung. Beton- und Stahlbetonbau 81 (1986), Heft 4, S. 94 bis 99.

[3.8] Smoltczyk, U., und Netzel, D.: Flachgründungen. Grundbau-Taschenbuch. 3. Auflage, Teil 2. Berlin, München: Verlag von W. Ernst & Sohn 1982.

[3.9] CEB/FIP-Mustervorschrift für Tragwerke aus Stahlbeton und Spannbeton, 3. Ausgabe 1978.

4 Bemessung in den Grenzzuständen der Tragfähigkeit

EC2, 4.3

4.1 Bemessungswerte der Baustoffe

EC2, 2.2.3.2

Beton: C 30/37 f_{ck} = 30 N/mm²

EC2, 3.1.2.4(3), Tab. 3.1, Z. 1, Sp. 5

$$f_{cd} = \frac{f_{ck}}{\gamma_c} = \frac{30}{1,50} = 20 \text{ N/mm}^2$$

EC2, 2.2.3.2P(1), Gl. (2.3); Bemessungswert der Betondruckfestigkeit

Betonstahl: BSt 500 S und BSt 500 M f_{yk} = 500 N/mm²

[A1], 3.2.1P(5), Tab. R2, Z. 2 und 3, Sp. 6

$$f_{yd} = \frac{f_{yk}}{\gamma_s} = \frac{500}{1,15} = 435 \text{ N/mm}^2$$

EC2, 2.2.3.2P(1), Gl.(2.3)

4.2 Bemessung für Biegung

EC2, 4.3.1

4.2.1 Nachweis im Feld 1

Nutzhöhe:

Annahme: Betonstabstahl in 2 Lagen, ohne Druckbewehrung, ohne Stöße (siehe Bild 3.4)

d = h − (nom c_o + $\varnothing_q$ + 1,5 · $\varnothing$)

d = 150 − (3,0 + 1,6 + 1,5 · 2,0) ≈ 142 cm

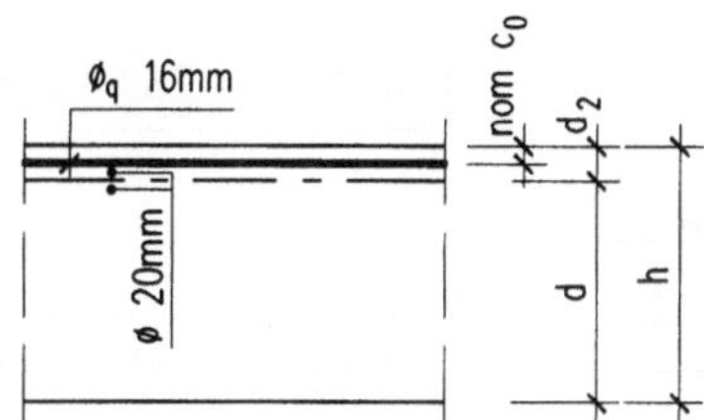

Bild 3.4: Nutzhöhe d im Feld

[A2], S. 53, Abschn. 6.2.2.1.3, Tafel 6.2a

Bemessung je laufenden Meter Plattenbreite mit dimensionslosen Beiwerten:

$$\mu_{Sds} = \frac{|M_{Sd,F1}|}{b \cdot d^2 \cdot f_{cd}} = \frac{4328 \cdot 10^{-3}}{1,0 \cdot 1,42^2 \cdot 20,0} = 0,1073$$

interpoliert aus Tafel 6.2a:

[A2], S. 53, Abschn. 6.2.2.1.3

ω; ξ; ζ = 0,115; 0,168; 0,930

$\xi = x/d$; $\zeta = z/d$

Überprüfung der Notwendigkeit einer Druckbewehrung: Eine Druckbewehrung ist hier nicht erforderlich, da der Grenzwert ξ_{lim} = 0,617 größer als vorh ξ = 0,168 ist.

[A2], S. 51, Abschn. 6.2.2.1.1

$$\text{erf } a_s = \omega \cdot b \cdot d \cdot \frac{f_{cd}}{f_{yd}} = 0,115 \cdot 100 \cdot 142 \cdot \frac{20,0}{435} = 75,10 \text{ cm}^2/\text{m}$$

[A2], S. 52, 6.2.2.1.3, Gl.(6.21)

gewählt:

Betonstabstahl BSt 500 S
je 12 $\varnothing$ 20 in 2 Lagen
vorh a_s = 75,4 cm²/m > erf a_s = 75,10 cm²/m

4.2.2 Nachweis über dem Zwischenauflager B

EC2, 4.3.1

Maßgebend ist das Anschnittmoment am rechten Auflagerrand:

EC2, 2.5.3.3(5)

$$M^*_{Sd,B} = M_{Sd,B} - V_{Sd,Bre} \cdot \frac{b}{2} = 4520 - 987 \cdot \frac{0,35}{2} = 4347 \text{ kNm/m}$$

$$\text{min } M_{Sd,B} = 0,65 \cdot \frac{(540 + 300) \cdot 7,49^2}{8} = 3829 \text{ kNm/m}$$

EC2, 2.5.3.4.2(7); ermittelt für den einseitig eingespannten Träger

min $M_{Sd,B}$ = 3829 kNm/m < $M^*_{Sd,B}$ = 4347 kNm/m

Nutzhöhe:

d = h − (nom c_u + $\varnothing_q$ + 1,5 · $\varnothing$)

d = 150 − (5,0 + 1,6 + 1,5 · 2,0) ≈ 140 cm

Annahme: $\varnothing_q$ = 16 mm; $\varnothing$ = 20 mm

Bemessung je laufenden Meter Plattenbreite mit dimensionslosen Beiwerten:

$$\mu_{Sds} = \frac{M^*_{Sd,B}}{b \cdot d^2 \cdot f_{cd}} = \frac{4347 \cdot 10^{-3}}{1,0 \cdot 1,40^2 \cdot 20,0} = 0,111$$

[A2], S. 53, Abschn. 6.2.2.1.3, Tafel 6.2a

interpoliert aus Tafel 6.2a:

$\omega; \xi; \zeta \quad = 0,120; 0,174; 0,927$

vorh $\xi \quad = 0,174 <$ zul $\xi \qquad = 0,45$

[A2], S. 53, Abschn. 6.2.2.1.3

$\xi = x/d; \zeta = z/d$

EC2, 2.5.3.4.2(5), für C 30/37

Überprüfung der Notwendigkeit einer Druckbewehrung: Eine Druckbewehrung wird hier nicht erforderlich, da der Grenzwert $\xi_{lim} = 0,617$ größer als vorh $\xi = 0,174$ ist.

[A2], S. 51, Abschn. 6.2.2.1.1

$$\text{erf } a_s = \omega \cdot b \cdot d \cdot \frac{f_{cd}}{f_{yd}} = 0,120 \cdot 100 \cdot 140 \cdot \frac{20,0}{435} = 77,24 \text{ cm}^2/\text{m}$$

[A2], S. 52, 6.2.2.1.3, Gl.(6.21)

gewählt:

> Betonstabstahl BSt 500 S
>
> 25 $\varnothing$ 20 in 2 Lagen
>
> vorh $a_s = 78,54$ cm^2/m $>$ erf $a_s = 77,24$ cm^2/m

Anordnung siehe Darstellung der Bewehrung

Feld 2:

Da $M_{Sd,F2} = 3940$ kNm/m $<$ $M^*_{Sd,B} = 4347$ kNm/m, wird die unten liegende Bewehrung der Stütze B durch das Feld 2 hindurchgeführt.

4.2.3 Querbewehrung

EC2, 5.4.3.2.1

Feld 1:

erf $a_{sq} \quad = 0,2 \cdot$ erf $a_s = 0,2 \cdot 75,10 \qquad = 15,0$ cm^2/m

EC2, 5.4.3.2.1(2)

Stütze B:

erf $a_{sq} \quad = 0,2 \cdot$ erf $a_s = 0,2 \cdot 77,24 \qquad = 15,4$ cm^2/m

Abstände:

max $s_q \quad = 2,5 \cdot h \quad = 2,5 \cdot 150 \qquad = 375$ cm

$\qquad\qquad$ bzw. $\qquad\qquad\qquad\qquad = 40$ cm

EC2, 5.4.3.2.1(4)

hier maßgebend

gewählt:

> Betonstabstahl BSt 500 S
>
> $\varnothing$ 16, $s_q = 13$ cm;
>
> vorh $a_{sq} = 15,46$ cm^2/m $>$ erf $a_{sq} = 15,40$ cm^2/m

4.3 Bemessung für Querkraft

EC2, 4.3.2

4.3.1 Nachweis am Auflager A

a) Überprüfung der Notwendigkeit einer Schubbewehrung

EC2, 4.3.2.2(2), in Verbindung mit 4.3.2.1P(2)

vgl. Bild 3.3; aufzunehmende Querkraft für einen Meter Plattenbreite

$$V_{Sd,A} = \qquad\qquad = 2697 \text{ kN/m}$$

Dem Nachweis der Querkrafttragfähigkeit darf bei gleichmäßig verteilter Belastung die Querkraft im Abstand d vom Auflagerrand zugrunde gelegt werden.

EC2, 4.3.2.2(10)

$$V^*_{Sd,A} = V_{Sd,A} - (a_1 + d) \cdot (\gamma_G \cdot \sigma_{0G} + \gamma_Q \cdot \sigma_{0Q})$$

$$V^*_{Sd,A} = 2697 - \left(\frac{0,40}{3} + 1,42\right) \cdot (540 + 300) = 1392 \text{ kN/m}$$

Aufnehmbare Querkraft V_{Rd1} bei Platten ohne Schubbewehrung:

$$V_{Rd1} = \tau_{Rd} \cdot k \cdot (1{,}2 + 40 \cdot \varrho_l) \cdot b_w \cdot d$$

$$\tau_{Rd} = 0{,}28 \ \text{N/mm}^2$$

$$k = 1{,}6 - d = 1{,}6 - 1{,}42 = 0{,}18 \qquad < 1{,}0$$

$$k = 1{,}0$$

$$\varrho_l = \frac{62{,}83}{100 \cdot 142} = 0{,}0044$$

$$V_{Rd1} = 0{,}28 \cdot 1{,}0 \cdot (1{,}2 + 40 \cdot 0{,}0044) \cdot 1{,}0 \cdot 1{,}42 \cdot 10^3 = 547 \ \text{kN/m}$$

$$V^*_{Sd,A} = 1392 \ \text{kN/m} > 547 \ \text{kN/m} = V_{Rd1}$$

Eine Schubbewehrung ist rechnerisch erforderlich.

EC2, 4.3.2.3(1), Gl.(4.18)

[A1], 4.3.2.3, Tab. R 4, für C 30/37

Annahme: 4 Stäbe $\varnothing$ 20 der Längsbewehrung werden in Feld 1 zur Schubsicherung benötigt (Schrägstäbe); $\Delta a_s = 20 \cdot \pi = 62{,}83 \ \text{cm}^2/\text{m}$

EC2, 4.3.2.2(2)

b) Bemessung der Schubbewehrung

Die Bemessung der Schubbewehrung wird nach dem Standardverfahren für einen Meter Plattenbreite durchgeführt. Als Schubbewehrung werden ausschließlich Schrägstäbe $\varnothing$ 20 verwendet, die unter einem Winkel von α = 60° gegen die Plattenmittelebene (x-Richtung) geneigt sind.

$$V_{Rd3} = V_{cd} + V_{wd}$$

$$V_{cd} = V_{Rd1} = 547 \ \text{kN/m}$$

$$V_{wd} = \frac{A_{sw}}{s} \cdot 0{,}9 \cdot d \cdot f_{ywd} \cdot (1 + \cot \alpha) \cdot \sin \alpha$$

EC2, 4.3.2.4

EC2, 4.3.2.4.3
Annahme: $V^*_{Sd,A} \leq \dfrac{V_{Rd2}}{3}$; (EC2, 5.4.3.3(3))

EC2, 4.3.2.4.3(1), Gl.(4.22)

EC2, 4.3.2.4.3(3), Gl.(4.24)

Mit $V_{Rd3} = V^*_{Sd,A}$ und $V_{wd} = V_{Rd3} - V_{Rd1}$ ergibt sich erf $\dfrac{A_{sw}}{s}$ in x-Richtung der Platte über Gl. (4.22) zu:

$$\text{erf} \ \frac{A_{sw}}{s} = \frac{V^*_{Sd,A} - V_{Rd1}}{0{,}9 \cdot d \cdot f_{ywd} \cdot (1 + \cot \alpha) \cdot \sin \alpha}$$

$$\text{erf} \ \frac{A_{sw}}{s} = \frac{(1392 - 547) \cdot 10^{-3} \cdot 10^4}{0{,}9 \cdot 1{,}42 \cdot 435 \cdot (1 + \cot 60°) \cdot \sin 60°} = 11{,}13 \ \text{cm}^2/\text{m}$$

f_{ywd}: vgl. Abschn. 4.1

gewählt:

> Schrägstäbe $\varnothing$ 20 – 28; aufgebogen unter 60°
>
> vorh $\dfrac{A_{sw}}{s_w} = \dfrac{3{,}14}{0{,}28} = 11{,}21 \ \text{cm}^2/\text{m} > 11{,}13 \ \text{cm}^2/\text{m}$

EC2, 5.4.2.2(1); die Einhaltung der Größtabstände der Schrägstäbe wird in Abschn. 6.7, d), überprüft.

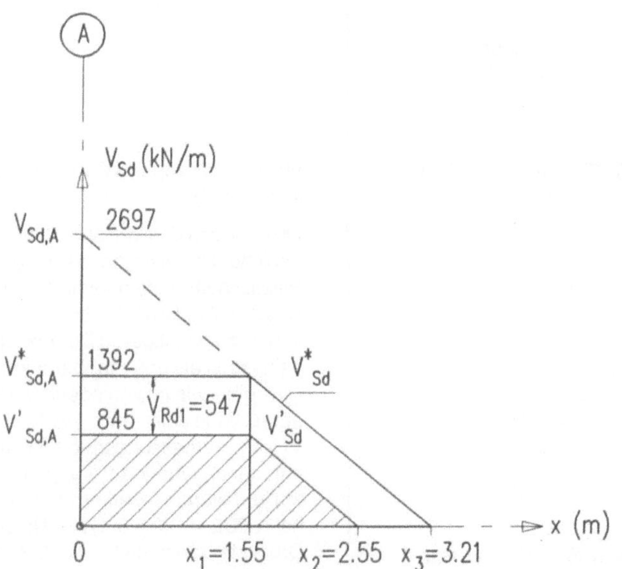

Bild 3.5: Erläuterung der Bemessung für Querkraft am Auflager A

vgl. auch [A12], S. 418, Abschn. 3.5.4, Bild 3.8, bei unmittelbarer Stützung

Die Anzahl n_{wA} der Schrägstäbe am Auflager A ergibt sich beim Standardverfahren aus der Bedingung, daß die in Bild 3.5 schraffiert dargestellte Fläche durch Schubbewehrung abzudecken ist. In Bild 3.5 wurde, entsprechend der Empfehlung in [A12], zwischen den Abszissenwerten $x = 0$ und $x_1 = (a_1/3 + d) = 1{,}55$ m ein konstanter Wert $V^*_{Sd,A}$ angenommen. Diese Annahme liegt auf der sicheren Seite.

$$\text{erf } n_{wA} = \frac{\int_0^{x_2} V'_{Sd} \cdot dx}{A_{sw} \cdot 0{,}9 \cdot d \cdot f_{ywd} \cdot \sin\alpha \cdot (1 + \cot\alpha)}$$

$$= \frac{0{,}845 \cdot (1{,}55 + 0{,}5 \cdot (2{,}55 - 1{,}55))}{3{,}14 \cdot 10^{-4} \cdot 0{,}9 \cdot 1{,}42 \cdot 435 \cdot \sin 60° \cdot (1 + \cot 60°)}$$

$$= \frac{1{,}732}{0{,}2385} \qquad\qquad = 7{,}26$$

gewählt: | 7 Schrägstäbe $\varnothing$ 20 – 28 |

EC2, 4.3.2.4.3

Sie resultiert aus der Herleitung der Gl.(4.24) in EC2, 4.3.2.4.3(3).

[A12], Abschn. 3.5.4

aus der Umkehrung der Gl.(4.24) in EC2, 4.3.2.4.3(3); siehe auch [A5], Abschn. 7.2.3, Bild 7.14

Die geringfügige Unterschreitung von erf n_{wA} ist dadurch gerechtfertigt, daß der konstante Verlauf von $V^*_{Sd,A}$ zwischen $x = 0$ und $x_1 = 1{,}55$ m eine auf der sicheren Seite liegende Annahme darstellt.

EC2, 4.3.2.4.4

Zum Vergleich wird die erforderliche Schubbewehrung nach dem Verfahren mit veränderlicher Druckstrebenneigung ermittelt.

Mit

$$V_{Rd3} = V^*_{Sd,A} = \frac{A_{sw}}{s} \cdot z \cdot f_{ywd} \cdot (\cot\Theta + \cot\alpha) \cdot \sin\alpha$$

EC2, 4.3.2.4.4(3), Gl.(4.29)

und

$$\cot\Theta = 1{,}25; \qquad \frac{4}{7} < 1{,}25 < \frac{7}{4}$$

wird

$$\text{erf } \frac{A_{sw}}{s} = \frac{1{,}392 \cdot 10^4}{0{,}9 \cdot 1{,}42 \cdot 435 \cdot (1{,}25 + \cot 60°) \cdot \sin 60°} =$$

$$= \frac{1{,}392 \cdot 10^4}{879{,}78} \qquad = 15{,}82 \text{ cm}^2/\text{m}$$

[A5], Abschn. 7.2.3, Gl.(7.18), für die Normalspannung $\sigma_{cp,eff} = 0$; vgl. [A1], 4.3.2.4.4, Abs. (1)

Bei Beibehaltung der einschnittigen Schrägstäbe $\varnothing$ 20 wäre somit der Stababstand gegenüber dem Standardverfahren auf

$$\text{max } s = \frac{A_{sw}}{\text{erf } A_{sw}/s} = \frac{3{,}14 \cdot 10^2}{15{,}82} \qquad \approx 20 \text{ cm}$$

zu verringern.

Die erforderliche Anzahl n_{wA} ergibt sich bei Anwendung des Verfahrens mit veränderlicher Druckstrebenneigung aus (vgl. auch Bild 3.5):

$$\text{erf } n_{wA} = \frac{\int_0^{x_3} V^*_{Sd,A} \cdot dx}{A_{sw} \cdot z \cdot f_{ywd} \cdot (\cot\Theta + \cot 60°) \cdot \sin 60°}$$

$$= \frac{1{,}392 \cdot (1{,}55 + 0{,}5 \cdot (3{,}21 - 1{,}55))}{3{,}14 \cdot 10^{-4} \cdot 0{,}9 \cdot 1{,}42 \cdot 435 \cdot (1{,}25 + \cot 60°) \cdot \sin 60°}$$

$$= \frac{3{,}313}{0{,}2763} \qquad\qquad = 12$$

Die Anzahl der Schrägstäbe wäre somit gegenüber dem Standardverfahren nahezu zu verdoppeln.

aus Umkehrung der Gl.(4.29) in EC2, 4.3.2.4.4(3)

Obwohl sich das Verfahren mit veränderlicher Druckstrebenneigung an der Plastizitätstheorie orientiert ([A2], S. 75, Abschn. 7.2, Bild 7.2), führt es nicht immer zu günstigeren Bemessungsergebnissen als das Standardverfahren. Dies gilt – wie im vorliegenden Beispiel – dann, wenn $(V^*_{Sd} - V_{Rd1})/V^*_{Sd} \leq \tan\Theta$; V^*_{Sd}: im Bemessungsquerschnitt aufzunehmende Querkraft; V_{Rd1}: auf den Beton entfallende Querkrafttragfähigkeit nach EC2, 4.3.2.4.3(1); Θ: Neigung der Druckstreben nach EC2, 4.3.2.4.4. Bezüglich der Größe von Θ sind die Hinweise in [A2], S. 75, Abschn. 7.2, zu beachten.

c) Nachweis der Druckstrebentragfähigkeit

Nachweis der Druckstrebentragfähigkeit nach dem Standardverfahren: EC2, 4.3.2.4.3(4)

$$V_{Rd2} = \frac{1}{2} \cdot \upsilon \cdot f_{cd} \cdot b_w \cdot 0,9 \cdot d \cdot (1 + \cot \alpha)$$

EC2, 4.3.2.4.3(4), Gl.(4.25)

$$\upsilon = 0,7 - \frac{f_{ck}}{200} = 0,7 - \frac{30}{200} = 0,55 \qquad > 0,5$$

EC2, 4.3.2.4.2(3), Gl. (4.21), für C 30/37

$$V_{Rd2} = \frac{1}{2} \cdot 0,55 \cdot 20,0 \cdot 1,0 \cdot 0,9 \cdot 1,42 \cdot (1 + \cot 60°) \cdot 10^3 = 11087 \text{ kN/m}$$
$$> 1392 \text{ kN/m}$$

$$\frac{V^*_{Sd,A}}{V_{Rd2}} = \frac{1392}{11087} \qquad = 0,13$$
$$< \frac{1}{3}$$

EC2, 5.4.3.3(3); ausschließliche Schubdeckung durch Schrägstäbe ist somit zulässig.

Nachweis nach dem Verfahren mit veränderlicher Druckstrebenneigung: EC2, 4.3.2.4.4(3)

$$V_{Rd2} = \frac{\upsilon \cdot f_{cd} \cdot b_w \cdot 0,9 \cdot d \cdot (\cot \Theta + \cot 60°)}{1 + \cot^2 \Theta}$$

EC2, 4.3.2.4.4(3), Gl.(4.28)

$$= \frac{0,55 \cdot 20,0 \cdot 1,0 \cdot 0,9 \cdot 1,42 \cdot (1,25 + \cot 60°) \cdot 10^3}{1 + 1,25^2} = 10024 \text{ kN/m}$$
$$> 1392 \text{ kN/m}$$

4.3.2 Nachweis am Auflager B, links

maßgebend ist die Querkraft $V_{Sd,Bli}$, vgl. Bild 3.3

a) Aufzunehmende Querkraft

$$V_{Sd,Bli} = \qquad\qquad = 3855 \text{ kN/m}$$

$$V^*_{Sd,Bli} = 3855 - \left(\frac{0,35}{2} + 1,40\right) \cdot (540 + 300) \qquad = 2532 \text{ kN/m}$$

EC2, 4.3.2.2(10)

$$> V_{Rd1}$$

$V_{Rd1} \approx 547$ kN/m; vgl. Abschn. 4.3.1

Eine Schubbewehrung ist somit erforderlich.   EC2, 4.3.2.2(2)

b) Bemessung der Schubbewehrung   EC2, 4.3.2.4

Bemessung nach dem Standardverfahren. Als Schubbewehrung werden ebenfalls Schrägstäbe $\varnothing$ 20 mm angeordnet ($\alpha = 60°$).   EC2, 4.3.2.4.3

$$\text{erf } \frac{A_{sw}}{s} = \frac{V^*_{Sd,Bli} - V_{Rd1}}{0,9 \cdot d \cdot f_{ywd} \cdot (1 + \cot \alpha) \cdot \sin \alpha}$$

EC2, 4.3.2.4.3(2), Gl.(4.23); vgl. auch Bild 3.6

$$= \frac{(2,532 - 0,547) \cdot 10^4}{0,9 \cdot 1,40 \cdot 435 \cdot (1 + \cot 60°) \cdot \sin 60°} = 26,5 \text{ cm}^2\text{/m}$$

gewählt:

$$\boxed{\begin{array}{l} \text{je 3 Schrägstäbe } \varnothing\ 20 - 35,5; \text{ aufgebogen unter } 60° \\[2mm] \text{vorh } \dfrac{A_{sw}}{s} = \dfrac{3 \cdot 3,14}{0,355} = 26,54 \text{ cm}^2\text{/m} > = 26,5 \text{ cm}^2\text{/m} \end{array}}$$

In einem Schnitt werden 3 Stäbe $\varnothing = 20$ mm aufgebogen, um die zulässigen Abstände der Schrägstäbe in y-Richtung nach EC2, 5.4.2.2(7), Gl.(5.18), einhalten zu können (vgl. Abschn. 6.7).

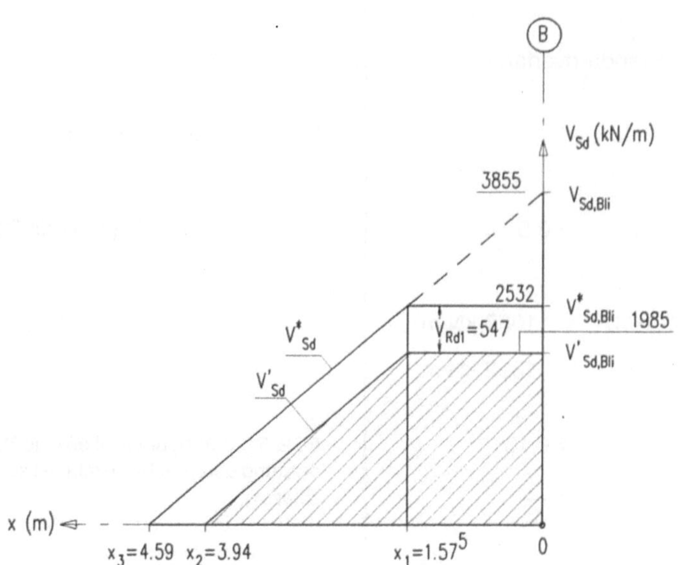

Bild 3.6: Erläuterung der Bemessung für Querkraft am Auflager B, links

Anzahl n_{wB} der Schrägstäbe (siehe Bild 3.6):   Gl. wie in Abschn. 4.3.1, b)

$$\text{erf } n_{wB} = \frac{\int_0^{x_2} V'_{Sd} \cdot dx}{A_{sw} \cdot 0,9 \cdot d \cdot f_{ywd} \cdot \sin 60° \cdot (1 + \cot 60°)}$$

$$= \frac{1,985 \cdot (1,575 + 0,5 \cdot (3,94 - 1,575))}{3,14 \cdot 10^{-4} \cdot 0,9 \cdot 1,40 \cdot 435 \cdot \sin 60° \cdot (1 + \cot 60°)}$$

$$= \frac{5,474}{0,2351} \qquad\qquad = 23,28$$

gewählt: $\boxed{8 \cdot 3 = 24 \text{ Schrägstäbe } \varnothing\, 20 - 35,5}$

Erforderliche Schubbewehrung nach dem Verfahren mit veränderlicher Druck-   EC2, 4.3.2.4.4; Nachweis wird aus Ver-
strebenneigung: gleichsgründen geführt; Annahmen wie
                                                                            in Abschn. 4.3.1

$$\text{erf } \frac{A_{sw}}{s} = \frac{2,532 \cdot 10^4}{0,9 \cdot 1,40 \cdot 435 \cdot (1,25 + \cot 60°) \cdot \sin 60°}$$ EC2, 4.3.2.4.4(3), Gl.(4.29)

$$= \frac{2,532 \cdot 10^4}{867,39} \qquad\qquad = 29,20 \text{ cm}^2/\text{m}$$

Größtwert der Abstände der Schrägstäbe in x-Richtung, wenn in einem Schnitt
wiederum 3 Stäbe $\varnothing$ 20 mm aufgebogen werden:

$$\max s = \frac{3 \cdot 3,14 \cdot 10^2}{29,20} \qquad\qquad = 32,2 \text{ cm}$$ Der gewählte Abstand s = 35,5 cm
                                                                                wäre also zu verringern.

Gesamtzahl der Schrägstäbe:

$$\text{erf } n_{wB} = \frac{\int_0^{x_3} V^*_{Sd} \cdot dx}{A_{sw} \cdot z \cdot f_{ywd} \cdot (\cot \Theta + \cot 60°) \cdot \sin 60°}$$

$$= \frac{2,532 \cdot (1,575 + 0,5 \cdot (4,59 - 1,575))}{3,14 \cdot 10^{-4} \cdot 0,9 \cdot 1,40 \cdot 435 \cdot (1,25 + \cot 60°) \cdot \sin 60°}$$

$$= \frac{7,805}{0,2724} \qquad\qquad = 28,7$$

c) Nachweis der Druckstrebentragfähigkeit

Der Wert von V_{Rd2} beträgt nach dem Verfahren mit veränderlicher Druckstrebenneigung:

$$V_{Rd2} = \frac{0,55 \cdot 20,0 \cdot 1,0 \cdot 0,9 \cdot 1,40 \cdot (1,25 + \cot 60°) \cdot 10^3}{1 + 1,25^2} = 9883 \text{ kN/m}$$
$$> 2532 \text{ kN/m}$$

vgl. Abschn. 4.3.1, c)

EC2, 4.3.2.4.4(3), Gl.(4.28)

$$\frac{V^*_{Sd,Bli}}{V_{Rd2}} = \frac{2532}{9883} = 0,26$$
$$< \frac{1}{3}$$

EC2, 5.4.3.3(3): ausschließliche Schubdeckung durch Schrägstäbe ist somit zulässig.

4.3.3 Nachweis am Auflager B, rechts

Im Bemessungsquerschnitt am Auflager B, rechts, ist $V^*_{Sd,Bre} < V_{Rd1}$. Eine Schubbewehrung ist daher in Feld 2 nicht erforderlich.

EC2, 4.3.2.2(10); vgl. auch Bild 3.3
EC2, 4.3.2.2(2)

5 Nachweise in den Grenzzuständen der Gebrauchstauglichkeit

EC2, 4.4

5.1 Begrenzung der Spannungen unter Gebrauchsbedingungen

EC2, 4.4.1

Die Spannungsgrenzen nach EC2 dürfen im allgemeinen ohne weiteren Nachweis als eingehalten angesehen werden, wenn die Bedingungen a) bis d) nach EC2, 4.4.1.2(2), erfüllt sind. Da diese Voraussetzung hier zutrifft, werden die Spannungen unter Gebrauchsbedingungen im Rahmen dieses Beispiels nicht weiter verfolgt.

EC2, 4.4.1.2(2)

5.2 Grenzzustände der Rißbildung

EC2, 4.4.2

5.2.1 Nachweis für die statisch erforderliche Bewehrung

EC2, 4.4.2.3

a) Feld 1

Der Nachweis zur Beschränkung der Rißbreite infolge äußerer Einwirkungen (Lasten) wird über die Einhaltung des Grenzdurchmessers nach EC2, 4.4.2.3, Tab. 4.11, geführt. Maximales Feldmoment unter der quasi-ständigen Einwirkungskombination:

EC2, 4.4.2.3(2)

EC2, 4.4.2.1(6)

$$M_{Sd,F1} = \qquad = -2370 \text{ kNm/m}$$

vgl. Tab. 3.1, Z. 2, Sp. 3

$$\zeta = z/d = 0,930$$

vgl. Abschn. 4.2.1

$$z = 0,930 \cdot 1,42 = 1,32 \text{ m}$$

$$\sigma_{s,stän} = \frac{1}{\text{vorh } a_s} \cdot \left(\frac{|M_{Sd,F1}|}{z} + N \right) = \frac{2370 \cdot 10^{-3}}{75,4 \cdot 10^{-4} \cdot 1,32} = 238 \text{ N/mm}^2$$

für N = 0; bezüglich der Anwendung dieser Gleichung siehe [A2], S. 118, 10.4.2

Grenzdurchmesser:

$$\varnothing^* = \qquad \approx 20 \text{ mm}$$

EC2, 4.4.2.3(2), Tab. 4.11, Z. 2

Dieser Durchmesser darf im Verhältnis

$$\varnothing = \varnothing^* \cdot \frac{h}{10 \cdot (h - d)} \geq \varnothing^*$$

EC2, 4.4.2.3(2)

vergrößert werden; zulässiger Grenzdurchmesser somit:

$$\varnothing = 20 \cdot \frac{1,50}{10 \cdot (1,50 - 1,42)} = 37 \text{ mm}$$

$$\varnothing = 37 \text{ mm} > \text{vorh } \varnothing = 20 \text{ mm}$$

vgl. Abschn. 4.2.1

b) Stütze B

Der Nachweis zur Beschränkung der Rißbreite wird hier über die Einhaltung des Höchstwertes der Stababstände nach EC2, 4.4.2.3(2), Tab. 4.12, geführt.

ζ = z/d = 0,927

z = 0,927 · 1,40 = 1,30 m

$$\sigma_{s,\text{stän}} = \frac{2475 \cdot 10^{-3}}{78,54 \cdot 10^{-4} \cdot 1,30} = 242 \text{ N/mm}^2$$

Höchstwert des Stababstandes nach EC2, 4.4.2.3(2), Tab. 4.12, Z. 3, Sp. 2, bei reiner Biegung:

max s = 197,5 mm > vorh s = 40 mm

5.2.2 Mindestbewehrung

5.2.2.1 Vorbemerkung

In oberflächennahen Bereichen von Stahlbetonbauteilen, in denen Betonzugspannungen (auch unter Berücksichtigung von behinderten Verformungen) entstehen können, ist im allgemeinen eine Mindestbewehrung einzulegen. Da als maßgebende Bewehrungsmenge entweder die für die Lastbeanspruchung erforderliche Bewehrung (vgl. Abschn. 4.2) oder die Mindestbewehrung einzulegen ist, werden nachfolgend die Plattenbereiche untersucht, in denen – mit Ausnahme der Querbewehrung im Sinne von EC2, 5.4.3.2.1(2) – nach Abschn. 4.2 keine Bewehrung erforderlich ist. Dies gilt insbesondere für die y-Richtung (Plattenlänge l_y = 30 m). Die hierfür ermittelte Mindestbewehrung wird aus Gründen der Vereinfachung auch in den aus Lasten planmäßig überdrückten Plattenbereichen in x-Richtung angeordnet.

Als mögliche Zwangursachen sind folgende Fälle denkbar:

– Zwang aus Abfließen der Hydratationswärme

– Zwang im Endzustand, z.B. aus Schwinden des Betons und/oder dem Zusammenwirken der Platte mit dem anstehenden Boden.

Auf diese Fälle wird nachfolgend näher eingegangen.

5.2.2.2 Zwang aus Abfließen der Hydratationswärme

a) Abschätzung der Zwangschnittgröße

Die aus dem über die Querschnittsdicke ungleichmäßigen Abfließen der Hydratationswärme resultierenden Spannungen sind in Bild 3.7 (aus [3.1]) schematisch dargestellt.

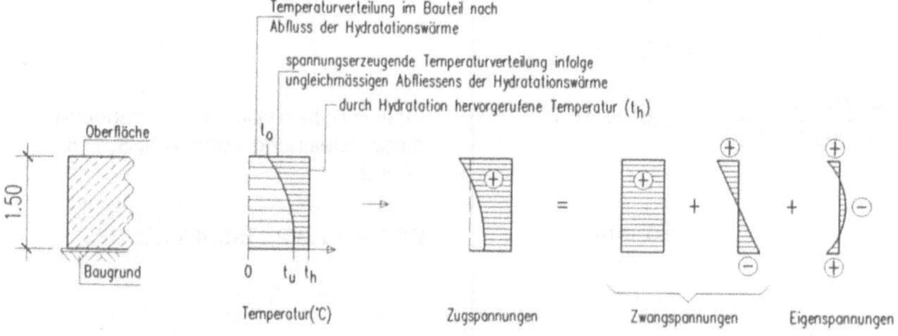

Bild 3.7: Spannungen infolge des ungleichmäßigen Abfließens der Hydratationswärme

Eine zuverlässige Aussage über die Größe der Biegezwangspannungen ist in aller Regel nicht möglich, so daß die zentrische Zugbeanspruchung für die Ermittlung der Mindestbewehrung maßgebend wird.

Um die Anwendung von EC2, Tab. 4.12, zu zeigen.

vgl. Abschn. 4.2.2

vgl. auch Tab. 3.1, Z. 2, Sp. 2

interpoliert aus Tab. 4.12

siehe Darstellung der Bewehrung

EC2, 4.4.2.2

EC2, 4.4.2.1 P(9), a)

vgl. Abschn. 1, Erl. zu Bild 3.1

EC2, 4.4.2.2(3)

[3.1], S. 219 ff, Abschn. 2.3, Bild 3

Diese zentrische Zugkraft kann jedoch nicht größer werden als die Reibungskraft zwischen Boden und Fundamentplatte. Die entsprechende maximale Scherspannung max τ läßt sich auf der sicheren Seite liegend abschätzen zu

$$\max \tau = \sigma_0 \cdot \tan(\text{cal } \varphi'),$$

worin σ_0 die Sohlnormalspannung und cal φ' den Reibungswinkel des anstehenden Bodens bezeichnen.

Mit

$\sigma_0 \quad = \gamma_b \cdot h = 25 \cdot 1{,}5 \qquad\qquad\qquad = 37{,}5 \text{ kN/m}^2$

$\text{cal } \varphi' = 32{,}5° \quad$ für nichtbindigen Baugrund und mitteldichte Lagerung

ist

$\max \tau = 37{,}5 \cdot \tan(32{,}5°) \qquad\qquad = 24{,}0 \text{ kN/m}^2$

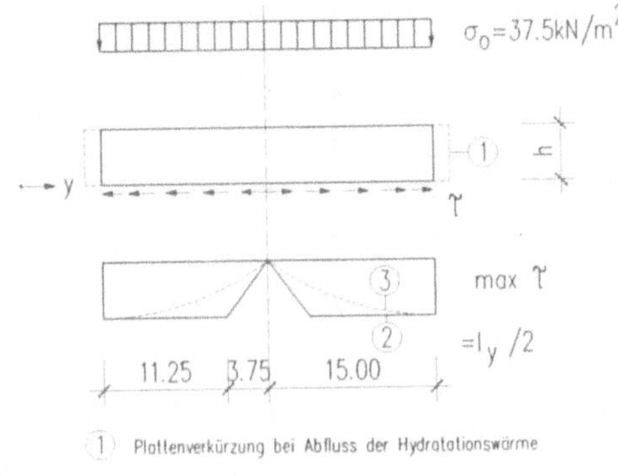

γ_b: Eigenlast des Stahlbetons im Grenzzustand der Gebrauchstauglichkeit nach DIN 1055 Teil 1, 7.6.1(1); cal φ' nach DIN 1055 Teil 2, Tab. 1, Z. 8

Eine genauere, die horizontale Verformbarkeit des Bodens berücksichtigende Ermittlung des Verschiebungsweges der Platte und der dadurch hervorgerufenen Scherspannungen τ ist z. B. nach [3.8], S. 36, Gl.(8), möglich.

Bild 3.8: Rechnerischer Verlauf der Scherspannung τ in der Bodenfuge

Bei Annahme der in Bild 3.8 dargestellten, näherungsweise trapezförmigen Verteilung der Scherspannung max τ ergibt sich die resultierende Zugkraft F_{ty} zu:

$$F_{ty} = \frac{7}{8} \cdot \max \tau \cdot b \cdot \frac{l_y}{2} = \frac{7}{8} \cdot 24 \cdot 1{,}0 \cdot 15{,}00 \qquad = 315 \text{ kN/m}$$

Rißnormalkraft nach EC2:

$F_{cr} \quad = k_c \cdot k \quad \cdot f_{ct,\,eff} \cdot A_{ct}$

$\qquad\quad k_c \quad = 1{,}0 \quad$ für reinen Zug

$\qquad\quad k \quad = 0{,}5 \quad$ für $h \geq 80$ cm

$\qquad\quad A_{ct} \quad = b \cdot h \quad$ für reinen Zug

$\qquad\quad f_{ct,\,eff} \quad = k_t \cdot f_{ctm} = 2{,}9 \cdot 0{,}6 \qquad\qquad = 1{,}74 \text{ N/mm}^2$

EC2, 4.4.2.2(3)

Beiwerte nach EC2, 4.4.2.2(3), Erläuterungen zu Gl.(4.78)

[A2], S. 116, 10.2.2.2: für den Ausgangswert f_{ctm} ist EC2, 3.1.2.3(4), Tab. 3.1, maßgebend. Die wirksame Zugfestigkeit $f_{ct,\,eff}$ zum Zeitpunkt der erwarteten Erstrißbildung nach 3 bis 5 Tagen wird über den Beiwert $k_t = 0{,}6$ abgeschätzt.

$F_{cr} \quad = 1{,}0 \cdot 0{,}5 \cdot 1{,}74 \cdot 1{,}0 \cdot 1{,}50 \cdot 10^3 \qquad\qquad = 1305 \text{ kN/m}$

Wegen $F_{cr} > F_{ty}$ ist die Mindestbewehrung min a_{sy} für die nachgewiesene Zugkraft F_{ty} zu ermitteln.

EC2, 4.4.2.2(4)

b) Ermittlung von min a_{sy} nach SCHIESSL

Die Begrenzung der Rißbreite auf zulässige Werte wird nach EC2, 4.4.2.1 P(9), dadurch erreicht, daß in allen Querschnitten, die wesentlich durch Zug aus Zwang beansprucht werden, eine im Verbund liegende Mindestbewehrung nach EC2, Abschn. 4.4.2.2, eingelegt wird. Diese Mindestbewehrung läßt sich über Tab. 4.11 in EC2 nur näherungsweise bestimmen. Ein genauerer Nachweis unter Berücksichtigung der tatsächlichen rechnerischen Betonzugbeanspruchung ist nach [A2], [A7] oder [3.3] möglich. Hier wird der Nachweis nach [A2] bzw. [A7] geführt.

[A7], S. 157 bis 175, und [A2], S. 118 ff, 10.4. Die Rißformel in EC2 ist mit der in DIN 1045 identisch.

Die an der Plattenoberseite bzw. -unterseite zur Aufnahme des zentrischen Zwangs erforderliche Bewehrung (je m Plattenbreite) ergibt sich danach zu:

$$\text{erf } a_{sy} = \frac{1}{2 \cdot E_s \cdot w_k} \cdot (12,5 \cdot \beta \cdot k \cdot f_{ct,\,eff} \cdot b \cdot h +$$

$$\sqrt{(12,5 \cdot \beta \cdot k \cdot f_{ct,\,eff} \cdot b \cdot h)^2 + 0,2 \cdot \beta \cdot E_s \cdot w_k \cdot k \cdot \varnothing \cdot A_{c,\,eff} \cdot b \cdot h \cdot k \cdot f_{ct,\,eff}} \quad)$$

durch Umformung von Gl.(4.80) und (4.82) in EC2, 4.4.2.4

worin

E_s	= Elastizitätsmodul des Betonstahls:	$E_s = 200\,000$ N/mm²	EC2, 3.2.4.3(1)
w_k	= Rechenwert der Rißbreite	$w_k = 0,3$ mm	EC2, 4.4.2.1(6)
β	= Streuungsfaktor;	$\beta = 1,7$	EC2, 4.4.2.4(2)
k	= Beiwert zur Erfassung des Einflusses der nichtlinear verteilten Eigenspannungen;	$k = 0,5$	EC2, 4.4.2.2(3)
$\varnothing$	= Durchmesser der Bewehrung	$\varnothing = 12$ mm	Vorgabe: es werden Betonstahlmatten mit $\varnothing = 12$ mm verwendet. ungünstig für $\varnothing = 16$ mm; vgl. Abschn. 4.2.3
$A_{c,\,eff}$	= wirksame Betonzugzone		nom $c_q = 50$ mm; vgl. Abschn. 1.2, d); $h - d = $ nom $c_q + \varnothing/2$

$$A_{c,\,eff} = 2,5 \cdot b \cdot (h - d) = 2,5 \cdot 1000 \cdot \left(50 + \frac{16}{2}\right) = 1,45 \cdot 10^5 \text{ mm}^2$$

Die mittlere Betonzugbeanspruchung, die wegen der Streuung der Betonzugfestigkeit zur Rißbildung führen kann, beträgt im vorliegenden Fall:

$$k \cdot f_{ct,\,eff} = \frac{F_{ty}}{b \cdot h} = \frac{0,315}{1,0 \cdot 1,5} = 0,21 \text{ N/mm}^2$$

Für die Plattenunterseite ergibt sich erf a_{sy} hieraus zu:

$$\text{erf } a_{sy} = \frac{1}{2 \cdot 200\,000 \cdot 0,3} \cdot (12,5 \cdot 1,7 \cdot 0,21 \cdot 1,5 \cdot 10^6 +$$

$$\sqrt{(12,5 \cdot 1,7 \cdot 0,21 \cdot 1,5 \cdot 10^6)^2 + 0,2 \cdot 1,7 \cdot 2 \cdot 10^5 \cdot 0,3 \cdot 0,5 \cdot 12 \cdot 1,45 \cdot 10^5 \cdot 1,5 \cdot 10^6 \cdot 0,21} \quad)$$

$$\text{erf } a_{sy} = 681 \text{ mm}^2/\text{m} \qquad\qquad = 6,81 \text{ cm}^2/\text{m}$$

gewählt:

> Betonstahlmatten BSt 500 M (Einachsmatten)
>
> $\dfrac{100 \cdot 12}{750 \cdot 8,5}$; vorh a_{sy} $\qquad = 11,3$ cm²/m

Diese Matten werden auch an der Plattenoberseite sowie in x-Richtung in den planmäßig überdrückten Plattenbereichen angeordnet.

c) Ermittlung der Mindestbewehrung mit Hilfe von Diagrammen

Für die Ermittlung der Mindestbewehrung nach EC2, Abschn. 4.4.2.2, stehen auch Bemessungsdiagramme in [3.3], [A2] zur Verfügung. Das Diagramm für reine Zugbeanspruchung infolge Zwang in [A2] kann jedoch hier nicht angewendet werden, weil die vorhandene Zugbeanspruchung

$$\sigma_{ct} = k \cdot f_{ct,eff} = 0,21 \text{ N/mm}^2 \text{ und somit } f_{c,eff} = \frac{0,21^{1,5}}{(0,6 \cdot 0,3)^{1,5}} = 1,26 \text{ N/mm}^2$$

[A2], S. 120 ff, 10.5, und Bild 10.5

EC2, 3.1.2.3(4), Gl. (3.2), in Verbindung mit [A2], S. 121, 10.5

außerhalb des Anwendungsbereichs dieses Diagramms liegen.

5.2.2.3 Zwang im Endzustand

Mögliche Zwangursachen im Endzustand können sein (siehe z. B. [3.4]):

[3.4], S. 10 bis 19, Abschn. 2

– Witterungsbedingte Temperaturänderungen;

– Temperaturfelder infolge eines plötzlichen oder allmählichen Abfalls der Umgebungstemperatur;

– Schwindverkürzungen;

– Zusammenwirken von Bauwerk und Baugrund.

Die beiden zuerst genannten Zwangursachen können im vorliegenden Fall als Rißursache ausgeschlossen werden. Nach [3.4] und [3.5] ist das Schwinden bei dicken, einseitig wasserberührten Fundamentplatten im allgemeinen ohne baupraktische Bedeutung, weil

siehe z. B. [3.5], S. XII 1

– die relative Luftfeuchte in der Platte in der Größenordnung von 100 % liegt. Bei einer relativen Luftfeuchte von 100 % kommt das Schwinden (theoretisch) zum Stillstand;

[3.4], S. 18, 2.6.3.2

– in einem dicken Bauteil kein gleichmäßiger Austrocknungsvorgang stattfindet. Das über den Querschnitt ungleichmäßige Schwinden führt zu verhältnismäßig geringen Eigenspannungen und nicht zu Zwangspannungen (vgl. auch Abschn. 5.2.2.1 oben);

[3.4], S. 18, 2.6.3.3

– etwaige Schwindverformungen durch die Bewehrung abgemindert und die durch das Schwinden bedingten Zwangspannungen zusätzlich durch Kriechen und Relaxation abgebaut werden.

vgl. [3.6], S. 57 ff, C

Es ist daher gerechtfertigt, im Rahmen dieses Beispiels auch den Einfluß des Schwindens zu vernachlässigen.

[3.4], S. 18/19, 2.6.5; [3.5], S. XII 1; eine Abschätzung der Schwindauswirkungen im Endzustand findet sich in [A4], S. 32, Abschn. 4.3.2c)

Zwangkräfte in der Fundamentplatte können auch aus dem Zusammenwirken von Bauwerk und Baugrund entstehen. Zur Abschätzung ihrer Größe wurde eine Berechnung mit finiten Elementen durchgeführt. Das hier zahlenmäßig nicht wiedergegebene Ergebnis ist, daß diese Kräfte im vorliegenden Fall vernachlässigbar klein sind.

6   Bewehrungsführung, bauliche Durchbildung

EC2, 5

6.1   Versatzmaß

Für auf der Baustelle betonierte Vollplatten legt EC2 ein Versatzmaß von $a_l = d$ fest. Diese Festlegung trifft nach [A5] jedoch nur für Platten ohne Schubbewehrung zu. Für Platten mit rechnerischer Schubbewehrung wird das Versatzmaß wie für Balken nach EC2, 5.4.2.1.3(1), berechnet:

EC2, 5.4.3.2.1(1)
[A5], S. 811 f, Abschn. 9.3.3

$$a_l = z \cdot \frac{1 - \cot \alpha}{2} = 0,9 \cdot 1,42 \cdot \frac{1 - \cot 60°}{2} = 0,27 \text{ m}$$

EC2, 5.4.2.1.3(1)

Nach [A5], S. 809, Abschn. 9.3.2, sollte aus Sicherheitsgründen für Bauteile, bei denen $a_l < 0,5 \cdot d$ ist, das Versatzmaß a_l vergrößert werden. Hier ist:

[A5], S. 809, Abschn. 9.3.2

$$a_l = 27 \text{ cm} < 0,5 \cdot d = 0,5 \cdot 142 = 71,0 \text{ cm}$$

gewählt wird:

$$a_l = = 75,0 \text{ cm}$$

Bezüglich des Abstandes der Schrägstäbe siehe Abschn. 4.3.2, Bemessung für Querkraft am Auflager B; der Abstand der Schrägstäbe beträgt dort $s = 35,5$ cm.

6.2 Grundmaß der Verankerungslänge

Verbundspannungen im Grenzzustand der Tragfähigkeit:

Bemessungswerte der Verbundspannungen für:

gute Verbundbedingungen: f_{bd} = 3,00 N/mm²

mäßige Verbundbedingungen: f_{bd} = 0,7 · 3,0 = 2,10 N/mm²

Grundmaß der Verankerungslänge:

$$l_b = \frac{\varnothing}{4} \cdot \frac{f_{yd}}{f_{bd}}$$

Tabelle 3.2: Grundmaße der Verankerungslänge

Zeile	Ort	Verbund-bedingungen	$\varnothing$ (mm)	l_b (cm)
	1	2	3	4
1	Feld 1 und 3, oben	mäßig	20	103,6
2	Feld 1, unten; Feld 2, Stützen	gut	20	72,5
3	Plattenunterseite	gut	16	58,0
4	Plattenoberseite	mäßig	16	82,9
5	Plattenunterseite	gut	12	43,5
6	Plattenoberseite	mäßig	12	62,2

6.3 Verankerung am Endauflager A

Mindestens die Hälfte der erforderlichen Feldbewehrung sollte über das Auflager geführt und dort verankert werden:

$$\min a_s = 0,5 \cdot a_{s,\,Feld} = 0,5 \cdot 75,1 = 37,6\ \text{cm}^2/\text{m}$$

zu verankernde Zugkraft:

$$F_s = V_{Sd} \cdot a_l/d + N_{Sd} = 2697 \cdot 75/142 + 0 = 1425\ \text{kN/m}$$

$$\text{erf } a_s = \frac{F_s}{f_{yd}} = \frac{1425 \cdot 10^{-3} \cdot 10^4}{435} = 32,75\ \text{cm}^2/\text{m}$$

erforderliche Verankerungslänge am Endauflager A:

$$\text{erf } l_A = \frac{2}{3} \cdot l_{b,\,net}$$

$$l_{b,\,net} = \frac{\alpha_a \cdot l_b \cdot a_{s,\,req}}{a_{s,\,prov}} \geq l_{b,\,min}$$

$$\alpha_a = 0,7 \quad \text{bei Verankerung mit Winkelhaken}$$

$$a_{s,\,req} = \qquad\qquad = 32,75\ \text{cm}^2/\text{m}$$

$$a_{s,\,prov} \quad \text{für } 20\ \varnothing\ 20 \qquad = 62,8\ \text{cm}^2/\text{m}$$

$$a_{s,\,prov} = 62,8\ \text{cm}^2/\text{m} > 0,5 \cdot 75,1 = 37,6\ \text{cm}^2/\text{m}$$

$$l_{b,\,net} = \frac{0,7 \cdot 103,6 \cdot 32,75}{62,8} = 37,82\ \text{cm}$$

EC2, 5.2.2.3

EC2, 5.2.2.2

EC2, 5.2.2.1(2), b), Bild 5.1 c)

EC2, 5.2.2.2(2), Tab. 5.3, Z. 2, Sp. 5, für C 30/37

EC2, 5.2.2.2(2)

EC2, 5.2.2.3(2), Gl. (5.3); f_{yd}: vgl. Abschn. 4.1

EC2, 5.4.3.2.1(5), in Verbindung mit EC2, 5.4.2.1.4

EC2, 5.4.3.2.2(1)

vgl. Abschn. 4.2.1

EC2, 5.4.2.1.4(2), Gl.(5.15); V_{Sd}: vgl. Abschn. 3.2, Bild 3.3

EC2, 5.4.2.1.4(3), Bild 5.12 a); bei direkter Auflagerung wird l_A von der Auflagervorderkante aus gemessen.

EC2, 5.2.3.4.1(1), Gl.(5.4)

EC2, 5.2.3.4.1(1)

siehe oben

20 $\varnothing$ 20 werden ins Auflager geführt, siehe Darstellung der Bewehrung

EC2, 5.4.3.2.2(1)

für mäßige Verbundbedingungen, siehe Tab. 3.2, Z. 1, Sp. 4

Mindestwerte:

$l_{b,min}$ $= 0,3 \cdot l_b = 0,3 \cdot 103,6$ $= 31,1$ cm

oder

$l_{b,min}$ $= 10 \cdot \emptyset = 10 \cdot 2,0$ $= 20$ cm

oder

$l_{b,min}$ $=$ $= 10$ cm

erf l_A $= \dfrac{2}{3} \cdot 37,82$ $= 25,22$ m

Die Betonstabstähle $\emptyset$ 20 mm werden um das Maß 35 cm hinter die Auflagervorderkante geführt. Dadurch wird auch das Verankerungskriterium bei der Ermittlung der aufnehmbaren Querkraft V_{Rd1} nach EC2, 4.3.2.3, erfüllt.

Länge der Winkelhaken:

l_{wh} $= \emptyset + 7/2 \cdot \emptyset + 5 \cdot \emptyset = 9,5 \cdot \emptyset = 9,5 \cdot 2,0$ $= 19,0$ cm

6.4 Verankerung am Zwischenauflager B

Mindestens die Hälfte der erforderlichen Feldbewehrung ist über das Zwischenlager zu führen und dort zu verankern.

erforderliche Verankerungslänge:

erf l_b $= 10 \cdot \emptyset = 10 \cdot 20$ $= 20$ cm

6.5 Verankerung der Schrägstäbe

Vorhanden sind Schrägstäbe $\emptyset$ 20 mm, gerade Stabenden

a) im Bereich von Betondruckspannungen

Auflager A, gute Verbundbedingungen:

l_{bw} $= 0,7 \cdot l_{b,net} = 0,7 \cdot 72,5 \cdot 1,0$ $= 50,8$ cm

b) im Bereich von Betonzugspannungen

Auflager B unten, gute Verbundbedingungen:

l_{bw} $= 1,3 \cdot l_{b,net} = 1,3 \cdot 72,5 \cdot 1,0$ $= 94,3$ cm

6.6 Übergreifungsstöße der Quer- und Mindestbewehrung

6.6.1 Übergreifungsstöße der Querbewehrung $\emptyset$ 16 mm

a) Plattenunterseite

l_s $= l_{b,net} \cdot \alpha_1 \geq l_{s,min}$

$l_{s,min}$ $\geq 0,3 \cdot \alpha_a \cdot \alpha_1 \cdot l_b$ $\geq 15 \cdot \emptyset$
≥ 200 mm

α_a $= 1,0$ für gerade Stabenden

α_1 $= 1,4$ für $a = (13 - 1,6) = 11,4\,\text{cm} < 10\,\emptyset = 10 \cdot 1,6 = 16,0$ cm

$l_{b,net}$ $= \alpha_a \cdot l_b \cdot \dfrac{a_{s,req}}{a_{s,prov}} = 1,0 \cdot 58,0 \cdot 1,0$ $= 58,0$ cm

l_s $= 58,0 \cdot 1,4$ $= 81,2$ cm

EC2, 5.2.3.4.1(1), Gl.(5.5); für die Verankerung von Zugstäben

EC2, 5.4.2.1.4(3), bei direkter Auflagerung

EC2, 4.3.2.3(1), Bild 4.12, am Endauflager

EC2, 5.2.3.2(1), Bild 5.2 c

EC2, 5.4.3.2.1(5), in Verbindung mit 5.4.2.1.5
12 Stäbe $\emptyset$ 20 werden über das Auflager B geführt.

EC2, 5.4.2.1.5(2), und Bild 5.13 b)

EC2, 5.4.2.1.3

EC2, 5.4.2.1.3(3)

$l_{b,net}$: vgl. Abschn. 6.3; das Verhältnis $a_{s,req}/a_{s,prov}$ wird hier zu 1,0 angenommen.

EC2, 5.4.2.1.3(3)

EC2, 5.2.4.1

EC2, 5.2.4.1.3P(1)

mit guten Verbundbedingungen

EC2, 5.2.4.1.3 P(1), Gl.(5.7)

EC2, 5.2.4.1.3, P(1), Gl.(5.8)

EC2, 5.2.3.4.1(1)

EC2, 5.2.4.1.3P(1), Bild 5.6; a: vgl. Abschn. 4.2.3

l_b: vgl. Tab 3.2; Annahme: $\dfrac{a_{s,req}}{a_{s,prov}} = 1,0$

maßgebender Wert

Mindestwerte:

$l_{s,min} = 0,3 \cdot 1,0 \cdot 1,4 \cdot 58,0$ $= 24,4$ cm

oder

$15 \cdot \varnothing = 15 \cdot 1,6$ $= 24,0$ cm

oder $= 20,0$ cm

b) Plattenoberseite   mäßige Verbundbedingungen

$l_{b,net} = 1,0 \cdot 82,9 \cdot 1,0$ $= 82,9$ cm l_b: vgl. Tab. 3.2, Z. 4, Sp. 4

$l_s = 82,9 \cdot 1,4$ $= 116,1$ cm   maßgebender Wert

Mindestwerte:

$l_{s,min} = 0,3 \cdot 1,0 \cdot 1,4 \cdot 82,9$ $= 34,8$ cm

oder

$15 \cdot \varnothing = 15 \cdot 1,6$ $= 24,0$ cm

oder $= 20,0$ cm

6.6.2 Übergreifungsstöße der Mindestbewehrung

EC2, 5.2.4.2

a) Übergreifungslänge l_s:

vorhanden ist jeweils eine Betonstahl-Listenmatte: $\dfrac{100 \cdot 12}{750 \cdot 8,5}$ vgl. Abschn. 5.2.2.2, b)

vorh $a_s = 11,3$ cm^2/m < 12 cm^2/m   EC2, 5.2.4.2.1(4); 100 % der Bewehrung können somit gestoßen werden.

Übergreifungslänge l_s:

$l_s = \alpha_2 \cdot l_b \cdot \dfrac{a_{s,req}}{a_{s,prov}}$ $\geq l_{s,min}$ EC2, 5.2.4.2.1(5), Gl.(5.9)

$\alpha_2 = 0,4 + \dfrac{a_s}{800} = 0,4 + \dfrac{1130}{800}$ $= 1,81 > 1,0$ vorh $a_s/s = 11,3$ cm^2/m $= 1130$ mm^2/m

$< 2,0$

b) Übergreifungslänge l_{su} für die Mindestbewehrung an der Plattenunterseite   mit guten Verbundbedingungen

$l_{su} = 1,81 \cdot 43,5 \cdot \dfrac{6,81}{11,3}$ $= 47,5$ cm l_b: vgl. Tab. 3.2, Z. 5, Sp. 4

Mindestwerte:

$l_{su,min} = 0,3 \cdot \alpha_2 \cdot l_b = 0,3 \cdot 1,0 \cdot 43,5$ $= 13,1$ cm   EC2, 5.2.4.2.1(5)

oder

$s_t =$ $= 75,0$ cm s_t: vgl. Abschn. 5.2.2.2; dieser Wert ist maßgebend.

oder $= 20,0$ cm

c) Übergreifungslänge l_{so} für die Mindestbewehrung an der Plattenoberseite   mäßige Verbundbedingungen

$l_{so} = 1,81 \cdot 62,2 \cdot \dfrac{6,81}{11,3}$ $= 67,9$ cm l_b: vgl. Tab. 3.2, Z. 6, Sp. 4

Mindestwerte:

$l_{so,min} = 0,3 \cdot \alpha_2 \cdot l_b = 0,3 \cdot 1,0 \cdot 62,2$ $= 18,7$ cm   EC2, 5.2.4.2.1(5)

oder

$s_t =$ $= 75,0$ cm s_t: vgl. Abschn. 5.2.2.2; dieser Wert ist maßgebend.

oder $= 20,0$ cm

6.7   Abstände der Bewehrungsstäbe

a) Minimalabstände   EC2, 5.2.1.1

$\min s \quad = \qquad\qquad\qquad\qquad\qquad \geq 20\ \text{mm}$ EC2, 5.2.1.1(3)

Dieser Abstand ist in allen Fällen eingehalten.

b) Größtabstände der Hauptbewehrung   EC2, 5.4.3.2.1(4)

$\max s_l \ = 1{,}5 \cdot h \qquad = 1{,}5 \cdot 1{,}5 \qquad\qquad = 2{,}25\ \text{m}$

oder

$\max s_l \ = \qquad\qquad\qquad\qquad\qquad = 35{,}0\ \text{cm}$

$\text{vorh } s_l \ \leq 24{,}0\ \text{cm} \quad < \max s_l \qquad\qquad = 35{,}0\ \text{cm}$ vorh s_l: siehe Darstellung der
                                                                            Bewehrung
c) Größtabstände der Querbewehrung in y-Richtung   EC2, 5.4.3.2.1(4)

$\max s_q \ = 2{,}5 \cdot h \qquad = 2{,}5 \cdot 1{,}5 \qquad\qquad = 3{,}75\ \text{m}$

oder

$\max s_q \ = \qquad\qquad\qquad\qquad\qquad = 40{,}0\ \text{cm}$

$\text{vorh } s_q \ = 13\ \text{cm} \qquad < \max s_q \qquad\qquad = 40{,}0\ \text{cm}$

$\text{vorh } s_q \ = 13\ \text{cm} \qquad < \max s_q$ vgl. Abschn. 4.2.3

d) Größtabstände der Schrägstäbe am Auflager A

Größtabstand in x-Richtung: EC2, 5.4.3.3(4)

$\max s_w \ = h \qquad\qquad\qquad\qquad = 150\ \text{cm}$

$\qquad\quad > \text{vorh } s_w \qquad\qquad\qquad = 35{,}5\ \text{cm}$

Größtabstand in y-Richtung: EC2, 5.4.3.3(2), in Verbindung mit
                                                                            5.4.2.2(9), wobei angenommen wird,
$\dfrac{V^*_{Sd,A}}{V_{Rd2}} = \dfrac{1392}{11087} \qquad\qquad = 0{,}13$ daß der zuletzt genannte Abs. auch für
                                                                            Schrägstäbe gilt.
$\qquad\qquad\qquad\qquad\qquad\quad < \dfrac{1}{5}$

$\max s_{wq} = d \qquad\qquad\qquad\qquad = 142\ \text{cm}$ EC2, 5.4.2.2(9)

$\text{bzw.} \qquad\qquad\qquad\qquad\qquad\quad = 80\ \text{cm}$

Die Schrägstäbe $\varnothing$ 20 mm werden so aufgebogen, daß der Größtabstand   siehe Darstellung der Bewehrung
max s_{wq} eingehalten ist.

e) Größtabstand der Schrägstäbe am Auflager B, links

Größtabstand in x-Richtung: EC2, 5.4.3.3(4)

$\max s_w \ = h \qquad\qquad\qquad\qquad = 150{,}0\ \text{cm}$

$\qquad\quad > \text{vorh } s_w \qquad\qquad\qquad = 35{,}5\ \text{cm}$

Größtabstand in y-Richtung: Annahme wie in Abschn. d)

$\dfrac{V^*_{Sd,Bli}}{V_{Rd2}} = \dfrac{2532}{9883} \qquad\qquad = 0{,}26$ vgl. Abschn. 4.3.2, c)

$\qquad\qquad\qquad\qquad\qquad\quad > \dfrac{1}{5}$

$\qquad\qquad\qquad\qquad\qquad\quad < \dfrac{2}{3}$

$\max s_{wq} = 0{,}6 \cdot d \qquad = 0{,}6 \cdot 140 \qquad = 84{,}0\ \text{cm}$ EC2, 5.4.2.2(7), Gl.(5.18), und Abs. (9)

$\qquad\qquad \text{bzw.} \qquad\qquad\qquad\qquad = 30{,}0\ \text{cm}$

Die Schrägstäbe $\varnothing$ 20 mm werden so aufgebogen, daß der Größtabstand   siehe Darstellung der Bewehrung
max s_{wq} im Mittel eingehalten ist.

6.8   Hinweise zur Darstellung der Bewehrung

Die Darstellung der Bewehrung enthält nur die statisch erforderliche Bewehrung sowie die Mindestbewehrungen im Sinne von EC2, 4.4.2.2 und 5.4.3.2.1(2). Weitere Anschluß- und gegebenenfalls erforderliche Oberflächenbewehrungen (z.B. an den vertikalen Plattenflächen) sowie Abstandhalter sind aus Gründen der Übersichtlichkeit nicht dargestellt.

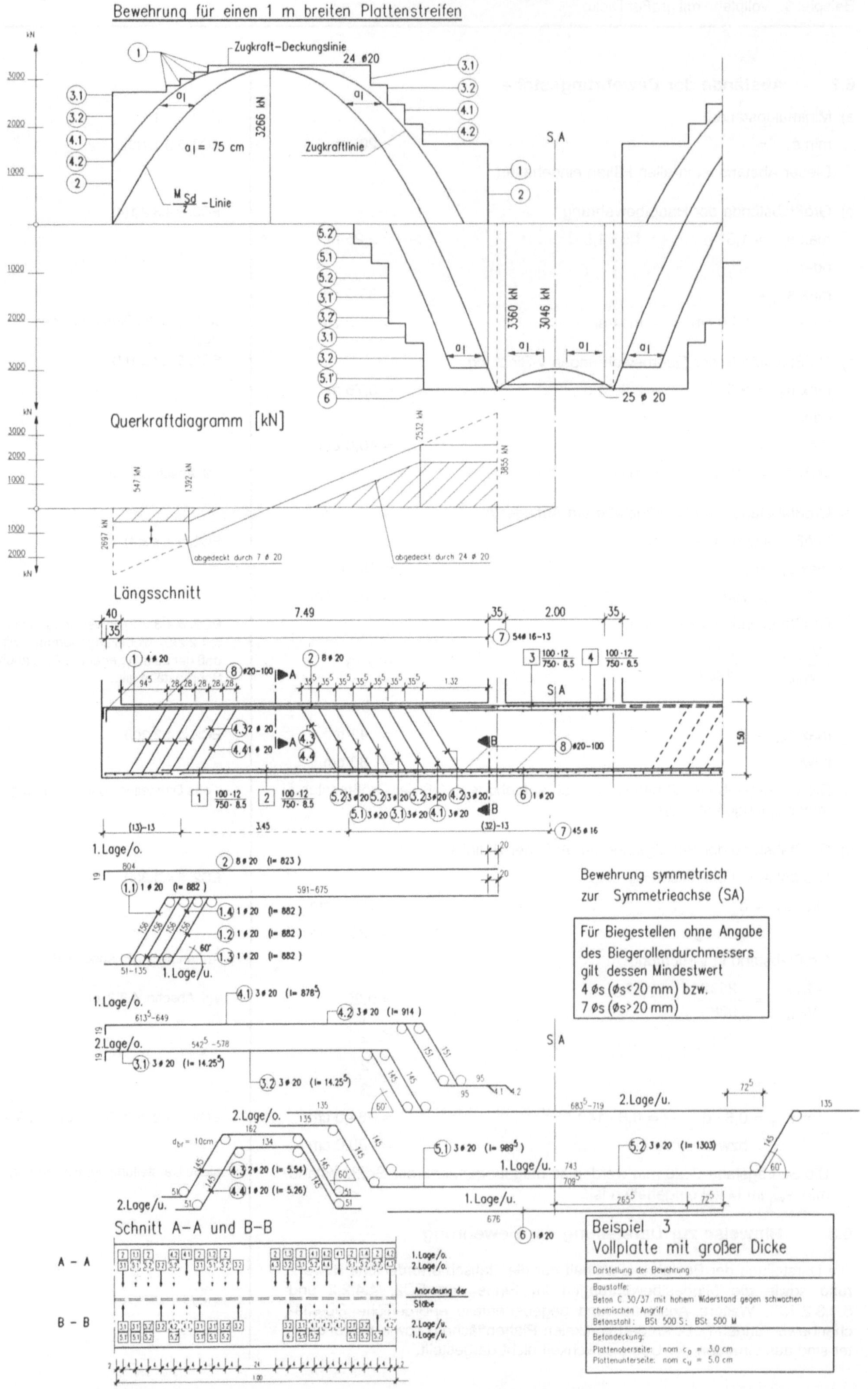

Bewehrung für einen 1 m breiten Plattenstreifen

Zugkraft-Deckungslinie
24 ø20
$a_l = 75$ cm
3266 kN
Zugkraftlinie
$\frac{M_{Sd}}{z}$ -Linie
S A
3360 kN   3046 kN
a_l
25 ø 20

Querkraftdiagramm [kN]

547 kN   1392 kN   2532 kN   3855 kN
2697 kN

abgedeckt durch 7 ø 20
abgedeckt durch 24 ø 20

Längsschnitt

40   7.49   35   2.00   35
35
7 54ø 16-13
1 4 ø 20 8 ø20-100   A
2 8 ø 20
3 $\frac{100 \cdot 12}{750 \cdot 8.5}$ 4 $\frac{100 \cdot 12}{750 \cdot 8.5}$
94^5 28   28   28   28   28 35^5 35^5 35^5 35^5 35^5 35^5 35^5 1.32
S A
4.3 2 ø 20   A
4.4 1 ø 20
8 ø20-100
1 $\frac{100 \cdot 12}{750 \cdot 8.5}$ 2 $\frac{100 \cdot 12}{750 \cdot 8.5}$
5.2 3 ø 20 5.2 3 ø 20 3.2 3 ø 20 4.2 3 ø 20 6 1 ø 20
5.1 3 ø 20 3.1 3 ø 20 4.1 3 ø 20
$(13)-13$ 3.45 $(32)-13$ 7 45 ø 16

Bewehrung symmetrisch zur Symmetrieachse (SA)

Für Biegestellen ohne Angabe des Biegerollendurchmessers gilt dessen Mindestwert
4 øs (øs < 20 mm) bzw.
7 øs (øs > 20 mm)

1.Lage/o.
804
2 8 ø 20   (l = 823)
1.1 1 ø 20   (l = 882)   591-675
1.4 1 ø 20   (l = 882)
1.2 1 ø 20   (l = 882)
156   156   156
60°
1.3 1 ø 20   (l = 882)
51-135
1.Lage/u.

1.Lage/o.
4.1 3 ø 20   (l = 878^5)
613^5-649
4.2 3 ø 20   (l = 914)
2.Lage/o.
$542^5 -578$
3.1 3 ø 20   (l = 14.25^5)
3.2 3 ø 20   (l = 14.25^5)
151   151
145   145
95   95
S A
2.Lage/o.   135
135
162
$d_{br} = 10$ cm   134
145
4.3 2 ø 20   (l = 5.54)
60°
4.4 1 ø 20   (l = 5.26)
51   51   51
2.Lage/u.   51
683^5-719 2.Lage/u. 72^5 135
5.1 3 ø 20   (l = 989^5) 5.2 3 ø 20   (l = 1303)   145   60°
1.Lage/u.   743
709^5
1.Lage/u. 265^5 72^5
676
6 1 ø 20

Schnitt A-A und B-B

A - A
1.Lage/o.
2.Lage/o.
Anordnung der Stäbe
B - B
2.Lage/u.
1.Lage/u.

Beispiel 3
Vollplatte mit großer Dicke

Darstellung der Bewehrung

Baustoffe:
Beton C 30/37 mit hohem Widerstand gegen schwachen chemischen Angriff
Betonstahl: BSt 500 S; BSt 500 M

Betondeckung:
Plattenoberseite: nom c_o = 3.0 cm
Plattenunterseite: nom c_u = 5.0 cm

BEISPIEL 4: PUNKTFÖRMIG GESTÜTZTE PLATTE

Inhalt

BEISPIEL 4: PUNKTFÖRMIG GESTÜTZTE PLATTE

Aufgabenstellung, Teilsicherheits- und Kombinationsbeiwerte

Zu bemessen ist das Innenfeld einer über mehrere Felder durchlaufenden Flachdecke mit rechteckigem, regelmäßigem Stützenraster im Innern eines Bürohauses. Die Stützen sind mit der Platte biegefest verbunden. Die Decke befindet sich in einem geschlossenen Raum, die Umweltbedingungen entsprechen somit EC2, Tab. 4.1, Z. 1. Die Belastung ist vorwiegend ruhend.

[A1], Abschn. 2.2.2.2, und DIN 1055 Teil 3, 1.4

Für die Nachweise in den Grenzzuständen der Tragfähigkeit bzw. Gebrauchstauglichkeit sind folgende Teilsicherheits- und Kombinationsbeiwerte vorgegeben:

EC2, 2.2.2.3 P(2), 2.2.2.4 P(2), 2.2.3.2 P(1)

a) Teilsicherheitsbeiwerte in den Grenzzuständen der Tragfähigkeit

   – für ständige Einwirkungen   : γ_G = 1,35 bzw. 1,0

EC2, 2.3.3.1(1), Tab. 2.2; der zweite Zahlenwert gilt bei günstiger Auswirkung.

   – für veränderliche Einwirkungen   : γ_Q = 1,50 bzw. 0

   – für Beton   : γ_c = 1,50

EC2, 2.3.3.2(1), Tab. 2.3, für die Grundkombination; die außergewöhnliche Bemessungssituation im Sinne von EC2, 2.3.2.2P(2), Gl.(2.7b), ist nicht Gegenstand dieses Beispiels.

   – für Betonstahl   : γ_s = 1,15

b) Kombinationsbeiwerte in den Grenzzuständen der Gebrauchstauglichkeit

EC2, 2.3.4P(2); für die Teilsicherheitsbeiwerte gilt in der Regel $\gamma_F = \gamma_M = 1,0$.

   – für die häufige Einwirkungskombination   : $\psi_{1,i}$ = 0,5

[A1], Tab. R1, Z. 1, Sp. 3, für Verkehrslasten auf Decken von Büroräumen.

   – für die quasi-ständige Einwirkungskombination   : $\psi_{2,i}$ = 0,3

[A1], Tab. R1, Z. 1, Sp. 4.

c) Baustoffe

   – Beton C 25/30 (Stahlbeton); bei dieser Betonfestigkeitsklasse gelten bei Verwendung eines Zementes der Festigkeitsklasse CE 42,5 die Anforderungen an den maximal zulässigen Wasserzementwert nach Tab. 3 in DIN V ENV 206 als erfüllt.

DIN V ENV 206, 7.3.1.1, Tab. 8; DIN V ENV 206, 6.2.2 und Tab. 3, für die Umweltklasse 1 und Stahlbeton, sowie 11.3.8, Tab. 20; die Betonfestigkeitsklasse C 25/30 wurde auch im Hinblick auf den Grenzzustand der Tragfähigkeit für das Durchstanzen gewählt (vgl. Abschn. 4.3).

   – Betonstabstahl   BSt 500 S (hohe Duktilität)

[A1], Tab. R2, Z.2

   – Betonstahlmatten   BSt 500 M (normale Duktilität)

[A1], Tab. R2, Z.3

1   System, Bauteilmaße, Betondeckung

a)

b)

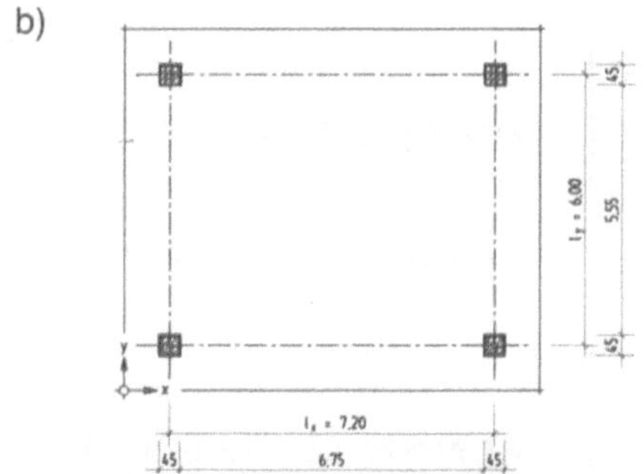

Zur besseren Lesbarkeit wurden hier die Symbole l_x und l_y anstelle von $l_{eff,x}$ und $l_{eff,y}$ verwendet.

Bild 4.1: System und Bauteilmaße der Platte
a) Längsschnitt b) Grundriß

1.1   Wirksame Stützweiten

$$l_{eff} = l_n + a_1 + a_2$$

$$l_{eff,x} = 6{,}75 + \frac{2 \cdot 0{,}45}{2} \qquad = 7{,}20 \text{ m}$$

$$l_{eff,y} = 5{,}55 + \frac{2 \cdot 0{,}45}{2} \qquad = 6{,}00 \text{ m}$$

EC2, 2.5.2.2.2; siehe Bild 4.1

EC2, 2.5.2.2.2(1), Gl.(2.15)

EC2, 2.5.2.2.2(1); a_1 und a_2 entsprechend EC2, Bild 2.4 b)

1.2   Betondeckung

a) in Abhängigkeit von den Umweltklassen

$$\text{min } c = \qquad\qquad = 15 \text{ mm}$$

b) zur sicheren Übertragung der Verbundkräfte

$$\text{min } c = \text{max } \varnothing = 11{,}5 \qquad\qquad \approx 12 \text{ mm} < 15 \text{ mm}$$

c) Nennmaß der Betondeckung

$$\text{nom } c = \text{min } c + \Delta h = 15 + 5 \qquad\qquad = 20 \text{ mm}$$

EC2, 4.1.3.3

EC2, 4.1.3.3(6), und Tab. 4.2

EC2, Tab. 4.2, für die Umweltklasse 1 und Betonstahl; eine Abminderung von min c nach Anm. 2) zu Tab. 4.2 ist hier unzulässig, da Umweltklasse 1 vorliegt.

EC2, 4.1.3.3(5); max $\varnothing$ = 11,5 mm, vgl. Abschn. 4.2.2, Tab. 4.4. Wegen der gleichen physikalischen Grundlagen in EC2 bzw. DIN 1045 wird angenommen, daß der Hinweis in [A8], S. 123, zu DIN 1045, Abschn. 18.11.2, bezüglich Betonstahlmatten aus Doppelstäben auch für EC2 gilt.

EC2, 4.1.3.3(8)

Δh = 5 mm; [A1], 4.1.3.3: es werden besondere Maßnahmen nach DIN 1045/ 7.88, Abschn. 13.2.1(4), getroffen, vgl. Abschn. 6.8.

Die für den Feuerwiderstand erforderliche Mindestbetondeckung einschließlich der Maßabweichungen, die im Rahmen dieses Beispiels nicht weiter verfolgt werden, richten sich nach DIN 4102 Teil 4 (vgl. [A1], 4.1.3.3(10)).

1.3   Erforderliche Plattendicke

a) allgemein

$$\text{min } h = \qquad\qquad = 5{,}0 \text{ cm}$$

bzw.

$$\text{min } h = \qquad\qquad = 20{,}0 \text{ cm}$$

b) über die Begrenzung der Biegeschlankheit

Annahmen:

– der Beton der Platte gilt als „gering" beansprucht im Sinne von EC2

– die Stahlspannung in Plattenmitte beträgt im Grenzzustand der Gebrauchstauglichkeit unter der häufigen Einwirkungskombination $\sigma_s \leq$ 250 N/mm^2

$$\text{zul } \frac{l_{eff}}{d} = 30; \quad \text{erf d} = \frac{\text{vorh } l_{eff,x}}{30} = \frac{720}{30} \qquad = 24{,}0 \text{ cm}$$

$$\text{erf h} = \text{erf d} + \text{nom c} + \frac{\varnothing}{2} = 24{,}0 + 2{,}0 + \frac{1{,}15}{2} \qquad \approx 26{,}5 \text{ cm}$$

gewählt:

$$h = 24 \text{ cm} < \text{erf h} \qquad\qquad = 26{,}5 \text{ cm}$$

Die gewählte Plattendicke von h = 24 cm ist kleiner als der Wert erf h = 26,5 cm, der sich über die Begrenzung der Biegeschlankheit ergibt. Deshalb wird im Rahmen dieses Beispiels im Grenzzustand der Gebrauchstauglichkeit die rechnerische Durchbiegung ermittelt.

EC2, 5.4.3.1(1); Mindestdicke von auf der Baustelle betonierten Vollplatten

EC2, 4.3.4.5.2(5); Mindestdicke von Flachdecken mit Schubbewehrung

EC2, 4.4.3.2

EC2, 4.4.3.2(5), (b)

EC2, 4.4.3.2(4)

EC2, 4.4.3.2(2), Tab. 4.14, Z. 4, Sp. 3

nom c und max $\varnothing$: vgl. Abschn. 1.2 „Betondeckung"

vgl. Abschn. 5.3; nach E(2), 4.4.3.1 P(2), wäre auch eine Vereinbarung von kleineren Dicken möglich, z. B. aufgrund von Erfahrung.

2 Einwirkungen

2.1 Charakteristische Werte

Es wirken nur lotrechte ständige und veränderliche Einwirkungen (Lasten).

Auf der Decke stehen parallel zu den Stützenachsen Trennwände mit einer Eigenlast (einschließlich Putz) von $Q_{Tr} \leq 1{,}5$ kN/m².

Tabelle 4.1: Charakteristische Werte der Einwirkungen

Zeile	Bezeichnung der Einwirkungen	Charakteristischer Wert (kN/m²)
	1	2
1	ständige Einwirkungen (Eigenlasten):	
	− 24 cm Stahlbetonvollplatte 0,24 m · 25 kN/m³ =	6,00
	− Belag und abgehängte Decke	1,25
	Eigenlast insgesamt: G_k	= 7,25
2	Veränderliche Einwirkungen:	
	Verkehrslast	2,00
	Trennwandzuschlag	1,25
	$Q_{k,1}$	= 3,25

2.2 Repräsentative Werte und Bemessungswerte

2.2.1 Grenzzustände der Gebrauchstauglichkeit

a) seltene Einwirkungskombination

$$G_k = = 7{,}25 \text{ kN/m}^2$$
$$Q_{k,1} = = 3{,}25 \text{ kN/m}^2$$
$$10{,}50 \text{ kN/m}^2$$

b) häufige Einwirkungskombination

$$G_k = = 7{,}25 \text{ kN/m}^2$$
$$\psi_{1,1} \cdot Q_{k,1} = 0{,}5 \cdot 3{,}25 = 1{,}63 \text{ kN/m}^2$$
$$8{,}88 \text{ kN/m}^2$$

c) quasi-ständige Einwirkungskombination

$$G_k = = 7{,}25 \text{ kN/m}^2$$
$$\psi_{2,1} \cdot Q_{k,1} = 0{,}3 \cdot 3{,}25 \text{ kN/m}^2 = 0{,}98 \text{ kN/m}^2$$
$$8{,}23 \text{ kN/m}^2$$

2.2.2 Grenzzustände der Tragfähigkeit

Bemessungswerte der Einwirkungen für die Grundkombination:

$$\gamma_G \cdot G_k = 1{,}35 \cdot 7{,}25 = 9{,}79 \text{ kN/m}^2$$
$$\gamma_Q \cdot Q_{k,1} = 1{,}50 \cdot 3{,}25 = 4{,}88 \text{ kN/m}^2$$
$$14{,}67 \text{ kN/m}^2$$

EC2, 2.2.2

EC2, 2.2.2.2 P(1)

[A1], 2.2.2.2: Als charakteristische Werte der Einwirkungen gelten grundsätzlich die Werte der DIN-Normen, insbesondere der Normen der Reihe DIN 1055, und gegebenenfalls der bauaufsichtlichen Ergänzungen und Richtlinien.

DIN 1055 Teil 3, Abschn. 4, Abs. 2

DIN 1055 Teil 1, 7.4.1.5

Vorgabe

DIN 1055 Teil 3, 6.1, Tab. 1, Z. 3 b)

DIN 1055 Teil 3, 4

EC2, 2.2.2.3 und 2.2.2.4

EC2, 2.2.2.3 und 2.3.4

EC2, 2.3.4P(2), Gl.(2.9a); diese Einwirkungskombination wird u. U. für den Nachweis der Begrenzung der Spannungen unter Gebrauchsbedingungen benötigt (EC 2, 4.4.1.1(2) und (7)).

EC2, 2.3.4P(2), Gl.(2.9b); wird für den Nachweis der zulässigen Biegeschlankheit benötigt (EC2, 4.4.3.2(4)).

EC2, 2.3.4P(2), Gl.(2.9c); sie wird für den Nachweis der Begrenzung der Spannungen unter Gebrauchsbedingungen benötigt (EC2, 4.4.1.1(3)); sie wird ferner benötigt für die Nachweise zur Beschränkung der Rißbildung nach EC2, 4.4.2.3(3), (vgl. Abschn. 5.2) sowie zur Durchbiegungsbeschränkung nach EC2, Anhang 4, (vgl. Abschn. 5.3).

EC2, 2.2.2.4

EC2, 2.3.2.2P(2), Gl.(2.7a)

Die außergewöhnliche Bemessungssituation nach EC2, 2.3.2.2P(2), Gl.(2.7b), wird im Rahmen dieses Beispiels nicht verfolgt.

3 Schnittgrößenermittlung

3.1 Vorbemerkung

Es wird das Näherungsverfahren nach [A6], Kap. 3.3 gewählt: Näherungsverfahren mit Hilfe von Ersatzdurchlaufträgern. In beiden Richtungen werden die Biegemomente für einen Durchlaufträger ermittelt und entsprechend Bild 3.4 in [A6], S. 41, auf die Feld- und Gurtstreifen verteilt (Bild 4.2).

Die Bedingung $0{,}75 \leq l_{eff,x}/l_{eff,y} = 1{,}2 < 1{,}33$ für die Anwendbarkeit des Näherungsverfahrens ist hier erfüllt.

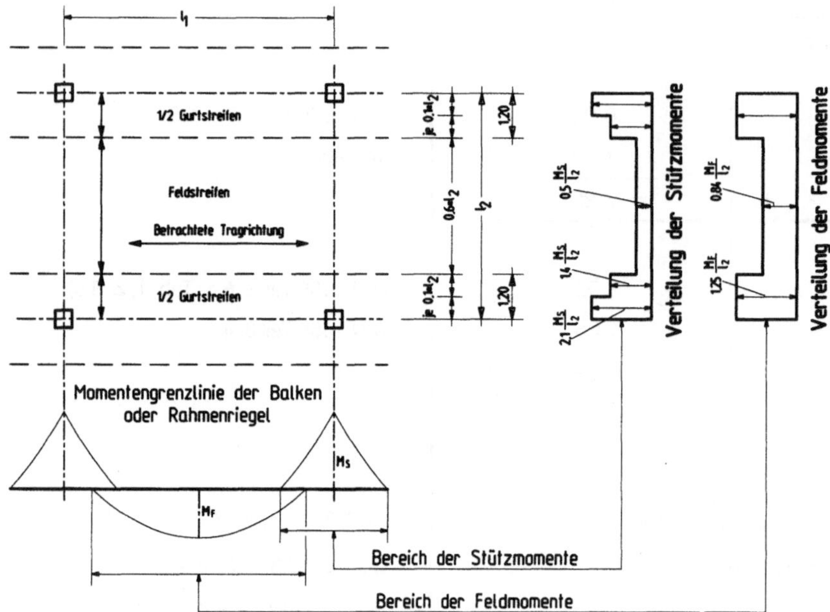

Bild 4.2: Verteilung der nach dem Näherungsverfahren in [A6] für die Ersatzdurchlaufträger ermittelten Momente M_F und M_S in der Querrichtung l_2

3.2 Grenzzustände der Gebrauchstauglichkeit

3.2.1 Schnittgrößen infolge der seltenen Einwirkungskombination

a) Durchlaufplatte in x-Richtung

Stütze: $-\,0{,}083 \cdot 7{,}25 \cdot 7{,}20^2$ $\quad = -\,31{,}20$ kNm/m
$\qquad\;\; -\,0{,}114 \cdot 3{,}25 \cdot 7{,}20^2$ $\quad = -\,19{,}21$ kNm/m

$\min m_{Sd,Sx} \;= -\,50{,}41$ kNm/m

Feld: $\;\;0{,}042 \cdot 7{,}25 \cdot 7{,}20^2$ $\quad = \;\;15{,}78$ kNm/m
$\qquad\; 0{,}083 \cdot 3{,}25 \cdot 7{,}20^2$ $\quad = \;\;13{,}98$ kNm/m

$\max m_{Sd,Fx} \;= \;\;29{,}76$ kNm/m

b) Durchlaufplatte in y-Richtung

Stütze: $-\,0{,}083 \cdot 7{,}25 \cdot 6{,}00^2$ $\quad = -\,21{,}66$ kNm/m
$\qquad\;\; -\,0{,}114 \cdot 3{,}25 \cdot 6{,}00^2$ $\quad = -\,13{,}34$ kNm/m

$\min m_{Sd,Sy} \;= -\,35{,}00$ kNm/m

Feld: $\;\;0{,}042 \cdot 7{,}25 \cdot 6{,}00^2$ $\quad = \;\;10{,}96$ kNm/m
$\qquad\; 0{,}083 \cdot 3{,}25 \cdot 6{,}00^2$ $\quad = \;\;\;\,9{,}71$ kNm/m

$\max m_{Sd,Fy} \;= \;\;20{,}67$ kNm/m

EC2, 2.5

EC2, 2.5.3.3P(1): Für die Schnittgrößenermittlung dürfen Näherungsverfahren auf der Grundlage geeigneter vereinfachter Annahmen verwendet werden, sofern sie das gleiche Zuverlässigkeitsniveau wie die in EC2 angegebenen Verfahren aufweisen. Diese Voraussetzung ist hier erfüllt.

[A6], S. 40, Abschn. 3.3

l₁ in Bild 4.2 entspricht in diesem Beispiel $l_{eff,x}$, l_2 entspricht $l_{eff,y}$.

EC2, 2.5.3.2.1

EC2, 2.3.4P(2), Gl.(2.9a)

In beiden Richtungen werden die Biegemomente zunächst für einen Durchlaufträger ermittelt, z.B. nach Beton-Kalender 1988 T. I, S. 414, Tafel 10.3, da Stützenkopfverstärkungen nicht vorhanden sind.

3.2.2 Schnittgrößen infolge der häufigen Einwirkungskombination

EC2, 2.3.4P(2), Gl.(2.9b)

a) Durchlaufplatte in x-Richtung

$$\text{Stütze:} \quad -\,0{,}083 \cdot 7{,}25 \cdot 7{,}20^2 \qquad = -\,31{,}20 \text{ kNm/m}$$
$$-\,0{,}114 \cdot 1{,}63 \cdot 7{,}20^2 \qquad = -\;9{,}63 \text{ kNm/m}$$
$$\min m_{Sd,Sx} = -\,40{,}83 \text{ kNm/m}$$

$$\text{Feld:} \quad 0{,}042 \cdot 7{,}25 \cdot 7{,}20^2 \qquad = 15{,}78 \text{ kNm/m}$$
$$0{,}083 \cdot 1{,}63 \cdot 7{,}20^2 \qquad = 7{,}01 \text{ kNm/m}$$
$$\max m_{Sd,Fx} = 22{,}79 \text{ kNm/m}$$

b) Durchlaufplatte in y-Richtung

$$\text{Stütze:} \quad -\,0{,}083 \cdot 7{,}25 \cdot 6{,}00^2 \qquad = -\,21{,}66 \text{ kNm/m}$$
$$-\,0{,}114 \cdot 1{,}63 \cdot 6{,}00^2 \qquad = -\;6{,}69 \text{ kNm/m}$$
$$\min m_{Sd,Sy} = -\,28{,}35 \text{ kNm/m}$$

$$\text{Feld:} \quad 0{,}042 \cdot 7{,}25 \cdot 6{,}00^2 \qquad = 10{,}96 \text{ kNm/m}$$
$$0{,}083 \cdot 1{,}63 \cdot 6{,}00^2 \qquad = 4{,}87 \text{ kNm/m}$$
$$\max m_{Sd,Fy} = 15{,}83 \text{ kNm/m}$$

3.2.3 Schnittgrößen infolge der quasi-ständigen Einwirkungskombination

EC2, 2.3.4P(2), Gl.(2.9c)

a) Durchlaufplatte in x-Richtung

$$\text{Stütze:} \quad -\,0{,}083 \cdot 7{,}25 \cdot 7{,}20^2 \qquad = -\,31{,}20 \text{ kNm/m}$$
$$-\,0{,}114 \cdot 0{,}98 \cdot 7{,}20^2 \qquad = -\;5{,}79 \text{ kNm/m}$$
$$\min m_{Sd,Sx} = -\,36{,}99 \text{ kNm/m}$$

$$\text{Feld:} \quad 0{,}042 \cdot 7{,}25 \cdot 7{,}20^2 \qquad = 15{,}78 \text{ kNm/m}$$
$$0{,}083 \cdot 0{,}98 \cdot 7{,}20^2 \qquad = 4{,}22 \text{ kNm/m}$$
$$\max m_{Sd,Fx} = 20{,}00 \text{ kNm/m}$$

b) Durchlaufplatte in y-Richtung

$$\text{Stütze:} \quad -\,0{,}083 \cdot 7{,}25 \cdot 6{,}00^2 \qquad = -\,21{,}66 \text{ kNm/m}$$
$$-\,0{,}114 \cdot 0{,}98 \cdot 6{,}00^2 \qquad = -\;4{,}02 \text{ kNm/m}$$
$$\min m_{Sd,Sy} = -\,25{,}68 \text{ kNm/m}$$

$$\text{Feld:} \quad 0{,}042 \cdot 7{,}25 \cdot 6{,}00^2 \qquad = 10{,}96 \text{ kNm/m}$$
$$0{,}083 \cdot 0{,}98 \cdot 6{,}00^2 \qquad = 2{,}93 \text{ kNm/m}$$
$$\max m_{Sd,Fy} = 13{,}89 \text{ kNm/m}$$

3.2.4   Streifenmomente

Die sich aus den vorstehenden Momenten ergebenden Streifenmomente sind in Tab. 4.2 zusammengestellt. Die Momentenbeiwerte für die einzelnen Streifen wurden Bild 4.2 entnommen.

vgl. Abschn. 3.1

Tab. 4.2: Streifenmomente im Grenzzustand der Gebrauchstauglichkeit infolge der seltenen, häufigen und quasi-ständigen Einwirkungskombination

Zeile	Richtung	Streifen	Ort bzw. Moment	Streifenmomente (kNm/m)		
				seltene Kombination	häufige Kombination	quasi-ständige Kombination
1	2	3	4	5	6	
1	x	innerer Gurtstreifen	Stütze: min $m_{Sd,Sx}$	− 105,86	− 85,74	− 77,68
			Feld: max $m_{Sd,Fx}$	37,20	28,49	25,00
2		äußerer Gurtstreifen	Stütze: min $m_{Sd,Sx}$	− 70,57	− 57,16	− 51,79
			Feld: max $m_{Sd,Fx}$	37,20	28,49	25,00
3		Feldstreifen	Stütze: min $m_{Sd,Sx}$	− 25,21	− 20,42	− 18,50
			Feld: max $m_{Sd,Fx}$	25,00	19,14	16,80
4	y	innerer Gurtstreifen	Stütze: min $m_{Sd,Sy}$	− 73,50	− 59,54	− 53,93
			Feld: max $m_{Sd,Fy}$	25,84	19,79	17,36
5		äußerer Gurtstreifen	Stütze: min $m_{Sd,Sy}$	− 49,00	− 39,69	− 35,95
			Feld: max $m_{Sd,Fy}$	25,84	19,79	17,36
6		Feldstreifen	Stütze: min $m_{Sd,Sy}$	− 17,50	− 14,18	− 12,84
			Feld: max $m_{Sd,Fy}$	17,36	13,30	11,67

3.3   Grenzzustände der Tragfähigkeit

3.3.1   Durchlaufplatte in x-Richtung

$$\text{Stütze:} \quad -0{,}083 \cdot 9{,}79 \cdot 7{,}20^2 \quad = -42{,}12 \text{ kNm/m}$$
$$-0{,}114 \cdot 4{,}88 \cdot 7{,}20^2 \quad = -28{,}84 \text{ kNm/m}$$
$$\min m_{Sd,Sx} = -70{,}96 \text{ kNm/m}$$

$$\text{Feld:} \quad 0{,}042 \cdot 9{,}79 \cdot 7{,}20^2 \quad = 21{,}31 \text{ kNm/m}$$
$$0{,}083 \cdot 4{,}88 \cdot 7{,}20^2 \quad = 21{,}00 \text{ kNm/m}$$
$$\max m_{Sd,Fx} = 42{,}31 \text{ kNm/m}$$

Bemessungswert der Eigenlast bzw. der veränderlichen Einwirkung, vgl. Abschn. 2.2.2

3.3.2   Durchlaufplatte in y-Richtung

$$\text{Stütze:} \quad -0{,}083 \cdot 9{,}79 \cdot 6{,}00^2 \quad = -29{,}25 \text{ kNm/m}$$
$$-0{,}114 \cdot 4{,}88 \cdot 6{,}00^2 \quad = -20{,}03 \text{ kNm/m}$$
$$\min m_{Sd,Sy} = -49{,}28 \text{ kNm/m}$$

$$\text{Feld:} \quad 0{,}042 \cdot 9{,}79 \cdot 6{,}00^2 \quad = 14{,}80 \text{ kNm/m}$$
$$0{,}083 \cdot 4{,}88 \cdot 6{,}00^2 \quad = 14{,}58 \text{ kNm/m}$$
$$\max m_{Sd,Fy} = 29{,}38 \text{ kNm/m}$$

3.3.3 Streifenmomente

Tab. 4.3: Streifenmomente im Grenzzustand der Tragfähigkeit

Zeile	Richtung	Streifen	Ort bzw. Moment		Streifenmoment (kNm/m)
1	2	3			4
1		innerer Gurt-streifen	Stütze:	min $m_{Sd,Sx}$	− 149,02
			Feld:	max $m_{Sd,Fx}$	52,89
2	x	äußerer Gurt-streifen	Stütze:	min $m_{Sd,Sx}$	− 99,34
			Feld:	max $m_{Sd,Fx}$	52,89
3		Feldstreifen	Stütze:	min $m_{Sd,Sx}$	− 35,48
			Feld:	max $m_{Sd,Fx}$	35,54
4		innerer Gurt-streifen	Stütze:	min $m_{Sd,Sy}$	− 103,49
			Feld:	max $m_{Sd,Fy}$	36,73
5	y	äußerer Gurt-streifen	Stütze:	min $m_{Sd,Sy}$	− 69,00
			Feld:	max $m_{Sd,Fy}$	36,73
6		Feldstreifen	Stütze:	min $m_{Sd,Sy}$	− 24,64
			Feld:	max $m_{Sd,Fy}$	24,68

4 Bemessung in den Grenzzuständen der Tragfähigkeit

EC2, 4.3

4.1 Bemessungswerte der Baustoffe

EC2, 2.2.3.2

Beton: C 25/30 $\qquad f_{ck} = 25 \ \text{N/mm}^2$

EC2, 3.1.2.4(3), Tab. 3.1, Z. 1, Sp. 4

$$f_{cd} = \frac{f_{ck}}{\gamma_c} = \frac{25}{1,5} \qquad = 16,66 \ \text{N/mm}^2$$

EC2, 2.2.3.2P(1), Gl.(2.3); Bemessungswert der Betondruckfestigkeit

Betonstahlmatten: BSt 500 M (normale Duktilität)

[A1], Tab. R2, Z. 3

Betonstabstahl: BSt 500 S (hohe Duktilität)

[A1], Tab. R2, Z. 2

[A2], S. 79, Abschn. 8.2: Das Näherungsverfahren nach Heft 240 (Lit. [A6]) gehört zwar formal zur Plastizitätstheorie, doch zeigen umfangreiche Erfahrungen, daß eine Bewehrung aus Betonstahl mit normaler Duktilität im Sinne von EC2, 3.2.4.2, z. B. aus Betonstahlmatten, im Hinblick auf die Momentenverteilung ausreicht.

$$f_{yk} = \qquad\qquad = 500 \ \text{N/mm}^2$$

[A1], 3.2.1P(5); Tab. R2, Z. 2, Sp. 6

$$f_{yd} = \frac{f_{yk}}{\gamma_s} = \frac{500}{1,15} \qquad = 435 \ \text{N/mm}^2$$

EC2, 2.2.3.2P(1), Gl.(2.3); Bemessungswert der Stahlfestigkeit an der Streckgrenze

4.2 Bemessung für Biegung

EC2, 4.3.1

4.2.1 Nutzhöhen

a) x-Richtung

$$d_x = h - \text{nom } c - \frac{\varnothing}{2} = 24 - 2,0 - \frac{1,2}{2} \qquad = 21,4 \ \text{cm}$$

Annahme: $\varnothing \leq 12$ mm in x-Richtung; bezüglich nom c siehe Abschn. 1.2, c)

b) y-Richtung

$$d_y = d_x - \varnothing \qquad = 21,4 - 1,1 \qquad = 20,3 \ \text{cm}$$

Annahme: mittlerer Stabdurchmesser $\varnothing \leq 11$ mm in beiden Richtungen

4.2.2 Durchführung der Bemessung

Die Bemessung der Gurt- und Feldstreifen für die Momente in Tab. 4.3 ist in Tab. 4.4 durchgeführt, wobei folgende Symbole verwendet werden:

$$\mu_{Sds} = \frac{m_{Sd}}{b \cdot d^2 \cdot f_{cd}}$$

$$\text{erf } a_s = \frac{\omega \cdot b \cdot d \cdot f_{cd}}{f_{yd}}$$

[A2], S. 52 ff, Abschn. 6.2.2.1.3, Tafel 6.2a, für Rechteckquerschnitte ohne Druckbewehrung

[A2], S. 52, Gl.(6.19); hier für m_{Sd} = M_{Sds} und b = 1,0 m

[A2], S. 52, Gl.(6.21)

Tab. 4.4: Bemessung der Gurt- und Feldstreifen im Grenzzustand der Tragfähigkeit für Biegung

Zeile	Richtung	Streifen	Ort	$\mid m_{Sd}\mid$ (kNm/m)	d (cm)	μ_{Sds} (1)	ω (1)	ξ (1)	erf a_s (cm²/m)	gewählt BSt 500 M	vorh a_s (cm²/m)
1	2		3	4	5	6	7	8	9	10	11
1		innerer Gurtstreifen	Stütze	149,02		0,195	0,226	0,328	18,52	100 · 11,5 d	20,77
			Feld	52,89		0,069	0,073	0,115	5,98	100 · 6,5 d	6,64
2	x	äußerer Gurtstreifen	Stütze	99,34	21,4	0,130	0,142	0,207	11,64	100 · 9,0 d	12,72
			Feld	52,89		0,069	0,073	0,115	5,98	100 · 6,5 d	6,64
3		Feldstreifen	Stütze	35,48		0,047	0,049	0,088	4,02	150 · 6,5 d	4,43
			Feld	35,54		0,047	0,049	0,088	4,02	150 · 6,5 d	4,43
4		innerer Gurtstreifen	Stütze	103,49		0,151	0,168	0,244	13,06	100 · 9,5 d	14,17
			Feld	36,73		0,054	0,056	0,096	4,36	150 · 6,5 d	4,43
5	y	äußerer Gurtstreifen	Stütze	69,00	20,3	0,100	0,107	0,155	8,32	100 · 8,0 d	10,05
			Feld	36,73		0,054	0,056	0,096	4,36	150 · 6,5 d	4,43
6		Feldstreifen	Stütze	24,64		0,036	0,037	0,074	2,88	150 · 5,5 d	3,17
			Feld	24,68		0,036	0,037	0,074	2,88	150 · 5,5 d	3,17

bezüglich der Wahl der Bewehrung siehe auch Abschn. 4.3, e)

4.2.3 Überprüfung der Druckzonenhöhe

Nach EC2 sollte die bezogene Druckzonenhöhe ξ = x/d zur Sicherstellung der Rotationsfähigkeit bei der Betonfestigkeitsklasse C 25/30 den Wert ξ = 0,45 nicht überschreiten. Diese Bedingung ist hier mit vorh $\xi \leq$ 0,328 erfüllt.

EC2, 2.5.3.4.2(5)

vgl. Tab. 4.4., Z.1, Sp. 8

4.3 Grenzzustand der Tragfähigkeit für das Durchstanzen

a) aufzunehmende Querkraft

$$V_{Sd} = 14,67 \cdot 7,20 \cdot 6,00 \qquad = 633,74 \text{ kN}$$

$$v_{Sd} = \frac{V_{Sd} \cdot \beta}{u}$$

EC2, 4.3.4

vgl. Abschn. 2.2.2; ein Abzug der innerhalb des Rundschnitts angreifenden Lasten darf nicht vorgenommen werden (EC2, 4.3.4.1(5)).
EC2, 4.3.4.3(4), Gl.(4.50)

$$d = \frac{d_x + d_y}{2} = \frac{21,4 + 20,3}{2} \approx 21 \text{ cm}$$

EC2,4.3.4.5.2(4):
A_{load} = 45² = 2025 cm²
A_{crit} = 45² + 4 · 1,5 · 21 · 45
            + (1,5 · 21)² · π
         = 10812 cm²

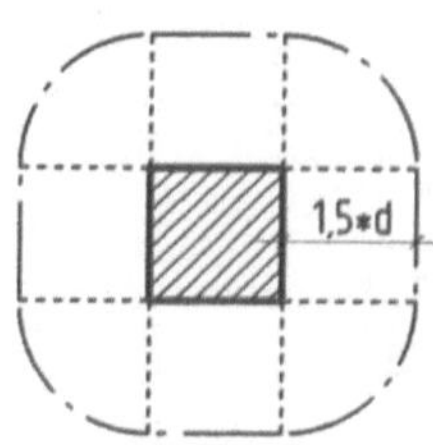

Bild 4.3: Definition des kritischen Rundschnitts

EC2, 4.3.4.2.2(1), Bild 4.18

$u = 2 \cdot (0{,}45 + 0{,}45 + \pi \cdot 1{,}5 \cdot 0{,}21)$ $= 3{,}78$ m

EC2, 4.3.4.3(4)

$\beta =$ $= 1{,}15$

EC2, 4.3.4.3(4), Bild 4.21, für eine Innenstütze bei ausmittig angreifender Querkraft V_{Sd}

$v_{Sd} = \dfrac{V_{Sd} \cdot \beta}{u} = \dfrac{633{,}74 \cdot 1{,}15}{3{,}78}$ $= 192{,}8$ kN/m

EC2, 4.3.4.3(4), Gl.(4.50)

b) Querkrafttragfähigkeit von Platten ohne Durchstanzbewehrung

EC2, 4.3.4.5.1

$v_{Rd1} = \tau_{Rd} \cdot k \cdot (1{,}2 + 40 \cdot \varrho_l) \cdot d$

EC2, 4.3.4.5.1(1), Gl.(4.56)

$\tau_{Rd} = 1{,}2 \cdot 0{,}26$ $= 0{,}31$ N/mm^2

[A1], 4.3.4.5.1, Abs. (1), in Verbindung mit Abschn. 4.3.2.3, Tab. R4, für C25/30

$k = (1{,}6 - d) = 1{,}6 - 0{,}21 = 1{,}39$ m $\geq 1{,}0$

$\varrho_l = \sqrt{\varrho_{lx} \cdot \varrho_{ly}}$

$\varrho_{lx} = \dfrac{20{,}77}{100 \cdot 21{,}4}$ $= 0{,}0097$

Tab. 4.4, Z. 1, Sp. 11

$\varrho_{ly} = \dfrac{14{,}17}{100 \cdot 20{,}3}$ $= 0{,}0070$

Tab. 4.4, Z. 4, Sp. 11

$\varrho_l = \sqrt{0{,}0097 \cdot 0{,}0070}$ $= 0{,}00824 < 0{,}015$

EC2, 4.3.4.5.1(2)

$v_{Rd1} = 0{,}31 \cdot 1{,}39 \cdot (1{,}2 + 40 \cdot 0{,}00824) \cdot 0{,}21 \cdot 10^3$ $= 138{,}4$ kN/m

   $< 192{,}8$ kN/m

Somit ist eine Erhöhung der Biegebewehrung und/oder eine Durchstanzbewehrung erforderlich. Es wird eine Durchstanzbewehrung gewählt.

c) Querkrafttragfähigkeit bei Anordnung einer Durchstanzbewehrung

EC2, 4.3.4.5.2

$v_{Rd2} = 1{,}6 \cdot v_{Rd1} = 1{,}6 \cdot 138{,}4$ $= 221{,}4$ kN/m

EC2, 4.3.4.5.2(1), Gl.(4.57)

   $> v_{Sd}$

v_{Sd}: siehe Abschn. 4.3, a)

d) Ermittlung der Durchstanzbewehrung

$v_{Rd3} = v_{Rd1} + A_{sw} \cdot f_{yd} \cdot \dfrac{\sin \alpha}{u}$

EC2, 4.3.4.5.2(1), Gl.(4.58)

$A_{sw} = (v_{Rd3} - v_{Rd1}) \cdot \dfrac{u}{f_{yd} \cdot \sin \alpha}$

mit $v_{Rd3} = v_{Sd}$

$A_{sw} = (192{,}8 - 138{,}4) \cdot 10^{-3} \cdot 3{,}78 \cdot \dfrac{10^4}{435 \cdot \sin 60°} = 5{,}46$ cm^2

Als Durchstanzbewehrung werden unter 60° gegen die Plattenebene geneigte Schrägstäbe angeordnet.

gewählt:

> BSt 500 S
> je Richtung 2 Stäbe $\varnothing$ 10 unter 60° geneigt
> vorh $A_{sw} = 2 \cdot 0{,}78 \cdot 2 \cdot 2 = 6{,}24$ cm^2

Jeder Stab wird zweischnittig gerechnet.

vorh $\varrho_w = 6{,}24 \cdot \sin 60°/(10812 - 2025)$ $= 6{,}2 \cdot 10^{-4}$

EC2, 4.3.4.5.2(4)

$\approx 0{,}6 \cdot 0{,}0011$ $= 6{,}6 \cdot 10^{-4}$

EC2, 5.4.3.3(2) und Tab. 5.5, Z. 2, Sp. 4

e) Mindestbewehrung und Mindestbemessungsmomente zur Sicherstellung der Querkrafttragfähigkeit

EC2, 4.3.4.1(9) und 4.3.4.5.3

Der Anteil der Zuglängsbewehrung in den zwei aufeinander senkrechten Richtungen x und y sollte im Bereich des kritischen Rundschnitts jeweils größer als 0,5 % sein. Bei einer Breite des kritischen Rundschnitts von $b_u = 1{,}08$ m und einer Breite des inneren Gurtstreifens von $b_x = 0{,}2 \cdot l_x = 0{,}2 \cdot 7{,}2 = 1{,}44$ m bzw. $b_y = 0{,}2 \cdot l_y = 0{,}2 \cdot 6{,}0 = 1{,}20$ m ist für diesen Nachweis die obere Bewehrung in den inneren Gurtstreifen maßgebend:

EC2, 4.3.4.1(9)

vgl. Bild 4.3
vgl. Bild 4.2

vorh $\varrho_{lx} = 100 \cdot 0{,}0097$ $= 0{,}97\,\% > 0{,}5\,\%$

siehe Abschn. 4.3, b)

vorh $\varrho_{ly} = 100 \cdot 0{,}0070$ $= 0{,}70\,\% > 0{,}5\,\%$

Bei – wie im vorliegenden Beispiel angenommen – ausmittig angreifender Querkraft V_{Sd} ist die Platte zudem in x- und y-Richtung zur Sicherstellung der Querkrafttragfähigkeit für folgende Mindestmomente zu bemessen:

vgl. Abschn. 4.3, a)
EC2, 4.3.4.5.3(1)

– in x-Richtung:

$$| m_{Sd,Sx} | = \eta_x \cdot V_{Sd} = 0{,}125 \cdot 633{,}74 = 79{,}22 \text{ kNm/m}$$

$$| m_{Sd,Fx} | = \quad = 0 \cdot 633{,}74 = 0 \quad \text{ kNm/m}$$

$< | m_{Sd,Sx} | = 99{,}34$ kNm/m im äußeren Gurtstreifen (vgl. Tab. 4.4, Z. 2, Sp. 4), da die Mindestbewehrung nach EC2, 4.3.4.5.3, bei Innenstützen auf eine Breite von $0{,}3 \cdot l_x = 2{,}16$ m bzw. von $0{,}3 \cdot l_y = 1{,}80$ m einzulegen ist (EC2, Tab. 4.9, und Bild 4.24).

– in y-Richtung:

$$| m_{Sd,Sy} | = \eta_y \cdot V_{Sd} = 0{,}125 \cdot 633{,}74 = 79{,}22 \text{ kNm/m}$$

$$| m_{Sd,Fy} | = \quad = 0 \cdot 633{,}74 = 0 \quad \text{ kNm/m}$$

$> | m_{Sd,Sy} | = 69{,}00$ kNm/m über der Stütze im äußeren Gurtstreifen (vgl. Tab. 4.4, Z. 5, Sp. 4)

Maßgebend für die Bemessung über der Stütze im äußeren Gurtstreifen in y-Richtung ist somit das Mindestmoment

$$| m_{Sd,Sy} | = \quad = 79{,}22 \text{ kNm/m}$$

$$\mu_{Sds} = \frac{79{,}22 \cdot 10^{-3}}{1{,}0 \cdot 0{,}203^2 \cdot 16{,}66} = 0{,}115$$

vgl. Abschn. 4.2.2

$$\omega = \quad = 0{,}125$$

interpoliert aus [A2], S. 53, 6.2.2.1.3, Tab. 6.2a

$$\text{erf } a_s = \frac{0{,}125 \cdot 100 \cdot 20{,}3 \cdot 16{,}66}{435} = 9{,}72 \text{ cm}^2\text{/m}$$

vgl. Abschn. 4.2.2

gewählt:

> Betonstahl-Listenmatte BSt 500 M $100 \cdot 8{,}0$ d
> vorh $a_s = 10{,}05$ cm²/m $>$ erf $a_s = 9{,}72$ cm²/m

vgl. Tab. 4.4, Z.4, Sp. 11

Die vorhandene Breite der Gurtstreifen ist mit $0{,}4 \cdot l_x$ bzw. $0{,}4 \cdot l_y$ größer als die Breiten $b_x = 0{,}3 \cdot l_x$ bzw. $b_y = 0{,}3 \cdot l_y$, innerhalb der die Mindestbewehrung nach EC2, 4.3.4.5.3, angeordnet werden sollte.

vgl. Bild 4.2

EC2, 4.3.4.5.3(2), Tab. 4.9, und Bild 4.24

5 Nachweise in den Grenzzuständen der Gebrauchstauglichkeit

EC2, 4.4

5.1 Begrenzung der Spannungen unter Gebrauchsbedingungen

EC2, 4.4.1

Zur Sicherung der Gebrauchstauglichkeit sind in der Regel die Betondruckspannungen und/oder die Stahlspannungen auf angemessene Werte zu beschränken. Die Spannungsgrenzen nach EC2 dürfen jedoch ohne weiteren Nachweis im allgemeinen als eingehalten angesehen werden, wenn

EC2, 4.4.1.1P(1)

EC2, 4.4.1.2(2)

a) die Bemessung für den Grenzzustand der Tragfähigkeit nach EC2-Abschn. 4.3 erfolgt ist;

b) die Festlegungen für die Mindestbewehrung nach EC2-Abschn. 4.4.2.2 eingehalten sind;

c) die bauliche Durchbildung nach EC2-Abschn. 5 durchgeführt wird;

d) im Grenzzustand der Tragfähigkeit die Schnittgrößen nicht mehr als 30 % umgelagert wurden.

Diese Bedingungen sind hier erfüllt, so daß ein Nachweis der Spannungen unter Gebrauchsbedingungen hier nicht erforderlich wäre.

EC2, 4.4.1.2(2)

Dennoch wird hier aus Anschauungsgründen für das größte Stützmoment unter der quasi-ständigen Einwirkungskombination der Nachweis geführt, daß durch eine Beschränkung der Betondruckspannungen keine überproportionalen Kriechverformungen, die sich nachteilig auf die Durchbiegung auswirken würden, zu erwarten sind.

EC2, 4.4.1.1(3)

Bedingung:

$$\sigma_c \le 0,45 \cdot f_{ck}$$

EC2, 4.4.1.1(3)

Biegemoment unter der quasi-ständigen Einwirkungskombination:

$$\min m_{Sd,Sx} = -77,68 \text{ kNm/m}$$

s. Abschn. 3.2.4, Tab. 4.2., Z. 1, Sp. 6

Verhältnis der Elastizitätsmoduln:

$$\alpha_e = = 15$$

EC2, 4.4.1.2(3)

Längsbewehrungsgrad der Zugbewehrung:

$$\varrho_{lx,z} = \frac{20,77}{21,4 \cdot 100} = 0,0097$$

vgl. Abschn. 4.2.2, Tab. 4.4, Z. 1, Sp. 11

Längsbewehrungsgrad der Druckbewehrung:

$$\varrho_{lx,D} = \frac{6,64}{21,4 \cdot 100} = 0,0031$$

Der Stoß über der Stütze bleibt unberücksichtigt.

mit diesen Eingangswerten wird:

$$\xi = x/d = 0,3905$$

$$k_{II} = I_{II}/I_I = 0,9276$$

$$\sigma_c = \frac{\min m_{Sd,Sx}}{I_{II}} \cdot x = \frac{77,68 \cdot 10^{-3} \cdot 12 \cdot 0,214 \cdot 0,3905}{1,0 \cdot 0,214^3 \cdot 0,9276}$$

$$= 8,57 \text{ N/mm}^2$$

$$< 11,25 \text{ N/mm}^2$$

in einer Nebenrechnung ermittelt über die Formeln in [A5], S. 802, Tab. 8.8, Z. 1 und 2

Verhältnis der Trägheitsmomente im Zustand II und Zustand I

$= 0,45 \cdot 25 \text{ N/mm}^2$

Die nach EC2 zulässige Betondruckspannung unter der quasi-ständigen Einwirkungskombination ist somit eingehalten.

EC2, 4.4.1.1(3)

5.2 Grenzzustände der Rißbildung

EC2, 4.4.2

5.2.1 Mindestbewehrung zur Rißbreitenbeschränkung

EC2, 4.4.2.2

Bei der hier vorausgesetzten Umweltklasse 1 hat die Rißbreite keinen Einfluß auf die Dauerhaftigkeit, so daß der Nachweis der Mindestbewehrung entfallen könnte. Er wird jedoch geführt, um den Berechnungsgang nach EC2 aufzuzeigen.

EC2, 4.4.2.1(6)

a) erforderliche Mindestbewehrung

EC2, 4.4.2.2(3)

$$\min a_s = k_c \cdot k \cdot f_{ct,eff} \cdot \frac{A_{ct}}{\sigma_s}$$

EC2, 4.4.2.2(3), Gl.(4.78), für einen Meter Plattenbreite

$$k_c = 0,4 \text{ für reine Biegung}$$

EC2, 4.4.2.2(3)

$$k = 0,8 \text{ wegen h} < 30 \text{ cm}$$

$$f_{ct,eff} = 3,0 \text{ N/mm}^2$$

EC2, 4.4.2.2(3), empfohlener Mindestwert; der Wert f_{ctm} nach EC2, Tab. 3.1, für C 25/30 ist kleiner.

$$A_{ct} = b \cdot \frac{h}{2} = 1,0 \cdot \frac{0,24}{2} = 0,12 \text{ m}^2/\text{m}$$

bei Biegezwang

b) Nachweis für die Gurtstreifen und den Feldstreifen in x-Richtung

σ_s für vorh $\varnothing \le 11,5$ mm (Gurtstreifen in x-Richtung):

$$\varnothing^* = \frac{2,5}{f_{ctm}} \cdot \frac{10 \cdot (h-d)}{h} \cdot \varnothing = \frac{2,5}{2,4} \cdot 1,0 \cdot 11,5 = 12 \text{ mm}$$

vgl. Abschn. 4.2.2, Tab. 4.4, Z. 1 bis 3; EC2, 4.4.2.3(2), Erläuterungen zu Tab. 4.11; Annahme hier: $f_{ctm} = 2,4$ N/mm^2; siehe auch [A2], S. 115 bis 121, Abschn. 10. Maßgebend ist der Durchmesser des Einzelstabes.

$$\frac{h}{10 \cdot (h-d)} = \frac{24}{26} = 0,92 < 1,0$$

$$\sigma_s = 320 \text{ N/mm}^2$$

EC2, 4.4.2.3(2), Tab. 4.11, für Stahlbeton

$$\min a_s = \frac{0,4 \cdot 0,8 \cdot 3,0 \cdot 0,12 \cdot 10^4}{320} = 3,60 \text{ cm}^2/\text{m}$$

$$< \text{vorh } a_s$$

vgl. Abschn. 4.2.2, Tab. 4.4., Z. 1 bis 3

c) Nachweis für den Feldstreifen in y-Richtung

σ_s für vorh $\varnothing$ = 5,5 mm:

$$\varnothing^* = \frac{2,5}{f_{ctm}} \cdot \frac{10 \cdot (h-d)}{h} \cdot \varnothing = \frac{2,5}{2,4} \cdot 1,0 \cdot 5,5 \approx 6,0 \text{ mm}$$

$$\sigma_s \geq 400 \text{ N/mm}^2$$

$$\min a_s = \frac{0,4 \cdot 0,8 \cdot 3,0 \cdot 0,12 \cdot 10^4}{400} = 2,88 \text{ cm}^2/\text{m}$$

$$< \text{ vorh } a_s$$

vgl. Abschn. 4.2.2, Tab. 4.4, Z. 6, Sp. 10; maßgebend ist auch hier der Einzelstabdurchmesser.

EC2, 4.4.2.3(2), Erläuterungen zu Tab. 4.11; Annahme: f_{ctm} = 2,4 N/mm^2

EC2, 4.4.2.3(2), Tab. 4.11, für Stahlbeton

vgl. Abschn. 4.2.2, Tab. 4.4, Z. 6, Sp. 11

5.2.2 Nachweis für die statisch erforderliche Bewehrung

Nachweis für das größte Stützmoment im inneren Gurtstreifen:

$$m_{Sd,Sx} = \qquad = -77,68 \text{ kNm/m}$$

$$\sigma_s = \frac{m_{Sd,Sx}}{a_s \cdot z} = \frac{77,68 \cdot 10^{-3}}{20,77 \cdot 10^{-4} \cdot 0,85 \cdot 0,214} = 206 \text{ N/mm}^2$$

Grenzdurchmesser:

$$\varnothing \approx 24 \text{ mm} > \text{vorh } \varnothing = 11,5 \text{ mm}$$

EC2, 4.4.2.3

EC2, 4.4.2.3(3), $m_{Sd,Sx}$ für die quasi-ständige Einwirkungskombination (vgl. Abschn. 3.2.4, Tab. 4.2, Z. 1, Sp. 6)

[A2], S. 118, Abschn. 10.4.2, Gl.(10.14); k_z = 0,85 geschätzt.

EC2, 4.4.2.3(2), Tab. 4.11: vorh $\varnothing$: vgl. Abschn. 4.2.2, Tab. 4.4, Z. 1, Sp. 10

5.3 Beschränkung der Durchbiegung

5.3.1 Übersicht

Da die gewählte Plattendicke von h = 24 cm kleiner ist als das Maß, das sich aus der Begrenzung der Biegeschlankheit nach EC2, Tab. 4.14, ergab, wird hier die Beschränkung der Durchbiegung im Sinne von EC2, 4.4.3.3 P(1) und P(2), nachgewiesen. Im Rahmen dieses Beispiels sei angenommen, daß die Bedingung zul f = $l_{eff,x}$/250 = 7200/250 = 29 mm unter der quasi-ständigen Einwirkungskombination einzuhalten ist. Der Rechengang entspricht [A2], Abschn. 11.4.

EC2, 4.4.3

vgl. Abschn. 1.3, b)
Nach EC2, 4.4.3.1P(2), können auch von EC2 abweichende Grenzwerte der zulässigen Durchbiegung mit dem Bauherrn vereinbart werden.

EC2, 4.4.3.1(5); [A2], Abschn. 11.4

5.3.2 Ausgangswerte

a) Beton

Endkriechzahl φ_∞ und Endschwindmaß $\varepsilon_{cs,\infty}$:

Die Betonkennwerte, die das zeitabhängige Verformungsverhalten charakterisieren, hängen nicht nur von der Festigkeit, sondern auch und besonders von den Betonausgangsstoffen und den Umgebungsbedingungen ab. Eine verbindliche, einheitliche Festlegung war deshalb in EC2 nicht möglich. Deshalb sollten nach EC2, wenn wie im vorliegenden Fall eine genauere Berechnung erforderlich erscheint, die Verformungskennwerte anhand bekannter Daten festgelegt werden. Die Beiwerte φ_∞ und $\varepsilon_{cs,\infty}$ werden deshalb über DIN 4227 Teil 1 ermittelt.

Endkriechzahl φ_∞ für Innenräume, eine kleine mittlere Dicke h_m und ein Betonalter bei Belastungsbeginn von ca. 28 Tagen:

$$\varphi_\infty = \qquad = 2,6$$

Endschwindmaß:

$$\varepsilon_{cs,\infty} = \qquad = -0,30 \text{ ‰}$$

Elastizitätsmodul:

$$E_{cm} = \qquad = 30\,500 \text{ N/mm}^2$$

EC2, 3.1.2.5(1)

Als bekannte Daten gelten z. B. die Festlegungen in DIN 4227 Teil 1, Abschn. 8.

DIN 4227 Teil 1, Abschn. 8.3(3), Tab. 7, Kurve 3

DIN 4227 Teil 1, Abschn. 8.4(2), Tab. 7, Kurve 3

EC2, 3.1.2.5.2(2),Tab. 3.2, für C 25/30; dieser Wert liegt in der gleichen Größenordnung wie die Angaben in DIN 4227 Teil 1, Tab. 6, für eine Betonfestigkeitsklasse zwischen B25 und B35.

wirksamer Elastizitätsmodul unter Berücksichtigung des Kriechens:

$$E_{c,eff} = \frac{E_{cm}}{(1 + \varphi_\infty)} = \frac{30\,500}{3,6} \approx 8\,500 \text{ N/mm}^2$$

EC2, Anhang 4, A4.3(2), Gl.(A4.3)

mittlere Betonzugfestigkeit:

$$f_{ctm} = = 2,4 \text{ N/mm}^2$$

EC2, 3.1.2.3(4); Annahme: der Wert $f_{ctm} = 2,4$ N/mm² wurde durch Versuche festgelegt.

Rißmoment:

$$m_{cr} = \frac{f_{ctm} \cdot h^2}{6} = \frac{2,4 \cdot 0,24^2 \cdot 10^3}{6} = 23,0 \text{ kNm/m}$$

je Meter Plattenbreite

Betonstahl:

$$E_s = = 200\,000 \text{ N/mm}^2$$

EC2, 3.2.4.3(1)

$$\alpha_e = \frac{E_s}{E_{c,eff}} = \frac{200\,000}{8\,500} = 23,5$$

EC2, Anhang 4, A4.3(2)

5.3.3 Berechnungsgang

Die Durchbiegung f in der Mitte des Plattenfeldes wird mit Hilfe des Näherungsverfahrens in [A2] abgeschätzt. Dessen genereller Ablauf ist aus Bild 4.4 ersichtlich. Er besteht darin, zunächst die Durchbiegungen f_A bzw. f'_A zweier orthogonaler Streifensysteme zu bestimmen, wobei die Rechengrundlagen für biegebeanspruchte Balken gelten. Die rechnerische Durchbiegung f des Plattenfeldes ergibt sich als Mittelwert der Verformungen f_A bzw. f'_A der beiden Streifensysteme zu:

[A2], S. 125, Abschn. 11.4.2

[A2], Abschn. 11.3; EC2, Anhang 4

$$f = \frac{f_A + f'_A}{2}$$

Die Berechnung der Durchbiegungen f_A bzw. f'_A wird auf der Grundlage von EC2, Anhang 4, durchgeführt. Dabei ist die quasi-ständige Einwirkungskombination maßgebend (EC2, Gl.(2.9c)). Die entsprechenden Biegemomente wurden bereits in Abschn. 3.2.3 und 3.2.4 ermittelt. Die Einzeldurchbiegungen f_{Ax}, f_{Ay}, f_{Bx}, f_{Cx}, f_{Dy} und f_{Ey} der Plattenstreifen ergeben sich aus:

[A1], S. 10, Anhang 4, A4.2(5)

vgl. Abschn. 3.2.3 und 3.2.4, Tab. 4.2, Sp. 6

$$f_{ij} = k \cdot (1/r)_m \cdot l^2$$

mit

$i = A$ bis E; $j = x$ oder y

k   von den Lagerungsbedingungen und der Art der Belastung des betrachteten Streifens abhängiger Beiwert

[A2], Abschn. 11.3, Tab. 11.1

$(1/r)_m$ mittlere Krümmung in Feldmitte des betrachteten Streifens infolge Biegung, Kriechens und Schwindens; das Kriechen wird dabei näherungsweise über den wirksamen Elastizitätsmodul des Betons $E_{c,eff}$ erfaßt

ermittelt nach EC2, Anhang 4

vgl. Abschn. 5.3.2

l   Stützweite des Streifens.

$l = l_{eff,x}$ bzw. $l_{eff,y}$

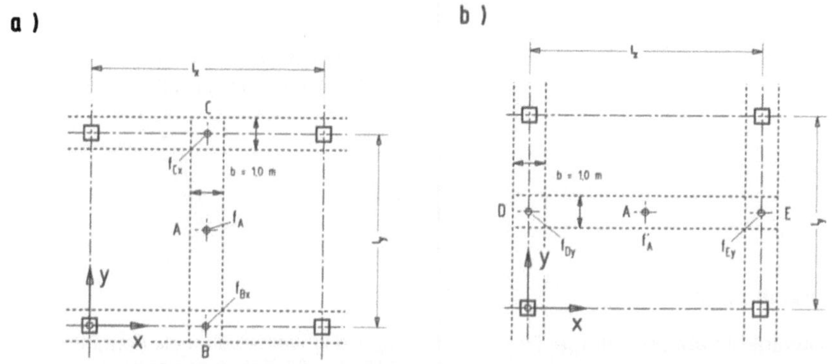

a)

b)

Bild 4.4: Streifensysteme zur Ermittlung der Mittendurchbiegung f eines Flachdeckenfeldes (nach [A2]); a) erstes Streifensystem mit der Mittendurchbiegung $f_A = 0,5 \cdot (f_{Bx} + f_{Cx}) + f_{Ay}$; b) zweites Streifensystem mit der Mittendurchbiegung $f'_A = 0,5 \cdot (f_{Dy} + f_{Ey}) + f_{Ax}$

Hier wird vorausgesetzt, daß die Einzeldurchbiegungen f_{Bx} und f_{Cx} bzw. f_{Dy} und f_{Ey} in den Punkten B und C bzw. D und E gleich sind.

5.3.4 Biegemomente und vorhandene Bewehrung in den einzelnen Streifen der Streifensysteme

vgl. Abschn. 5.3.3, Bild 4.4

Die entsprechenden Werte sind in Tab. 4.5 zusammengestellt.

Tab. 4.5: Zusammenstellung der Streifenmomente und der vorhandenen Bewehrung in den einzelnen Streifen der Streifensysteme

Zeile	Rich-tung	Streifen	Ort	Streifen-moment (kNm/m)	vorh a_s (cm²/m)	Bemerkung
1	2		3	4	5	6
1	x	innerer Gurt-streifen	Feld	25,00	6,64	1. Streifensystem; Koordinaten $y = 0$ bzw. $y = l_{eff,y}$
			Stütze	− 77,68		
2	y	Feld-streifen	Feld	11,67	3,17	1. Streifensystem; Achse B–A–C
			Stütze	− 12,84		
3	y	innerer Gurt-streifen	Feld	17,36	4,43	2. Streifensystem; Koordinaten $x = 0$ bzw. $x = l_{eff,x}$
			Stütze	− 53,93		
4	x	Feld-streifen	Feld	16,80	4,43	2. Streifensystem; Achse D–A–E
			Stütze	− 18,50		

Zahlenwerte siehe Abschn. 3.2.4, Tab. 4.2, Abschn. 4.2.2, Tab. 4.4; die Bewehrungsquerschnitte über den Stützen werden nicht benötigt, weil die Krümmung $(1/r)_m$ nur in den Feldquerschnitten berechnet wird.

5.3.5 Berechnung der Krümmungen

Die Krümmungen in Feldmitte der einzelnen Streifen der beiden Streifensysteme berechnen sich im Zustand I und Zustand II zu:

a) Zustand I

– infolge Momentenbeanspruchung und Kriechens:

$$(1/r)_{I,M} = \frac{12 \cdot m_{Sd}}{E_{c,eff} \cdot b \cdot h^3}$$

h: Plattendicke; Einfluß der Bewehrung vernachlässigt;

– infolge Schwindens:

$$(1/r)_{I,cs} = 12 \cdot \varepsilon_{cs,\infty} \cdot \alpha_e \cdot a_s \cdot \frac{(d - h/2)}{b \cdot h^3}$$

EC2, Anhang 4; A4.3, Gl.(A4.4), für Querschnitte mit einlagiger Bewehrung; siehe auch [A5], S. 802, Tab. 8.8.

b) Zustand II

– infolge Momentenbeanspruchung und Kriechens:

$$(1/r)_{II,M} = \frac{12 \cdot m_{Sd}}{E_{c,eff} \cdot b \cdot d^3 \cdot k_{II}}$$

d: Nutzhöhe, hier $d_x = 21,4$ cm; $d_y = 20,3$ cm, vgl. Abschn. 4.2.1

– infolge Schwindens:

$$(1/r)_{II,cs} = 12 \cdot \varepsilon_{cs,\infty} \cdot \alpha_e \cdot a_s \cdot \frac{d \cdot (1 - k_x)}{b \cdot d^3 \cdot k_{II}}$$

mit

k_x Beiwert zur Berechnung der Druckzonenhöhe x

k_{II} Beiwert zur Berücksichtigung des Steifigkeitsabfalls infolge Rißbildung (Zustand II)

k_x und k_{II} werden über die Formeln in [A5], S. 802, Tab. 8.8, ermittelt.

Die Krümmungen der einzelnen Streifen sind in Tab. 4.6 zusammengestellt.

Tab. 4.6: Zusammenstellung der Krümmungsanteile (1/r)

Zeile	System	Richtung	Punkt	d (cm)	a_s (cm²/m)	k_x (1)	k_{II} (1)	Krümmung infolge	Krümmung (1/r) [1/mm] im Zustand I	Zustand II
1	2		3	4	5	6	7	8	9	10
1								$m_{Sd} = 25,00$ kNm/m	$2,55 \cdot 10^{-6}$	$6,73 \cdot 10^{-6}$
2		x	B,C	21,4	6,64	0,3159	0,5356	Schwindens $\varepsilon_{cs, \infty}$	$0,38 \cdot 10^{-6}$	$1,57 \cdot 10^{-6}$
3	1							$m_{Sd} + \varepsilon_{cs, \infty}$	$2,93 \cdot 10^{-6}$	$8,30 \cdot 10^{-6}$
4								$m_{Sd} = 11,67$ kNm/m	$1,19 \cdot 10^{-6}$	$m_{Sd} < m_{cr}$;
5		y	A	20,3	3,17	0,2367	0,3096	$\varepsilon_{cs, \infty}$	$0,16 \cdot 10^{-6}$	Zustand II nicht
6								$m_{Sd} + \varepsilon_{cs, \infty}$	$1,35 \cdot 10^{-6}$	erreicht
7								$m_{Sd} = 17,36$ kNm/m	$1,77 \cdot 10^{-6}$	$7,21 \cdot 10^{-6}$
8		y	D,E[1]	20,3	4,43	0,2731	0,4066	$\varepsilon_{cs, \infty}$	$0,23 \cdot 10^{-6}$	$1,63 \cdot 10^{-6}$
9	2							$m_{Sd} + \varepsilon_{cs, \infty}$	$2,00 \cdot 10^{-6}$	$8,84 \cdot 10^{-6}$
10								$m_{Sd} = 16,80$ kNm/m	$1,71 \cdot 10^{-6}$	$m_{Sd} < m_{cr}$;
11		x	A	21,4	4,43	0,2670	0,3898	$\varepsilon_{cs, \infty}$	$0,26 \cdot 10^{-6}$	Zustand II nicht
12								$m_{Sd} + \varepsilon_{cs, \infty}$	$1,97 \cdot 10^{-6}$	erreicht

$E_{c, eff} = 8500$ N/mm²

$\varepsilon_{cs, \infty} = -0,30$ ‰

Beiwerte k_x, k_{II} nach [A5], S. 802, Tab. 8.8

1) für diese Streifen wird angenommen, daß infolge der häufigen Einwirkungskombination (EC2, Gl.(2.9b)) und einer durch Rißbildung über den Stützen bedingten Momentenumlagerung (vgl. Tab. 4.5, Z. 3) das Rißmoment m_{cr} im Feld überschritten wird und sich abschnittsweise der Zustand II einstellt.

5.3.6 Berechnung der Durchbiegung f_A des ersten Streifensystems

a) Durchbiegungen f_{Bx} und f_{Cx}

Verteilungsbeiwert ζ:

$$\zeta = 1 - \beta_1 \cdot \beta_2 \cdot \left(\frac{m_{cr}}{m_{Sd}}\right)^2 = 1 - 1,0 \cdot 0,5 \cdot \left(\frac{23,0}{25,0}\right)^2 = 0,577$$

vgl. Abschn. 5.3.3, Bild 4.4 a)

vgl. Abschn. 5.3.4, Tab. 4.5 und EC2, Anhang 4

EC2, Anhang 4, Gl.(A 4.2), für Rippenstähle ($\beta_1 = 1,0$) und Dauerbelastung ($\beta_2 = 0,5$)

mittlere Krümmung:

$$(1/r)_m = (0,577 \cdot 8,30 + (1 - 0,577) \cdot 2,93) \cdot 10^{-6} = 6,03 \cdot 10^{-6} \, 1/mm$$

EC2, Anhang 4, Gl.(A 4.1)

Beiwert k:

[A2], S. 124, Tab. 11.1, Z. 7; Momente aus Abschn. 5.3.4, Tab. 4.5, Z. 1

$$\beta = \frac{2 \cdot |-77,68|}{25,00} = 6,22$$

$$k = 0,104 \cdot \left(1 - \frac{6,22}{10}\right) = 0,0393$$

Dieser Wert ist kleiner als der des beidseitig starr eingespannten Streifens ($k = 1/16$). Zur Abdeckung möglicher Unsicherheiten bezüglich des Momentenverlaufs wird – auf der sicheren Seite liegend – $k = 1/16$ gesetzt, wodurch:

$$f_{Bx} = f_{Cx} = \frac{1}{16} \cdot 6,03 \cdot 10^{-6} \cdot 7,2^2 \cdot 10^6 = 19,6 \text{ mm}$$

b) Durchbiegung f_{Ay} (Zustand I)

$$\beta = \frac{2 \cdot |-12,84|}{11,67} \qquad = 2,20$$

vgl. Abschn. 5.3.4, Tab. 4.5, Z.2

$$k = 0,104 \cdot \left(1 - \frac{2,2}{10}\right) \qquad = 0,081$$
$$(> 1/16)$$

[A2], S. 124, Tab. 11.1, Z. 7

$$f_{Ay} = 0,081 \cdot 1,35 \cdot 10^{-6} \cdot 6,0^2 \cdot 10^6 \qquad = 4,0 \text{ mm}$$

c) Durchbiegung f_A

$$f_A = \frac{f_{Bx} + f_{Cx}}{2} + f_{Ay} = 19,6 + 4,0 \qquad = 23,6 \text{ mm}$$

5.3.7 Berechnung der Durchbiegung f'_A des zweiten Streifensystems

a) Durchbiegungen f_{Dy} und f_{Ey}

vgl. Abschn. 5.3.3, Bild 4.4 b)

Verteilungsbeiwert ζ: wegen $m_{Sd} = 17,36$ kNm/m $< m_{cr} = 23,0$ kNm/m ist Gl.(A4.2) in Anhang 4 von EC2 nicht anwendbar. Wegen der getroffenen Annahmen (vgl. Fußnote 1 zu Tab. 4.6) wird der theoretisch kleinste Wert für ζ bei $\sigma_{sr} = \sigma_s$ angesetzt:

$$\zeta = 1 - \beta_1 \cdot \beta_2 \cdot 1 = 1 - 1,0 \cdot 0,5 \qquad = 0,5$$

EC2, Anhang 4, Gl.(A4.2)

mittlere Krümmung:

$$(1/r)_m = (0,5 \cdot 8,84 + 0,5 \cdot 2,00) \cdot 10^{-6} \qquad = 5,42 \cdot 10^{-6} \text{ 1/mm}$$

$$\beta = \frac{2 \cdot |-53,93|}{17,36} \qquad = 6,21$$

vgl. Abschn. 5.3.4, Tab. 4.5, Z. 3

$$k = 0,104 \cdot \left(1 - \frac{6,21}{10}\right) \qquad = 0,0394$$
$$< 1/16$$

[A2], S. 124, Tab. 11.1, Z. 7

Wie in Abschn. 5.3.6, Durchbiegungen f_{Bx} und f_{Cx}, wird mit $k = 1/16$ gerechnet:

$$f_{Dy} = f_{Ey} = \frac{1}{16} \cdot 5,42 \cdot 10^{-6} \cdot 6,0^2 \cdot 10^6 \qquad = 12,2 \text{ mm}$$

b) Durchbiegung f_{Ax}

$$\beta = \frac{2 \cdot |-18,50|}{16,80} \qquad = 2,20$$

vgl. Abschn. 5.3.4, Tab. 4.5, Z. 4

$$k = 0,104 \cdot \left(1 - \frac{2,2}{10}\right) \qquad = 0,081$$

$$f'_{Ax} = 0,081 \cdot 1,97 \cdot 10^{-6} \cdot 7,2^2 \cdot 10^6 \qquad = 8,3 \text{ mm}$$

c) Durchbiegung f'_A

$$f'_A = 12,2 + 8,3 \qquad = 20,5 \text{ mm}$$

5.3.8 Gesamtplattendurchbiegung f

$$f = f_m = \frac{f_A + f'_A}{2} = \frac{23,6 + 20,5}{2} \qquad = 22,0 \text{ mm}$$

$$\text{zul } f_m = \frac{l_{eff,x}}{250} = \frac{7200}{250} \qquad = 28,8 \text{ mm}$$

ermittelt für die größere Stützweite $l_{eff,x}$: siehe hierzu EC2, Tab. 4.14, Z. 4

Die zulässige Durchbiegung ist demnach größer als der vorhandene rechnerische Wert $f_m = 22,0$ mm, der unter ungünstigen Annahmen (Einspanngrad, Zustand II in den Gurtstreifen des 2. Systems) ermittelt wurde.

Die Plattendicke ließe sich, sofern auch in den Eck- und Randfeldern die zulässige Durchbiegung nicht überschritten wird, verringern. Hierauf wird jedoch im Rahmen dieses Beispiels verzichtet.

Eine Nebenrechnung hat ergeben, daß die Plattendicke unter Einhaltung von zul f_m auf 23 cm verringert werden könnte.

6 Bewehrungsführung, bauliche Durchbildung

6.1 Versatzmaß

$$a_l = d$$
$$a_{lx} = d_x \qquad = 21,4 \text{ cm}$$
$$a_{ly} = d_y \qquad = 20,3 \text{ cm}$$

6.2 Grundmaß der Verankerungslänge

Verbundspannungen im Grenzzustand der Tragfähigkeit:

Alle Matten liegen im Bereich mit guten Verbundbedingungen:

$$f_{bd} = \qquad = 2,7 \text{ N/mm}^2$$

Grundmaß der Verankerungslänge:

$$l_b = \frac{\varnothing_n}{4} \cdot \frac{f_{yd}}{f_{bd}} = 0,25 \cdot \frac{435}{2,7} \cdot \varnothing_n \qquad = 40,3 \cdot \varnothing_n$$

Tab. 4.7: Grundmaße der Verankerungslänge

Zeile	Richtung	Streifen	Ort	$\varnothing$ (mm)	$\varnothing_n$ (mm)	l_b (cm)
	1	2	3	4	5	6
1		innerer Gurt-streifen	Stütze	11,5 d	16,3	65,7
2			Feld	6,5 d	9,2	37,1
3		äußerer Gurt-streifen	Stütze	9,0 d	12,7	51,2
4	x		Feld	6,5 d	9,2	37,1
5		Feldstreifen	–	6,5 d	9,2	37,1
6		innerer Gurt-streifen	Stütze	9,5 d	13,4	54,0
7			Feld	6,5 d	9,2	37,1
8		äußerer Gurt-streifen	Stütze	8,0 d	11,3	45,6
9	y		Feld	6,5 d	9,2	37,1
10		Feldstreifen	–	5,5 d	7,8	31,5
11	x,y	Schubbewehrung	Stütze	10	–	40,3

6.3 Verankerung an den Zwischenauflagern

Mindestens die Hälfte der erforderlichen Feldbewehrung ist über die Auflager zu führen und dort zu verankern.

erforderliche Verankerungslänge:

$$\text{erf } l_b \geqq 10 \cdot \varnothing = 10 \cdot 0,65 \qquad = 6,5 \text{ cm}$$

Zur Aufnahme etwaiger positiver Momente infolge unplanmäßiger Beanspruchungen wird ein Viertel der erforderlichen Feldbewehrung über den Stützen kraftschlüssig gestoßen.

Randnotizen:

EC2, 5

EC2, 5.4.3.2.1(1)
vgl. Abschn. 4.2.1

EC2, 5.2.2.3

EC2, 5.2.2.2

EC2, 5.2.2.1(2), b): h < 250 mm

EC2, 5.2.2.2(2), Tab. 5.3, Z. 2, für C 25/30 und Rippenstähle

EC2, 5.2.2.3(2), Gl.(5.3)

EC2, 5.2.2.3(3); für Betonstahlmatten mit Doppelstäben ist $\varnothing_n = \varnothing \cdot \sqrt{2}$ zu setzen.

$\varnothing$: vgl. Abschn. 4.2.2, Tab. 4.4, Sp. 10.

vgl. Abschn. 4.3, e)

EC2, 5.4.3.2.1(5), in Verbindung mit EC2, 5.4.2.1.5

EC2, 5.4.3.2.2(1)
vgl. Darstellung der Bewehrung

EC2, 5.4.2.1.5(2), und Bild 5.13 b); maßgebend ist der Einzelstabdurchmesser

EC2, 5.4.2.1.5(1) und (3), in Verbindung mit 5.4.2.1.4(1); da Feldsparmatten verwendet werden (siehe Bewehrungsdarstellung), ergibt sich das Verhältnis $a_{s,req}/a_{s,prov}$ zu: $0,25 \cdot 4,02/(0,5 \cdot 4,43) = 0,454$

Berechnung der Übergreifungslänge l_s in x-Richtung:

$$l_s = \alpha_a \cdot l_b \cdot \frac{a_{s,req}}{a_{s,prov}} \cdot \alpha_1 \qquad \geq l_{s,min}$$

$$\alpha_a = 1{,}0$$

$$\alpha_1 = 1{,}4$$

l_s	$= 1{,}0 \cdot 37{,}1 \cdot 0{,}454 \cdot 1{,}4$	$= 23{,}6$ cm
$l_{s,min}$	$= 0{,}3 \cdot \alpha \cdot a_1 \cdot l_b = 0{,}3 \cdot 1{,}0 \cdot 1{,}4 \cdot 37{,}1$	$= 15{,}6$ cm
$l_{s,min}$	$=$	$= 20{,}0$ cm

Da im Übergreifungsbereich keine Querstäbe vorhanden sind, gelten die Regeln für Stäbe und Drähte.
EC2, 5.2.4.1.3 P(1), Gl.(5.7)

EC2, 5.2.3.4.1(1)
EC2, 5.2.4.1.3 P(1)

l_b: vgl. Abschn. 6.2, Tab. 4.7, Z. 2, Sp. 6
EC2, 5.2.4.1.3 P(1), Gl. (5.8)

Vereinfachend wird für alle kraftschlüssigen Stöße der Bewehrungsmatten über den Stützen in x- und y-Richtung $l_s = 25$ cm gewählt.

6.4 Verankerung der gestaffelten Stützbewehrung außerhalb von Auflagern

EC2, 5.4.2.1.3

Die Matten über den Stützen sind von dem Punkt E aus, an dem sie rechnerisch nicht mehr benötigt werden, um das Maß $l_{b,net} > d$ zu verankern.

EC2, 5.4.2.1.3(2)
EC2, 5.4.2.1.3(1), Bild 5.11, Endpunkt E

$$l_{b,net} = 1{,}0 \cdot \alpha_a \cdot l_b \cdot \frac{a_{s,req}}{a_{s,prov}} \qquad \geq l_{b,min}$$

$$\text{mit} \quad \frac{a_{s,req}}{a_{s,prov}} = 0$$

$$l_{b,min} = 0{,}3 \cdot l_b \qquad \geq 10 \cdot \varnothing$$

$$\geq 10{,}0 \text{ cm}$$

EC2, 5.2.3.4.1(1), Gl.(5.4), in Verbindung mit EC2, 5.2.3.4.2(1) und (2); Annahme: im Verankerungsbereich sind keine Querstäbe vorhanden.

EC2, 5.2.3.4.1(1), Gl.(5.5)

Tab. 4.8: Verankerung der Stützbewehrung außerhalb von Auflagern

Zeile	Rich-tung	Streifen	l_b (cm)	$l_{b,net}$ (cm)	$l_{b,min}$ = (cm)			
					$0{,}3 \cdot l_b$	$10 \cdot \varnothing$	d	10 cm
1	2		3	4	5	6	7	8
1		innerer Gurtstreifen	65,7		19,8	11,5	21,4	
2	x	äußerer Gurtstreifen	51,2	0	15,4	9,0	21,4	10
3		Feldstreifen	37,1		11,2	6,5	21,4	
4		innerer Gurtstreifen	54,0		16,2	9,5	20,3	
5	y	äußerer Gurtstreifen	45,6	0	13,7	8,0	20,3	10
6		Feldstreifen	31,5		9,5	5,5	20,3	

l_b: vgl. Abschn. 6.2, Tab. 4.7

Maßgebend ist somit $l_{b,min} = d$.

6.5 Größtabstände der Bewehrungsstäbe

EC2, 5.4.3.2.1(4)

a) Hauptbewehrung

max s_l	$= 1{,}5 \cdot h = 1{,}5 \cdot 24$	$= 36{,}0$ cm
		$> 35{,}0$ cm
vorh s_l	≤ 15 cm	$< 35{,}0$ cm

maßgebender Wert

b) Querbewehrung

max s_q	$= 2{,}5 \cdot h = 2{,}5 \cdot 24$	$= 60{,}0$ cm
		$>$ vorh s_q

EC2, 5.4.3.2.1(4)

siehe Darstellung der Bewehrung

6.6 Mindestbewehrung zur Vermeidung eines Versagens ohne Vorankündigung

$$\min a_{s,l} = 0,6 \cdot b_t \cdot \frac{d}{f_{yk}}$$

$$\min a_{s,l} = 0,6 \cdot 100 \cdot \frac{21}{500} \qquad = 2,52 \text{ cm}^2/\text{m}$$

bzw.

$$\min a_{s,l} = 0,0015 \cdot b_t \cdot d$$

$$\min a_{s,l} = 0,0015 \cdot 21 \cdot 100 \qquad = 3,15 \text{ cm}^2/\text{m}$$

$$\min a_{s,l} < \text{vorh } a_{s,l}$$

EC2, 5.4.3.2.1(3), in Verbindung mit 5.4.2.1.1(1), Gl.(5.14)

d: mittlere Nutzhöhe $d_m \approx 21$ cm

vorh $a_{s,l}$: vgl. Abschn. 4.2.2, Tab. 4.4

6.7 Verankerung und Anordnung der Schubbewehrung

Verankerung:

$$0,7 \cdot l_{b,net} = 0,7 \cdot 40,3 \qquad = 28,3 \text{ cm}$$

EC2, 5.4.2.1.3(3); Verankerung der Schubbewehrung im Druckbereich

Anordnung:

EC2, 5.4.3.3

Bei Schrägstäben, die bei der Bemessung als Schubbewehrung angerechnet werden, sollte der Abstand zwischen ihnen und dem Auflageranschnitt oder dem Umfang einer Lasteinleitungsfläche den Wert d/2 nicht überschreiten.

EC2, 5.4.3.3(5)

Diese Bedingung ist hier erfüllt.

vgl. Darstellung der Bewehrung

Nur solche Schrägstäbe dürfen als Schubbewehrung in Rechnung gestellt werden, die entweder die belastete Fläche kreuzen oder die in einem Abstand von weniger als d/4 vom Rand dieser Fläche liegen. Beide Bedingungen sind hier ebenfalls erfüllt.

EC2, 5.4.3.3(7)

siehe Darstellung der Bewehrung

6.8 Hinweise zur Verlegung der Bewehrung

a) Verlegung der Bewehrung im Bereich der Stützen

Bei der Wahl der Betonstahlmatten können neben dem erforderlichen Mattenquerschnitt auch andere Gesichtspunkte, wie z.B. die Mattensteifigkeit eine Rolle spielen. Diese wurden im Rahmen dieses Beispiels jedoch nicht berücksichtigt.

Bei üblicher, nicht über die Geschoßhöhe durchgehender Ausführung der Anschlußbewehrung der Stützen können die Mattenpositionen, die im Stützenbereich keine Querstäbe aufweisen und wegen ihrer geringen Breite leicht zu handhaben sind, ohne Schwierigkeiten von oben eingelegt werden („Einfädeln" über die Anschlußbewehrung).

Bei einer über die volle Höhe des nachfolgenden Geschosses durchgehenden Stützenbewehrung müssen die genannten Mattenpositionen im Bereich der Stütze ausgespart werden. In diesem Fall sind zusätzliche Stabstähle mit der entsprechenden Übergreifungslänge l_s zuzulegen.

b) Besondere Maßnahmen zur Sicherung der Betondeckung

[A1], 4.1.3.3(8), und DIN 1045, 13.2.1(4)

Bei der Festlegung der Betondeckung nomc im Abschn. 1.2 wurde vorausgesetzt, daß bei der Verlegung der Bewehrung besondere Maßnahmen im Sinne von DIN 1045, 13.2.1(4), getroffen werden. Daher darf der gegenseitige Abstand der Unterstützungen s_1 bzw. s_2 folgende Werte nicht überschreiten:

[A1], 4.1.3.3(8)

– bei punktförmigen Abstandhaltern: $\qquad \max s_1 = 50$ cm
– bei Unterstützungskörben: $\qquad \max s_2 = 50$ cm.

DBV-„Merkblatt Betondeckung", Tab. 4, für Tragstäbe bis 14 mm.

Darüber hinaus sind die weiteren Hinweise des Merkblatts zur Verlegung der Bewehrung (Rüttelgassen, Steifigkeit des Bewehrungsgeflechts) sowie zum Herstellen und Verarbeiten des Betons zu beachten.

„Merkblatt Betondeckung", Abschn. 6 und 7

Obere Mattenlage

Verlegehinweis:
Matten in der Reihenfolge
Pos.5 - Pos.6 - Pos.7 - Pos.8
verlegen.
Alle Längsstäbe liegen oben.

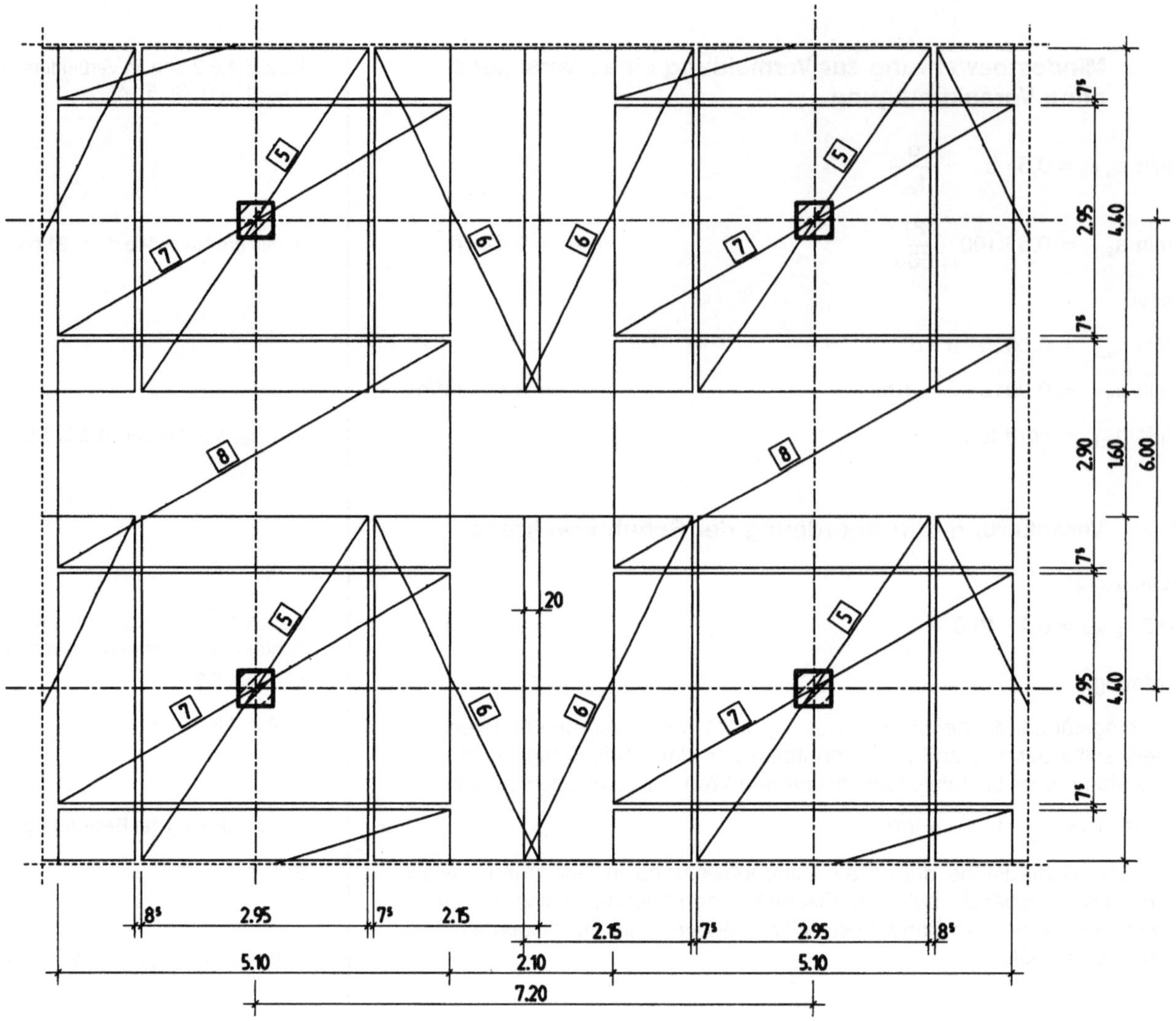

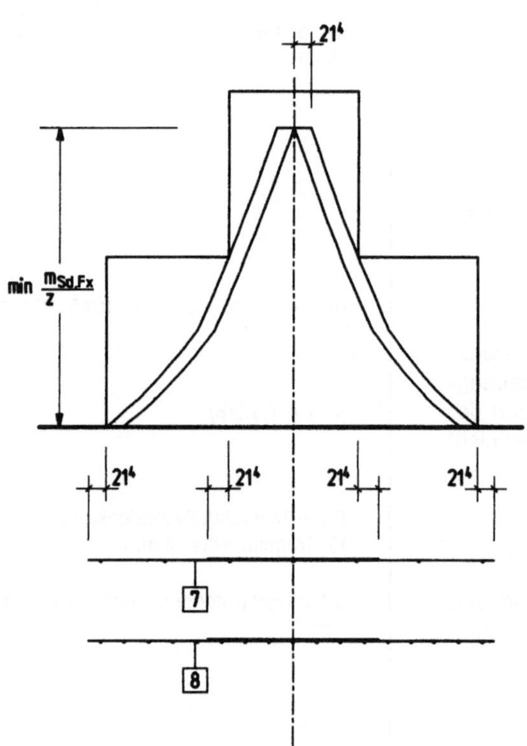

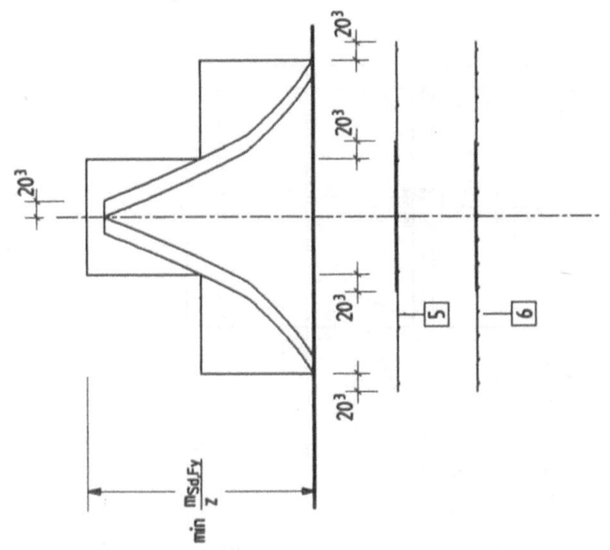

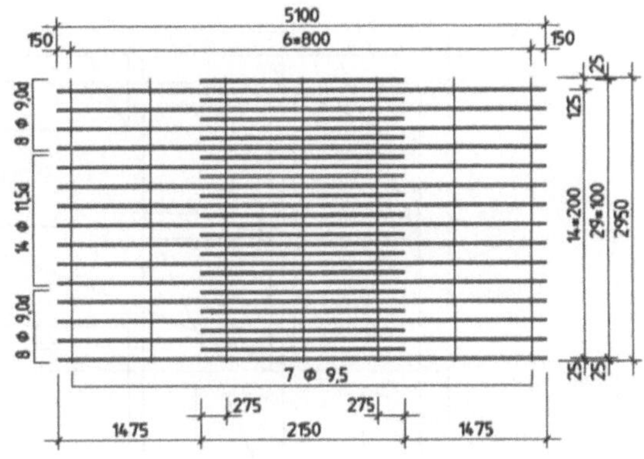

Mattenzeichnung zu Pos. 7

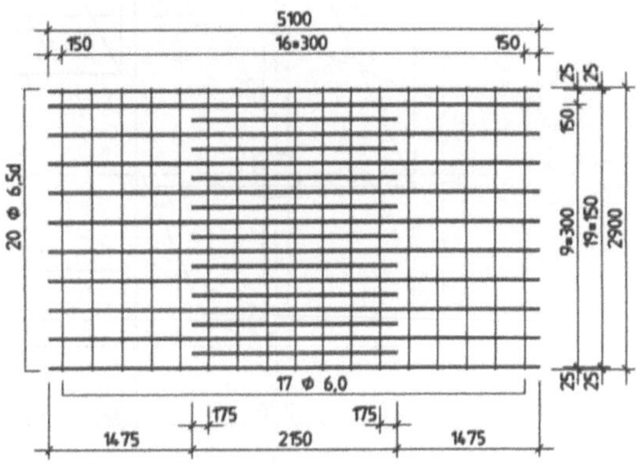

Mattenzeichnung zu Pos. 8

Mattenzeichnung zu Pos. 5

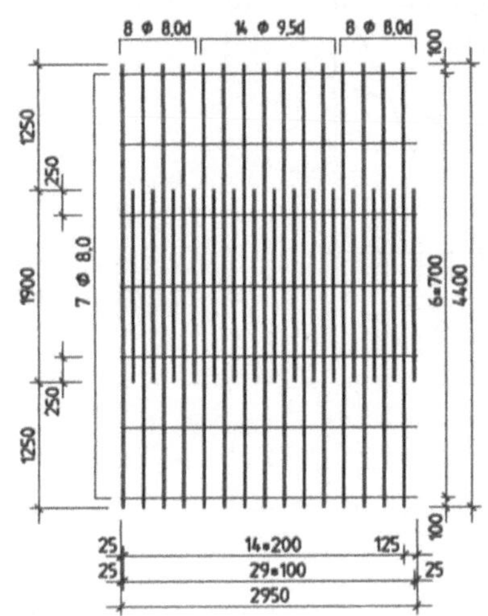

Mattenzeichnung zu Pos. 6

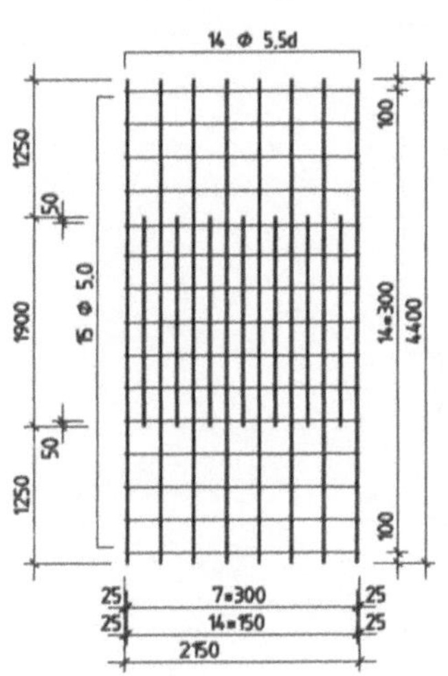

| Bemerkungen | Pos. | Matten-anzahl | Mattenaufbau : Laengsrichtung / Querrichtung | | | | | Laenge / Breite | Ueberstaende | | Gewicht | Gesamt-gewicht |
			Stab-abstand a_L / a_Q mm	Stabdurchmesser innen d_{s1} / d_{s3} mm	Rand d_{s2} / d_{s4} mm	Stabanzahl Rand n_{links} / m_{Anfang}	n_{rechts} / m_{Ende}	m	Anfang $\frac{U_1}{U_3}$ links mm	Ende $\frac{U_2}{U_4}$ rechts mm	kg/Matte	kg
	1		Listenmatte nach Zeichnung					7.45			131.80	
								2.95				
	2		Listenmatte nach Zeichnung					6.25			72.93	
								2.90				
	3		150 *	5.5 d				3.95	350	350	24.85	
			650 *	7.0				2.00	25	25		
	4		150 *	6.5 d				5.40	450	450	62.96	
			750	9.0				2.75	25	25		
	5		Listenmatte nach Zeichnung					4.40			97.01	
								2.95				
AK=1.25m LK=1.90m	6		150 *	5.5 d				4.40	100	100	23.11	
			300 *	5.0				2.15	25	25		
	7		Listenmatte nach Zeichnung					5.10			158.70	
								2.95				
	8		Listenmatte nach Zeichnung					5.10			50.18	
								2.90				

Unterstuetzungskoerbe APSTA U ___ bzw. A ___ oder Sichtbeton-Unterstuetzungskoerbe SBA ___	Anzahl	Typ	Gewicht	Anzahl	Typ	Gewicht	Anzahl	Typ	Gewicht	

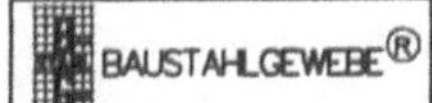

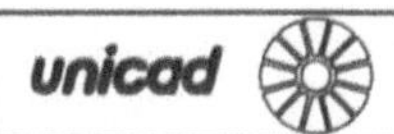

Untere Mattenlage

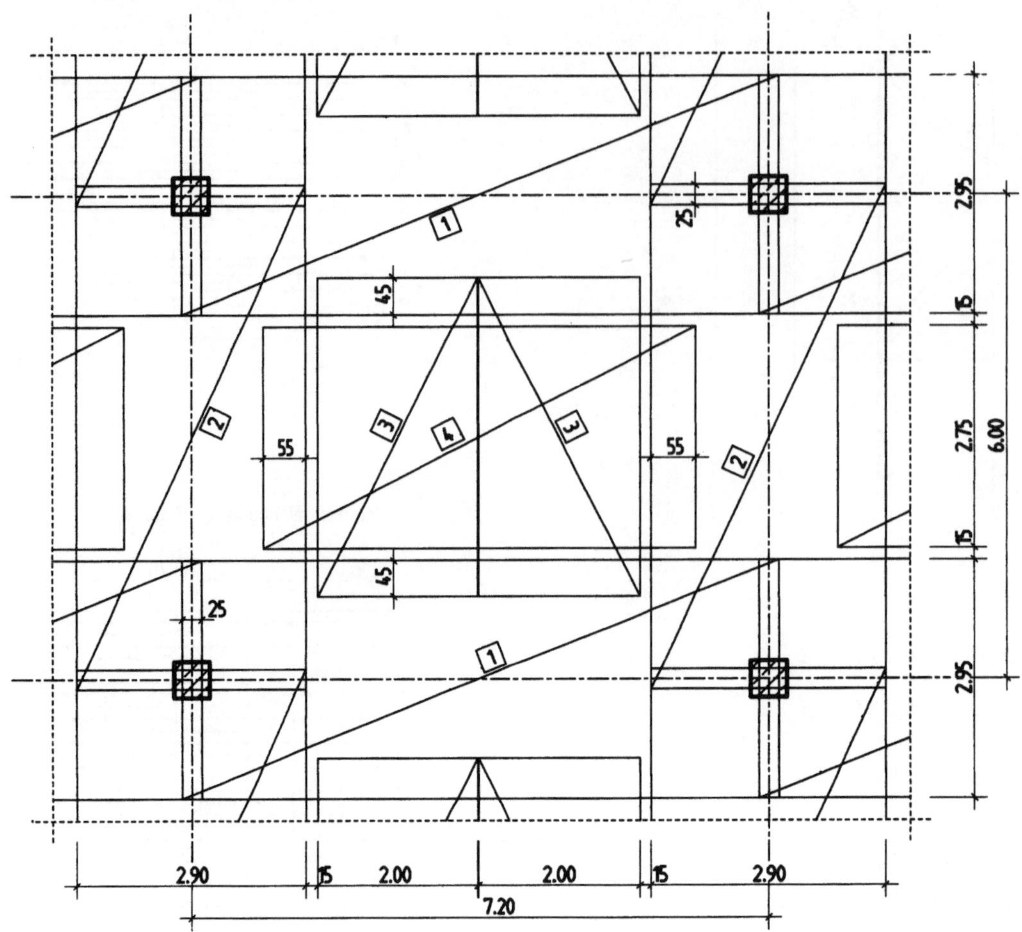

Zugkraftdeckung-Feldbewehrung x-Richtung

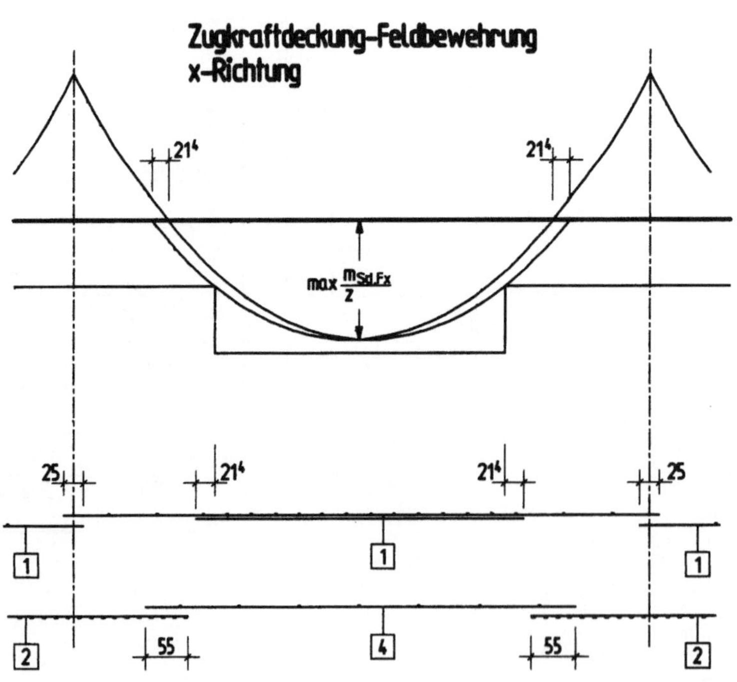

Zugkraftdeckung-Feldbewehrung
y-Richtung

$\max \dfrac{m_{Sd}F_y}{z_i}$

Mattenzeichnung zu Pos. 1

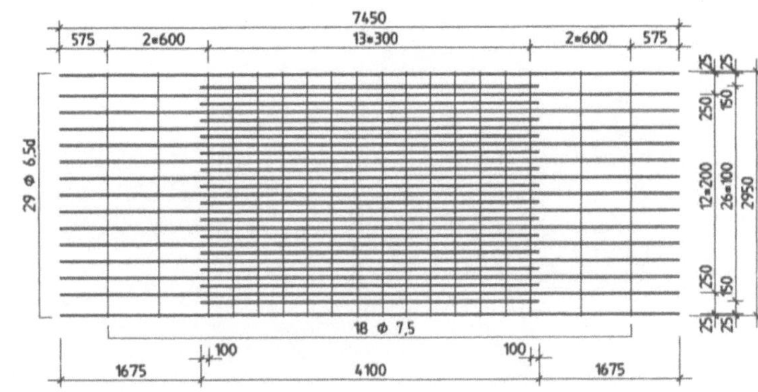

Mattenzeichnung zu Pos. 3

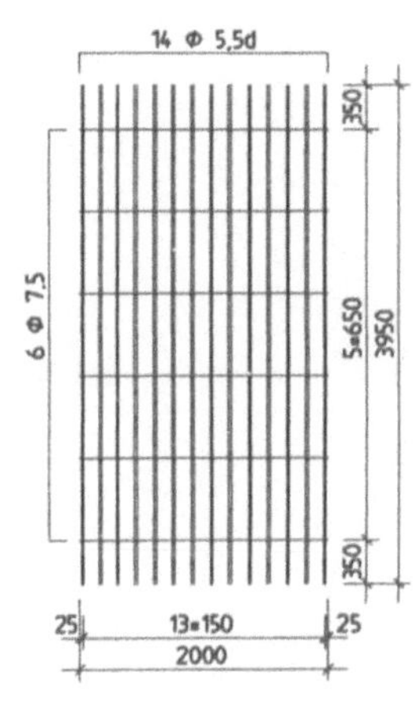

Mattenzeichnung zu Pos. 2

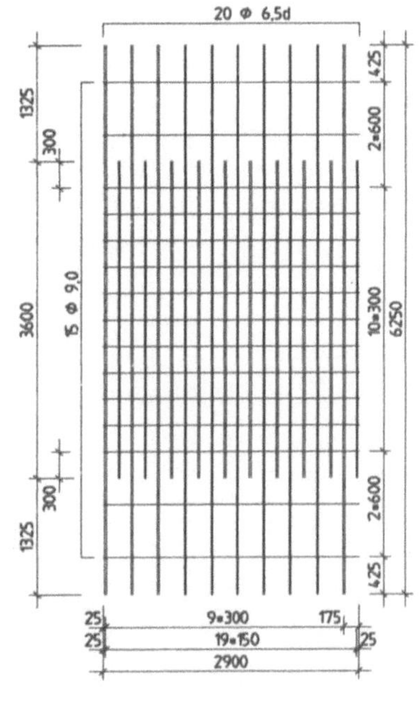

Mattenzeichnung zu Pos. 4

Pos. (1) Schubbewehrung

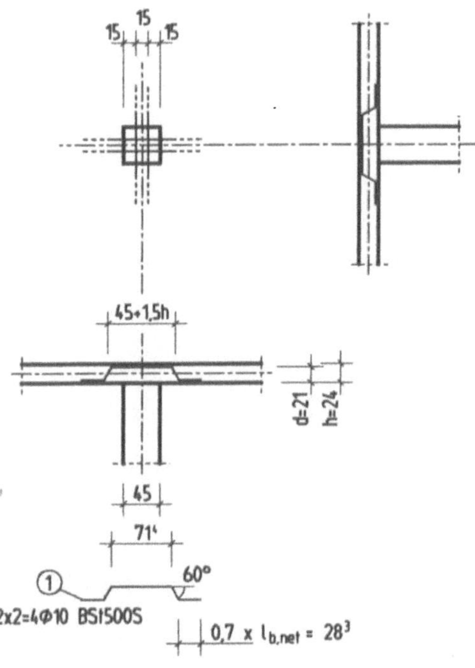

Für Biegestellen ohne Angabe des
Biegerollendurchmessers gilt dessen
Mindestwert 4 Φ (Φ < 20 mm)
bzw. 7 Φ (Φ ≥ 20 mm)

Verlegehinweis:
Matten in der Reihenfolge
Pos.1 - Pos.2 - Pos.3 - Pos.4
verlegen.
Alle Längsstäbe liegen unten.

BAUSTAHLGEWEBE®   unicad

BEISPIEL 4:
PUNKTFÖRMIG GESTÜTZTE PLATTE
- INNENFELD -

DARSTELLUNG DER BEWEHRUNG

BAUSTOFFE: C 25/30 BSt 500 S
BSt 500 M

BETONDECKUNG: nom c = 2,0 cm

BEI DER VERLEGUNG DER BEWEHRUNG SIND
BESONDERE MASSNAHMEN IM SINNE VON
DIN 1045 , 13.2.1(4) ZU TREFFEN.

BEISPIEL 5: EINFELDBALKEN, FERTIGTEIL

Inhalt

BEISPIEL 5: EINFELDBALKEN, FERTIGTEIL

Aufgabenstellung, Teilsicherheits- und Kombinationsbeiwerte

Zu bemessen ist ein werkmäßig hergestellter Fertigteil-Randbinder für die Dachkonstruktion einer Halle. Die Dacheindeckung besteht aus großformatigen zweistegigen Plattenbalken (π-Platten), deren Stege im Auflagerbereich ausgeklinkt werden. Der Randbinder liegt auf gabelförmigen Stützenköpfen frei auf. Der Binder befindet sich in feuchter Umgebung. Der Zutritt von Frost wird durch die Wärmedämmung der Halle verhindert. Die Umweltbedingungen entsprechen daher EC2, Tab. 4.1, Z. 2a. Die Belastung ist vorwiegend ruhend.

Für die Nachweise in den Grenzzuständen der Tragfähigkeit bzw. Gebrauchstauglichkeit sind folgende Teilsicherheits- und Kombinationsbeiwerte vorgegeben:

a) Teilsicherheitsbeiwerte in den Grenzzuständen der Tragfähigkeit

- für ständige Einwirkungen : γ_G = 1,35 bzw. 1,0

- für veränderliche Einwirkungen : γ_Q = 1,50 bzw. 0

- für Beton : γ_c = 1,50

- für Betonstahl : γ_s = 1,15

b) Kombinationsbeiwerte in den Grenzzuständen der Gebrauchstauglichkeit

- für die häufige Einwirkungskombination : $\psi_{1,i}$ = 0,2

- für die quasi-ständige Einwirkungskombination : $\psi_{2,i}$ = 0

c) Baustoffe

- Beton C 35/45 (Stahlbeton); bei dieser Betonfestigkeitsklasse, die über dem Wert C 25/30 bzw. C 30/37 nach DIN V ENV 206, Tab. 20, für den Wasserzementwert 0,60 liegt, gelten die Anforderungen an den maximal zulässigen Wasserzementwert nach Tab. 3 in DIN V ENV 206 als erfüllt.

- Betonstabstahl   BSt 500 S

- Betonstahlmatten   BSt 500 M

Literatur:

[5.1] Deutscher Beton-Verein E.V.: Merkblatt Betondeckung (Fassung März 1991). DBV-Merkblatt-Sammlung, Ausgabe 1991, S. 126 bis 136. Wiesbaden: Selbstverlag 1991.

[5.2] Stiglat, K.: Zur Näherungsberechnung der Kipplasten von Stahlbeton- und Spannbetonträgern über Vergleichsschlankheiten. Beton- und Stahlbetonbau 86 (1991), Heft 10, S. 237 bis 240.

siehe Bild 5.1

EC2, 4.1.2.2(2), und DIN V ENV 206, Tab. 2

EC2, 2.2.2.3P(2), 2.2.2.4P(2), 2.2.3.2P(1)

EC2, 2.3.3.1(1), Tab. 2.2; der zweite Zahlenwert gilt bei günstiger Auswirkung.

EC2, 2.3.3.2(1), Tab. 2.3, für die Grundkombination; die außergewöhnliche Bemessungssituation von EC2, 2.3.2.2P(2), Gl.(2.7b), ist nicht Gegenstand dieses Beispiels.

EC2, 2.3.4P(2); für die Teilsicherheitsbeiwerte gilt in der Regel $\gamma_F = \gamma_M = 1,0$.

[A1], Tab. R1, Z. 3, Sp. 3, für Schnee

[A1], Tab. R1, Z. 3, Sp. 4, ebenfalls für Schneelasten; der Fußzeiger i bezeichnet dabei die veränderliche Einwirkung (Verkehrslast) $Q_{k,i}$, die mit $\psi_{1,i}$ bzw. $\psi_{2,i}$ multipliziert wird. $\psi_{2,i}$ wird für den genaueren Durchbiegungsnachweis benötigt (vgl. Abschn. 5.3.3).

DIN V ENV 206, 7.3.1.1, Tab. 8; DIN V ENV 206, 6.2.2 und Tab. 3, für die Umweltklasse 2a und Stahlbeton, sowie 11.3.8, Tab. 20

[A1], Tab. R.2, Z. 2

[A1], Tab. R.2, Z. 3. Da ein Einfeldsystem vorliegt, sind keine weiteren Vorgaben an die Duktilität der Stähle erforderlich.

1   System, Bauteilmaße, Betondeckung

Längsschnitt

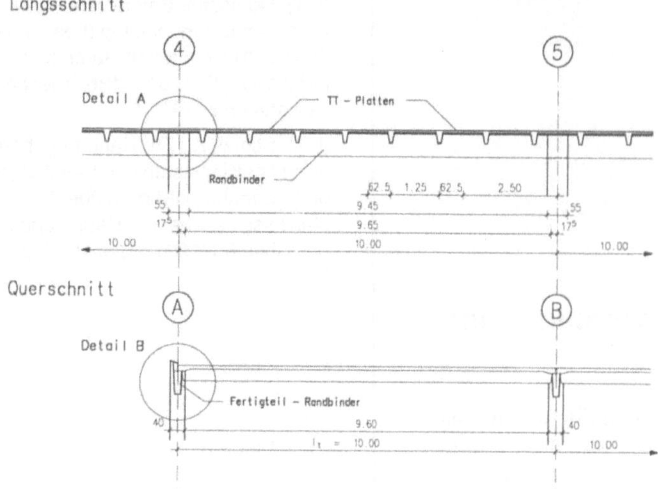

Bild 5.1: System und Bauteilmaße des Randbinders

1.1   Wirksame Stützweite

$$l_{eff} = l_n + a_1 + a_2$$

$$l_{eff} = 9{,}45 + 2 \cdot \left(0{,}05 + \frac{0{,}10}{2}\right) \qquad = 9{,}65 \text{ m}$$

EC2, 2.5.2.2.2

EC2, 2.5.2.2.2(1), Gl.(2.15), und Bild 2.4f)

Die Stützweite ist durch die Mitten der Elastomerlager eindeutig gegeben (siehe nachfolgendes Bild 5.2).

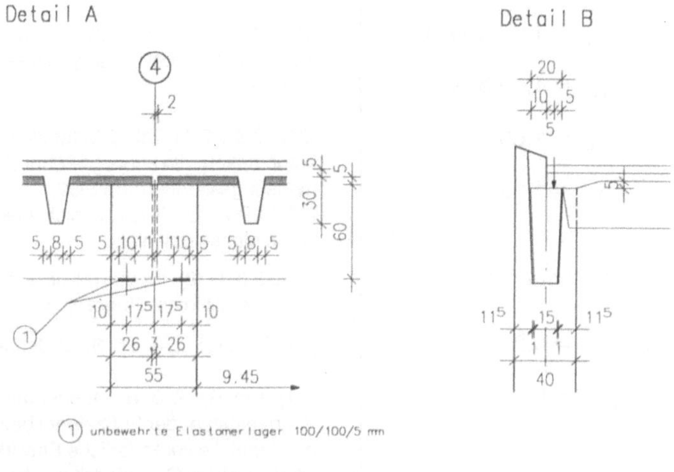

Bild 5.2: Details A und B aus Bild 5.1

1.2   Betondeckung

a) in Abhängigkeit von den Umweltklassen (für die Bügel)

Mindestmaß: $\min c_{w1} =$ $= 20$ mm

EC2, 4.1.3.3

EC2, 4.1.3.3(6) und Tab. 4.2, für die Umweltklasse 2a und Betonstahl; eine Abminderung von $\min c_{w1}$ nach Anm. 2) zu Tab. 4.2 ist hier unzulässig, da keine plattenförmigen Bauteile vorliegen. Der Fußzeiger w bezeichnet den Bezug auf die Bügel.

b) zur sicheren Übertragung der Verbundkräfte ($d_g \leq 32$ mm)

Bügelmatten: $\min c_{w2} = \varnothing_w$ $= 8$ mm

Längsstäbe: $\min c_l = \varnothing_l$ $= 20$ mm

EC2, 4.1.3.3(5); d_g: Nennwert des Größtkorndurchmessers

Annahme: Stabdurchmesser der Bügelmatte $\varnothing_w \leq 8$ mm

Annahme: Durchmesser der Längsstäbe $\varnothing_l \leq 20$ mm; vorhanden sind $\min c_{w1} + \varnothing_w = 20 + 8 = 28$ mm.

c) Nennmaß der Betondeckung

$$\text{nom } c_w = \text{min } c_{w1} + \Delta h \quad = 20 + 5 \quad\quad = 25 \text{ mm}$$

$$\text{nom } c_l = \text{nom } c_w + \emptyset_w \quad = 25 + 8 \quad\quad = 33 \text{ mm}$$

EC2, 4.1.3.3(8)

Betondeckung der Bügel, hier maßgebend

Betondeckung der Längsstäbe (untere Lage)
Annahme: $\Delta h = 5$ mm; nach [A1], 4.1.3.3(8), sind Vorhaltemaße $\Delta h < 10$ mm nur zulässig, wenn besondere Maßnahmen nach DIN 1045/07.88, Abschn. 13.2.1(4), getroffen werden; vgl. deshalb Abschn. 6.6.

Die für den Feuerwiderstand erforderliche Mindestbetondeckung einschließlich der Maßabweichungen, die im Rahmen dieses Beispiels nicht weiter verfolgt werden, richten sich nach DIN 4102 Teil 4 (vgl. [A1], 4.1.3.3(10)).

1.3 Begrenzung der Biegeschlankheit

Annahmen:

– der Beton des Balkens gilt als „hoch" beansprucht im Sinne von EC2

– die Stahlspannung beträgt im Grenzzustand der Gebrauchstauglichkeit unter der häufigen Einwirkungskombination $\sigma_s \leq 250$ N/mm^2

Tabellenwert:

$$\text{zul} \left(\frac{l_{eff}}{d} \right) \quad\quad = 18$$

Im vorliegenden Fall überschreitet die wirksame Stützweite zwar den Wert l_{eff} = 7,0 m, jedoch trägt der Binder keine Trennwände, die bei zu großen Durchbiegungen Schäden erleiden könnten. Eine Abminderung der zulässigen Biegeschlankheit (l_{eff}/d) nach Tab. 4.14 wird daher nicht vorgenommen.

$$\text{erf } d \quad = \frac{\text{vorh } l_{eff}}{\text{zul } (l_{eff}/d)} = \frac{965}{18} \quad\quad = 53,6 \text{ cm}$$

erforderliche Bauteildicke h:

$$\text{erf } h \quad = \text{erf } d + \text{nom } c_w + \emptyset_w + 1,5 \cdot \emptyset_l$$

$$= 53,6 + 2,5 + 0,8 + 1,5 \cdot 2,5 \quad\quad = 60,7 \text{ cm}$$

gewählt:

$$h \quad = 60 \text{ cm}$$

EC2, 4.4.3.2

EC2, 4.4.3.2(5), (c)

EC2, 4.4.3.2(4)

EC2, 4.4.3.2(2), Tab. 4.14, Z. 1, Sp. 2

EC2, 4.4.3.2(3), zweiter Spiegelstrich

Dies kann jedoch zur Folge haben, daß die Durchbiegung $l_{eff}/250$ (EC2, 4.4.3.1(5)) überschritten ist. Daher wird in Abschn. 5.3.3 eine genauere Durchbiegungsberechnung durchgeführt.

Annahmen: Längsbewehrung in zwei Längen, $\emptyset_l \leq 25$ mm (in der 2. Lage ist $\emptyset_l = 25$ mm, vgl. Abschn. 4.2.2 und die Darstellung der Bewehrung).

2 Einwirkungen

2.1 Charakteristische Werte

Tabelle 5.1: Charakteristische Werte der Einwirkungen

EC2, 2.2.2

EC2, 2.2.2.2 P(1)

[A1], 2.2.2.2: Als charakteristische Werte der Einwirkungen gelten grundsätzlich die Werte der DIN-Normen, insbesondere der Normen der Reihe DIN 1055, und gegebenenfalls der bauaufsichtlichen Ergänzungen und Richtlinien.

Zeile	Bezeichnung der Einwirkungen	Einzugsbreite (m)	Charakteristischer Wert (kN/m)
	1	2	3
1 a	Eigenlast des Stahlbetonträgers: $0,60 \cdot \dfrac{(0,20 + 0,15)}{2} \cdot 25 \text{ kN/m}^3$	–	$G_{k,1} = 2,63$
1 b	Dachkonstruktion: doppeltes Bitumenpappdach, Abdichtung, Stahlbeton-π-Platten; i.M. 8 cm dick $\quad$ 2,40 kN/m^2	$\dfrac{l_t}{2} = \dfrac{10,0}{2}$	$G_{k,2} = 12,00$
1 c	Eigenlast insgesamt:		$G_k = 14,63$
2	veränderliche Einwirkungen: Regelschneelast $\quad s_0 = 0,75$ kN/m^2	$\dfrac{l_t}{2} = \dfrac{10,0}{2}$	$Q_k = 3,75$

DIN 1055 Teil 1, 7.4.1.5

DIN 1055 Teil 1, 7.4.1.5 und 7.11.4; l_t: s. Bild 5.1

DIN 1055 Teil 5, Tab. 2, Z. 2, Sp. 2, für Schneelastzone I

2.2 Repräsentative Werte und Bemessungswerte

2.2.1 Grenzzustände der Gebrauchstauglichkeit

a) häufige Einwirkungskombination

G_k	=	= 14,63 kN/m
$\psi_{1,1} \cdot Q_k$	$= 0,2 \cdot 3,75$	= 0,75 kN/m
$G_k + \psi_{1,1} \cdot Q_k$	$= 14,63 + 0,75$	= 15,38 kN/m

b) quasi-ständige Einwirkungskombination

G_k	=	= 14,63 kN/m
$\psi_{2,1} \cdot Q_k$	$= 0 \cdot 3,75$	= 0 kN/m
$G_k + \psi_{2,1} \cdot Q_k$	$= 14,63 + 0$	= 14,63 kN/m

2.2.2 Grenzzustände der Tragfähigkeit

Bemessungswerte der Einwirkungen für die Grundkombination:

$\gamma_G \cdot G_{k,1}$	$= 1,35 \cdot 2,63$	= 3,55 kN/m
bzw.		
$\gamma_{G,inf} \cdot G_{k,1}$	$= 1,00 \cdot 2,63$	= 2,63 kN/m
$\gamma_G \cdot G_{k,2}$	$= 1,35 \cdot 12,00$	= 16,20 kN/m
$\gamma_G \cdot G_k$	$= 1,35 \cdot 14,63$	= 19,75 kN/m
$\gamma_Q \cdot Q_k$	$= 1,50 \cdot 3,75$	= 5,63 kN/m
$\gamma_G \cdot G_k + \gamma_Q \cdot Q_k$	$= 19,75 + 5,63$	= 25,38 kN/m

3 Schnittgrößenermittlung

3.1 Maximale Feldmomente in den Grenzzuständen der Gebrauchstauglichkeit

$$M_{Sd,häuf} = \frac{15,38 \cdot 9,65^2}{8} = 179,03 \text{ kNm}$$

$$M_{Sd,stän} = \frac{14,63 \cdot 9,65^2}{8} = 170,30 \text{ kNm}$$

3.2 Grenzzustände der Tragfähigkeit

3.2.1 Beförderungszustand

Längsdruckkräfte treten rechnerisch nicht auf, da die Binder mit einer Traverse verlegt werden (siehe Bild 5.3).

Extremale Biegemomente:

$$M_{Sd,C} = -\frac{\gamma_G \cdot G_{k,1} \cdot l_1^2}{2} = -\frac{3,55 \cdot 2,0^2}{2} = -7,10 \text{ kNm}$$

$$M_{Sd,max} = \frac{\gamma_G \cdot G_{k,1} \cdot l_2^2}{8} - \frac{\gamma_{G,inf} \cdot G_{k,1} \cdot l_1^2}{2}$$

$$= \frac{3,55 \cdot 6,0^2}{8} - \frac{2,63 \cdot 2,0^2}{2} = 10,72 \text{ kNm}$$

EC2, 2.2.2.3 und 2.2.2.4

EC2, 2.2.2.3 und 2.3.4

EC2, 2.3.4P(2), Gl. (2.9b); u. U. benötigt für den Nachweis der zulässigen Biegeschlankheit (EC2, 4.4.3.2(4)), vgl. Abschn. 5.3.1.

$\psi_{1,1}$: siehe Aufgabenstellung

EC2, 2.3.4P(2), Gl. (2.9c); benötigt für die Berechnung der Durchbiegung, vgl. Abschn. 5.3.3.

$\psi_{2,1}$: siehe Aufgabenstellung

EC2, 2.2.2.4

EC2, 2.3.2.2P(2), Gl.(2.7a); die außergewöhnliche Bemessungssituation nach EC2, 2.3.2.2P(2), Gl.(2.7b), wird im Rahmen dieses Beispiels nicht verfolgt.

Benötigt für den Lastfall „Beförderungszustand", vgl. Abschn. 3.2.1; nach EC2, 2.3.3.1(1), gelten die Teilsicherheitsbeiwerte nach EC2, Tab. 2.2, auch für vorübergehende Bemessungssituationen. EC2, 2.2.2.4 P (3): $\gamma_{G,inf}$: Teilsicherheitsbeiwert für ständige Einwirkungen bei günstiger Auswirkung

EC2, 2.5

Die Schnittgrößen V_{Sd} und T_{Sd} werden für die Gebrauchstauglichkeitsnachweise nicht benötigt.

für die häufige Einwirkungskombination

für die quasi-ständige Einwirkungskombination

EC2, 2.5.3.2.2

d. h. während des Lagerns, Beförderns und Einbaus des Randbinders

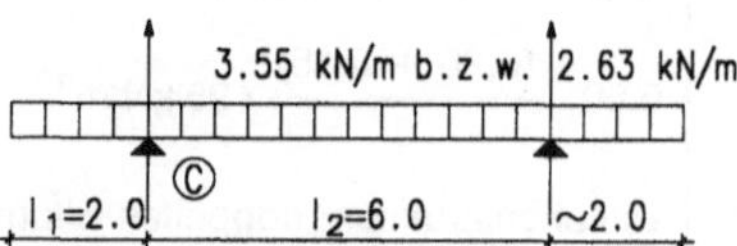

Bild 5.3: Einwirkungen im Beförderungszustand

3.2.2 Endzustand

$$M_{Sd,max} = \frac{25,38 \cdot 9,65^2}{8} \qquad = 295,43 \text{ kNm}$$

$$V_{Sd} = \frac{25,38 \cdot 9,65}{2} \qquad = 122,46 \text{ kN}$$

$$T_{Sd} = (\gamma_G \cdot G_{k,2} + \gamma_Q \cdot Q_k) \cdot e \cdot \frac{l_{eff}}{2}$$

$$= (16,20 + 5,63) \cdot 0,05 \cdot \frac{9,65}{2} \qquad = 5,27 \text{ kNm}$$

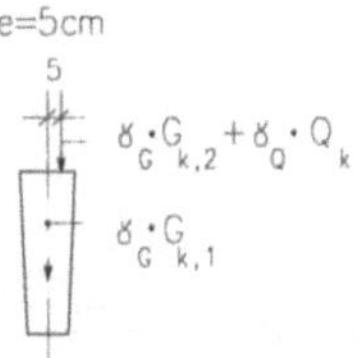

Bild 5.4: Querschnitt und Einwirkungen des Randbinders im Endzustand

vgl. Abschn. 2.2.2 und Bild 5.4

4 Bemessung in den Grenzzuständen der Tragfähigkeit

EC2, 4.3

4.1 Bemessungswerte der Baustoffe

EC2, 2.2.3.2

Beton: C 35/45 $\qquad f_{ck} = 35 \text{ N/mm}^2$

EC2, 3.1.2.4(3), Tab. 3.1, Z. 1, Sp. 6

$$f_{cd} = \frac{f_{ck}}{\gamma_c} = \frac{35}{1,5} \qquad = 23,33 \text{ N/mm}^2$$

EC2, 2.2.3.2P(1), Gl.(2.3); Bemessungswert der Betondruckfestigkeit

Betonstahl: BSt 500 $\qquad f_{yk} = 500 \text{ N/mm}^2$

[A1], 3.2.1 P(5); Tab. R2, Z. 2 und 3, Sp. 2 und 6

$$f_{yd} = \frac{f_{yk}}{\gamma_s} = \frac{500}{1,15} \qquad = 435 \text{ N/mm}^2$$

EC2, 2.2.3.2P(1), Gl.(2.3); Bemessungswert der Stahlfestigkeit an der Streckgrenze

4.2 Bemessung für Biegung

EC2, 4.3.1

4.2.1 Beförderungszustand

Nachweis an der Stütze C:

vgl. Bild 5.3; die im Feld für den Endzustand vorhandene Bewehrung (Abschn. 4.2.2) reicht auch für den Beförderungszustand aus.

$$M_{Sd,C} = \qquad = -7,10 \text{ kNm}$$

vgl. Abschn. 3.2.1

Nutzhöhe:

$$d = h - (nom\ c_w + \varnothing_w + 0,5 \cdot \varnothing_l)$$
$$= 60 - (2,5 + 0,8 + 0,5 \cdot 1,2) \qquad = 56 \text{ cm}$$

Annahme: $\varnothing_l = 12$ mm

Bemessung mit dimensionslosen Beiwerten:

[A2], S. 53, Abschn. 6.2.2.1.3, Tafel 6.2a

Rechteckquerschnitt (angenähert): b_u; h; d = 15; 60; 56 cm

$$\mu_{Sds} = \frac{|M_{Sd,C}|}{b_u \cdot d^2 \cdot f_{cd}} = \frac{7,10 \cdot 10^{-3}}{0,15 \cdot 0,56^2 \cdot 23,33} = 0,0065$$

[A2], S. 52, Abschn. 6.2.2.1.3, Gl.(6.19)

abgelesen:

[A2], S. 53, Tafel 6.2a

$$\omega \approx 0,0065$$

$$\text{erf } A_s = \omega \cdot b_u \cdot d \cdot \frac{f_{cd}}{f_{yd}} = 0,0065 \cdot 15,0 \cdot 56,0 \cdot \frac{23,33}{435} = 0,29 \text{ cm}^2$$

[A2], S. 52, Abschn. 6.2.2.1.3, Gl.(6.21)

Mindestbewehrung zur Vermeidung eines Versagens ohne Vorankündigung:

EC2, 5.4.2.1.1(1), Gl.(5.14)

$$\min A_s = \frac{0,6 \cdot b_t \cdot d}{f_{yk}} \geq 0,0015 \cdot b_t \cdot d$$

b_t: mittlere Breite der Zugzone (oben), Annahme: $b_t = 19,0$ cm

$$= \frac{0,6 \cdot 19,0 \cdot 56}{500} = 1,28 \text{ cm}^2 < 0,0015 \cdot 19,0 \cdot 56 = 1,60 \text{ cm}^2$$

gewählt:

> BSt 500 S $\qquad 2 \varnothing 12$
> vorh $A_s = 2,26 \text{ cm}^2 > \min A_s = 1,60 \text{ cm}^2$

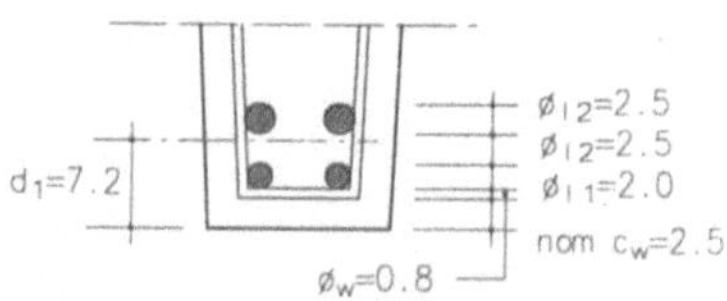

Bild 5.5: Anordnung der Biegezugbewehrung in Feldmitte

4.2.2   Endzustand

Nutzhöhe im Feld:

$$d \quad = h - d_1$$

$$d_1 \quad = 2{,}5 + 0{,}8 + \frac{2{,}0^2 \cdot 1{,}0 + 2{,}5^2 \cdot 5{,}75}{2{,}0^2 + 2{,}5^2} \qquad = 7{,}2 \text{ cm}$$

$$d \quad = 60 - 7{,}2 \qquad\qquad\qquad\qquad = 52{,}8 \text{ cm}$$

d_1: Abstand des Schwerpunktes der Biegezugbewehrung vom unteren Querschnittsrand; Annahme: untere Lage 2 $\varnothing$ 20, 2. Lage 2 $\varnothing$ 25; siehe Bild 5.5

Rechteckquerschnitt (angenähert): b_m; h; d = 19; 60; 52,8 cm

mittlere Breite der Druckzone angenommen zu $b_m \approx 19$ cm

Bemessung mit dimensionslosen Beiwerten:

[A2], S. 52, Abschn. 6.2.2.1.3

$$\mu_{Sds} \quad = \frac{M_{Sd,max}}{b_m \cdot d^2 \cdot f_{cd}} = \frac{295{,}43 \cdot 10^{-3}}{0{,}19 \cdot 0{,}528^2 \cdot 23{,}33} \qquad = 0{,}239$$

[A2], S. 52, Gl.(6.19)

interpoliert:

[A2], S. 53, Tafel 6.2a

$$\omega;\ \xi;\ \zeta \quad = 0{,}290;\ 0{,}421;\ 0{,}825$$

$\xi = x/d; \zeta = z/d$

$$\text{erf } A_s \quad = \omega \cdot b_m \cdot d \cdot \frac{f_{cd}}{f_{yd}} = 0{,}290 \cdot 19 \cdot 52{,}8 \cdot \frac{23{,}33}{435} \qquad = 15{,}61 \text{ cm}^2$$

[A2], S. 52, Abschn. 6.2.2.1.3, Gl.(6.21)

gewählt:

> BSt 500 S   2 $\varnothing$ 20 + 2 $\varnothing$ 25
>
> vorh A_s = 16,10 cm^2 > 15,61 cm^2

in 2 Lagen, s. Bild 5.5

Diese Bewehrung ist größer als die Mindestbewehrung zur Vermeidung eines Versagens ohne Vorankündigung.

EC2, 5.4.2.1.1(1); vgl. Abschn. 4.2.1

Überprüfung der Notwendigkeit einer Druckbewehrung:

[A2], S. 51, Abschn. 6.2.2.1.1, Gl.(6.10)

$$\xi_{lim} \quad = 0{,}617 > \text{vorh } \xi \qquad\qquad\qquad = 0{,}421$$

Eine Druckbewehrung ist somit nicht erforderlich.

4.3   Bemessung für Querkraft, Torsion und deren Kombination

EC2, 4.3.2, 4.3.3 und 4.3.3.2

4.3.1   Übersicht

Bei Beanspruchung eines Bauteils durch eine Einwirkungskombination aus Querkraft und Torsion sind nach EC2 im allgemeinen folgende Nachweise zu führen:

EC2, 4.3.3.2

a) Aufnahme der Zugkräfte in den Zugstäben des räumlichen Fachwerks (Bild 5.6) infolge Querkraft und Torsion durch Bügel bzw. die Torsionslängsbewehrung; näherungsweise dürfen die erforderlichen Bügelquerschnitte getrennt für Querkraft und Torsion ermittelt werden. Dem Nachweis für die Querkraft V_{Sd} ist das Verfahren mit veränderlicher Druckstrebenneigung Θ zugrunde zu legen. Der Neigungswinkel Θ hat für die Schub- bzw. Torsionsbemessung den gleichen Wert.

EC2, 4.3.3.2.2(4)
EC2, 4.3.3.1P(4)

EC2, 4.3.3.2.2(4)

EC2, 4.3.2.2(7); vgl. Bild 5.6

EC2, 4.3.3.2.2(4)

b) Nachweis, daß die Betondruckspannung σ_c in den geneigten Druckstreben infolge Querkraft und Torsion den Wert $\sigma_c = \nu \cdot f_{cd}$ nicht überschreitet (ν nach EC2, 4.3.3.1(6), Gl. (4.41), oder nach 4.3.3.2.1(4)).

EC2, 4.3.3.2.1(3), vgl. Bild 5.6

c) Nachweis, daß unter der Einwirkungskombination aus Querkraft und Torsion kein Druckstrebenbruch eintritt.

EC2, 4.3.3.2.1(3) und 4.3.3.2.2(3), Gl.(4.47)

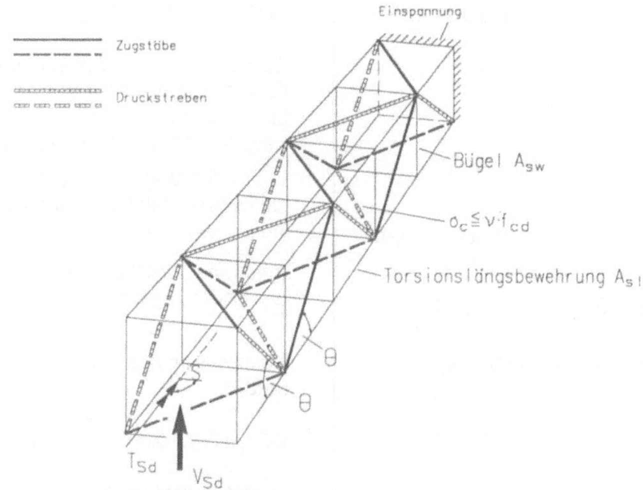

Bild 5.6: Bemessungsmodell für Torsion bzw. für eine Kombination aus Querkraft und Torsion (nach [A9])

4.3.2 Überprüfung der Notwendigkeit eines Nachweises der Schub- und Torsionsbewehrung

EC2, 4.3.3.2.2(5)

a) Allgemeines

Für einen näherungsweise rechteckigen Vollquerschnitt ist außer der Mindestbewehrung nach EC2, Abschn. 5.4.2.2(5), Tab. 5.5, keine Schub- und Torsionsbewehrung erforderlich, wenn die folgenden Bedingungen eingehalten sind:

Der vorhandene Querschnitt kann näherungsweise als rechteckig angesehen werden.

$$T_{Sd} \leq V_{Sd} \cdot \frac{b_w}{4,5}$$

EC2, 4.3.3.2.2(5), Gl.(4.48)

$$V_{Sd} \cdot \left[1 + \frac{4,5 \cdot T_{Sd}}{V_{Sd} \cdot b_w}\right] \leq V_{Rd1}$$

EC2, 4.3.3.2.2(5), Gl.(4.49)

Die Einhaltung dieser Bedingungen wird im folgenden überprüft.

b_w: kleinste Querschnittsbreite innerhalb der Nutzhöhe d

b) Aufzunehmende Einwirkungen V_{Sd}, T_{Sd} und Bemessungswert der aufnehmbaren Querkraft V_{Rd1}

Bemessungswert der aufzunehmenden Querkraft:

$$V_{Sd} = 122,46 \text{ kN}$$

vgl. Abschn. 3.2.2

Dem Nachweis der Querkrafttragfähigkeit darf bei gleichmäßig verteilter Belastung die Querkraft im Abstand d vom Auflagerrand zugrunde gelegt werden:

EC2, 4.3.2.2(10)

$$V'_{Sd} = V_{Sd} - (\gamma_G \cdot G_k + \gamma_Q \cdot Q_k) \cdot (0,5 \cdot b_L + d)$$

$$= 122,46 - 25,38 \cdot (0,5 \cdot 0,10 + 0,53) = 107,74 \text{ kN}$$

b_L: Breite des Elastomerlagers; $b_L = 100$ mm

$d \approx 53$ cm, vgl. Abschn. 4.2.2

zugehöriges Torsionsmoment:

vgl. Abschn. 3.2.2

$$T'_{Sd} = T_{Sd} \cdot \frac{0,5 \cdot l_{eff} - 0,5 \cdot b_L - d}{0,5 \cdot l_{eff}}$$

$$= 5,27 \cdot \frac{4,825 - 0,5 \cdot 0,10 - 0,53}{4,825} = 4,64 \text{ kNm}$$

vgl. Bild 5.1

aufnehmbare Querkraft V_{Rd1} bei Bauteilen ohne Schubbewehrung:

$$V_{Rd1} = \tau_{Rd} \cdot k \cdot (1{,}2 + 40 \cdot \varrho_l) \cdot b_w \cdot d$$

$$\tau_{Rd} = \qquad\qquad\qquad = 0{,}30 \ \text{N/mm}^2$$

EC2, 4.3.2.3(1), Gl.(4.18), für $\sigma_{cp} = 0$

[A1], Tab. R4, für C 35/45

$$k = \qquad\qquad\qquad = 1{,}0$$

EC2, 4.3.2.3(1), Erläuterungen zu Gl.(4.18); dieser Wert ist hier maßgebend, da mehr als 50 % der Feldbewehrung (2 $\varnothing$ 25) gestaffelt werden.

$$\varrho_l = \frac{A_{sl}}{b_w \cdot d}$$

$$= \frac{2 \cdot 3{,}14}{15 \cdot 53} \qquad\qquad = 0{,}008 < 0{,}02$$

EC2, 4.3.2.3(1); b_w bezeichnet die kleinste Querschnittsbreite innerhalb der Nutzhöhe d; hier $b_w \approx 15$ cm.

Annahme: 2 Stäbe $\varnothing$ 20 werden über das Endauflager geführt.

$$V_{Rd1} = 0{,}30 \cdot 1{,}0 \cdot (1{,}2 + 40 \cdot 0{,}008) \cdot 0{,}150 \cdot 0{,}53 \cdot 10^3 \quad = 36{,}25 \ \text{kN}$$

c) Notwendigkeit eines Nachweises der Schub- und Torsionsbewehrung

Nachweis im Abstand d vom Auflagerrand

$$\frac{V'_{Sd} \cdot b_w}{4{,}5} = \frac{107{,}74 \cdot 0{,}15}{4{,}5} \qquad = 3{,}59 \ \text{kNm}$$

EC2, 4.3.3.2.2(5), Gl.(4.48)

$$T'_{Sd} = 4{,}64 \ \text{kNm} \qquad\qquad > 3{,}59 \ \text{kNm}$$

Gl.(4.48) nicht erfüllt

$$V'_{Sd} \cdot \left[1 + \frac{4{,}5 \cdot T'_{Sd}}{V'_{Sd} \cdot b_w}\right] \qquad =$$

EC2, 4.3.3.2.2(5), Gl.(4.49)

$$= 107{,}74 \cdot \left[1 + \frac{4{,}5 \cdot 4{,}64}{107{,}74 \cdot 0{,}15}\right] \qquad = 246{,}94 \ \text{kN}$$

$$> V_{Rd1}$$

Gl.(4.49) ebenfalls nicht erfüllt

Die Schub- und Torsionsbewehrung ist somit rechnerisch nachzuweisen.

4.3.3   Bemessung für Querkraft

EC2, 4.3.2

4.3.3.1   Ermittlung der erforderlichen Schubbewehrung

a) Übersicht

Für den Nachweis der Schubbewehrung für Querkraft werden nachfolgend zwei Bemessungsbereiche unterschieden (Bild 5.7):

Bemessungsbereich ① $(V_{Sd} > V_{Rd1})$:   Nachweis nach EC2, 4.3.2.4.4;

Bemessungsbereich ② $(V_{Sd} \leq V_{Rd1})$:   Mindestschubbewehrung nach EC2, 5.4.2.2(5).

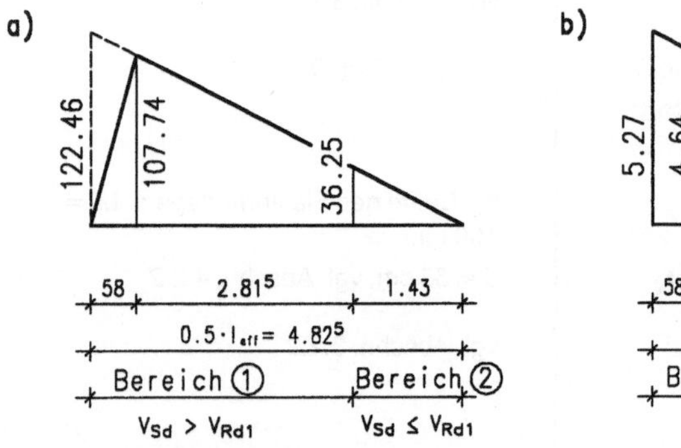

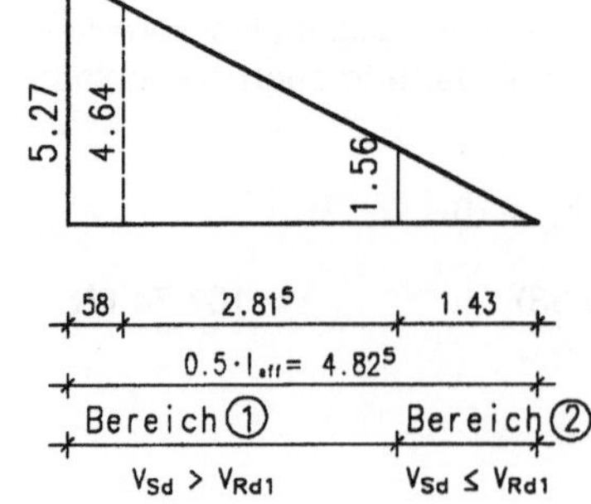

Bild 5.7: Einteilung der Bemessungsbereiche;
      a) V_{Sd}-Diagramm (kN);   b) T_{Sd}-Diagramm (kNm)

$0{,}5 \cdot b_L + d = 0{,}5 \cdot 0{,}10 + 0{,}53 = 0{,}58$ m

b) Bemessung der Schubbewehrung für Querkraft im Bereich ①

Verfahren mit veränderlicher Druckstrebenneigung

gewählt: $\cot \Theta$ $= 1{,}25$

$\Theta = 38{,}6°;\quad \tan 38{,}6° = 0{,}80;\ \cot 38{,}6° = 1{,}25\ \begin{cases} < 7/4 = 1{,}75 \\ > 4/7 = 0{,}57 \end{cases}$

Bemessung der Schubbewehrung (Annahme: lotrechte Bügel, d.h. $\alpha = 90°$):

mit $V_{Rd3} = V'_{Sd}$ wird:

$$V_{Rd3} = V'_{Sd} = \frac{A_{sw}}{s} \cdot z \cdot f_{ywd} \cdot \cot \Theta$$

$$\mathrm{erf}\left(\frac{A_{sw}}{s}\right)_{V1} = \frac{V'_{Sd}}{z \cdot f_{ywd} \cdot \cot \Theta} = \frac{107{,}74 \cdot 10^{-3}}{0{,}9 \cdot 0{,}53 \cdot 435 \cdot 1{,}25} \cdot 10^{4}$$

$$= 4{,}16\ \mathrm{cm^2/m}$$

Wahl der Bewehrung: siehe Abschn. 4.3.5.1

c) Bemessung der Schubbewehrung für Querkraft im Bereich ②

$\min \varrho_w =$ $= 0{,}0011$

$$\mathrm{erf}\left(\frac{A_{sw}}{s}\right)_{V2} = \min \varrho_w \cdot b_w \cdot \sin \alpha$$

$$= 0{,}0011 \cdot 15{,}0 \cdot 1{,}0 \cdot 10^{2} \qquad = 1{,}65\ \mathrm{cm^2/m}$$

Wahl der Bewehrung: siehe Abschn. 4.3.5.1

4.3.3.2 Nachweis der Tragfähigkeit der Betondruckstreben

$$V_{Rd2} = \frac{b_w \cdot z \cdot \nu \cdot f_{cd}}{\cot \Theta + \tan \Theta}$$

$$\nu = 0{,}7 \cdot \left(0{,}7 - \frac{f_{ck}}{200}\right) = 0{,}7 \cdot \left(0{,}7 - \frac{35}{200}\right) \qquad = 0{,}3675 > 0{,}35$$

$$V_{Rd2} = \frac{0{,}15 \cdot 0{,}9 \cdot 0{,}53 \cdot 0{,}3675 \cdot 23{,}33 \cdot 10^{3}}{0{,}8 + 1{,}25} \qquad = 299{,}25\ \mathrm{kN}$$

$$V_{Rd2} > V'_{Sd} = 107{,}74\ \mathrm{kN}$$

4.3.4 Bemessung für Torsion

4.3.4.1 Übersicht

Die Torsionstragfähigkeit eines Querschnitts wird nach EC2 unter Annahme eines dünnwandigen, geschlossenen Querschnitts mit der Wanddicke t berechnet (Bild 5.8). Im Falle eines Vollquerschnitts ist die Ersatzwanddicke t festgelegt zu:

$t \qquad = A/u \geq 2 \cdot \mathrm{nom}\ c_l$

u: äußerer Umfang des Querschnitts

A: Gesamtfläche des Querschnitts

Marginalien (rechte Spalte):

EC2, 4.3.2.2(7)

[A2], S. 75, Abschn. 7.2, für $\sigma_{cp} = 0$; [A5], S. 766, Gl.(7.18)

[A1], S. 7, 4.3.2.4.4, Abs. (1)

EC2, 4.3.2.4.4(2)

EC2, 4.3.2.4.4(2), Gl.(4.27)

EC2, 4.3.2.4.4(2); z = 0,9 d; Fußzeiger: V für Querkraft, 1 für den Bemessungsbereich①

Mindestbügelbewehrung

EC2, 5.4.2.2(5), Tab. 5.5, für C 35/45 und BSt 500

α = Bügelneigung; hier ist $\alpha = 90°$

EC2, 4.3.2.4.4(2)

EC2, 4.3.2.4.4(2), Gl.(4.26)

EC2, 4.3.3.2.1(3) und 4.3.3.1(6), Gl.(4.41), wegen der Überlagerung von Querkraft und Torsion

EC2, 4.3.3

EC2, 4.3.3.1(3)

EC2, 4.3.3.1(6)

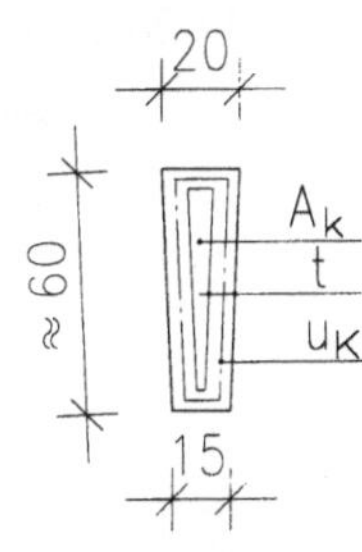

Bild 5.8: Festlegung der Ersatzwanddicke t des fiktiven Hohlquerschnitts

hier ist:

$$u \approx 2 \cdot 60 + 20 + 15 \qquad = 155 \quad \text{cm}$$

$$A = 60 \cdot \frac{20 + 15}{2} \qquad = 1050 \quad \text{cm}^2$$

$$t = \frac{A}{u} = \frac{1050}{155} \qquad = 6{,}77 \text{ cm}$$

$$> 2 \cdot \text{nom } c_l = 2 \cdot 3{,}3 \qquad = 6{,}6 \quad \text{cm}$$

s. Bild 5.8

nom c_l: Nennmaß der Betondeckung der Längsstäbe, vgl. Abschn. 1.2, c)

Hiermit ergibt sich:

$$A_k = (h - t) \cdot (b_m - t)$$
$$= (60 - 6{,}77) \cdot (17{,}5 - 6{,}77) \qquad = 571 \quad \text{cm}^2$$

EC2, 4.3.3.1(6); Fläche, die von der Mittellinie des dünnwandigen Ersatzhohlquerschnitts umschlossen wird (Bild 5.8).

$$u_k = 2 \cdot (h - t) + 2 \cdot (b_m - t)$$
$$= 2 \cdot (60 - 6{,}77) + 2 \cdot (17{,}5 - 6{,}77) \qquad = 127 \quad \text{cm}$$

EC2, 4.3.3.1(7); Umfang der Fläche A_k

4.3.4.2 Nachweis der Torsionsbewehrung

Die erforderliche Bügelbewehrung ergibt sich aus:

EC2, 4.3.3.1(7); die Torsionsbewehrung wird an der Einspannstelle (Achse ④ bzw. ⑤) ermittelt.

$$T_{Rd2} = 2 \cdot A_k \cdot \frac{f_{ywd} \cdot A_{sw}}{s} \cdot \cot \Theta$$

EC2, 4.3.3.1(7), Gl.(4.43)

mit T_{Rd2} = max T_{Sd} wird

Der Nachweis wird für den Höchstwert des aufzunehmenden Torsionsmomentes max T_{Sd} geführt.

$$\text{erf} \left(\frac{A_{sw}}{s} \right)_T = \frac{\text{max } T_{Sd}}{2 \cdot A_k \cdot f_{ywd} \cdot \cot \Theta}$$

$$= \frac{5{,}27 \cdot 10^{-3}}{2 \cdot 571 \cdot 10^{-4} \cdot 435 \cdot 1{,}25} \cdot 10^4 \qquad = 0{,}85 \text{ cm}^2/\text{m}$$

für einen Bügelschenkel; Fußzeiger T für Torsion; die Bügelbewehrung wird in Abschn. 4.3.5.1, a) gewählt.

Ermittlung der Torsionslängsbewehrung:

EC2, 4.3.3.1(7)

$$A_{sl} \cdot f_{yld} = \frac{T_{Rd2} \cdot u_k}{2 \cdot A_k} \cdot \cot \Theta$$

EC2, 4.3.3.1(7), Gl.(4.44)

$$\text{erf } A_{sl} = \frac{\text{max } T_{Sd} \cdot u_k}{2 \cdot A_k \cdot f_{yld}} \cdot \cot \Theta = \frac{5{,}27 \cdot 10^{-3} \cdot 1{,}27}{2 \cdot 571 \cdot 10^{-4} \cdot 435} \cdot 1{,}25 \cdot 10^4$$

$$= 1{,}69 \text{ cm}^2$$

für T_{Rd2} = max T_{Sd}

Zusätzliche Längsbewehrung aufgeteilt auf 6 Durchmesser mit je

$$\frac{1{,}69}{6} = 0{,}28 \text{ cm}^2$$

gewählt:

BSt 500 S; oben : 2 $\varnothing$ 12	A_s = 2,26 m^2
Mitte : 2 $\varnothing$ 10	A_s = 1,57 cm^2
unten :	vorh A_s = 2 $\varnothing$ 20

vgl. Abschn. 4.2.1: Bemessung für den Beförderungszustand

Da diese Bewehrung am Auflager (T_{Sd} = max T_{Sd}) nicht voll ausgenutzt ist, kann der verbleibende Längskraftanteil infolge Torsion aufgenommen werden.

4.3.4.3 Durch die Betondruckstreben aufnehmbares Torsionsmoment

$$T_{Rd1} = \frac{2 \cdot \nu \cdot f_{cd} \cdot t \cdot A_k}{\cot \Theta + \tan \Theta}$$

$$= \frac{2 \cdot 0{,}3675 \cdot 23{,}33 \cdot 6{,}77 \cdot 10^{-2} \cdot 571 \cdot 10^{-4} \cdot 10^3}{1{,}25 + 0{,}8}$$

$$= \qquad\qquad = 32{,}33 \text{ kNm}$$

$$> \max T_{Sd} \qquad\qquad = 5{,}27 \text{ kNm}$$

EC2, 4.3.3.1(6)

EC2, 4.3.3.1(6), Gl.(4.40)

ν: vgl. Abschn. 4.3.3.2

4.3.5 Bemessung für die Einwirkungskombination aus Querkraft und Torsion

EC2, 4.3.3.2.2

4.3.5.1 Erforderliche Bügelbewehrung

EC2, 4.3.3.2.2(4)

a) Bügelbewehrung im Bemessungsbereich ①

$$\text{erf} \left(\frac{A_{sw}}{s}\right)_1 = \text{erf} \left(\frac{A_{sw}}{s}\right)_{V1} + 2 \cdot \text{erf} \left(\frac{A_{sw}}{s}\right)_T$$

$$= 4{,}16 + 2 \cdot 0{,}85 \qquad\qquad = 5{,}86 \text{ cm}^2/\text{m}$$

$\text{erf} \left(\frac{A_{sw}}{s}\right)_T$ bezeichnet die erforderliche Querschnittsfläche des Einzelstabes.
vgl. Abschn. 4.3.3.1, b) und 4.3.4.2

im Bereich ① gewählt:

Bügelmatte BSt 500 M

$$\frac{250 \cdot 5{,}0}{150 \cdot 8{,}0}$$

$$\text{vorh} \left(\frac{A_{sw}}{s}\right)_1 = 6{,}70 \text{ cm}^2/\text{m} > \text{erf} \left(\frac{A_{sw}}{s}\right)_1 = 5{,}86 \text{ cm}^2/\text{m}$$

Mattenbezeichnung in Anlehnung an DIN 488 Teil 4, 3.3.1

b) Bügelbewehrung im Bemessungsbereich ②

$$\text{erf} \left(\frac{A_{sw}}{s}\right)_2 = \text{erf} \left(\frac{A_{sw}}{s}\right)_{V2} + 2 \cdot \text{erf} \left(\frac{A_{sw}}{s}\right)_{T2}$$

$$\text{erf} \left(\frac{A_{sw}}{s}\right)_{T2} = \text{erf} \left(\frac{A_{sw}}{s}\right)_T \cdot \frac{l_2}{0{,}5 \cdot l_{eff}}$$

$$= 0{,}85 \cdot \frac{1{,}43}{4{,}825} \qquad\qquad = 0{,}25 \text{ cm}^2/\text{m}$$

$$\text{erf} \left(\frac{A_{sw}}{s}\right)_2 = 1{,}65 + 2 \cdot 0{,}25 \qquad\qquad = 2{,}15 \text{ cm}^2/\text{m}$$

vgl. Bild 5.7b); l_2 bezeichnet die Länge des Bemessungsbereichs ②:
$l_2 = 1{,}43$ m

im Bereich ② gewählt:

Bügelmatte BSt 500 M

$$\frac{250 \cdot 4{,}0}{150 \cdot 5{,}0}$$

$$\text{vorh} \left(\frac{A_{sw}}{s}\right)_2 = 2{,}62 \text{ cm}^2/\text{m} > \text{erf} \left(\frac{A_{sw}}{s}\right)_2 = 2{,}15 \text{ cm}^2/\text{m}$$

Mattenbezeichnung in Anlehnung an DIN 488 Teil 4, 3.3.1

4.3.5.2 Nachweis der Druckstrebentragfähigkeit für die Einwirkungskombination aus Querkraft und Torsion

Das aufzunehmende Torsionsmoment T_{Sd} und die zugehörige aufnehmbare Querkraft sollten die folgende Bedingung erfüllen:

$$\left(\frac{T_{Sd}}{T_{Rd1}}\right)^2 + \left(\frac{V_{Sd}}{V_{Rd2}}\right)^2 \leq 1$$

EC2, 4.3.3.2.2(3), Gl.(4.47)

mit

T_{Rd1}: Bemessungswert des durch die Betondruckstreben aufnehmbaren Torsionsmoments

EC2, 4.3.3.1(6), Gl.(4.40)

V_{Rd2}: Bemessungswert der durch die um den Winkel Θ geneigten Betondruckstreben aufnehmbaren Querkraft.

EC2, 4.3.3.2.2(3)

T_{Sd} = = 5,27 kNm

Höchstwert an der theoretischen Einspannstelle, siehe Bild 5.7a)
EC2, 4.3.3.2.2(3)

Zugehörige Querkraft:

V_{Sd} = = 122,46 kN

vgl. Bild 5.7a); diese Annahme liegt auf der sicheren Seite, da die theoretisch größte Druckstrebenbeanspruchung infolge Querkraft im Abstand d vom Auflagerrand auftritt (EC2, 4.3.2.2(10)).

T_{Rd1} = = 32,33 kNm

vgl. Abschn. 4.3.4.3

V_{Rd2} = = 299,25 kN

vgl. Abschn. 4.3.3.2

$$\left(\frac{5,27}{32,33}\right)^2 + \left(\frac{122,46}{299,25}\right)^2 = 0,2 \qquad < \quad 1,0$$

EC2, 4.3.3.2.2(3), Gl.(4.47)

4.4 Nachweis der Kippsicherheit

EC2, 4.3.5.7

4.4.1 Übersicht

Die Kippsicherheit des Randbinders darf ohne weiteren Nachweis als ausreichend angenommen werden, wenn folgende Anforderungen an die Binderabmessungen erfüllt sind:

EC2, 4.3.5.7(2)

EC2, 4.3.5.7(2), und [A1], 4.3.5.7

– Länge des gedrückten Gurtes, gemessen zwischen den seitlichen Unterstützungen:

$l_{ot} \leq 35 \cdot b$

EC2, 4.3.5.7(2), Gl.(4.77), in Verbindung mit [A1], 4.3.5.7, Abs. (2)

– Gesamtdicke des Randbinders:

EC2, 4.3.5.7(2), Gl.(4.77)

$h < 2,5 \cdot b$

Im vorliegenden Fall ist

l_{ot} = 9,65 m > 35,0 · 0,19 = 6,65 m

mittlere Breite der Druckzone:
$b_m \approx 0,19$ m

h = 0,60 m > 2,5 · 0,19 = 0,47 m

Ein genauerer Kippsicherheitsnachweis ist somit erforderlich. Er wird nach dem Verfahren von STIGLAT [5.2] für den Endzustand geführt.

EC2, 4.3.5.7(2); im Beförderungszustand wird das Kippen durch konstruktive Maßnahmen verhindert.

4.4.2   Grundzüge des Näherungsverfahrens von STIGLAT

Beim Näherungsverfahren von STIGLAT wird der Höchstwert des Biegemoments max M unter Gebrauchslasten einem theoretischen Kippmoment M_K gegenübergestellt. Die Kippsicherheit gilt als ausreichend, wenn

$$M_K \geq \gamma \cdot max\ M,$$

worin γ einen globalen Sicherheitsbeiwert bezeichnet, der in [5.2] zu $\gamma = 2{,}0$ angegeben ist.

Das Moment M_K wird aus dem Kippmoment M_{ki} des Verzweigungsproblems der Elastizitätstheorie und einem fiktiven Elastizitätsmodul E_c des Betons ermittelt. Der Wert von E_c wird in [5.2] über eine rechnerische Betondruckspannung σ_T bestimmt. Der Rechengang nach [5.2] umfaßt somit folgende Schritte:

– Ermittlung des Kippmomentes M_{ki} und der Knickspannung σ_{ki} des Verzweigungsproblems der Elastizitätstheorie

– Bestimmung der Betondruckspannung σ_T

– Berechnung des Momentes $M_K\ \ = \dfrac{\sigma_T \cdot M_{ki}}{\sigma_{ki}}$

– Überprüfung der Kippsicherheit γ.

Der Nachweis der Kippsicherheit nach STIGLAT erfordert somit einen Übergang vom Teilsicherheitskonzept in Eurocode 2 auf das Konzept mit globalen Sicherheiten in DIN 1045. Dieser Übergang ist nach [A1] möglich und wird hier, sofern erforderlich, in Anspruch genommen.

4.4.3   Kippmoment M_{ki} aus dem Verzweigungsproblem der Elastizitätstheorie

Für gleichmäßig verteilte Last (Vollast) ist:

$$M_{ki}\ \ = 3{,}54 \cdot \left(1 - 1{,}44 \ \cdot \ \frac{e_L}{l_{ot}} \ \cdot \ \sqrt{\frac{2{,}5\ l_y}{l_T}}\right) \cdot \frac{\sqrt{A_K}}{l_{ot}}$$

mit dem Hilfswert

$$A_K\ \ = E_c \cdot G_c \cdot l_y \cdot l_T \ \ \frac{l_x - l_y}{l_x} \approx 0{,}24 \cdot E_c^{\,2} \cdot l_y \cdot l_T$$

und

E_c = Elastizitätsmodul des Betons

G_c = Schubmodul $\approx 0{,}4\ E_c$

l_y = Flächenmoment 2. Grades senkrecht zur Belastungsebene

l_x = Flächenmoment 2. Grades in Belastungsebene

l_T = Torsionsflächenmoment 2. Grades für den ungerissenen Zustand I

e_L = Abstand der Last vom geometrischen Schwerpunkt S (nach oben positiv); bei unterschiedlichem Abstand wird e_L entsprechend den Lastanteilen aus Eigenlast und Nutzlast näherungsweise ermittelt;

e_o = Abstand zwischen Schwerpunkt des Querschnitts und Druckrand

W_o $= \dfrac{l_x}{e_o}$

e_o $= \dfrac{h}{3} \cdot \dfrac{a + 2b}{a + b} = \dfrac{60}{3} \cdot \dfrac{20 + 2 \cdot 15}{20 + 15}$ $= 28{,}57$ cm

---

Marginalspalte:

[5.2]

Eine Berücksichtigung des Torsionsmoments T_{Sd} ist nach [5.2] nicht möglich.

[5.2], S. 240, Abschn. 5

Bezeichnung E_c nach EC2, 3.1.2.5.2

[5.2], Abschn. 2

[5.2], Tab. 1

[5.2], Abschn. 2

EC2, 2.3.3
[A1], 1.3, 2. Abs.

[5.2], Abschn. 2

[5.2], Abschn. 2, Gl.(1); dort wird anstelle von e_L das Symbol e verwendet.

unter Berücksichtigung des Abminderungsbeiwertes 0,6 für l_T

$E_c = E_{cm}$ nach EC2, 3.1.2.5.2

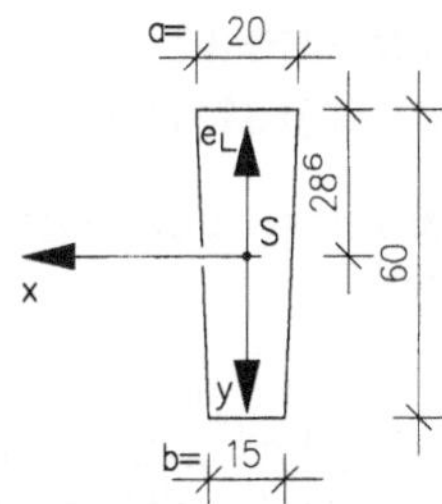

Bild 5.9: Bezeichnungen und Definition der Koordinaten für den Kippsicherheitsnachweis nach STIGLAT

a und b: siehe Bild 5.9

$$I_x = \frac{h^3}{36} \cdot \frac{a^2 + 4 \cdot a \cdot b + b^2}{a + b}$$

$$= \frac{60^3}{36} \cdot \frac{20^2 + 4 \cdot 20 \cdot 15 + 15^2}{20 + 15} \qquad = 312\,857 \text{ cm}^4$$

$$I_y = \frac{h}{48} \cdot (a^3 + a^2 \cdot b + a \cdot b^2 + b^3)$$

$$= \frac{60}{48} \cdot (20^3 + 20^2 \cdot 15 + 15^2 \cdot 20 + 15^3)$$

$$I_y = \qquad\qquad\qquad\qquad = 27\,343 \text{ cm}^4$$

$$I_T = \alpha \cdot h \cdot b^3$$

[A 10], S. 104, Tafel 3.1; näherungsweise für einen Rechteckquerschnitt mit $b_m = 17{,}5$ cm

$$\frac{h}{b} = \frac{60}{17{,}5} = 3{,}43; \qquad\qquad \alpha = 0{,}270$$

[A10], S. 104, Tafel 3.1

$$I_T = 0{,}270 \cdot 60 \cdot 17{,}5^3 \qquad\qquad = 86\,821 \text{ cm}^4$$

$$E_{cm} = \qquad\qquad\qquad\qquad = 33\,500 \text{ N/mm}^2$$

EC2, 3.1.2.5.2(2), Tab. 3.2, für C 35/45

$$A_K = 0{,}24 \cdot 33\,500^2 \cdot 27\,343 \cdot 10^{-8} \cdot 86\,821 \cdot 10^{-8} \qquad = 63{,}94 \text{ MNm}^4$$

[5.2], Gl.(4); der Faktor 0,24 berücksichtigt bereits die Abminderung der Torsionssteifigkeit auf 60 % des Wertes nach Zustand I.

$$M_{ki} = 3{,}54 \cdot \left(1 - 1{,}44 \cdot \frac{0{,}2857}{9{,}65} \cdot \sqrt{\frac{2{,}5 \cdot 27\,343}{0{,}6 \cdot 86\,821}}\right) \cdot \frac{\sqrt{63{,}94}}{9{,}65}$$

$$= 2{,}79 \text{ MNm}$$

[5.2]; Der am wenigsten gesicherte Querschnittswert I_T wird mit 60 % seines für Zustand I berechneten Wertes eingesetzt. Zudem wird ungünstig und auf der sicheren Seite der Wert $e_L = e_o$ für die Schneelast berücksichtigt.

$$\sigma_{ki} = \frac{M_{ki} \cdot e_o}{I_x} = \frac{2{,}79 \cdot 0{,}2857}{312\,857 \cdot 10^{-8}} \qquad = 255 \text{ N/mm}^2$$

hier ist $e_o = e_L = 28{,}57$ cm

$$\lambda_V = \pi \cdot \sqrt{\frac{E_{cm}}{\sigma_{ki}}} = \pi \cdot \sqrt{\frac{33\,500}{255}} \qquad = 36 < 60$$

Für $\lambda_V < 60$ ist nach [5.2] für die Beurteilung der Sicherheit nicht das Kippen, sondern der Bruchsicherheitsnachweis maßgebend. Die Kippsicherheit kann daher als ausreichend angesehen werden. Der Bruchsicherheitsnachweis wurde bereits in Abschn. 4.2.2 geführt.

[5.2], Tab. 1 und Bild 2

5 Nachweise in den Grenzzuständen der Gebrauchstauglichkeit

EC2, 4.4

5.1 Begrenzung der Spannungen unter Gebrauchsbedingungen

EC2, 4.4.1

Die Spannungsgrenzen nach EC2 dürfen ohne weiteren Nachweis im allgemeinen als eingehalten angesehen werden, wenn die Forderungen nach EC2, 4.4.1.2(2), a) bis d), erfüllt sind.

EC2, 4.4.1.2(2)

Diese Voraussetzung ist hier gegeben, so daß ein Nachweis der Spannungen unter Gebrauchsbedingungen nicht erforderlich ist.

5.2 Grenzzustände der Rißbildung

EC2, 4.4.2

5.2.1 Mindestbewehrung

EC2, 4.4.2.2

Auf den Nachweis einer Mindestbewehrung darf im vorliegenden Fall verzichtet werden, da wegen der statisch bestimmten Lagerung des Trägers auf Elastomerlagern Zwangauswirkungen, die die Rißschnittgröße überschreiten würden, nicht auftreten können.

EC2, 4.4.2.2(4)

5.2.2 Nachweis zur Beschränkung der Rißbildung ohne direkte Berechnung für die statisch erforderliche Bewehrung

$$\sigma_s \approx \frac{M_{Sd,stän}}{M_{Sd}} \cdot \frac{erf\ A_s}{vorh\ A_s} \cdot f_{yd}$$

$$\sigma_s = \frac{170{,}30 \cdot 15{,}61}{295{,}43 \cdot 16{,}10} \cdot 435 = 244\ N/mm^2$$

EC2, 4.4.2.3(2) und 4.4.2.1(6)

EC2, 4.4.2.3(3); σ_s ist für die quasi-ständige Einwirkungskombination zu ermitteln. $M_{Sd,stän}$ bezeichnet das Moment unter der quasi-ständigen Einwirkungskombination im Grenzzustand der Gebrauchstauglichkeit, vgl. Abschn. 3.1. Bezüglich der Ermittlung von σ_s siehe auch [A2], S. 123, Abschn. 11.3.

Der Nachweis zur Beschränkung der Rißbildung wird über die Einhaltung des Höchstwertes der Stababstände geführt:

$$zul\ s = \quad = 195\ mm$$
$$> vorh\ s$$

EC2, 4.4.2.3(2), und Tab. 4.12

interpoliert aus EC2, Tab. 4.12, für Stahlbetonbauteile unter reiner Biegung. Bezüglich vorh s siehe die Darstellung der Bewehrung.

Die Anforderungen an die Beschränkung der Rißbildung sind somit erfüllt.

5.3 Beschränkung der Durchbiegung

5.3.1 Übersicht

EC2, 4.4.3

In Abschn. 1.3 wurde die erforderliche Balkendicke h über die Begrenzung der Biegeschlankheit $\frac{l_{eff}}{d}$ abgeschätzt. Dabei wurden folgende Annahmen getroffen:

vgl. Abschn. 1.3

– der Beton des Balkens ist hoch beansprucht im Sinne von EC2;

EC2, 4.4.3.2(5), (c)

– die Stahlspannung im Feldquerschnitt überschreitet unter der häufigen Einwirkungskombination nicht den Wert $\sigma_s = 250\ N/mm^2$.

EC2, 4.4.3.2(4)

Diese Annahmen sind hier zu überprüfen. Sofern sie eingehalten sind und die nach EC2 zulässige Biegeschlankheit nicht überschritten wird, gilt der Nachweis der Beschränkung der Durchbiegung als erbracht. Andernfalls ist ein rechnerischer Nachweis der Durchbiegung erforderlich.

EC2, 4.4.3.2(2)

EC2, 4.4.3.2P(1)

5.3.2 Ermittlung der zulässigen Biegeschlankheit

EC2, 4.4.3.2(2) bis (5)

vorhandener Bewehrungsgrad:

$$vorh\ \varrho_l = \frac{vorh\ A_s}{b_m \cdot d} = \frac{16{,}10}{17{,}5 \cdot 53{,}0} = 0{,}017 > 0{,}015$$

EC2, 4.4.3.2(5), (c); Beton des Balkens ist somit hoch beansprucht.

$$zul\ \left(\frac{l_{eff}}{d}\right) = 18$$

EC2, 4.4.3.2(2), Tab. 4.14, Z.1

vorhandene Stahlspannung σ_s unter der häufigen Einwirkungskombination:

EC2, 4.4.3.2(4)

$$M_{Sd,häuf} = \quad = 179{,}03\ kNm$$

vgl. Abschn. 3.1

$$vorh\ \sigma_s = \frac{M_{Sd,häuf}}{vorh\ A_s \cdot z} = \frac{179{,}03 \cdot 10^{-3}}{16{,}10 \cdot 10^{-4} \cdot 0{,}825 \cdot 0{,}53} = 254{,}3\ N/mm^2$$

vorh $A_s = 16{,}1\ cm^2$; $\zeta = 0{,}825$; vgl. Abschn. 4.2.2

Die zweite Annahme in Abschn. 1.3 ist somit nicht erfüllt. Die zulässige Biegeschlankheit ist entsprechend abzumindern:

Zur Einhaltung von $\sigma_s = 250\ N/mm^2$ könnte auch die Biegezugbewehrung vergrößert werden. Hierauf wird jedoch aus Anschauungsgründen verzichtet.

$$\frac{250}{\sigma_s} = \frac{250}{254{,}3} = 0{,}983$$

EC2, 4.4.3.2(4)

$$zul\ \left(\frac{l_{eff}}{d}\right) = 18 \cdot 0{,}983 = 17{,}7$$

EC2, 4.4.3.2(4)

$$erf\ d = \frac{l_{eff}}{17{,}7} = \frac{965}{17{,}7} = 54{,}50\ cm$$
$$> 53{,}00\ cm$$

= vorh d

Die Anforderungen an die Beschränkung der Biegeschlankheit im Sinne von EC2 sind somit nicht eingehalten. Nachfolgend wird deshalb ein rechnerischer Nachweis der Durchbiegung geführt.

Nach EC2, 4.4.3.1P(2), ist jedoch auch eine von EC2 abweichende Vereinbarung von zul f möglich.

5.3.3   Berechnung der Durchbiegung

EC2, 4.4.3

5.3.3.1   Übersicht

Da die gewählte Bauteildicke von h = 60 cm kleiner ist als das Maß, das sich aus der Begrenzung der Biegeschlankheit nach EC2, Tab. 4.14, ergab, wird hier die Beschränkung der Durchbiegung im Sinne von EC2, 4.4.3.3 P(1) und P(2), nachgewiesen. Im Rahmen dieses Beispiels sei angenommen, daß die

Nach EC2, 4.4.3.1P(2), können auch von EC2 abweichende Grenzwerte der zulässigen Durchbiegung mit dem Bauherrn vereinbart werden.
EC2, 4.4.3.1(5)

Bedingung zul $f = \dfrac{l_{eff}}{250} = \dfrac{9650}{250} = 39$ mm unter der quasi-ständigen Einwirkungskombination einzuhalten ist. Der Rechengang entspricht [A2], Abschn. 11.3.

5.3.3.2   Ausgangswerte

a) Beton

Endkriechzahl φ_∞ und Endschwindmaß $\varepsilon_{cs,\infty}$:

EC2, 3.1.2.5.5

wirksame Bauteildicke:

EC2, 3.1.2.5.5(2) und Tab. 3.3 bzw. 3.4, für eine mittlere Breite von b_m = 17,5 cm.

$$\frac{2 \cdot A_c}{u} = \frac{2 \cdot 600 \cdot 175}{2 \cdot (600 + 175)} \approx 150 \text{ mm}$$

$$\varphi_\infty \quad = \qquad\qquad = \; 1,7$$

EC2, 3.1.2.5.5(2), Tab. 3.3, für feuchte Umgebungsbedingungen und ein Betonalter bei Erstbelastung von 28 Tagen.

$$\varepsilon_{cs\infty} \quad = \qquad\qquad = -\,0,33‰$$

EC2, 3.1.2.5.5(2), Tab. 3.4, für Bauteile, die der Außenluft ausgesetzt sind.

Elastizitätsmodul:

$$E_{cm} \quad = \qquad\qquad = 33\,500 \text{ N/mm}^2$$

EC2, 3.1.2.5.2(2), Tab. 3.2, für C 35/45

wirksamer Elastizitätsmodul unter Berücksichtigung des Kriechens:

$$E_{c,\,eff} \quad = \frac{E_{cm}}{1 + \varphi_\infty} = \frac{33\,500}{1 + 1,7} \approx 12\,400 \text{ N/mm}^2$$

EC2, Anhang 4, A4.3, Gl.(A4.3)

mittlere Betonzugfestigkeit:

$$f_{ctm} \quad = \qquad\qquad = 3,2 \text{ N/mm}^2$$

EC2, 3.1.2.3(4), und Tab. 3.1, für C 35/45

Rißmoment:

$$M_{cr} \quad = \frac{f_{ctm} \cdot b_m \cdot h^2}{6} = \frac{3,2 \cdot 0,175 \cdot 0,6^2 \cdot 10^3}{6} = 33,6 \text{ kNm}$$

näherungsweise für einen Rechteckquerschnitt mit b_m = 17,5 cm

b) Betonstahl

$$E_s \quad = \qquad\qquad = 200\,000 \text{ N/mm}^2$$

EC2, 3.2.4.3(1)

$$\alpha_e \quad = \frac{E_s}{E_{c,eff}} = \frac{200\,000}{12\,400} = 16,1$$

EC2, Anhang 4, A4.3(2)

c) Biegemoment unter der quasi-ständigen Einwirkungskombination

$$M_{Sd,\,stän} = \qquad\qquad = 170,30 \text{ kNm}$$

vgl. Abschn. 3.1

5.3.3.3   Durchbiegungsberechnung

a) Rechenwert der Durchbiegung

$$\text{vorh } f \quad = k \cdot (1/r)_m \cdot l_{eff}^2$$

mit

[A2], S. 123 f

k   von den Lagerungsbedingungen und der Art der Belastung abhängiger Beiwert; hier k = 0,104;

[A2], Abschn. 11.3, Tab. 11.1, für Einfeldträger und gleichmäßig verteilte Belastung.

$(1/r)_m$ mittlere Krümmung in Feldmitte infolge Biegung, Kriechens und Schwindens; das Kriechen wird dabei näherungsweise über den wirksamen Elastizitätsmodul des Betons $E_{c,eff}$ erfaßt;

ermittelt nach EC2, Anhang 4

vgl. Abschn. 5.3.3.2

l_{eff} wirksame Stützweite des Balkens; l_{eff} = 9,65 m

b) Berechnung der Krümmungen

Die Krümmungen in Feldmitte des Randbinders berechnen sich im Zustand I bzw. Zustand II zu:

b1) Zustand I

– infolge Momentenbeanspruchung und Kriechens:

$$(1/r)_{I,M} = \frac{12 \cdot M_{Sd,stän}}{E_{c,eff} \cdot b_m \cdot h^3}$$

$$= \frac{12 \cdot 170,30 \cdot 10^6}{12400 \cdot 175 \cdot 600^3} \qquad = 4,36 \cdot 10^{-6} \frac{1}{mm}$$

h: Bauteildicke; b_m: mittlere Balkenbreite; Einfluß der Bewehrung vernachlässigt.

in Nm, mm bzw. N/mm²

– infolge Schwindens:

$$(1/r)_{I,cs} = 12 \cdot \varepsilon_{cs,\infty} \cdot \alpha_e \cdot A_s \cdot \frac{(d - e_o)}{b_m \cdot h^3}$$

$$= \frac{12 \cdot 0,33 \cdot 10^{-3} \cdot 16,1 \cdot 1610 \cdot (530 - 285,7)}{175 \cdot 600^3} = 0,66 \cdot 10^{-6} \frac{1}{mm}$$

EC2, Anhang 4, A4.3(2), Gl.(A4.4), für Querschnitte mit einlagiger Bewehrung; siehe auch [A5], S. 802, Tab. 8.8; bez. e_o siehe Abschn. 4.4.3.

– rechnerische Gesamtkrümmung im Zustand I:

$$(1/r)_I = 4,36 \cdot 10^{-6} + 0,66 \cdot 10^{-6} \qquad = 5,02 \cdot 10^{-6} \frac{1}{mm}$$

b2) Zustand II

– infolge Momentenbeanspruchung und Kriechens:

$$(1/r)_{II,M} = \frac{12 \cdot M_{Sd,stän}}{E_{c,eff} \cdot b_m \cdot d^3 \cdot k_{II}}$$

$$= \frac{12 \cdot 170,30 \cdot 10^6}{12400 \cdot 175 \cdot 530^3 \cdot 1,335} \qquad = 4,74 \cdot 10^{-6} \frac{1}{mm}$$

näherungsweise für einen Rechteckquerschnitt mit $b_m = 17,5$ cm ermittelt;

d: Nutzhöhe, hier k_x und k_{II} werden nach [A5], S. 802, Tab. 8.8, ermittelt.

– infolge Schwindens:

$$(1/r)_{II,cs} = \frac{12 \cdot \varepsilon_{cs,\infty} \cdot \alpha_e \cdot A_s \cdot d \cdot (1 - k_x)}{b_m \cdot d^3 \cdot k_{II}}$$

$$= \frac{12 \cdot 0,33 \cdot 10^{-3} \cdot 16,1 \cdot 1610 \cdot 530 \cdot (1 - 0,518)}{175 \cdot 530^3 \cdot 1,335} = 0,76 \cdot 10^{-6} \frac{1}{mm}$$

– rechnerische Gesamtkrümmung im Zustand II:

$$(1/r)_{II} = 4,74 \cdot 10^{-6} + 0,76 \cdot 10^{-6} \qquad = 5,50 \cdot 10^{-6} \frac{1}{mm}$$

b3) mittlere Krümmung

$$(1/r)_m = \zeta \cdot (1/r)_{II} + (1 - \zeta) \cdot (1/r)_I$$

EC2, Anhang 4, Abschn. A4.3(2), Gl.(A4.1)

Verteilungsbeiwert ζ:

$$\zeta = 1 - \beta_1 \cdot \beta_2 \cdot \left(\frac{M_{cr}}{M_{Sd,stän}}\right)^2 = 1 - 1,0 \cdot 0,5 \cdot \left(\frac{33,6}{170,30}\right)^2 = 0,980$$

EC2, Anhang 4, Gl.(A4.2), für Rippenstähle ($\beta_1 = 1,0$) und Dauerbelastung ($\beta_2 = 0,5$); die Krümmung entspricht somit praktisch der im Zustand II.

mittlere Krümmung:

$$(1/r)_m = 0,98 \cdot 5,50 \cdot 10^{-6} + (1 - 0,98) \cdot 5,02 \cdot 10^{-6} = 5,49 \cdot 10^{-6} \frac{1}{mm}$$

c) Ermittlung von vorh f

vorh f $= 0,104 \cdot 5,49 \cdot 10^{-6} \cdot 9650^2$ $\qquad$ = 54 mm

$\qquad$ > zul f $\qquad$ = 39 mm $\qquad$ vgl. Abschn. 5.3.3.1

Da zul f rechnerisch nicht eingehalten werden kann, wird eine Schalungsüber-
höhung von Δf = 15 mm gewählt. Dieses Maß ist kleiner als die in EC2 als

EC2, 4.4.3.1(5)

Höchstwert empfohlene Überhöhung von $\dfrac{l_{eff}}{250}$ = 39 mm.

6 Bewehrungsführung, bauliche Durchbildung

EC2, 5

6.1 Grundmaß der Verankerungslänge

EC2, 5.2.2.3

Verbundspannungen im Grenzzustand der Tragfähigkeit:

EC2, 5.2.2.2

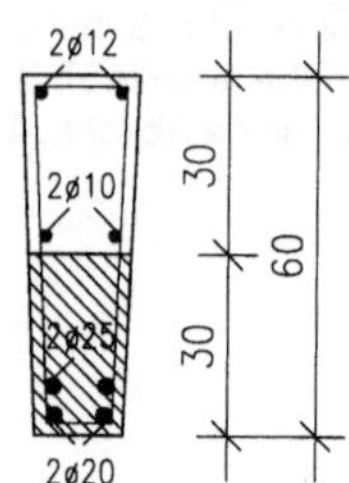

Bereich mit mäßigem Verbund $\qquad$ EC2, 5.2.2.1(2) und (3), Bild 5.1 c)

Bereich mit gutem Verbund

Bild 5.10: Einteilung der Verbundbereiche

f_{bd} $\qquad$ = $\qquad$ 3,40 N/mm² $\qquad$ gute Verbundbedingungen $\qquad$ EC2, 5.2.2.2(2), Tab. 5.3, Z.2, für f_{ck} = 35 N/mm²

f_{bd} $\qquad$ = $\qquad$ $0,7 \cdot 3,4$ = 2,38 N/mm² $\qquad$ mäßige Verbundbedingungen $\qquad$ EC2, 5.2.2.2(2)

Grundmaß der Verankerungslänge:

EC2, 5.2.2.3(2), Gl.(5.3)

$$l_b = \frac{\varnothing}{4} \cdot \frac{f_{yd}}{f_{bd}} = 0,25 \cdot \varnothing \cdot \frac{435}{3,4} = 31,98 \cdot \varnothing \quad \text{für guten Verbund}$$

$$l_b = 0,25 \cdot \varnothing \cdot \frac{435}{2,38} = 45,69 \cdot \varnothing \quad \text{für mäßigen Verbund}$$

Tabelle 5.2: Grundmaße der Verankerungslänge

Zeile	Verbundbedingungen	Bewehrung	$\varnothing$ (mm)	l_b (cm)
	1	2	3	4
1	gut	BSt 500 S	20	64,0
2	gut	BSt 500 S	25	80,0
3	mäßig	BSt 500 S	10	45,7
4	mäßig	BSt 500 S	12	54,8
5	mäßig	BSt 500 M	8	36,6

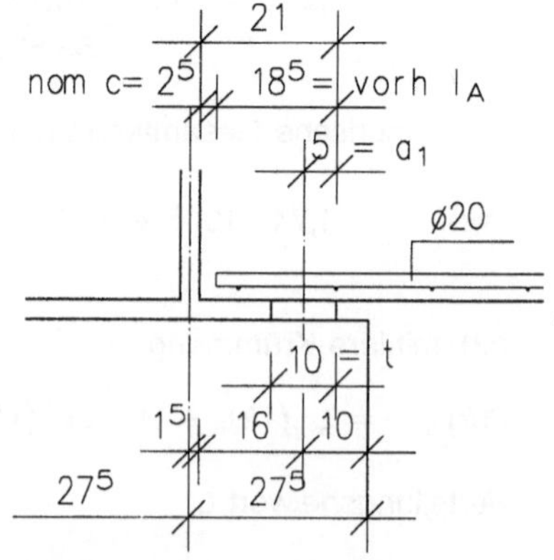

Bild 5.11: Detail Verankerungsbereich
an den Endauflagern A und B

6.2 Verankerung an den Endauflagern A und B

Mindestens ein Viertel der erforderlichen Feldbewehrung ist über das Auflager zu führen und dort zu verankern. Im vorliegenden Fall werden jedoch 2 $\varnothing$ 20 der Feldbewehrung in das Endauflager geführt.

EC2, 5.4.2.1.4(1)
s. Bild 5.11

a) Ausgangswerte

zu verankernde Zugkraft:

$$F_s = V_{Sd} \cdot a_l / d + N_{Sd}$$

EC2, 5.4.2.1.4(2), Gl.(5.15)

$$V_{Sd} = 122{,}46 \text{ kN}$$

vgl. Abschn. 3.2.2

Versatzmaß:

$$a_l = z \cdot \frac{\cot \Theta - \cot \alpha}{2} \geq 0$$

EC2, 5.4.2.1.3(1)

$$a_l = 0{,}9 \cdot 53 \cdot \frac{\cot 38{,}6° - \cot 90°}{2} = 29{,}81 \text{ cm}$$

$\cot \Theta$: vgl. Abschn. 4.3.3.1, b)

$$N_{Sd} = 0$$

$$F_s = 122{,}46 \cdot \frac{29{,}81}{53{,}0} = 68{,}88 \text{ kN}$$

$$\text{erf } A_s = \frac{F_s}{f_{yd}} = 68{,}88 \cdot 10^{-3} \cdot \frac{10^4}{435} = 1{,}58 \text{ cm}^2$$

erforderliche Verankerungslänge an den Endauflagern A und B:

EC2, 5.4.2.1.4(3)

$$\text{erf } l_A = 2/3 \cdot l_{b,\,net}$$

EC2, 5.4.2.1.4(3), Bild 5.12 a), bei direkter Auflagerung; l_A wird von der Auflagervorderkante des Elastomerlagers aus gemessen, s. Bild 5.11.

b) Verankerung der Längsbewehrung $\varnothing$ 20

$$l_{b,\,net} = \alpha_a \cdot l_b \cdot \frac{A_{s,\,req}}{A_{s,\,prov}} \geq l_{b,\,min}$$

EC2, 5.2.3.4.1(1), Gl.(5.4)

$$\alpha_a = 1{,}0 \quad \text{für gerade Stabenden}$$

$$A_{s,\,req} = \text{erforderliche Bewehrung} = 1{,}58 \text{ cm}^2$$

siehe oben

$$A_{s,\,prov} = \text{vorhandene Bewehrung} = 6{,}28 \text{ cm}^2$$

2 $\varnothing$ 20 der Feldbewehrung werden ins Endauflager geführt.

$$l_{b,\,net} = 1{,}0 \cdot 64{,}0 \; \frac{1{,}58}{6{,}28} = 16{,}10 \text{ cm}$$

l_b: vgl. Tab. 5.2, Z.1, Sp. 4

$$l_{b,\,min} = 0{,}3 \cdot l_b \qquad \geq 10 \cdot \varnothing$$
$$\geq 100 \text{ mm}$$

EC2, 5.2.3.4.1(1), Gl.(5.5), für die Verankerung von Zugstäben

$$l_{b,\,min} = 0{,}3 \cdot 64{,}0 = 19{,}2 \text{ cm}$$

$$l_{b,\,min} = 10 \cdot 2{,}0 = 20{,}0 \text{ cm}$$

maßgebender Wert

$$l_{b,\,min} = \qquad\qquad = 10{,}0 \text{ cm}$$

$$\text{erf } l_A = 2/3 \cdot 20{,}0 \text{ cm} = 13{,}4 \text{ cm}$$

$$\text{vorh } l_A = 21 - 2{,}5 = 18{,}5 \text{ cm}$$

l_A wird von der Auflagervorderkante des Elastomerlagers aus gemessen.

Die vorhandene Länge vorh l_A reicht zur Verankerung der Längsstäbe $\varnothing$ 20 mit geraden Stabenden aus.

S. Bild 5.11

c) Verankerung der Torsionsbewehrung $\varnothing$ 12 mm

Verankerung der Torsionsbewehrung mit Winkelhaken erforderlich | wegen der angegebenen Abmessungen

$$l_{b,net} = \alpha_a \cdot l_b \cdot \frac{A_{s,req}}{A_{s,prov}} \geq l_{b,min}$$

EC2, 5.2.3.4.1(1), Gl.(5.4)

$$\alpha_a = 0{,}7 \quad \text{(für Verankerungen mit Winkelhaken nach EC2, Bild 5.2 c)}$$

EC2, 5.2.3.2(1), Bild 5.2 c)

$$A_{s,req} = \text{erforderliche Torsionsbewehrung} = 0{,}28 \text{ cm}^2$$

vgl. Abschn. 4.3.4.2

$$A_{s,prov} = \text{vorhandene Torsionsbewehrung} \geq 0{,}78 \text{ cm}^2$$

vgl. Abschn. 4.3.4.2

$$l_{b,net} = 0{,}7 \cdot 54{,}8 \cdot \frac{0{,}28}{0{,}78} = 13{,}77 \text{ cm}$$

l_b: vgl. Abschn. 6.1, $\varnothing$ = 12 mm, für mäßigen Verbund

$$l_{b,min} = 0{,}3 \cdot 54{,}8 = 16{,}44 \text{ cm}$$

$$l_{b,min} = 10 \cdot 1{,}2 = 12{,}00 \text{ cm}$$

$$l_{b,min} = \quad = 10{,}00 \text{ cm}$$

maßgebender Wert; es ist angenommen, daß die Stäbe $\varnothing$ 12 im Bereich der Querpressung infolge der Auflagerkraft $F_{Sd,sup} = V_{Sd}$ liegen.

$$\text{erf } l_A = 2/3 \cdot l_{b,min} = 2/3 \cdot 16{,}44 = 10{,}96 \text{ cm}$$

EC2, 5.4.2.1.4(3), Bild 5.12 a)

$$\text{vorh } l_A = 21 - 5 - 2{,}5 = 13{,}5 \text{ cm} > \text{erf } l_A$$

Die Torsionsstäbe werden von der rechnerischen Auflagerlinie aus verankert.

$$\text{Biegerollendurchmesser} : 4 \cdot \varnothing = 5{,}0 \text{ cm}$$

EC2, 5.2.1.2(2), Tab. 5.1, Z. 2, Sp. 1

$$\text{Länge des Winkelhakens} : 5 \cdot \varnothing + \frac{4 \cdot \varnothing}{2} + \varnothing = 8 \cdot \varnothing = 9{,}6 \text{ cm}$$

EC2, 5.2.3.2(1), Bild 5.2 c)

6.3 Verankerung außerhalb der Auflager

EC2, 5.4.2.1.3

Die Stäbe der Bewehrung sind von dem Punkt E aus, an dem sie rechnerisch nicht mehr benötigt werden, um das Maß $l_{b,net}$ > d zu verankern.

EC2, 5.4.2.1.3(2), Bild 5.11

$$l_{b,net} = \alpha_a \cdot l_b \cdot \frac{A_{s,req}}{A_{s,prov}} = 1{,}0 \cdot 80{,}0 \cdot 0 = 0 \text{ cm}$$

EC2, 5.2.3.4.1(1), Gl.(5.4)

$$l_{b,min} = 0{,}3 \cdot 80{,}0 = 24{,}00 \text{ cm}$$

EC2, 5.2.3.4.1(1), Gl.(5.5) für die Verankerung von Zugstäben

$$= 10 \cdot 2{,}5 = 25{,}00 \text{ cm}$$

$$= \quad = 10{,}00 \text{ cm}$$

$$l_{b,min} < d = 53{,}00 \text{ cm}$$

der Wert von d ist maßgebend

6.4 Übergreifen der Betonstahlmatten (Bügelstoß)

EC2, 5.4.2.3(1)

Torsionsbügel sollten geschlossen sein und durch Übergreifen verankert werden.

EC2, 5.4.2.3(1)

Verankerung mit geraden Stabenden, mäßiger Verbund:

$$\text{BSt 500 M} \quad \frac{250 \cdot 5{,}0}{150 \cdot 8{,}0} \; ; \text{ vorh } A_s = \frac{6{,}70}{2} = 3{,}35 \text{ cm}^2/\text{m}$$

einschnittig gerechnet

$$l_s = \alpha_2 \cdot l_b \cdot \frac{A_{s,req}}{A_{s,prov}} \geq l_{s,min}$$

EC2, 5.2.4.2.1(5), Gl.(5.9)

$$\frac{A_{s,req}}{A_{s,prov}} = 1$$

voll ausgenutzter Bügelquerschnitt angenommen

$$\alpha_2 = 0{,}4 + \frac{A_s/s}{800} = 0{,}4 + \frac{335}{800} = 0{,}82 < 1$$

A_s/s: siehe oben

$$\alpha_2 = 1$$

$$l_s = 1 \cdot 36{,}6 \cdot 1 = 37{,}0 \text{ cm}$$

$$\min l_s = 0{,}3 \cdot \alpha_2 \cdot l_b > 200 \text{ mm}$$

$$> s_t$$

$$\min l_s = 0{,}3 \cdot 1 \cdot 37 = 11{,}1 \text{ cm}$$

$$= 20{,}0 \text{ cm}$$

$$= 15{,}0 \text{ cm}$$

l_b: vgl. Tab. 5.2, Z. 5, Sp. 4

Wegen der Torsion wird das Schließen der Bügel oben gegenüber einem Stoß im Stegbereich bevorzugt.

Gewählt wird eine Übergreifungslänge von $l_s = 37$ cm.

6.5 Mindest- und Höchstbewehrungsgehalte

EC2, 5.4.2.1.1

a) Mindestbewehrung zur Vermeidung eines Versagens ohne Vorankündigung

EC2, 5.4.2.1.1(1)

$$\min A_s = 0{,}6 \cdot b_t \cdot \frac{d}{f_{yk}} = 0{,}6 \cdot 17{,}5 \cdot \frac{53}{500} = 1{,}11 \text{ cm}^2$$

EC2, 5.4.2.1.1(1), Gl.(5.14)

$$\text{bzw.} \quad = 0{,}0015 \cdot b_t \cdot d = 0{,}0015 \cdot 17{,}5 \cdot 53 = 1{,}39 \text{ cm}^2$$

maßgebend

$$\text{vorh } A_s > \min A_s$$

vgl. Abschn. 4.2

b) Höchstbewehrungsgrad

EC2, 5.4.2.1.1(2)

$$\max A_s = 0{,}04 \cdot A_c = 0{,}04 \cdot 17{,}5 \cdot 60 = 42 \text{ cm}^2 > \text{vorh } A_s = 16{,}10 \text{ cm}^2$$

6.6 Besondere Maßnahmen beim Verlegen der Bewehrung

[A1], 4.1.3.3, bzw. DIN 1045/7.88, Abschn. 13.2.1(4)

Bei der Festlegung der Betondeckung wurde vorausgesetzt, daß beim Verlegen der Bewehrung besondere Maßnahmen im Sinne von [5.1], Abschn. 4, getroffen werden. Zum Einhalten der erforderlichen Mindestbetondeckung werden Abstandhalter mit der Dicke nom $c_w = 2{,}5$ cm (für die Bügelmatten) wie folgt eingebaut:

Abstand der Abstandhalter in Trägerlängsrichtung:

[5.1], S. 133, Tab. 4, für Balken und Stützen

$$s_1 = 100 \text{ cm} < 125 \text{ cm}$$

Anzahl der Abstandhalter über den Umfang:

[5.1], Tab. 4, für $h < 100$ cm

2 je Querschnittseite

Weitere Einzelheiten zur Bewehrungsführung sind der Bewehrungsdarstellung zu entnehmen.

Längsschnitt

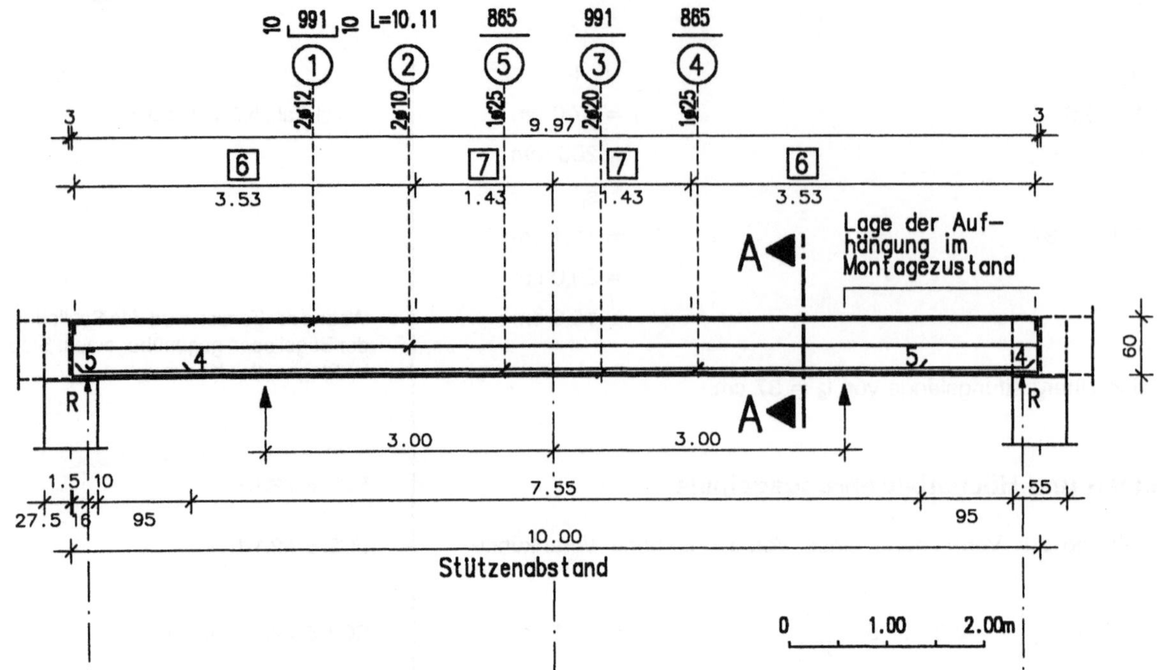

Zugkraft- und Zugkraft-Deckungslinie

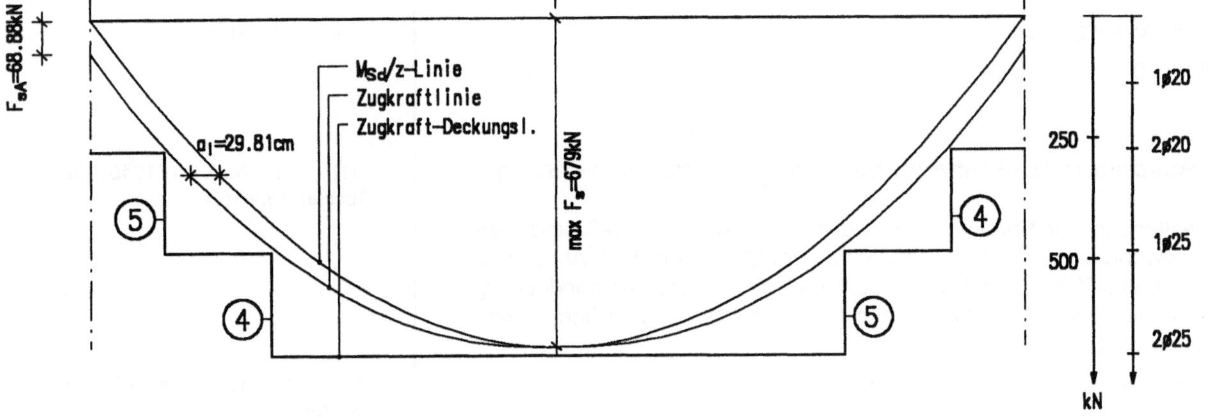

Schnitt A-A   M. 1:10   Bügelmatten BSt 500M

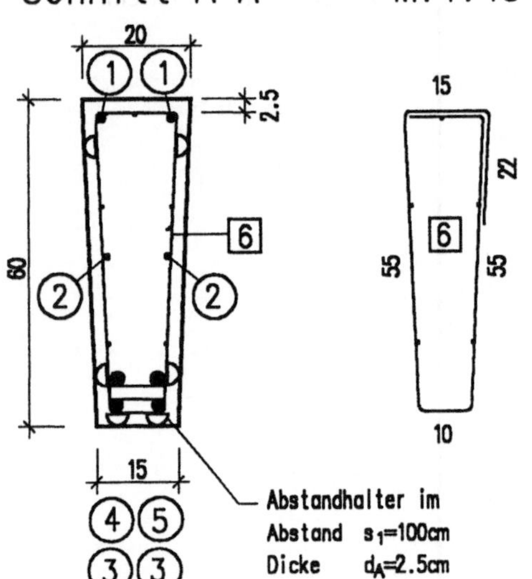

⑥	250·5.0	3.53
	150·8.0	1.72
⑦	250·4.0	1.91
	150·5.0	1.72

Für Biegestellen ohne Angabe
des Biegerollendurchmessers
gilt dessen Mindestwert 4·ø
für ø<20mm bzw. 7·ø für ø≥20mm

Beispiel 5
Einfeldbalken, Fertigteil

Darstellung der Bewehrung

Baustoffe:
Beton   C 35/45
Betonstahl   BSt 500S; BSt 500M

Betondeckung der Bügelmatten
nom c_v = 2,5cm
Für das Verlegen der Bewehrung
sind besondere Maßnahmen im
Sinne von [5.1], Abschn. 4, vereinbart.

RIB Stuttgart

BEISPIEL 6: ZWEIFELDRIGER DURCHLAUFBALKEN MIT KRAGARM

Inhalt

BEISPIEL 6: ZWEIFELDRIGER DURCHLAUFBALKEN MIT KRAGARM

Aufgabenstellung, Teilsicherheits- und Kombinationsbeiwerte

Für ein Bauwerk des Industriebaus ist ein Stahlbetonträger mit Plattenbalkenquerschnitt zu bemessen. Das statische System besteht aus einem Zweifeldträger mit Kragarm, in dessen Bereich die Trägerhöhe veränderlich ist.

Der Träger wird durch seine Eigenlast, gleichmäßig verteilte Verkehrslasten sowie durch Einzellasten aus Nebenträgern belastet und ist am Auflager C indirekt gelagert. Er befindet sich im Freien mit Frost, die Umweltbedingungen entsprechen somit EC2, Tab. 4.1, Z. 2b. Die Belastung ist vorwiegend ruhend. Alle Horizontalkräfte werden von aussteifenden Scheiben aufgenommen.

Für die Nachweise in den Grenzzuständen der Tragfähigkeit bzw. Gebrauchstauglichkeit sind folgende Teilsicherheits- und Kombinationsbeiwerte vorgegeben:

a) Teilsicherheitsbeiwerte in den Grenzzuständen der Tragfähigkeit

- für ständige Einwirkungen : γ_G = 1,35 bzw. 1,0
- für veränderliche Einwirkungen : γ_Q = 1,50 bzw. 0
- für Beton : γ_c = 1,50
- für Betonstahl : γ_s = 1,15

b) Kombinationsbeiwerte in den Grenzzuständen der Tragfähigkeit

Der Träger wird neben den Eigenlasten durch zwei voneinander unabhängige veränderliche Einwirkungen $Q_{k,1}$ und $Q_{k,2}$ (feldweise gleichmäßig verteilte Last bzw. Einzellast) beansprucht. Deshalb werden für die Auswertung von Gl. (2.7a) in EC2 die Kombinationsbeiwerte $\psi_{0,i}$ benötigt. Sie betragen im vorliegenden Beispiel für

- die feldweise gleichmäßig verteilte Last $Q_{k,1}$: $\psi_{0,1}$ = 0,7
- die Einzellast $Q_{k,2}$: $\psi_{0,2}$ = 0,8

Literatur:

[6.1] Leonhardt, F., und Mönnig, E.: Vorlesungen über Massivbau. Dritter Teil: Grundlagen zum Bewehren im Stahlbetonbau. Dritte Auflage. Berlin, Heidelberg, New York: Springer-Verlag 1977.

[6.2] Euro-Internationales Beton-Komitee (CEB): CEB/FIP-Mustervorschrift für Tragwerke aus Stahlbeton und Spannbeton. 3. Auflage. Paris: Selbstverlag 1978.

[6.3] Schlaich, J., und Schäfer, K.: Konstruieren im Stahlbetonbau. Beton-Kalender 1993 Teil II, S. 327 bis 486. Berlin: Verlag Ernst & Sohn 1993.

[6.4] Kersken-Bradley, M.: Auslegungen zu EC2, Kap. 2.3.2.3. Unveröffentlichter Schriftwechsel mit dem Deutschen Beton-Verein E.V. 1993.

siehe Bild 6.1

EC2, 4.1.2.2(2), und DIN V ENV 206, Tab. 2

EC2, 2.2.2.3P(2), 2.2.2.4P(2), 2.2.3.2P(1); die Abs. 2 und 3 der „Hinweise für die Benutzung dieser Sammlung" gelten besonders für die Kombination der Einwirkungen in Abschn. 2 dieses Beispiels. In der Praxis sind in der Regel die vereinfachten Kombinationen nach EC2, Gl. (2.8), ausreichend.

EC2, 2.3.3

EC2, 2.3.3.1(1), Tab. 2.2; der zweite Zahlenwert gilt bei günstiger Auswirkung.

EC2, 2.3.3.2(1), Tab. 2.3, für die Grundkombination; die außergewöhnliche Bemessungssituation im Sinne von EC2, 2.3.2.2P(2), Gl.(2.7b), ist nicht Gegenstand dieses Beispiels.

EC2, 2.3.2.2

vgl. Abschn. 2

EC2, 2.3.2.2P(2); der Fußzeiger i bezeichnet die veränderliche Einwirkung, die mit $\psi_{0,i}$ multipliziert wird.

Aufgrund der vorgesehenen Nutzung in Anlehnung an [A1], Tab. R1, Sp. 2, vorgegeben.

[A1], Z.4, Sp. 2

c) Kombinationsbeiwerte in den Grenzzuständen der Gebrauchstauglichkeit

 — für die häufige Einwirkungskombination   : $\psi_{1,1} = 0{,}5$

$\psi_{1,2} = 0{,}8$

 — für die quasi-ständige Einwirkungskombination : $\psi_{2,1} = 0{,}3$

$\psi_{2,2} = 0{,}5$

d) Baustoffe

 — Beton C 30/37 (Stahlbeton); bei dieser Betonfestigkeitsklasse gelten bei Verwendung eines Zementes der Festigkeitsklasse CE 32,5 die Anforderungen an den maximal zulässigen Wasserzementwert nach Tab. 3 in DIN V ENV 206 als erfüllt.

 — Betonstabstahl   BSt 500 S   (hohe Duktilität)

 — Betonstahlmatten   BSt 500 M   (normale Duktilität)

EC2, 2.3.4P(2); für die Teilsicherheitsbeiwerte gilt in der Regel $\gamma_F = \gamma_M = 1{,}0$.

in Anlehnung an [A1], Tab. R1, Z.1, Sp. 3; $\psi_{1,i}$ wird für den Nachweis der zulässigen Biegeschlankheit benötigt (vgl. Abschn. 5.3).

Aufgrund der vorgesehenen Nutzung in Anlehnung an [A1], Tab. R1, und Anhang 4, A4.2, Abs. (5), festgelegt. $\psi_{2,i}$ wird für den Nachweis der Rißbreitenbeschränkung und u. U. für einen genaueren Durchbiegungsnachweis benötigt (vgl. Abschn. 5.2.2 und 5.3).

DIN V ENV 206, 7.3.1.1, Tab. 8; DIN V ENV 206, 6.2.2 und Tab. 3, für die Umweltklasse 2b und Stahlbeton, sowie 11.3.8, Tab. 20

[A1], Tab. R.2, Z.2

[A1], Tab. R.2, Z.3

1   System, Bauteilmaße, Betondeckung

Längsschnitt

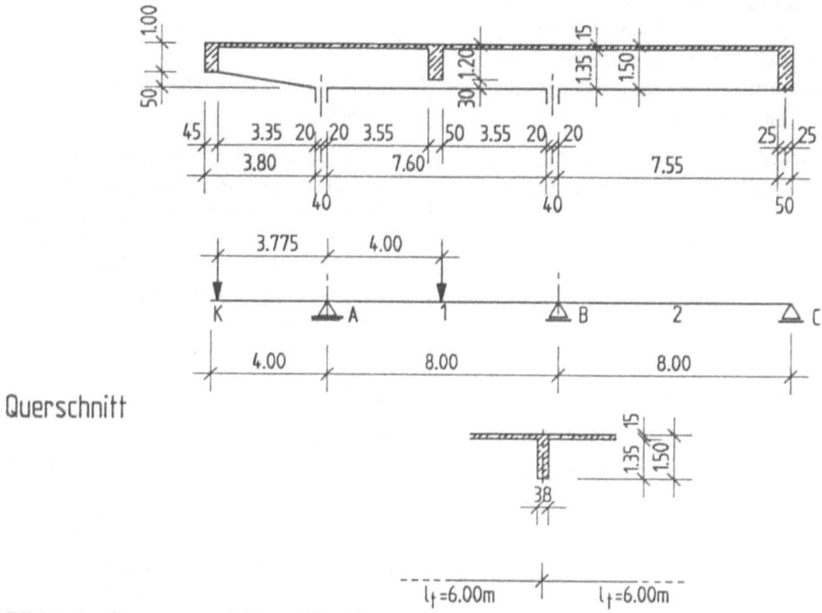

Bild 6.1: System und Bauteilmaße des Stahlbetonträgers

Bei C liegt eine indirekte Lagerung auf einem Querträger vor; für die Schnittgrößenermittlung wird jedoch vereinfachend eine vertikal unverschiebliche, frei drehbare Auflagerung angenommen.

l_t: Abstand der Träger in Querrichtung

1.1   Wirksame Stützweiten

$$l_{eff} = l_n + a_1 + a_2$$

$$l_{eff,1} = 7{,}60 + \frac{0{,}40}{2} + \frac{0{,}40}{2} = 8{,}00 \text{ m}$$

$$l_{eff,2} = 7{,}55 + \frac{0{,}40}{2} + \frac{0{,}50}{2} = 8{,}00 \text{ m}$$

$$l_{eff,Krag} = 3{,}80 + \frac{0{,}40}{2} = 4{,}00 \text{ m}$$

EC2, 2.5.2.2.2; siehe Bild 6.1

EC2, 2.5.2.2.2(1), Gl.(2.15), und Bild 2.4

Feld 1; EC2, 2.5.2.2.2(1), Bilder 2.4b) und e)

Feld 2; EC2, 2.5.2.2.2(1), Bilder 2.4a) und b)

Kragarm; EC2, 2.5.2.2.2(1), Bild 2.4e)

1.2 Betondeckung

a) in Abhängigkeit von den Umweltklassen

$$\min c_{w1} \quad = \quad\quad\quad = 25 \text{ mm}$$

b) zur sicheren Übertragung der Verbundkräfte ($d_g \leq 32$ mm)

Bügel	: $\min c_{w2}$	$= \varnothing_w$	$= 12$ mm
Anschluß- bew. oben	: $\min c_f$	$= \varnothing_f$	$= 10,5$ mm
Längsstäbe	: $\min c_l$	$= \varnothing_l$	$= 25$ mm

c) aus Gründen des Feuerwiderstandes

Dieses Kriterium wird im Rahmen dieses Beispiels nicht behandelt.

d) Nennmaß der Betondeckung

$$\text{nom } c_w \quad = \min c_{w1} + \Delta h = 25 + 10 \quad\quad = 35 \text{ mm}$$

1.3 Begrenzung der Biegeschlankheit

Die Abmessungen des Trägers wurden aufgrund von Erfahrung festgelegt. Der Nachweis, daß die zulässige Biegeschlankheit eingehalten ist, wird in Abschn. 5.3 geführt.

2 Einwirkungen

2.1 Charakteristische Werte

2.1.1 Ständige Einwirkungen (Eigenlasten)

Die auf den Träger wirkenden Eigenlasten sind in Bild 6.2 dargestellt.

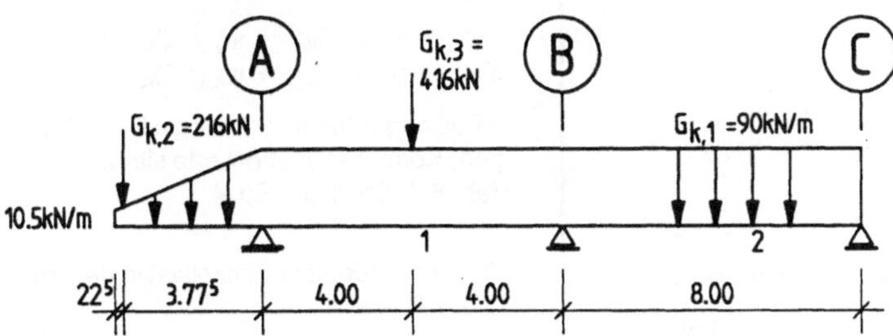

Bild 6.2: Ständige Einwirkungen (Eigenlasten)

Marginalien (rechte Spalte):

EC2, 4.1.3.3

EC2, 4.1.3.3(6) und Tab. 4.2; der Fußzeiger w bezeichnet den Bezug auf die Bügel.

EC2, Tab. 4.2, für Umweltklasse 2b und Betonstahl; eine Abminderung von $\min c_{w1}$ nach Anm. 2) zu Tab. 4.2 ist hier unzulässig, da keine plattenförmigen Bauteile vorliegen.

EC2, 4.1.3.3(5); d_g: Nennwert des Größtkorndurchmessers

Annahme: Durchmesser der Bügel $\varnothing_w \leq 12$ mm

vgl. Abschn. 4.3.4.5; $\varnothing_f$: Durchmesser der Anschlußbewehrung zwischen Steg und Platte

Annahme: Durchmesser der Längsstäbe $\varnothing_l \leq 25$ mm; vorhanden ist: vorh $\min c_l = \min c_{w1} + \varnothing_w = 25 + 12 = 37$ mm.

Die für den Feuerwiderstand erforderliche Mindestbetondeckung einschließlich der Maßabweichungen, die im Rahmen dieses Beispiels nicht weiter verfolgt werden, richten sich nach DIN 4102 Teil 4 (vgl. [A1], 4.1.3.3(10)).

Betondeckung der Bügel, hier maßgebend.

Annahme: $\Delta h = 10$ mm; nach [A1], 4.1.3.3(8), sind Vorhaltemaße $\Delta h < 10$ mm nur zulässig, wenn besondere Maßnahmen nach DIN 1045/07.88, Abschn. 13.2.1(4), getroffen werden.

EC2, 4.4.3.2

vgl. Bild 6.1

EC2, 2.2.2

EC2, 2.2.2.2P(1)

[A1], 2.2.2.2: Als charakteristische Werte der Einwirkungen gelten grundsätzlich die Werte der DIN-Normen, insbesondere der Normen der Reihe DIN 1055, und gegebenenfalls der bauaufsichtlichen Ergänzungen und Richtlinien. Für dieses Beispiel wurden die Einwirkungen aus Vergleichsgründen aus [A4], S. 60, übernommen.

Die Eigenlast $G_{k,1}$ ist im Bereich des Kragarms veränderlich.

Die Eigenlasten $G_{k,2}$ und $G_{k,3}$ sind von der Eigenlast $G_{k,1}$ sowie auch voneinander unabhängig. $G_{k,1}$, $G_{k,2}$ und $G_{k,3}$ sind durch einen einzigen charakteristischen Wert definiert.

Vorgabe im Hinblick auf die Kombination der Einwirkungen nach EC2, 2.3.2.2P(2), Gl.(2.7a); bezüglich der charakteristischen Werte siehe EC2, 2.2.2.4P(3).

2.1.2 Veränderliche Einwirkungen (Verkehrslasten)

Bild 6.3 zeigt die auf den Träger einwirkenden Verkehrslasten $Q_{k,1}$ und $Q_{k,2}$. Für die Nachweise in den Grenzzuständen der Tragfähigkeit und der Gebrauchstauglichkeit sei angenommen, daß $Q_{k,1}$ und $Q_{k,2}$ voneinander unabhängig sind. Für ihre Kombination gelten die Kombinationsbeiwerte nach Tab. 6.1.

Wichtige Voraussetzung für die Kombination der Einwirkungen nach EC2, 2.3.2.2 und 2.3.4.

Tab. 6.1: Kombinationsbeiwerte für die veränderlichen Einwirkungen

Zeile	Ein-wirkung	Kombinationsbeiwert		
		$\psi_{0,i}$	$\psi_{1,i}$	$\psi_{2,i}$
1	2	3	4	
1	$Q_{k,1}$	0,7	0,5	0,3
2	$Q_{k,2}$	0,8	0,8	0,5

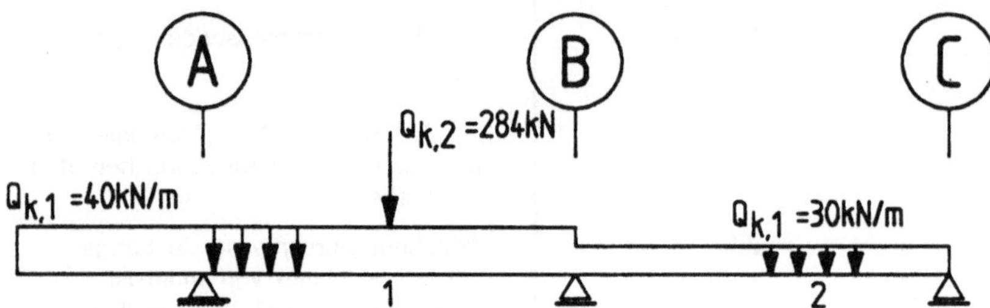

Bild 6.3: Veränderliche Einwirkungen (Verkehrslast)

Die veränderliche Einwirkung $Q_{k,1}$ tritt feldweise in der in Bild 6.3 angegebenen Größe, die Einwirkung $Q_{k,2}$ jedoch nur in der Mitte des Feldes 1 auf.

2.2 Repräsentative Werte und Bemessungswerte

EC2, 2.2.2.3 und 2.2.2.4

2.2.1 Grenzzustände der Gebrauchstauglichkeit

EC2, 2.2.2.3 und 2.3.4

2.2.1.1 Häufige Einwirkungskombination

EC2, 2.3.4P(2), Gl.(2.9b), benötigt für den Nachweis der zulässigen Biege-schlankheit (EC2, 4.4.3.2(4)), vgl. Abschn. 5.3.

a) ständige Einwirkungen

$G_{k,1}$ = = 90,0 kN/m

Kombinationsbeiwerte $\psi_{1,1}$, $\psi_{1,2}$, $\psi_{2,1}$, $\psi_{2,2}$: siehe Tab. 6.1

bzw. = = 10,5 kN/m

am Kragarmende

$G_{k,2}$ = = 216,0 kN

Einzellast auf dem Kragarm

$G_{k,3}$ = = 416,0 kN

Einzellast in der Mitte des Feldes 1

b) veränderliche Einwirkungen-Annahme: Leiteinwirkung $Q_{k,1}$ maßgebend

$\psi_{1,1} \cdot Q_{k,1}$ = 0,5 · 40,0 = 20,0 kN/m

bzw. = 0,5 · 30,0 = 15,0 kN/m

$\psi_{2,2} \cdot Q_{k,2}$ = 0,5 · 284,0 = 142,0 kN

Zum Begriff „Leiteinwirkung" siehe EC2, 2.0; die Unterscheidung bezüglich der Leiteinwirkung $Q_{k,1}$ bzw. $Q_{k,2}$ ist erforderlich, da diese nach Gl.(2.9b) mit dem Kombinationsbeiwert $\psi_{1,1}$, die weiteren veränderlichen Einwirkungen ($i > 1$) jedoch mit $\psi_{2,i}$ multipliziert werden. Dabei bezieht sich der Beiwert $\psi_{1,1}$ auf $Q_{k,1}$ als Leiteinwirkung und der Wert $\psi_{1,2}$ auf $Q_{k,2}$ als Leiteinwirkung:

$\Sigma G_{k,j} + \psi_{1,1} \cdot Q_{k,1} + \psi_{2,2} \cdot Q_{k,2}$ bzw.
$\Sigma G_{k,j} + \psi_{1,2} \cdot Q_{k,2} + \psi_{2,1} \cdot Q_{k,1}$

j: Fußzeiger für die ständigen Einwirkungen; Kombinationsbeiwerte siehe Tab. 6.1, Sp. 3 und Sp. 4

c) veränderliche Einwirkungen-Annahme: Leiteinwirkung $Q_{k,2}$ maßgebend

$\psi_{1,2} \cdot Q_{k,2}$ = 0,8 · 284,0 = 227,2 kN

$\psi_{2,1} \cdot Q_{k,1}$ = 0,3 · 40,0 = 12,0 kN/m

bzw. = 0,3 · 30,0 = 9,0 kN/m

$Q_{k,2}$: veränderliche Einzellast in der Mitte des Feldes 1

2.2.1.2 Quasi-ständige Einwirkungskombination

a) ständige Einwirkungen

$G_{k,1}$	=		= 90,0 kN/m
bzw.	=		= 10,5 kN/m
$G_{k,2}$	=		= 216,0 kN
$G_{k,3}$	=		= 416,0 kN

b) veränderliche Einwirkungen

$\psi_{2,1} \cdot Q_{k,1}$	$= 0{,}3 \cdot 40{,}0$		= 12,0 kN/m
bzw.	$= 0{,}3 \cdot 30{,}0$		= 9,0 kN/m
$\psi_{2,2} \cdot Q_{k,2}$	$= 0{,}5 \cdot 284{,}0$		= 142,0 kN

EC2, 2.3.4P(2), Gl.(2.9c); benötigt für den Nachweis der Rißbreitenbeschränkung und u. U. für die Berechnung der Durchbiegung, vgl. Abschn. 5.3.

EC2, Gl.(2.9c), alle veränderlichen Einwirkungen werden mit dem Kombinationsbeiwert $\psi_{2,i}$ multipliziert:
$$\Sigma G_{k,j} + \sum_{i \geq 1} \psi_{2,i} \cdot Q_{k,i},$$
mit $\psi_{2,i}$ nach Tab. 6.1, Sp. 4

2.2.1.3 Überlagerung der ständigen und veränderlichen Einwirkungen

Die Einwirkungskombinationen für die Grenzzustände der Gebrauchstauglichkeit werden an den Stellen gebildet, wo sie für die entsprechenden Nachweise benötigt werden.

EC2, 2.3.4.P(2)

siehe Abschn. 5

2.2.2 Grenzzustände der Tragfähigkeit

2.2.2.1 Bemessungswerte der Einwirkungen für die 1. Grundkombination

a) ständige Einwirkungen

– bei günstiger Wirkung ($\gamma_G = 1{,}0$):

$\gamma_G \cdot G_{k,1}$	$= 1{,}0 \cdot 90{,}0$		= 90,0 kN/m
bzw.	$= 1{,}0 \cdot 10{,}5$		= 10,5 kN/m
$\gamma_G \cdot G_{k,2}$	$= 1{,}0 \cdot 216{,}0$		= 216,0 kN
$\gamma_G \cdot G_{k,3}$	$= 1{,}0 \cdot 416{,}0$		= 416,0 kN

– bei ungünstiger Wirkung ($\gamma_G = 1{,}35$):

$\gamma_G \cdot G_{k,1}$	$= 1{,}35 \cdot 90{,}0$		= 121,5 kN/m
bzw.	$= 1{,}35 \cdot 10{,}5$		= 14,2 kN/m
$\gamma_G \cdot G_{k,2}$	$= 1{,}35 \cdot 216{,}0$		= 291,6 kN
$\gamma_G \cdot G_{k,3}$	$= 1{,}35 \cdot 416{,}0$		= 561,6 kN

b) veränderliche Einwirkungen

$\gamma_Q \cdot Q_{k,1}$	$= 1{,}50 \cdot 40{,}0$		= 60,0 kN/m
bzw.	$= 1{,}50 \cdot 30{,}0$		= 45,0 kN/m
$\gamma_Q \cdot \psi_{0,2} \cdot Q_{k,2}$	$= 0{,}8 \cdot 1{,}5 \cdot 284{,}0$		= 340,8 kN

EC2, 2.2.2.4

EC2, 2.3.2.2P(2), Gl.(2.7a); Annahme hier: Leiteinwirkung $Q_{k,1}$ ist maßgebend:
$$\Sigma \gamma_G \cdot G_{k,j} + \gamma_Q \cdot Q_{k,1} + \gamma_Q \cdot \psi_{0,2} \cdot Q_{k,2}$$

mit $\psi_{0,2} = 0{,}8$ (vgl. Tab. 6.1, Z. 2, Sp. 2); γ_G nach EC2, 2.2.2.4P(3), 1. Spiegelstrich, zur Berechnung des unteren (kleineren) Bemessungswertes der ständigen Einwirkungen;

zur Berechnung des oberen Bemessungswertes der ständigen Einwirkungen; siehe EC2, 2.2.2.4P(3), 1. Spiegelstrich

Bei günstiger Wirkung ist der Teilsicherheitsbeiwert $\gamma_Q = 0$ (vgl. Aufgabenstellung).

$\psi_{0,2}$ nach Tab. 6.1, Z.2, Sp. 2

2.2.2.2 Bemessungswerte der Einwirkungen für die 2. Grundkombination

a) ständige Einwirkungen

Es gelten die Bemessungswerte des vorstehenden Abschn. 2.2.2.1, a).

b) veränderliche Einwirkungen

$\gamma_Q \cdot Q_{k,2}$	$= 1{,}5 \cdot 284{,}0$		= 426,0 kN
$\gamma_Q \cdot \psi_{0,1} \cdot Q_{k,1}$	$= 0{,}7 \cdot 1{,}5 \cdot 40{,}0$		= 42,0 kN/m
bzw.	$= 0{,}7 \cdot 1{,}5 \cdot 30{,}0$		= 31,5 kN/m

Annahme: Leiteinwirkung $Q_{k,2}$ ist maßgebend:

$$\Sigma \gamma_G \cdot G_{k,j} + \gamma_Q \cdot Q_{k,2} + \gamma_Q \cdot \psi_{0,1} \cdot Q_{k,1}$$

mit $\psi_{0,1} = 0{,}7$ nach Tab. 6.1, Z.1, Sp. 2.

2.2.2.3 Überlagerung der ständigen und veränderlichen Einwirkungen

Die Einwirkungskombinationen für die Grenzzustände der Tragfähigkeit werden ebenfalls dort gebildet, wo sie für die entsprechenden Nachweise benötigt werden.

EC2, 2.3.2.2P(2), Gl.(2.7a)

siehe Abschn. 4

3 Schnittgrößenermittlung

EC2, 2.5

3.1 Grenzzustände der Gebrauchstauglichkeit

EC2, 2.5.3.2.1

3.1.1 Übersicht

In den Grenzzuständen der Gebrauchstauglichkeit werden die Schnittgrößen auf der Grundlage der Elastizitätstheorie ermittelt. Die entsprechenden Werte infolge der ständigen Einwirkungen $G_{k,1}$ bis $G_{k,3}$ und der veränderlichen Einwirkungen $Q_{k,1}$ und $Q_{k,2}$ enthält Tab. 6.2.

EC2, 2.5.3.2.1P(1) und (2)

Die Werte in Tab. 6.2 wurden ohne Berücksichtigung der Kombinationsbeiwerte $\psi_{1,i}$ bzw. $\psi_{2,i}$ berechnet.

Auf der Grundlage von Tab. 6.2 werden in den nachfolgenden Abschn. 3.1.2 und 3.1.3 die Höchstwerte der Biegemomente an den Stützen A und B sowie in den Feldern 1 und 2 für die häufige bzw. quasi-ständige Einwirkungskombination berechnet.

Die vereinfachten Kombinationsgleichungen nach EC2, 2.3.4(7), finden im Rahmen dieses Beispiels keine Anwendung, da das Prinzip der Einwirkungskombination nach EC2 in allgemeiner Form hier aufgezeigt werden soll.

3.1.2 Höchstwerte der Biegemomente unter der häufigen Einwirkungskombination

EC2, 2.3.4P(2), Gl.(2.9b); vgl. auch Abschn. 2.2.1.1

$$\min M_{Sd,A} = -(296 + 815,4) - 0,5 \cdot 320,0 \qquad = -1271,40 \text{ kNm}$$

Tab. 6.2, Z.1, 2 und 4; $\psi_{1,1} = 0,5$

$$\min M_{Sd,B} = -646,0 + 203,85 - 312,0 - 0,5 \cdot (160 + 120) - 0,5 \cdot 213,0$$
$$= -1000,65 \text{ kNm}$$

Tab. 6.2, Z.1 bis 3, 5 bis 7; $\psi_{1,1} = 0,5$; $\psi_{2,2} = 0,5$

$$\text{bzw.} \quad = -646,0 + 203,85 - 312,0 - 0,3 \cdot (160 + 120) - 0,8 \cdot 213,0$$
$$= -1008,55 \text{ kNm}$$

$\psi_{2,1} = 0,3$; $\psi_{1,2} = 0,8$

$$\max M_{Sd,F1} = +249,0 - 305,78 + 676,0 + 0,3 \cdot 240 + 0,8 \cdot 461,5$$
$$= +1060,42 \text{ kNm}$$

Tab. 6.2, Z.1 bis 3, 5 und 7 für die Leiteinwirkung $Q_{k,2}$; $\psi_{2,1} = 0,3$; $\psi_{1,2} = 0,8$

$$\min V_{Sd,C} = -279,25 - 25,48 + 39,0 - 0,5 \cdot (10,0 + 105,0)$$
$$= -323,23 \text{ kN}$$

Tab. 6.2, Z.1 bis 3, 4 und 6; $\psi_{1,1} = 0,5$

$$\max M_{Sd,F2} = \frac{0,5 \cdot 323,23^2}{90 + 0,5 \cdot 30} \qquad = +497,52 \text{ kNm}$$

3.1.3 Höchstwerte der Biegemomente unter der quasi-ständigen Einwirkungskombination

EC2, 2.3.4P(2), Gl.(2.9c); vgl. auch Abschn. 2.2.1.2

$$\min M_{Sd,A} = -(296,0 + 815,4) - 0,3 \cdot 320,0 \qquad = -1207,40 \text{ kNm}$$

$\psi_{2,1} = 0,3$

$$\min M_{Sd,B} = -646,0 + 203,85 - 312,0 - 0,3 \cdot (160 + 120) - 0,5 \cdot 213,0$$
$$= -944,65 \text{ kNm}$$

$\psi_{2,1} = 0,3$; $\psi_{2,2} = 0,5$

$$\max M_{Sd,F1} = +249,0 - 305,78 + 676,0 + 0,3 \cdot 240,0 + 0,5 \cdot 461,5$$
$$= +921,97 \text{ kNm}$$

$$\min V_{Sd,C} = -279,25 - 25,48 + 39,0 - 0,3 \cdot (10,0 + 105,0)$$
$$= -300,23 \text{ kN}$$

$$\max M_{Sd,F2} = \frac{0,5 \cdot 300,23^2}{90 + 0,3 \cdot 30} \qquad = +455,25 \text{ kNm}$$

Tabelle 6.2: Verlauf der Biegemomente und Querkräfte nach der Elastizitätstheorie im Grenzzustand der Gebrauchstauglichkeit infolge der ständigen Einwirkungen $G_{k,1}$ bis $G_{k,3}$ und der veränderlichen Einwirkungen $Q_{k,1}$ und $Q_{k,2}$

Zeile	Einwirkungen bzw. Lastanordnung	Biegemomente (kNm)	Querkräfte (kN)	Erläuterung
	1	2	3	4
1	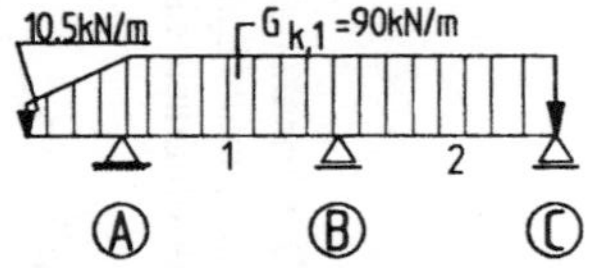 $10.5 kN/m$; $G_{k,1}=90 kN/m$; 1, 2; (A) (B) (C)	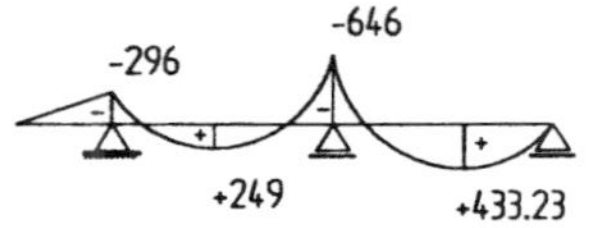 −296; −646; +249; +433.23	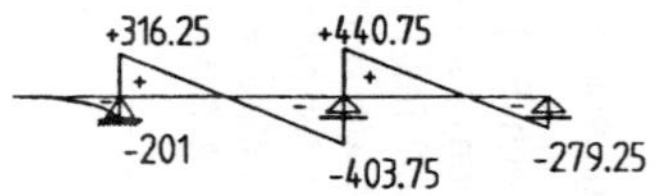 +316.25; +440.75; −201; −403.75; −279.25	M_{F1} = 249 kNm: Moment in Mitte des Feldes 1 ; max M_{F2} = 433,23 kNm: Höchstwert des Momentes in Feld 2
2	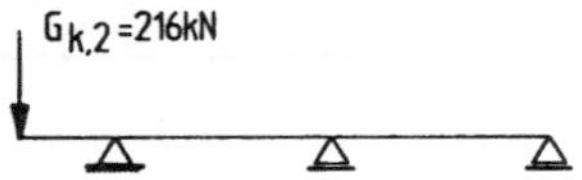 $G_{k,2}=216 kN$	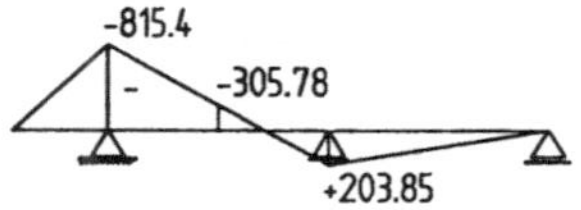 −815.4; −305.78; +203.85	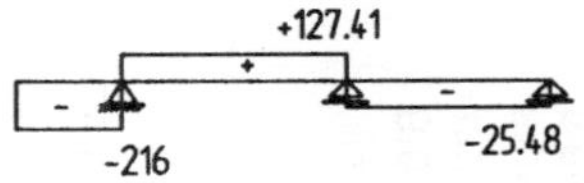 +127.41; −216; −25.48	
3	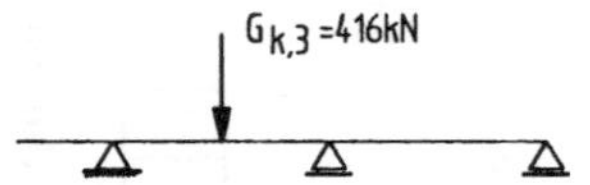 $G_{k,3}=416 kN$	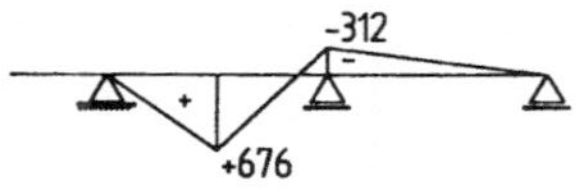 −312; +676	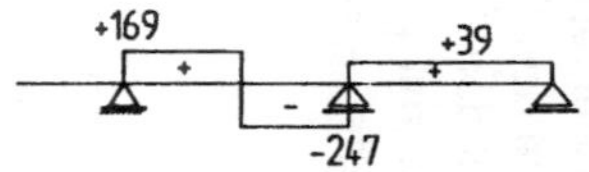 +169; +39; −247	
4	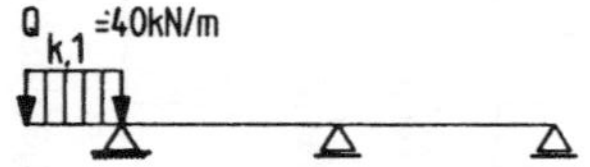 $Q_{k,1}=40 kN/m$	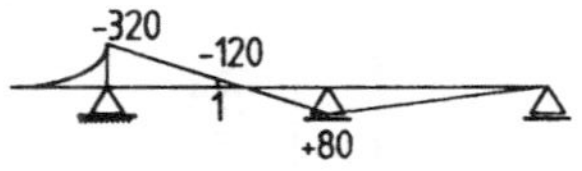 −320; −120; +80	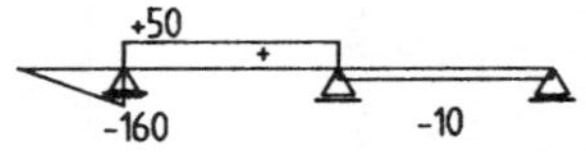 +50; −160; −10	
5	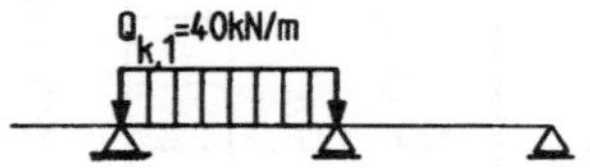 $Q_{k,1}=40 kN/m$	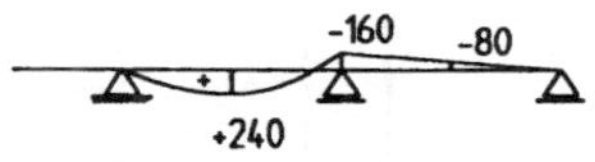 −160; −80; +240	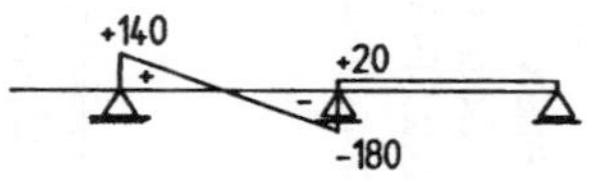 +140; +20; −180	M_{F1} = 240 kNm: Moment in Mitte des Feldes 1 ;
6	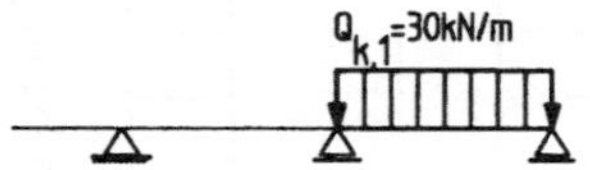 $Q_{k,1}=30 kN/m$	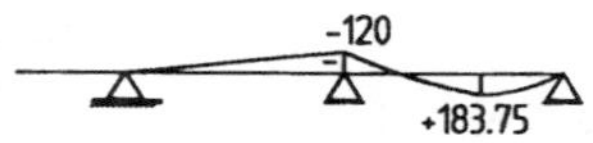 −120; +183.75	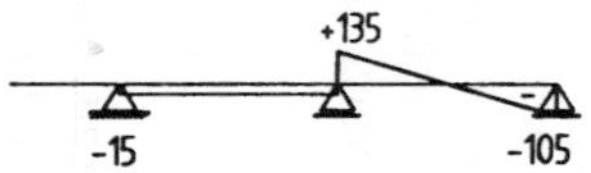 +135; −15; −105	max M_{F2} = 183,75 kNm: Höchstwert des Momentes in Feld 2
7	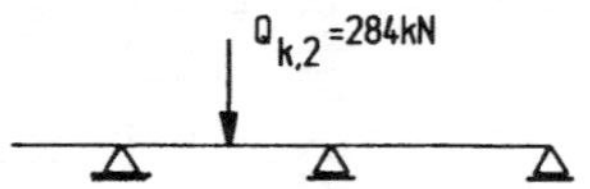 $Q_{k,2}=284 kN$	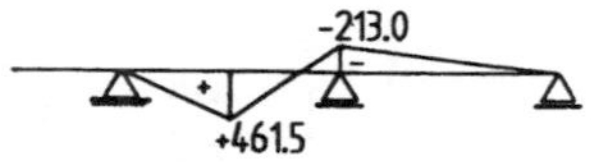 −213.0; +461.5	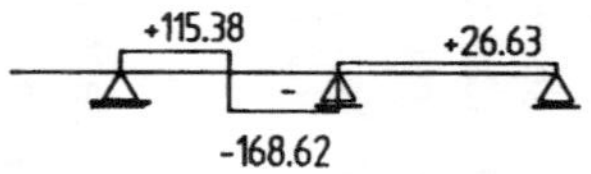 +115.38; +26.63; −168.62	

3.2 Grenzzustände der Tragfähigkeit

3.2.1 Bemessungswerte der ständigen Einwirkungen

Der Durchlaufträger wird durch die Streckenlast $G_{k,1}$ sowie durch die von $G_{k,1}$ sicherheitstheoretisch unabhängigen Einzellasten $G_{k,2}$ und $G_{k,3}$ beansprucht. Die Einwirkungen $G_{k,1}$ bis $G_{k,3}$ müssen zunächst mit ihrem unteren *oder* oberen Bemessungswert (d.h. mit $\gamma_G = 1,0$ oder $\gamma_G = 1,35$) in die Tragfähigkeitsnachweise eingeführt werden (siehe Bild 6.4 b) und c)).

Für Tragwerke, bei denen die Auswirkungen an den verschiedenen Stellen in hohem Maße anfällig gegenüber Streuungen der ständigen Einwirkungen sind, müssen die ungünstigen und günstigen Anteile ein und derselben Einwirkung als selbständige Einwirkungen betrachtet und mit den Teilsicherheitsbeiwerten $\gamma_{G,inf} = 0,9$ bzw. $\gamma_{G,sup} = 1,1$ in den Tragfähigkeitsnachweisen berücksichtigt werden. Diese Regelung gilt insbesondere für Durchlaufträger mit Kragarm.

Da die Einwirkungen $G_{k,2}$ und $G_{k,3}$ ebenfalls als voneinander unabhängig vorausgesetzt wurden, sind ihre Auswirkungen an einer Stelle des Tragwerks entweder günstig oder ungünstig. Deshalb kann bei ihnen auf den Ansatz der Bemessungswerte nach EC2, 2.3.2.3P(3) und 2.3.3.1(3), d.h. mit $\gamma_{G,inf} = 0,9$ bzw. $\gamma_{G,sup} = 1,1$, verzichtet werden. Maßgebend sind die Werte $\gamma_G = 1,0$ bzw. $\gamma_G = 1,35$.

Demgegenüber weist die Eigenlast $G_{k,1}$ an einer Stelle des Tragwerks ungünstige *und* günstige Anteile auf, so daß ein Ansatz des Bemessungswertes nach EC2, 2.3.2.3P(3) und 2.3.3.1(3), erforderlich ist. Die somit maßgebenden Bemessungswerte der Eigenlast $G_{k,1}$ zeigt Bild 6.4.

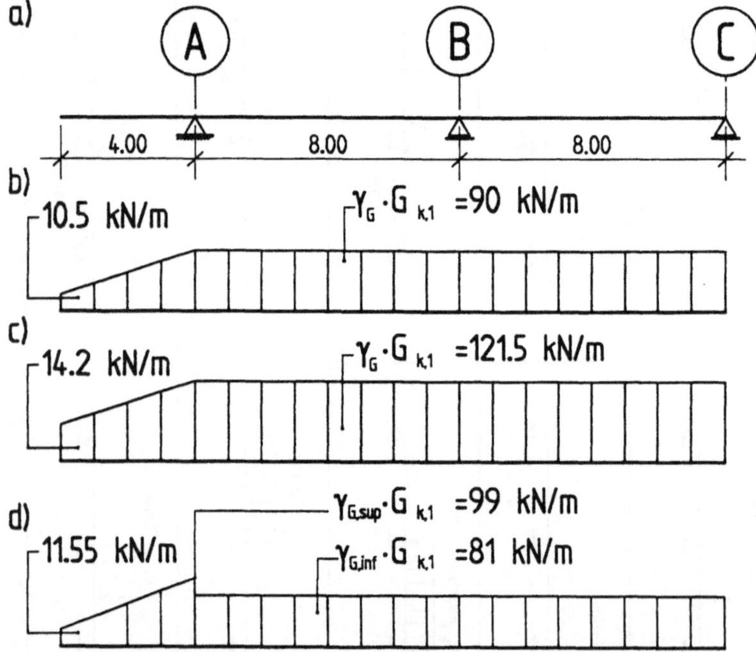

Bild 6.4: Ansatz des Bemessungswertes der Eigenlast $G_{k,1}$ in den Grenzzuständen der Tragfähigkeit:

a) statisches System;

b) Ansatz des unteren Bemessungswertes $\gamma_G \cdot G_{k,1}$ über die gesamte Trägerlänge;

c) Ansatz des oberen Bemessungswertes $\gamma_G \cdot G_{k,1}$ über die gesamte Trägerlänge;

d) Ansatz von $G_{k,1}$ als feldweise eigenständige Einwirkung mit den Teilsicherheitsbeiwerten $\gamma_{G,sup} = 1,1$ und $\gamma_{G,inf} = 0,9$

EC2, 2.5.3.2.2

EC2, 2.3.2.3

vgl. Abschn. 2.1.1 und Bild 6.2

EC2, 2.3.2.3P(2); siehe Tab. 6.3, Z.1 und 2 sowie 4 bis 7

EC2, 2.3.2.3P(3) und (4); im vorliegenden Beispiel z.B. an der Stütze B oder im Bereich der Momentennullpunkte.

EC2, 2.3.3.1(3)

EC2, 2.3.2.3(4)

vgl. Abschn. 2.1.1

Nach [6.4] gilt diese Regelung im Rahmen des Anwendungsbereiches von EC2 Teil 1–1, d.h. hauptsächlich für Gebäude. Bei Ingenieurbauwerken, z.B. für den Nachweis der Lagesicherheit bei Brücken, kann jedoch der Ansatz nach EC2, 2.3.2.3P(3), erforderlich sein.

Die mit $\gamma_{G,inf}$ auf dem Kragarm bzw. mit $\gamma_{G,sup}$ in den Feldern ermittelten Bemessungswerte von $G_{k,1}$ sind hier nicht maßgebend.

Der Ansatz nach Bild 6.4 d) ist bei Durchlaufträgern ohne Kragarm nicht erforderlich; siehe EC2, 2.3.2.3(4)

EC2, 2.3.2.3

mit $\gamma_G = 1,0$

mit $\gamma_G = 1,35$

Der Ansatz von $\gamma_{G,sup} \cdot G_{k,1}$ in den Feldern 1 und 2 ist hier nicht maßgebend und wird daher nicht weiter verfolgt.

3.2.2 Lineare Berechnung ohne Umlagerung

In Tab. 6.3 sind die Bemessungswerte der Stütz- und Feldmomente sowie der zugehörigen Querkräfte nach einer linearen Berechnung ohne Umlagerung (Elastizitätstheorie, Biegesteifigkeiten des Zustands I) zusammengestellt. Die zugehörigen Momentengrenzlinien zeigt Bild 6.5.

Der Berechnung von Tab. 6.3 bzw. von Bild 6.5 liegen folgende Annahmen zugrunde:

1. Die unterschiedlichen mitwirkenden Plattenbreiten haben unterschiedliche Trägheitsmomente in den Feldern 1 und 2 zur Folge. Dies müßte genau genommen bei der Schnittgrößenermittlung berücksichtigt werden. Der Einfluß ist hier jedoch gering und wird daher vernachlässigt;

2. Tab. 6.3 liegt die Kombinationsgleichung (2.7a) zugrunde;

3. Bezüglich der veränderlichen Einwirkungen wird unterschieden, ob $Q_{k,1}$ oder $Q_{k,2}$ die Leiteinwirkung ist;

4. Bei günstiger Auswirkung der veränderlichen Einwirkungen $Q_{k,1}$ und $Q_{k,2}$ ist $\gamma_Q = 0$;

5. Ansatz der Bemessungswerte der ständigen Einwirkungen nach Abschn. 3.2.1 oben;

6. Die in Tab. 6.3 unterstrichenen Werte führen in der Summe zu den Extremwerten in Tab. 6.3, Z. 16. Sie wurden durch Auswertung aller möglichen Kombinationen der ständigen und veränderlichen Einwirkungen gefunden.

Mit max $V_{Sd,C} = 544{,}88$ kN erhält man den Höchstwert des Bemessungsmomentes $M_{Sd,F2}$ in Feld 2 zu:

$$M_{Sd,F2} = \frac{0{,}5 \cdot V^2_{Sd,C}}{\gamma_G \cdot G_{k,1} + \gamma_Q \cdot Q_{k,1}}$$

$$= \frac{0{,}5 \cdot 544{,}88^2}{1{,}35 \cdot 90 + 1{,}5 \cdot 30} = 891{,}57 \text{ kNm}$$

EC2, 2.5.3.4.2

In diesem Abschn. wird aus Anschauungsgründen die Anwendung der Kombinationsgleichung (2.7a) in EC2 aufgezeigt. In vielen praktischen Fällen reicht jedoch eine vereinfachte Schnittgrößenermittlung nach EC2, Gl.(2.8a) und (2.8b), aus.

EC2, 2.5.2.2.1(3), und Bild 2.3

EC2, 2.3.2.2P(2)

EC2, 2.3.2.2P(2), Erl. zu Gl. (2.7)

EC2, 2.3.3.1(1), und Tab. 2.2

Tab. 6.3, Z.16, Sp. 12, als Absolutwert

Tabelle 6.3: Schnittgrößen des Trägers nach der Elastizitätstheorie ohne Umlagerung im Grenzzustand der Tragfähigkeit (kNm bzw. kN)

Zeile	Einwirkung bzw. Lastanordnung mit $\gamma_F = 1,0$	γ_G, γ_Q bzw. $\gamma_Q \cdot \psi_{0,i}$	$M_{Sd,A}$	$M_{Sd,B}$	$M_{Sd,F1}$	$V_{Sd,Al}$	$V_{Sd,Ar}$	$V_{Sd,F1l}$	$V_{Sd,F1r}$	$V_{Sd,Bl}$	$V_{Sd,Br}$	$V_{Sd,C}$	Bemerkung
	1	2	3	4	5	6	7	8	9	10	11	12	13
1	-10.5 kN/m $G_{k,1} = 90$ kN/m, A 1 B 2 C	$\gamma_G = 1,35$	$-399,60$	$-872,10$	$+336,15$	$-271,35$	$+426,94$	$-59,06$	$-59,06$	$-545,06$	$+595,02$	$-376,98$	oberer bzw. unterer Bemessungswert von $G_{k,1}$
2		$\gamma_G = 1,0$	$-296,00$	$-646,00$	$+249,00$	$-201,00$	$+316,25$	$-43,75$	$-43,75$	$-403,75$	$+440,75$	$-279,25$	
3	$G_{k,1}$	$\gamma_{G,sup} = 1,1$ $\gamma_{G,inf} = 0,9$	$-325,60$	$-566,60$	$+201,90$	$-221,10$	$+293,88$	$-30,13$	$-30,13$	$-354,12$	$+394,83$	$-253,17$	$\gamma_{G,sup}$ auf dem Kragarm, $\gamma_{G,inf}$ in den Feldern
4	$G_{k,2} = 216$ kN	$\gamma_G = 1,35$	$-1100,79$	$+275,20$	$-412,80$	$-291,60$	$+172,00$	$+172,00$	$+172,00$	$+172,00$	$-34,40$	$-34,40$	oberer bzw. unterer Bemessungswert von $G_{k,2}$
5		$\gamma_G = 1,0$	$-815,40$	$+203,85$	$-305,78$	$-216,00$	$+127,41$	$+127,41$	$+127,41$	$+127,41$	$-25,48$	$-25,48$	
6	$G_{k,3} = 416$ kN	$\gamma_G = 1,35$	0	$-421,20$	$+912,60$	0	$+228,15$	$+228,15$	$-333,45$	$-333,45$	$+52,65$	$+52,65$	oberer bzw. unterer Bemessungswert von $G_{k,3}$
7		$\gamma_G = 1,0$	0	$-312,00$	$+676,00$	0	$+169,00$	$+169,00$	$-247,00$	$-247,00$	$+39,00$	$+39,00$	

Fortsetzung von Tabelle 6.3: Schnittgrößen des Trägers nach der Elastizitätstheorie ohne Umlagerung im Grenzzustand der Tragfähigkeit (kNm bzw. kN)

Zeile	Einwirkung bzw. Lastanordnung mit $\gamma_F = 1{,}0$	$\gamma_G,\ \gamma_Q$ bzw. $\gamma_Q \cdot \psi_{0,i}$	$M_{Sd,A}$	$M_{Sd,B}$	$M_{Sd,F1}$	$V_{Sd,Al}$	$V_{Sd,Ar}$	$V_{Sd,F1l}$	$V_{Sd,F1r}$	$V_{Sd,Bl}$	$V_{Sd,Br}$	$V_{Sd,C}$	Bemerkung
	1	2	3	4	5	6	7	8	9	10	11	12	13
8	$Q_{k,1} = 40$ kN/m	$\gamma_Q = 1{,}5$	− 480,00	+ 120,00	− 180,00	− 240,00	+ 75,00	+ 75,00	+ 75,00	+ 75,00	− 15,00	− 15,00	Leiteinwirkung $Q_{k,1}$
9		$\psi_{0,1} = 0{,}7$ $\gamma_Q \cdot \psi_{0,1} = 1{,}05$	− 336,00	+ 84,00	− 126,00	− 168,00	+ 52,50	+ 52,50	+ 52,50	+ 52,50	− 10,50	− 10,50	Leiteinwirkung $Q_{k,2}$
10	$Q_{k,1} = 40$ kN/m	$\gamma_Q = 1{,}5$	0	− 240,00	+ 360,00	0	+ 210,00	− 30,00	− 30,00	− 270,00	+ 30,00	+ 30,00	
11		$\psi_{0,1} = 0{,}7$ $\gamma_Q \cdot \psi_{0,1} = 1{,}05$	0	− 168,00	+ 252,00	0	+ 147,00	− 21,00	− 21,00	− 189,00	+ 21,00	+ 21,00	
12	$Q_{k,1} = 30$ kN/m	$\gamma_Q = 1{,}5$	0	− 180,00	− 90,00	0	− 22,50	− 22,50	− 22,50	− 22,50	+ 202,50	− 157,50	
13		$\psi_{0,1} = 0{,}7$ $\gamma_Q \cdot \psi_{0,1} = 1{,}05$	0	− 126,00	− 63,00	0	− 15,75	− 15,75	− 15,75	− 15,75	+ 141,75	− 110,25	
14	$Q_{k,2} = 284$ kN	$\gamma_Q = 1{,}5$	0	− 319,50	+ 692,25	0	+ 173,06	+ 173,06	− 252,94	− 252,94	+ 39,94	+ 39,94	Leiteinwirkung $Q_{k,2}$
15		$\psi_{0,2} = 0{,}8$ $\gamma_Q \cdot \psi_{0,2} = 1{,}2$	0	− 255,60	+ 553,80	0	+ 138,45	+ 138,45	− 202,35	− 202,35	+ 31,95	+ 31,95	Leiteinwirkung $Q_{k,1}$
16	Höchstwert (absolut)		− 1980,39	− 1765,05	+ 1887,22	− 802,95	+ 1250,54	+ 595,58	− 554,79	− 1245,95	+ 886,64	− 544,88	

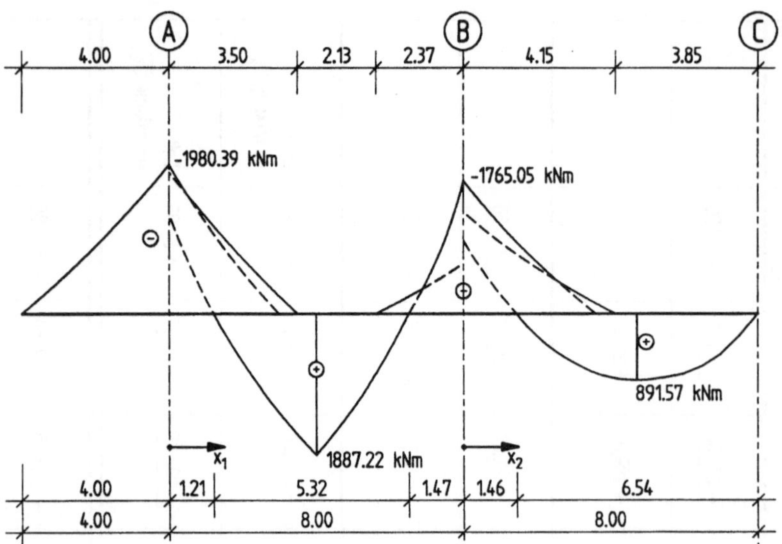

Bild 6.5: Momentengrenzlinien des Trägers bei einer linearen Schnittgrößenermittlung ohne Umlagerung

Zum Vergleich werden das Stützmoment $M_{Sd,B}$ und das Feldmoment $M_{Sd,F1}$
nach den vereinfachten Kombinationsgleichungen ermittelt:

$$M_{Sd,B} = -872,10 + 203,85 - 421,20 - 0,9 \cdot (240 + 180 + 319,5)$$
$$= -1755,00 \text{ kNm}$$

$$M_{Sd,F1} = +336,15 - 305,78 + 912,60 + 0,9 \cdot (360 + 692,25)$$
$$= +1890,00 \text{ kNm}$$

3.2.3   Lineare Berechnung mit Umlagerung

Das extremale Stützmoment $M_{Sd,B} = -1765,05$ kNm ergibt sich bei der
linearen Berechnung ohne Umlagerung aus der Lastanordnung nach
Bild 6.6. Es wird für die Bemessung in den Grenzzuständen der Tragfähigkeit
für Biegung mit Längskraft auf

$$M'_{Sd,B} = \delta \cdot M_{Sd,B} = -0,80 \cdot 1765,05 \qquad = -1412,00 \text{ kNm}$$

abgemindert. Die Zulässigkeit der Annahme $\delta = 0,80$ wird in Abschn. 4.2.2
überprüft.

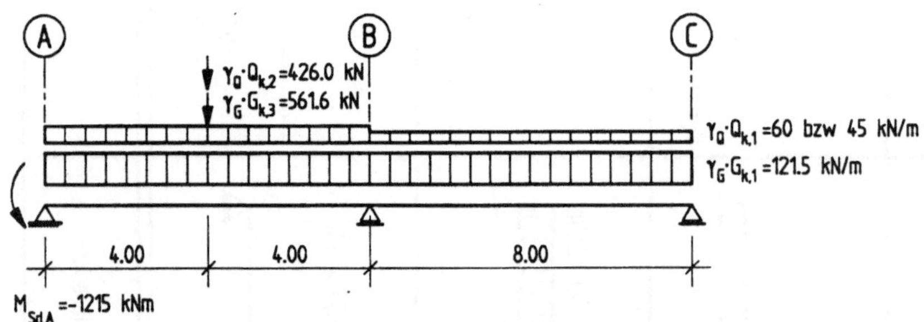

Bild 6.6: Lastanordnung für das extremale Stützmoment $M_{Sd,B}$ bei linearer
Berechnung ohne Umlagerung

Die sich hieraus ergebenden Bemessungswerte der Schnittgrößen sind in
Tab. 6.5 zusammengestellt.

Tab. 6.4: Einwirkungskombinationen zur
Bestimmung der Momentennullpunkte

Zeile	Koordinate	bestimmt aus Einwirkungskombination nach Tab. 6.3,	
		1	2
1	$x_1 = 1,21$	Zeilen 1, 5, 6, 11, 14	
2	$x_1 = 3,50$	Zeilen 3, 4, 7, 8, 12	
3	$x_1 = 5,63$	Zeilen 3, 4, 7, 8, 12	
4	$x_1 = 6,53$	Zeilen 1, 5, 6, 11, 14	
5	$x_2 = 1,46$	Zeilen 1, 4, 7, 8, 12	
6	$x_2 = 4,15$	Zeilen 3, 5, 6, 10, 14	

bezüglich der maßgebenden Zugkraft
und Zugkraft-Deckungslinie siehe
Abschn. 6.10 und die Darstellung der
Bewehrung

EC2, 2.3.3.1(8), Gl.(2.8b)

Tab. 6.3, Z.1, 5, 6, 10, 12, 14, Sp. 4 und 5;
der Faktor $\gamma_Q \cdot \psi_{0,i} = 1,35$ in EC2,
Gl.(2.8b), entsteht durch Multiplikation
des Teilsicherheitsbeiwertes $\gamma_Q = 1,5$
mit einem mittleren Kombinationsbeiwert $\psi_{0,i} = 0,9$.

EC2, 2.5.3.4.2; eine Erläuterung des
Begriffs „lineare Verfahren" findet sich in
[A2], S. 8, Abschn. 1.1.2.

vgl. Tab. 6.3, Z.16, Sp. 4

EC2, 2.5.3.4.2(3); an der Stütze B wird
hochduktiler Stahl vorausgesetzt; vgl.
Aufgabenstellung, Abschn. d).
Anstelle des Abminderungsbeiwertes δ
wäre es auch möglich, über der Stütze B
eine Biegezugbewehrung vorzugeben.

Bezüglich der Bemessungswerte der
Einwirkungen siehe Abschn. 2.2.2.1
und 2.2.2.2

Die Kombinationsbeiwerte $\psi_{0,1} = 0,7$
bzw. $\psi_{0,2} = 0,8$ sind in Bild 6.6 zunächst
unberücksichtigt. Das Moment $M'_{Sd,B}$
wird jedoch bei beiden Kombinationen
$\gamma_Q \cdot (Q_{k,1} + \psi_{0,2} \cdot Q_{k,2})$ bzw.
$\gamma_Q \cdot (\psi_{0,1} \cdot Q_{k,1} + Q_{k,2})$ mit $\psi_{0,1} = 0,7$
bzw. $\psi_{0,2} = 0,8$ überschritten.

Das Moment an der Stütze A beträgt
$M_{Sd,A} = -399,60 - 815,4 = -1215$ kNm
(vgl. Tab. 6.3, Z. 1 und 5, Sp. 3)

EC2, 2.5.3.1P(1)

Tab. 6.5: Schnittgrößen des Trägers bei Umlagerung des Stützmomentes $M_{Sd,B}$ um 20 % (kNm, kN)

Zeile	$M'_{Sd,B}$	$M'_{Sd,F1}$	$M'_{Sd,F2}$	$V'_{Sd,Ar}$	$V'_{Sd,F1l}$	$V'_{Sd,F1r}$	$V'_{Sd,Bl}$	$V'_{Sd,Br}$	$V'_{Sd,C}$	
	1	2	3	4	5	6	7	8	9	
1	− 1412,00	+ 1943,30	+ 719,55	+ 1152,58	+ 426,58	− 475,82	− 1201,82	+ 842,50	− 489,50	Leiteinwirkung $Q_{k,1}$; $\psi_{0,2} = 0{,}8$
2	− 1412,00	+ 1969,70	+ 619,81	+ 1123,18	+ 469,18	− 518,42	− 1172,42	+ 788,50	− 435,50	Leiteinwirkung $Q_{k,2}$; $\psi_{0,1} = 0{,}7$

Die unterstrichenen Werte sind für die Bemessung in Feld 1 und an der Stütze B maßgebend.

EC2, 2.5.3.4.2(7)

Für das extremale Stützmoment ist die Leiteinwirkung $Q_{k,1}$ maßgebend; siehe Tab. 6.3, Z. 10, 12, 15, Sp. 4

Das Moment $M_{Sd,A} = -1215$ kNm ist absolut kleiner als das Einspannmoment des beidseitig eingespannten Trägers mit der Stützweite l_n und den Einwirkungen nach Bild 6.7. Daher wird der Mindestbemessungswert min $M_{Sd,B}$ in Feld 1 für den Träger nach Bild 6.7 ermittelt.

l_n: siehe Bild 6.1

Mindestbemessungsmoment am Auflager B:

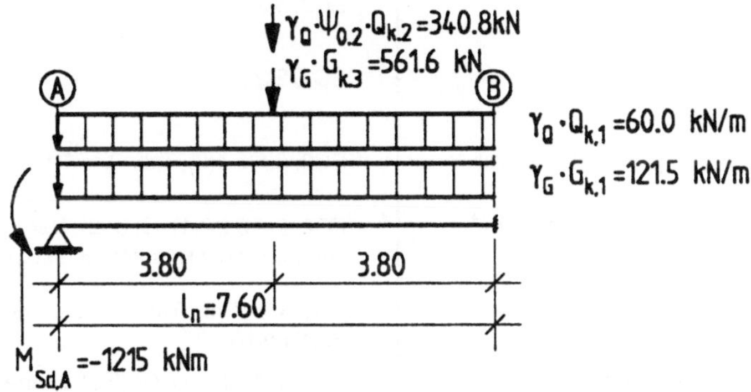

Bild 6.7: System und Belastung zur Berechnung des Mindestbemessungsmomentes min $M_{Sd,B}$

Feld 1 (siehe Bild 6.7):

Beiwert 0,65: siehe EC2, 2.5.3.4.2(7)

$$\min M_{Sd,B} = -0{,}65 \cdot \left[\frac{-1215{,}0}{2} + (121{,}5 + 60) \cdot \frac{7{,}60^2}{8} \right.$$
$$\left. + 3 \cdot (561{,}6 + 340{,}8) \cdot \frac{7{,}6}{16} \right] = -1292{,}75 \text{ kNm}$$

Feld 2:

Einwirkungen wie in Bild 6.6; $l_n = 7{,}55$ m, vgl. Bild 6.1

$$\min M_{Sd,B} = -0{,}65 \cdot (121{,}5 + 45{,}0) \cdot \frac{7{,}55^2}{8} = -771{,}14 \text{ kNm}$$

Somit ist

$$| M'_{Sd,B} | = 1412{,}00 \text{ kNm} > | \min M_{Sd,B} | = 1292{,}75 \text{ kNm}$$

3.2.4 Anwendung von Stabwerkmodellen

EC2, 2.5.3.7, in Verbindung mit 2.5.3.6.3

Aufgrund der geometrischen Verhältnisse und der verschiedenen Lasteinleitungsbereiche – d.h. indirekte Eintragung der Einzellasten auf dem Kragarm und in der Mitte des Feldes 1, indirekte Lagerung am Auflager C – kann der Träger durch D-Bereiche, d.h. durch Bereiche mit geometrischen oder statischen Diskontinuitäten, modelliert werden (Bild 6.8). Den Träger könnte man deshalb nach EC2, 2.5.3.7.4, auch unter Verwendung von Stabwerkmodellen bemessen. Diese Berechnung wird jedoch im Rahmen dieses Beispiels nicht durchgeführt.

siehe z.B. [6.3]

Hilfsmittel für die Anwendung von Stabwerkmodellen finden sich in [A2], S. 28 bis 31, sowie in [6.3].

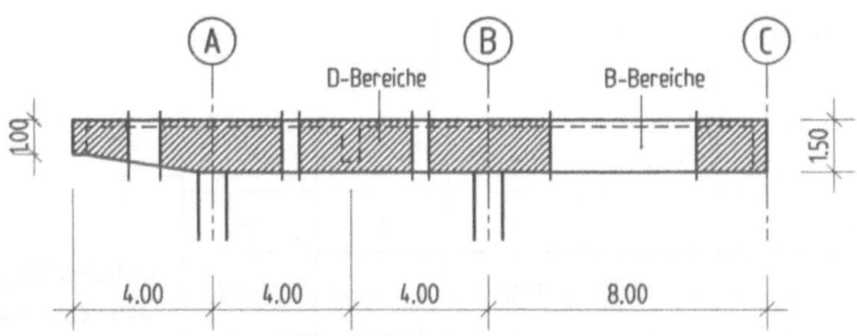

Bild 6.8: Modellierung des Trägers durch ein System von Bereichen konzentrierter Krafteinleitung („D-Bereiche")

siehe hierzu [6.3], S. 352ff, Abschn. 3.2

4 Bemessung in den Grenzzuständen der Tragfähigkeit

EC2, 4.3

4.1 Bemessungswerte der Baustoffe

EC2, 2.2.3.2

Beton: C 30/37 $f_{ck} = $ 30 N/mm^2

EC2, 3.1.2.4(3), Tab. 3.1, Z.1, Sp. 5

$$f_{cd} = \frac{f_{ck}}{\gamma_c} = \frac{30}{1,5} \qquad = 20 \ \text{N/mm}^2$$

EC2, 2.2.3.2P(1), Gl.(2.3); Bemessungswert der Betondruckfestigkeit

Betonstahl: BSt 500 S und M $f_{yk} = $ 500 N/mm^2

[A1], 3.2.1P(5); Tab. R2, Z. 2 und 3, Sp. 2 und 6

$$f_{yd} = \frac{f_{yk}}{\gamma_s} = \frac{500}{1,15} \qquad = 435 \ \text{N/mm}^2$$

EC2, 2.2.3.2P(1), Gl.(2.3); Bemessungswert der Stahlfestigkeit an der Streckgrenze

4.2 Bemessung für Biegung

EC2, 4.3.1

4.2.1 Stütze A

$$M_{Sd,A} = \qquad\qquad = -\,1980{,}39 \ \text{kNm}$$

siehe Tab. 6.3, Z.16, Sp. 3

Nutzhöhe:

$$d = h - (\text{nom } c_w + \Sigma\varnothing_f + \varnothing_w + 0{,}5 \cdot \varnothing_l)$$

$\Sigma\varnothing_f \approx 20$ mm: Summe der Stabdurchmesser der Anschlußbewehrung zum Steg (Längs- und Querrichtung); siehe Abschn. 4.3.4.5

$$= 150 - (3{,}5 + 2{,}0 + 1{,}2 + 0{,}5 \cdot 2{,}0) \qquad = 142 \ \text{cm}$$

Annahme: $\varnothing_l = 20$ mm in einer Lage

Als Bemessungswert darf das Moment am Auflagerrand zugrunde gelegt werden:

EC2, 2.5.3.3(5); der ungünstig wirkende Einfluß der Belastung im Auflagerbereich bleibt wegen Geringfügigkeit unberücksichtigt.

$$\text{red } M_{Sd,A} = M_{Sd,A} - V_{Sd,A} \cdot \frac{b_{sup}}{2}$$

b_{sup}: Breite des Auflagers in Trägerlängsrichtung

$$= -\,1980{,}39 + 802{,}95 \cdot \frac{0{,}4}{2} \qquad = -\,1819{,}8 \ \text{kNm}$$

$V_{Sd,A} = V_{Sd,Al}$; die Summe der Werte $V_{Sd,Ar}$ nach Tab. 6.3, Z.1, 4, 7 und 8, ist absolut größer.

Bemessung mit dimensionslosen Beiwerten:

[A2], S. 53, Abschn. 6.2.2.1.3, Tafel 6.2a

Rechteckquerschnitt: b_w; h; d = 38; 150; 142 cm

$$\mu_{Sds} = \frac{|\, M'_{Sd,A}\,|}{b_w \cdot d^2 \cdot f_{cd}} = \frac{1{,}82}{0{,}38 \cdot 1{,}42^2 \cdot 20} \qquad = 0{,}12$$

[A2], S. 52, Abschn. 6.2.2.1.3, Gl.(6.19)

abgelesen:

$\omega; \xi; \zeta \quad = 0{,}130; 0{,}189; 0{,}921$

$\text{erf } A_s \quad = \omega \cdot b_w \cdot d \cdot \dfrac{f_{cd}}{f_{yd}} = 0{,}130 \cdot 38 \cdot 142 \ \cdot \dfrac{20}{435} = 32{,}25 \text{ cm}^2$

gewählt:

> BSt 500 S 10 $\varnothing$ 20
>
> vorh $A_s = 31{,}41 \text{ cm}^2$

Außerhalb des Steges in der Platte werden angeordnet:

je 3 $\varnothing$ 20 verteilt auf die Breite x = 0,19 m

Überprüfung der Notwendigkeit einer Druckbewehrung:

$\xi_{lim} \quad = 0{,}617 > \text{vorh } \xi \quad\quad\quad = 0{,}189$

4.2.2 Stütze B

$M'_{Sd,B} \quad = \quad\quad\quad\quad = -1412{,}00 \text{ kNm}$

Moment am rechten Rand des Auflagers B:

$\text{red } M'_{Sd,B} \quad = -1412{,}00 + 788{,}50 \ \cdot \dfrac{0{,}40}{2} \quad = -1254{,}30 \text{ kNm}$

Dieses Moment ist absolut kleiner als das Mindestbemessungsmoment

$\text{min } M_{Sd,B} \quad = \quad\quad\quad\quad = -1292{,}75 \text{ kNm}$

Bemessung mit dimensionslosen Beiwerten:

$\mu_{Sds} \quad = \dfrac{| \text{ min } M_{Sd,B} |}{b_w \cdot d^2 \cdot f_{cd}} = \dfrac{1{,}30}{0{,}38 \cdot 1{,}42^2 \cdot 20} \quad = 0{,}085$

interpoliert:

$\omega; \xi; \zeta \quad = 0{,}090; 0{,}135; 0{,}945$

$\text{vorh } \xi \quad = 0{,}135 < \text{zul } \xi \quad\quad\quad = 0{,}45$

$\text{erf } A_s \quad = \omega \cdot b_w \cdot d \cdot \dfrac{f_{cd}}{f_{yd}} = 0{,}090 \cdot 38 \cdot 142 \ \cdot \dfrac{20}{435} = 22{,}33 \text{ cm}^2$

gewählt:

> BSt 500 S
>
> 6 $\varnothing$ 20 und 2 $\varnothing$ 16
>
> vorh $A_s = 22{,}87 \text{ cm}^2 > 22{,}33 \text{ cm}^2$

Außerhalb des Steges werden je 2 $\varnothing$ 20 angeordnet.

Überprüfung des Umlagerungsbeiwertes δ:

$\text{zul } \delta \quad = 0{,}44 + 1{,}25 \cdot x/d = 0{,}44 + 1{,}25 \cdot 0{,}135 \quad = 0{,}61$

$\quad\quad\quad\quad\quad\quad\quad\quad\quad\quad\quad\quad\quad\quad\quad\quad\quad < 0{,}80$

[A2], S. 53, Tafel 6.2a

$\xi = x/d; \zeta = z/d; x = 0{,}189 \cdot 142 = 26{,}8 \text{ cm}$

[A2], S. 52, Abschn. 6.2.2.1.3, Gl.(6.21)

in einer Lage; die übrige Zugkraft wird durch die Stäbe $\varnothing$ 7,5d der rißverteilenden Längsbewehrung in der Platte aufgenommen, vgl. Abschn. 5.2.1.2

EC2, 5.4.2.1.2(2), und Bild 5.10

2 · x bezeichnet die Stegbreite; bezüglich der Zugkraftdeckung im Bereich des Kragarms siehe Abschn. 6.10 und die Darstellung der Bewehrung

[A2], S. 51, Abschn. 6.2.2.1.1, Gl.(6.10)

Eine Druckbewehrung ist somit nicht erforderlich.

vgl. Tab. 6.5, Sp. 1

EC2, 2.5.3.3(5)

vgl. Tab. 6.5, Z.2, Sp. 8; der ungünstige Einfluß der Belastung im Auflagerbereich bleibt hier ebenfalls wegen Geringfügigkeit unberücksichtigt.

EC2, 2.5.3.4.2(7); vgl. auch Abschn. 3.2.3

[A2], S. 52, Abschn. 6.2.2.1.3

[A2],S. 52, Gl.(6.19)

[A2], S. 53, Tafel 6.2a

$\xi = x/d; \zeta = z/d; x = 0{,}135 \cdot 142 = 20 \text{ cm}$

EC2, 2.5.3.4.2(5), für C 30/37

[A2], S. 52, Abschn. 6.2.2.1.3, Gl.(6.21)

in einer Lage

EC2, 5.4.2.1.2(2), und Bild 5.10. Schlußfolgerung bezüglich der Druckbewehrung wie in Abschn. 4.2.1.

EC2, 2.5.3.4.2(3)

EC2, 2.5.3.4.2(3), Gl.(2.17)

vgl. Abschn. 3.2.3; bei alleiniger Betrachtung der Rotationsfähigkeit hätte somit das Moment $M_{Sd,B}$ nach Abschn. 3.2.2 weiter abgemindert werden dürfen.

4.2.3   Feld 1

$M'_{Sd,F1}$	$=$	$= 1969{,}70$ kNm	siehe Tab. 6.5, Z.2, Sp. 2

Mitwirkende Plattenbreite: — EC2, 2.5.2.2.1

$$b_{eff} = b_w + 0{,}2 \cdot l_0 = 0{,}38 + 0{,}2 \cdot 0{,}7 \cdot 8{,}0 = 1{,}50 \text{ m}$$

EC2, 2.5.2.2.1(3), Gl.(2.13), und Bild 2.3

Nutzhöhe im Feld:

$$d = h - d_1$$

d_1: Abstand des Schwerpunktes der Biegezugbewehrung vom unteren Querschnittsrand; Annahme: gleiche Anzahl von Stäben $\varnothing$ 25 in zwei Lagen

$$= 150 - (3{,}5 + 1{,}2 + 1{,}5 \cdot 2{,}5) = 141 \text{ cm}$$

vgl. Abschn. 4.2.1

Bemessung mit dimensionslosen Beiwerten:

[A2], S. 52, Abschn. 6.2.2.1.3; Annahme: Nullinie in der Platte, d.h. $x/d \leq 15/141 = 0{,}11$.

$$\mu_{Sds} = \frac{M'_{Sd,F1}}{b_{eff} \cdot d^2 \cdot f_{cd}} = \frac{1{,}97}{1{,}5 \cdot 1{,}41^2 \cdot 20} = 0{,}033$$

[A2], S. 52, Gl.(6.19)

interpoliert:

[A2], S. 53, Tafel 6.2a

$$\omega; \xi; \zeta = 0{,}034; 0{,}071; 0{,}974$$

$\xi = x/d$; $\zeta = z/d$; $x = 0{,}071 \cdot 141 = 10{,}1$ cm < 15 cm

$$\text{erf } A_s = \omega \cdot b_{eff} \cdot d \cdot \frac{f_{cd}}{f_{yd}} = 0{,}034 \cdot 150 \cdot 141 \cdot \frac{20}{435} = 33{,}06 \text{ cm}^2$$

[A2], S. 52, Abschn. 6.2.2.1.3, Gl.(6.21)

gewählt:

> BSt 500 S   7 $\varnothing$ 25
> vorh $A_s = 34{,}36$ cm$^2 > 33{,}06$ cm^2

in zwei Lagen: untere Lage 5 $\varnothing$ 25, obere Lage 2 $\varnothing$ 25

Überprüfung der Notwendigkeit einer Druckbewehrung:

[A2], S. 51, Abschn. 6.2.2.1.1, Gl.(6.10)

$$\xi_{lim} = 0{,}617 > \text{vorh } \xi = 0{,}071$$

Eine Druckbewehrung ist somit nicht erforderlich.

4.2.4   Feld 2

$M_{Sd,F2}$	$=$	$= 891{,}57$ kNm	

$M_{Sd,F2}$ wurde aus der linearen Schnittgrößenermittlung ohne Umlagerung nach Abschn. 3.2.2 übernommen; grundsätzlich wäre es auch möglich, den Feldquerschnitt für das Moment $M_{Sd,F2} = 719{,}55$ kNm nach Tab. 6.5, Z.1, Sp. 3, zu bemessen. Dann wäre jedoch ein Nachweis der für die Umlagerung des Differenzmomentes $\Delta M_{Sd,F2} = 891{,}57 - 719{,}55 = 172{,}02$ kNm auf die Stütze B erforderliche Rotationsfähigkeit nachzuweisen; siehe [A5], Abschn. 4.4.1

Mitwirkende Plattenbreite: — EC2, 2.5.2.2.1

$$b_{eff} = 0{,}38 + 0{,}2 \cdot 0{,}85 \cdot 8{,}0 = 1{,}74 \text{ m}$$

EC2, 2.5.2.2.1(3), Gl.(2.13), und Bild 2.3

Bemessung mit Hilfe der Tafeln für Plattenbalkenquerschnitte:

[A2], S. 58ff, Abschn. 6.2.2.2

Nutzhöhe:

$$d = 1{,}42 \text{ m}$$

Annahme: d wie an den Stützen A und B

$$\frac{h_f}{d} = \frac{15}{142} \approx 0{,}10$$

[A2], S. 59, Abschn. 6.2.2.2.1

$$\frac{b_{eff}}{b_w} = \frac{1{,}74}{0{,}38} \approx 5{,}0$$

$$\mu_{Sds} = \frac{0{,}892}{1{,}74 \cdot 1{,}42^2 \cdot 20} = 0{,}013$$

[A2], S. 58, Gl.(6.25)

interpoliert aus Tafel 6.3a:

$$1000 \cdot \omega = \qquad = 13,0$$

$$\text{erf } A_s = \frac{13}{1000} \cdot 174 \cdot 142 \cdot \frac{20}{435} = 14,77 \text{ cm}^2$$

gewählt:

> BSt 500 S   5 $\varnothing$ 20
>
> vorh A_s = 15,71 cm^2 > 14,77 cm^2

Überprüfung der Notwendigkeit einer Druckbewehrung:

$$\mu_{Sds,\,lim} = 0,128 > \text{vorh } \mu_{Sds} \qquad = 0,013$$

4.3   Bemessung für Querkraft

4.3.1   Bemessung des Kragträgers

Bei dem Kragträger handelt es sich um ein Bauteil mit veränderlicher Höhe (Bild 6.9). Dessen Bemessungswerte der Querkraft V_{Sd} ergeben sich unter Berücksichtigung des veränderlichen Hebelarms z zu:

$$V_{Sd} = V_{0d} - V_{ccd}$$

mit

V_{0d} — Bemessungswert der Querkraft im betrachteten Querschnitt infolge der äußeren Einwirkungen (Bild 6.9),

V_{ccd} — Bemessungswert der Querkraftkomponente in der Druckzone parallel zu V_{0d}

$$V_{ccd} = M_{Sd} \cdot \frac{\tan \varphi}{z}$$

$$\tan \varphi = \frac{0,5}{3,35} = 0,1493$$

Dem Nachweis der Querkrafttragfähigkeit darf bei direkter Auflagerung und gleichmäßig verteilter Last die Querkraft im Abstand d vom Auflagerrand zugrunde gelegt werden. Im vorliegenden Fall ist (Bild 6.9):

$$x_d = \frac{a}{2} + d = 0,2 + 1,42 = 1,62 \text{ m}$$

Für diesen Schnitt sowie für die Koordinaten x = 2,62 m und x = 3,55 m sind die Werte V_{Sd} in Tab. 6.6 zusammengestellt. Sie enthält auch die durch Bauteile ohne Schubbewehrung aufnehmbare Querkraft V_{Rd1}, wobei der Wert ϱ_l auf der sicheren Seite liegend zu Null gesetzt wurde. Man erkennt, daß wegen $V_{Sd} > V_{Rd1}$ ein Nachweis der Schubbewehrung erforderlich ist.

Die Schubbemessung selbst wird nach dem Verfahren mit veränderlicher Druckstrebenneigung Θ durchgeführt. Dabei ist für Θ der nach [A1] kleinste zulässige Wert eingesetzt, d.h. cot Θ = 7/4 oder $\Theta \approx 30°$. Für den inneren Hebelarm wurde vereinfachend z = 0,9 $\cdot$ d angenommen.

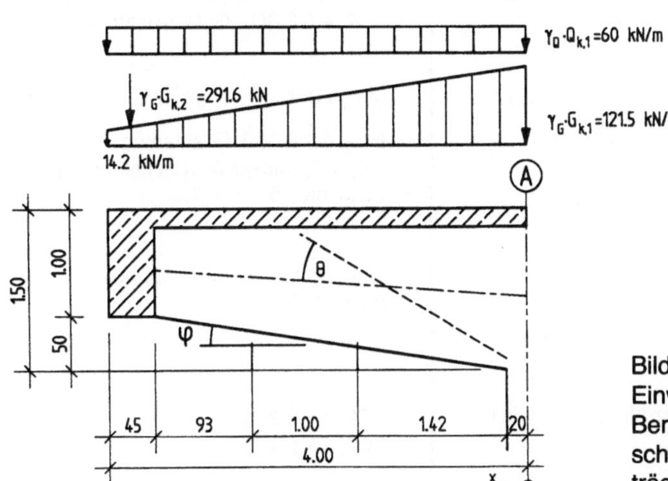

Bild 6.9: System, Einwirkungen und Bemessungsquerschnitte des Kragträgers

---

Marginalien (rechte Spalte):

[A2], S. 59, Abschn. 6.2.2.2.1

[A2], S. 58, Gl.(6.29)

in einer Lage

[A2], S. 58/59, Abschn. 6.2.2.2.1
Eine Druckbewehrung ist somit nicht erforderlich.

EC2, 4.3.2

EC2, 4.3.2.2, 4.3.2.3, 4.3.2.4.4 und 4.3.2.4.5

EC2, 4.3.2.4.5(1)

EC2, 4.3.2.4.5(1), Gl.(4.31), für V_{td} = 0

Der Wert V_{ccd} ist positiv, wenn der Hebelarm z mit (absolut) größer werdendem Biegemoment ebenfalls zunimmt.

vgl. Bild 6.9

EC2, 4.3.2.2(10); beide Bedingungen sind am Auflager A erfüllt.

Nutzhöhe d: siehe Abschn. 4.2.1

Tab. 6.6, Sp. 6
EC2, 4.3.2.3(1), Gl.(4.18), mit τ_{Rd} = 0,28 N/mm^2 für C 30/37 nach [A1], Tab. R4; EC2, 4.3.2.2(2)

Tab. 6.6, Sp. 9; EC2, 4.3.2.4.4; [A1], 4.3.2.4.4, Abs.(1)

$\Theta \approx 30°$

Die sich unter diesen Voraussetzungen ergebende Druckstrebentragfähigkeit

$$V_{Rd2} = \frac{b_w \cdot z \cdot \nu \cdot f_{cd}}{\cot \Theta + \tan \Theta}$$

EC2, 4.3.2.4.4(2), Gl.(4.26); Annahme: $z = 0,9 \cdot d$

bzw. erforderliche Bügelbewehrung

$$\text{erf } \frac{A_{sw}}{s} = \frac{V_{Sd}}{z \cdot f_{ywd} \cdot \cot \Theta}$$

EC2, 4.3.2.4.4(2), Umstellung der Gl. (4.27) mit $V_{Rd3} = V_{Sd}$

sind in den Spalten 8 und 9 von Tab. 6.6 angegeben.

gewählt:

> Betonstahl BSt 500 S
>
> zweischnittige Bügel $\varnothing$ 10 − 30
>
> vorh $\dfrac{A_{sw}}{s} = 5,23 \text{ cm}^2 / m > \text{erf } \dfrac{A_{sw}}{s}$

Bezüglich der Bügelanordnung im Bereich des Nebenträgers am Kragarmende siehe Abschn. 6.8.2

Tabelle 6.6: Bemessungswerte V_{Sd} bzw. V_{Rd2} sowie erforderliche und gewählte Schubbewehrung des Kragträgers

Zeile	x (m)	$\lvert V_{0d} \rvert$ (kN)	$\lvert M_{Sd} \rvert$ (kNm)	d (cm)	V_{ccd} (kN)	V_{Sd} (kN)	V_{Rd1} (kN)	V_{Rd2} (kN)	erf $\frac{A_{sw}}{s}$ (cm²/m)	gew $\frac{A_{sw}}{s}$ (cm²/m)
	1	2	3	4	5	6	7	8	9	10
1	1,62	544,17	898,82	122,0	+ 122,22	421,95	155,8	1977	5,04	Bügel
2	2,62	419,54	419,20	107,9	+ 64,45	355,09	137,8	1748	4,81	$\varnothing$ 10–30,
3	3,55	327,70	73,53	92,0	+ 13,26	314,44	117,5	1491	5,00	5,23 cm²/m

4.3.2 Feld 1

In Feld 1 ergibt sich der absolut größte Bemessungswert der Querkraft am Auflager A, rechts zu

$$V_{Sd,Ar} = \qquad\qquad = + 1250,54 \text{ kN}$$

Tab. 6.3, Z.16, Sp.7. Für diese Einwirkungskombination ist $\lvert M_{Sd,B} \rvert$ = 1393,7 kNm < 1412,0 kNm. Am Auflager B, links, ist der Wert $V'_{Sd,Bl}$ = − 1201,82 kN nach Tab. 6.4, Sp. 7, für die Bemessung maßgebend.

Bemessungswert der Querkraft im Abstand d vom Auflagerrand:

$$V^*_{Sd,Ar} = 1250,54 - 1,62 \cdot (121,5 + 60,0) = 956,51 \text{ kN}$$

EC2, 4.3.2.2(10)

$x_d = 1,62$ m wie in Abschn. 4.3.1

Aufnehmbare Querkraft V_{Rd1} bei Bauteilen ohne Schubbewehrung:

$$V_{Rd1} = \tau_{Rd} \cdot k \cdot (1,2 + 40 \cdot \varrho_l) \cdot b_w \cdot d$$

EC2, 4.3.2.3(1), Gl.(4.18), für $\sigma_{cp} = 0$

$$\tau_{Rd} = \qquad\qquad = 0,28 \text{ N/mm}^2$$

[A1], Tab.R4, für C 30/37

$$k = \qquad\qquad = 1,0$$

EC2, 4.3.2.3(1), Erläuterungen zu Gl.(4.18); dieser Wert ist hier maßgebend, da $1,6 − d < 1,0$.

$$\varrho_l = \frac{A_{sl}}{b_w \cdot d}$$

$$= \frac{4 \cdot 3,14}{38 \cdot 142} = 0,002 < 0,02$$

vorh. sind im Steg 4 $\varnothing$ 20, vgl. Abschn. 4.2.1

$$V_{Rd1} = 0,28 \cdot 1,0 \cdot (1,2 + 40 \cdot 0,002) \cdot 0,38 \cdot 1,42 \cdot 10^3 = 193,4 \text{ kN}$$
$$< V^*_{Sd,Ar}$$

Die Schubbewehrung ist somit rechnerisch nachzuweisen. Der Nachweis wird zunächst über das Standardverfahren geführt.

EC2, 4.3.2.2(2)
EC2, 4.3.2.4.3

Abzudeckende Querkraft:

$$V_{wd,A} = V^*_{Sd,Ar} - V_{Rd1} = 956{,}51 - 193{,}4 \qquad = 763{,}1 \text{ kN}$$

EC2, 4.3.2.4.3(1), Gl.(4.22)

$$\text{erf}\left(\frac{A_{sw}}{s}\right)_A = \frac{0{,}763 \cdot 10^4}{0{,}9 \cdot 1{,}42 \cdot 435} \qquad = 13{,}72 \text{ cm}^2/\text{m}$$

EC2, 4.3.2.4.3(2), Gl.(4.23)

gewählt:

> Betonstahl BSt 500 S
>
> zweischnittige Bügel $\varnothing$ 12–15
>
> vorh $\left(\dfrac{A_{sw}}{s}\right)_A = 15{,}08 \text{ cm}^2/\text{m} > 13{,}72 \text{ cm}^2/\text{m}$

Diese Bewehrung wird auch am Auflager B, links, angeordnet.

Nachweis der Druckstrebentragfähigkeit:

EC2, 4.3.2.4.3(4), Gl.(4.25)

$$V_{Rd2} = 0{,}5 \cdot 0{,}55 \cdot 20 \cdot 0{,}38 \cdot 0{,}9 \cdot 1{,}42 \cdot 10^3 \qquad = 2671{,}0 \text{ kN}$$

$$> V^*_{Sd,Ar}$$

für lotrechte Bügel, d. h. $\alpha = 90°$; $\nu = 0{,}7 - 30/200 = 0{,}55 > 0{,}5$

Zum Vergleich wird der Nachweis der Schubbewehrung nach dem Verfahren mit veränderlicher Druckstrebenneigung geführt:

EC2, 4.3.2.4.4

gewählt: cot Θ $\qquad = 1{,}25$

[A2], S. 75, Abschn. 7.2, für $\sigma_{cp} = 0$; [A5], S. 766, Gl.(7.18)

$$\Theta = 38{,}6°; \tan 38{,}6° = 0{,}80; \cot 38{,}6° = 1{,}25 \quad \begin{cases} < 7/4 = 1{,}75 \\ > 4/7 = 0{,}57 \end{cases}$$

[A1], S. 7, 4.3.2.4.4, Abs.(1)

$$\text{erf}\left(\frac{A_{sw}}{s}\right)_A = \frac{V^*_{Sd,Ar}}{z \cdot f_{ywd} \cdot \cot \Theta} = \frac{0{,}957 \cdot 10^4}{0{,}9 \cdot 1{,}42 \cdot 435 \cdot 1{,}25} = 13{,}77 \text{ cm}^2/\text{m}$$

EC2, 4.3.2.4.4(2), Gl.(4.27), für lotrecht angeordnete Schubbewehrung

Nachweis der Schubbewehrung in der Mitte des Feldes 1:

$$V_{Sd,F1l} = \qquad = 595{,}58 \text{ kN}$$

siehe Tab. 6.3, Z. 16, Sp. 8 und 9. Die Hinweise zu $V_{Sd,Ar}$ gelten hier sinngemäß.

$$\text{erf}\left(\frac{A_{sw}}{s}\right)_{F1} = \frac{0{,}596 \cdot 10^4}{0{,}9 \cdot 1{,}42 \cdot 435 \cdot 1{,}25} \qquad = 8{,}58 \text{ cm}^2/\text{m}$$

EC2, 4.3.2.4.4(2), Gl.(4.27)

ausreichend wären in diesem Falle:

Im Bereich des Nebenträgers werden Bügel $\varnothing$ 12–15 angeordnet (vgl. Abschn. 6.8.1). Bezüglich des Einschneidens des Querkraftdiagramms siehe [6.2], S. 184, Bild 18.1

> Betonstahl BSt 500 S
>
> zweischnittige Bügel $\varnothing$ 10–15
>
> vorh $\left(\dfrac{A_{sw}}{s}\right)_{F1} = 10{,}47 \text{ cm}^2/\text{m} > 8{,}58 \text{ cm}^2/\text{m}$

4.3.3 Feld 2

Bemessungswert der Querkraft am Auflager B, rechts:

vgl. Tab. 6.3 und 6.4

$$V'_{Sd,Br} = \qquad = +\,842{,}50 \text{ kN}$$

Tab. 6.5, Z. 1, Sp. 8; für $V_{Sd,Br} = +\,886{,}64$ kN nach Tab. 6.3, Z. 16, Sp. 11, wird $M'_{Sd,B} = -\,1412{,}0$ kNm überschritten, d. h. Tab. 6.5 ist maßgebend.

Bemessungswert der Querkraft im Abstand d vom Auflagerrand:

EC2, 4.3.2.2(10)

$$V^*_{Sd,Br} = 842{,}50 - 1{,}62 \cdot (121{,}5 + 45{,}0) \qquad = 572{,}77 \text{ kN}$$

$> V_{Rd1}$, vgl. Abschn. 4.3.2
$< V_{Rd2}$, vgl. Abschn. 4.3.2

$$\text{erf}\left(\frac{A_{sw}}{s}\right)_{Br} = \frac{0{,}573 \cdot 10^4}{0{,}9 \cdot 1{,}42 \cdot 435 \cdot 1{,}25} \qquad = 8{,}25 \text{ cm}^2/\text{m}$$

EC2, 4.3.2.4.4(2), Gl.(4.27), nach dem Verfahren mit veränderlicher Druckstrebenneigung

gewählt:

> Betonstahl BSt 500 S
>
> zweischnittige Bügel $\varnothing$ 12−26
>
> vorh $\left(\dfrac{A_{sw}}{s}\right)_{Br}$ = 8,70 cm²/m > 8,25 cm²/m

Bemessungswert der Querkraft am Auflager C:

$$V_{Sd,C} \quad = \qquad\qquad\qquad = -\,544{,}88 \text{ kN}$$
$$< V_{Rd2}$$

Da keine direkte Lagerung vorliegt, ist der Bemessungswert am theoretischen Auflager maßgebend. Gewählt werden wie am Auflager B, rechts

> Betonstahl BSt 500 S
>
> zweischnittige Bügel $\varnothing$ 12−26
>
> vorh $\left(\dfrac{A_{sw}}{s}\right)_{C}$ = 8,70 cm²/m > erf $\left(\dfrac{A_{sw}}{s}\right)_{C}$

4.3.4 Schub zwischen Balkensteg und Gurt

4.3.4.1 Übersicht

Es ist der Nachweis zu führen, daß die pro Längeneinheit aufzunehmende Querkraft

$$v_{Sd} \quad = \frac{\Delta F_d}{a_v}$$

die entsprechenden, durch die Betondruckstreben bzw. die Bewehrung in den Gurten aufnehmbaren Werte nicht überschreitet. Hierin sind

ΔF_d Längskraftdifferenz über die Länge a_v im untersuchten Gurtquerschnitt

a_v Abstand zwischen Momentennullpunkt und dem Querschnitt mit dem Momentenhöchstwert

4.3.4.2 Aufzunehmende Querkraft an der Stütze A

$\Delta F_{d,A}$ für die Zugkraft entsprechend den 3 ausgelagerten Stäben $\varnothing$ 20:

$$\Delta F_{d,A} \quad = \frac{3 \cdot 2{,}0^2 \cdot \pi \cdot 435 \cdot 10^{-4} \cdot 10^3}{4} \qquad = 410 \text{ kN}$$

$a_{v,A}$ erhält man aus der Bedingung:

$$0 \quad = -\,1980{,}39 + 1250{,}54 \cdot a_{v,A} - (121{,}5 + 60) \cdot \frac{a_{v,A}^2}{2}$$

$$a_{v,A} \quad = \qquad\qquad\qquad = 1{,}83 \text{ m}$$

$$v_{Sd,A} \quad = \frac{410}{1{,}83} \qquad\qquad = 225 \text{ kN/m}$$

Indirekte Auflagerung

Tab. 6.3, Z.16, Sp. 12; für diese Einwirkungskombination ist $|\,M_{Sd,B}\,|$ = 968,9 kNm < $|\,M'_{Sd,B}\,|$ = 1412 kNm.

EC2, 4.3.2.2(10)

EC2, 4.3.2.5

EC2, 4.3.2.5(3), Gl.(4.33)

EC2, 4.3.2.5(3), und Bild 4.14

vgl. Abschn. 4.2.1

Maßgebend ist die Einwirkungskombination, die den kleinsten Wert von $a_{v,A}$ ergibt.

Bedingung: M_{Sd} = 0; siehe Tab. 6.3, Z.16, Sp. 7

Größtwert

4.3.4.3 Aufzunehmende Querkraft an der Stütze B

$\Delta F_{d,B}$ für 2 ausgelagerte Stäbe $\varnothing$ 20:

$$\Delta F_{d,B} = \frac{2 \cdot 2{,}0^2 \cdot \pi \cdot 435 \cdot 10^{-4} \cdot 10^3}{4} = 274 \text{ kN}$$

vgl. Abschn. 4.2.2

$a_{v,B}$ aus:

$$0 = -1412{,}0 + 1201{,}82 \cdot a_{v,B} - (121{,}5 + 60) \cdot \frac{a^2_{v,B}}{2}$$

$M_{Sd} = 0$ in Feld 1; vgl. Tab. 6.5, Z.1, Sp. 7

$$a_{v,B} = \quad = 1{,}31 \text{ m}$$

$$v_{Sd,B} = \frac{274}{1{,}31} = 210 \text{ kN/m}$$

4.3.4.4 Aufzunehmende Querkraft in Feld 1

$\Delta F_{d,F2}$ in Feld 2 ist kleiner als $\Delta F_{d,F1}$ und somit für den Nachweis nicht maßgebend.

$$\Delta F_{d,F1} = D_{c,F1} \cdot 0{,}5 \quad \cdot \frac{b_{eff} - b_w}{b_{eff}}$$

$D_{c,F1}$: Druckkraft in der Mitte des Feldes 1; b_{eff}: mitwirkende Plattenbreite; b_w: Stegbreite

$$D_{c,F1} = F_{s,F1} = 33{,}06 \cdot 435 \cdot 10^{-4} \cdot 10^3 = 1439 \text{ kN}$$

vgl. Abschn. 4.2.3; $F_{s,F1}$: Größtwert der Zugkraft in Feld 1

$$\Delta F_{d,F1} = 1439 \cdot 0{,}5 \quad \cdot \frac{1{,}50 - 0{,}38}{1{,}50} = 538 \text{ kN}$$

$b_{eff} = 1{,}50$ m; siehe Abschn. 4.2.3

$a_{v,F1}$ ermittelt aus:

$$0 = -1412{,}0 + 1172{,}42 \cdot (4{,}0 - a_{v,F1}) -$$
$$(121{,}5 + 0{,}7 \cdot 60) \cdot \frac{(4 - a_{v,F1})^2}{2}$$

$M_{Sd} = 0$ in Feld 1, vom Auflager B aus berechnet; vgl. Tab. 6.5, Z.2, Sp. 7, für max $M'_{Sd,F1}$

$$a_{v,F1} = \quad = 2{,}67 \text{ m}$$

$$v_{Sd,F1} = \frac{538}{2{,}67} = 202 \text{ kN/m}$$

4.3.4.5 Aufnehmbare Querkräfte v_{Rd2} und v_{Rd3}

EC2, 4.3.2.5(4)

Druckstrebentragfähigkeit:

$$v_{Rd2} = 0{,}2 \cdot f_{cd} \cdot h_f = 0{,}2 \cdot 20 \cdot 0{,}15 \cdot 10^3 = 600 \text{ kN/m}$$
$$> v_{Sd,A}$$

EC2, 4.3.2.5(4), Gl.(4.36); h_f: Gurtdicke

Zur Aufnahme von $v_{Sd,A}$ erforderliche Bewehrung:

$$\text{erf } \frac{A_{sf}}{s_f} = \frac{v_{Sd,A}}{f_{yd}} = \frac{0{,}225 \cdot 10^4}{435} = 5{,}18 \text{ cm}^2/\text{m}$$

EC2, 4.3.2.5(4), Gl.(4.37); Annahme: Die Gurtplatte des Trägers wird durch eine Zugkraft infolge eines Biegemomentes senkrecht zum Balkensteg beansprucht, d.h. $\Delta v_{Rd3} = 2{,}5 \cdot \tau_{Rd} \cdot h_f = 0$.

gewählt (oben):

<table>
<tr><td colspan="3">Betonstahlmatte-Listenmatte (Umkehrmatte)
BSt 500 M</td></tr>
<tr><td>$\dfrac{589}{866}$</td><td>$\dfrac{150}{100}$</td><td>$\dfrac{7{,}5d}{10{,}5}$</td></tr>
<tr><td colspan="3">vorh $\dfrac{A_{sf}}{s_f} = 5{,}89 \text{ cm}^2/\text{m} >$ erf $\dfrac{A_{sf}}{s_f}$</td></tr>
</table>

EC2, 4.3.2.5(6): Annahme: dieser Bewehrungsquerschnitt ist größer als der für die Aufnahme des Querbiegemomentes erforderliche Wert.

gewählt im Hinblick auf Abschn. 5.2.1.2

5 Nachweise in den Grenzzuständen der Gebrauchstauglichkeit

EC2, 4.4

5.1 Begrenzung der Spannungen unter Gebrauchsbedingungen

EC2, 4.4.1

EC2, 4.4.1.2(2)

Die Spannungsgrenzen nach EC2 dürfen ohne weiteren Nachweis im allgemeinen als eingehalten angesehen werden, wenn die Forderungen nach EC2, 4.4.1.2(2), a) bis d), erfüllt sind.

Diese Voraussetzung ist hier gegeben, so daß ein Nachweis der Spannungen unter Gebrauchsbedingungen nicht erforderlich ist.

5.2 Grenzzustände der Rißbildung

EC2, 4.4.2

5.2.1 Mindestbewehrung

EC2, 4.4.2.2

5.2.1.1 Vorbemerkung

EC2, 4.4.2.1 P(9), a)

In den oberflächennahen Bereichen von Stahlbetonbauteilen, in denen Betonzugspannungen (auch unter Berücksichtigung von behinderten Verformungen) entstehen können, ist im allgemeinen eine Mindestbewehrung einzulegen. Im vorliegenden Fall kann jedoch davon ausgegangen werden, daß Zwang, der auf den Träger als Ganzes wirkt, nicht auftritt. Auf den Nachweis der Mindestbewehrung darf daher verzichtet werden.

EC2, 4.4.2.2(4)

5.2.1.2 Mindestbewehrung in der Platte des Plattenbalkens

An den Stützen A und B wird zur Vermeidung breiter Sammelrisse beiderseits des Stegs in der Platte eine rißverteilende Bewehrung auf eine Breite von Δb_{eff} = 0,1 · l_0 = 0,1 · 0,85 · 8,0 = 0,68 m eingelegt:

EC2, 4.4.2.2(3), letzter Spiegelstrich

EC2, 2.5.2.2.1(3), Gl.(2.14); vgl. Abschn. 4.2.4

$$\min A_s = k_c \cdot k \cdot f_{ct,eff} \cdot \frac{A_{ct}}{\sigma_s}$$

EC2, 4.4.2.2(3), Gl.(4.78)

mit

k_c = 1,0

EC2, 4.4.2.2(3), für reinen Zug

k = 0,60

EC2, 4.4.2.2(3); gewählt in Anlehnung an [A8], S. 170 und 173

$f_{ct,eff}$ = 3,0 N/mm^2

A_{ct} = h_f · 1,0 = 0,15 · 1,0   = 0,15 m^2

EC2, 4.4.2.2(3); EC2, 3.1.2.3(4), Gl.(3.2), und Tab. 3.1: f_{ctm} = 2,9 N/mm^2 für C 30/37; dieser Wert ist kleiner als der in EC2 empfohlene Mindestwert; vgl. auch [A2], S. 116, Abschn. 10.2.2.2

σ_s = 380 N/mm^2

EC2, 4.4.2.3(2), Tab. 4.11, für Stahlbeton und $\varnothing^* \leq$ 10,5 · 2,5/3,0 = 9 mm (Annahme). Der zweite Korrekturfaktor beträgt hier (d $\approx$ 10 cm): (f_{ctm}/2,5) · 0,1 · h/(h−d) = (3,0/2,5 · 0,1 · 15/5) = 0,36 < f_{ctm}/2,5.

$$\min A_s = \frac{1,0 \cdot 0,60 \cdot 3,0 \cdot 0,15 \cdot 10^4}{380} = 7,11 \text{ cm}^2/\text{m}$$

je Meter Plattenbreite

gewählt:

s. auch Abschn. 4.3.4.5

Betonstahl-Listenmatte (Umkehrmatte) BSt 500 M

je Meter Plattenbreite

$$\text{oben:} \quad \frac{589}{866} \quad \frac{150 \cdot 7,5d}{100 \cdot 10,5}$$

$$\text{vorh } \frac{A_{sf}}{s} = 8,66 \text{ cm}^2/\text{m} > \min A_s$$

unten: ebenfalls BSt 500 M

5.2.1.3 Längsbewehrung im Steg

$$\min A_s = k_c \cdot k \cdot f_{ct,eff} \cdot \frac{A_{ct}}{\sigma_s}$$

$A_{ct} = 1,0 \cdot b_w = 1,0 \cdot 0,38 \qquad = 0,38\ m^2$

$k_c = \qquad = 1,0$

$k = \qquad = 0,5$

Für $\varnothing^* = 10$ mm wird für

$\sigma_s = \qquad = 360\ N/mm^2$

$$\min A_s = \frac{1,0 \cdot 0,5 \cdot 3,0 \cdot 0,38 \cdot 10^4}{360} \qquad = 15,83\ cm^2$$

d. h. je Stegseite

$0,5 \cdot \min A_s = 0,5 \cdot 15,83 \qquad = 7,91\ cm^2$

gewählt:

> Betonstahl BSt 500 S
>
> an beiden Stegseiten: $\varnothing$ 12–14
>
> vorh $A_s = 16,16\ cm^2 > \min A_s = 15,83\ cm^2$

5.2.2 Beschränkung der Rißbildung ohne direkte Berechnung für die statisch erforderliche Bewehrung

Der Nachweis zur Beschränkung der Rißbildung wird über die Einhaltung des Grenzdurchmessers der Stäbe geführt. Die Stahlspannung σ_s unter der quasiständigen Einwirkungskombination wird abgeschätzt über:

$$\sigma_s \approx \frac{M_{Sd,stän}}{M_{Sd}} \cdot \frac{erf\ A_s}{vorh\ A_s} \cdot f_{yd}$$

Die Grundwerte des Grenzdurchmessers $\varnothing^*$ werden jeweils mit einem einheitlichen Vergrößerungsfaktor multipliziert:

$$f = \frac{0,1 \cdot h}{h - d} = \frac{0,1 \cdot 1,50}{1,5 - 1,42} \qquad = 1,8$$

Die Grenzdurchmesser sind in Tab. 6.7 zusammengestellt.

Tab. 6.7: Grenzdurchmesser $\varnothing$ und vorhandene Stabdurchmesser an den Stützen A und B und in den Feldern 1 und 2

Zeile	Ort	$M_{Sd,stän}/M_{Sd}$	erf A_s/vorhA_s	σ_s (N/mm^2)	$\varnothing^*$ (mm)	$\varnothing$ (mm)	vorh $\varnothing$ (mm)
	1	2	3	4	5	6	7
1	Stütze A	−1207,4/−1819,80	32,25/>32,25	≤289	15,1	27	$\varnothing$ 20
2	Stütze B	−944,65/−1292,75	22,33/22,87	311	12,9	23	$\varnothing$ 20
3	Feld 1	921,97/1969,70	33,06/34,36	196	25,0	45	$\varnothing$ 25
4	Feld 2	455,25/891,57	14,77/15,71	209	23,8	42	$\varnothing$ 20

Die Anforderungen an die Beschränkung der Rißbildung sind somit erfüllt.

EC2, 4.4.2.2(3), letzter Spiegelstrich

EC2, 4.4.2.2(3), Gl.(4.78); vgl. Abschn. 5.2.1.2
b_w: Stegbreite; A_{ct}: Betonzugzone je m Steghöhe

wie in Abschn. 5.2.1.2

EC2, 4.4.2.2(3), letzter Spiegelstrich. Wegen der im Vergleich zu den Stützen A und B größeren Zugkraft in Feld 1, der damit verbundenen Rißbildung und Herabsetzung der Betonzugfestigkeit wird $k = 0,5$ gesetzt.

EC2, 4.4.2.3(2), Tab. 4.11, für Stahlbeton; der Korrekturfaktor $(f_{ctm}/2,5) \cdot 0,1 \cdot h/(h - d)$ ist hier ebenfalls kleiner Eins.

je Meter Steghöhe

somit ist: $\varnothing^* = \varnothing \cdot 2,5/f_{ctm} = 12 \cdot 2,5/3,0 = 10$ mm; die obige Annahme bezüglich $\varnothing^*$ war also berechtigt.

EC2, 4.4.2.3(2) und 4.4.2.1(6)

EC2, 4.4.2.3(2), und Tab. 4.11

EC2, 4.4.2.3(3); σ_s ist für die quasiständige Einwirkungskombination zu ermitteln. $M_{Sd,stän}$ bezeichnet daher die quasi-ständige Einwirkungskombination im Grenzzustand der Gebrauchstauglichkeit, vgl. Abschn. 3.1.3. Bezüglich der Ermittlung von σ_s siehe auch [A2], S. 123, Abschn. 11.3.

$\varnothing^*$ aus EC2, Tab. 4.11, für Stahlbeton

Abschn. 3.1.3 und 4.2.1

Abschn. 3.1.3 und 4.2.2

Abschn. 3.1.3 und 4.2.3

Abschn. 3.1.3 und 4.2.4

5.3 Beschränkung der Durchbiegung

Der Nachweis zur Beschränkung der Durchbiegung wird über die Einhaltung der zulässigen Biegeschlankheit erbracht. Maßgebend ist der Kragarm. Der Biegebewehrungsgrad im Einspannquerschnitt beträgt:

$$\varrho_A = \frac{A_s}{b_w \cdot d} = \frac{31,41}{38 \cdot 142} \cdot 100 = 0,582\,\%$$

Durch Interpolation erhält man hiermit den Grundwert der zulässigen Biegeschlankheit:

$$\frac{l_{eff}}{d} = 10 - 3 \cdot \frac{0,582 - 0,5}{1,5 - 0,5} = 9,75$$

Wegen $\dfrac{b_{eff}}{b_w} = \dfrac{1,50}{0,38} > 3$ ist dieser Grundwert zunächst mit dem Faktor 0,8 zu multiplizieren.

Stahlspannung unter der häufigen Einwirkungskombination:

$$\sigma_{s,häuf} = \frac{M_{Sd,häuf}}{A_s \cdot z}$$

$$= \frac{1,2714}{31,41 \cdot 10^{-4} \cdot 0,9 \cdot 1,42} = 317\,\text{N/mm}^2$$

Zulässige Biegeschlankheit:

$$\text{zul}\,\frac{l_{eff}}{d} = 0,8 \cdot 9,75 \cdot \frac{250}{317} = 6,15$$

$$\text{erf}\,d = \frac{l_{eff}}{\text{zul}\,\dfrac{l_{eff}}{d}} = \frac{4,00}{6,15} = 0,65\,\text{m}$$
$$< 1,42\,\text{m}$$

6 Bewehrungsführung, bauliche Durchbildung

6.1 Versatzmaße

Bei einer Bemessung der Schubbewehrung nach dem Verfahren mit veränderlicher Druckstrebenneigung und lotrechten Bügeln ($\alpha = 90°$) berechnet sich das Versatzmaß zu:

$$a_l = \frac{1}{2} \cdot z \cdot \cot\Theta$$

$$= 0,45 \cdot d \cdot \cot\Theta$$

Die entsprechenden Werte a_l sind in Tab. 6.8 zusammengestellt.

Tab. 6.8: Versatzmaße a_l

Zeile	Trägerbereich	Ort	$\cot\Theta$ (1)	d (cm)	a_l (cm)	Bemerkung
	1	2	3	4	5	6
1		x = 0		142,0	111,8	x vom Auflager A aus gemessen;
2	Kragarm	1,62	7/4	122,0	96,1	
3		2,62		107,9	84,9	$\cot\Theta$ nach Abschn. 4.3.1
4		3,55		92,0	72,5	
5	Feld 1	Stützen A, B	1,25	142,0	80,0	$\cot\Theta$ nach Abschn. 4.3.2 bzw. 4.3.3
6		Feld		141,0	79,4	
7	Feld 2	ganz	1,25	142,0	80,0	

Randbemerkungen (rechte Spalte):

EC2, 4.4.3

EC2, 4.4.3.2(2)
EC2, 4.4.3.2(2), und Tab. 4.14, Z.5

EC2, 4.4.3.2(5), b) und c); A_s: siehe Abschn. 4.2.1

EC2, 4.4.3.2(5), c)

EC2, Tab. 4.14, Z.5

EC2, 4.4.3.2(3), 1. Spiegelstrich; $b_{eff} = 1,5$ m, vgl. Abschn. 4.2.3

EC2, 4.4.3.2(4)

[A2], S. 118, 10.4.2, Gl.(10.14)

$M_{Sd,häuf} = M_{Sd,A}$ in Abschn. 3.1.2; A_s: vgl. Abschn. 4.2.1

EC2, 4.4.3.2(3) und (4)

$l_{eff} = l_{eff,Krag} = 4,0$ m, vgl. Abschn. 1.1; = vorh d an der Stütze A

EC2, 5

EC2, 5.4.2.1.3

EC2, 5.4.2.1.3(1)

Θ: Neigung der Druckstreben

Im allgemeinen darf $z = 0,9 \cdot d$ gesetzt werden.

d im Bereich des Kragarms: siehe Tab. 6.6, Sp. 4

EC2, 5.4.2.1.3(2): Das Versatzmaß der Stäbe außerhalb des Steges (vgl. Abschn. 4.2.1 und 4.2.2) ist um deren Abstand vom Stegrand zu erhöhen, hier im Mittel um $x/2 = b_w/4 \approx 10$ cm.

6.2 Grundmaß der Verankerungslänge

Verbundspannungen im Grenzzustand der Tragfähigkeit:

f_{bd} = _____ = 3,0 N/mm²   guter Verbund

f_{bd} = 0,7 · 3,0 = 2,1 N/mm²   mäßiger Verbund

Die Einteilung der Verbundbereiche über den Trägerquerschnitt zeigt Bild 6.10.

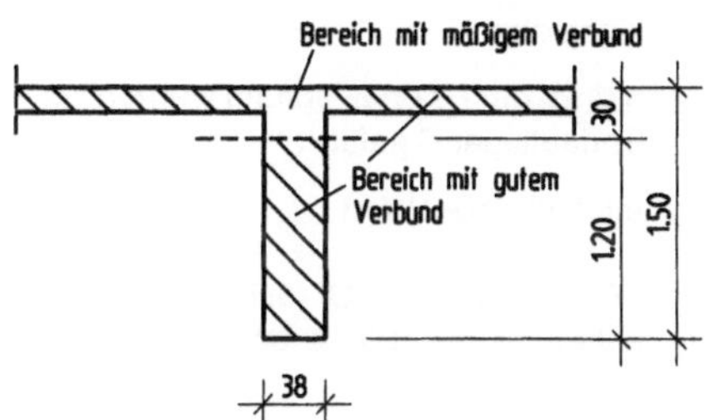

Bild 6.10: Einteilung der Verbundbereiche

Grundmaß der Verankerungslänge:

$$l_b = \frac{\varnothing}{4} \cdot \frac{f_{yd}}{f_{bd}} = 0,25 \cdot \varnothing \cdot \frac{435}{3,0} = 36,25 \cdot \varnothing \quad \text{für guten Verbund}$$

$$= 0,25 \cdot \varnothing \cdot \frac{435}{2,1} = 51,8 \cdot \varnothing \quad \text{für mäßigen Verbund}$$

Die Grundmaße der Verankerungslänge l_b sind in Tab. 6.9 zusammengestellt.

Tab. 6.9: Grundmaße der Verankerungslänge l_b

Zeile	Träger-bereich	Bewehrung	Verbund-bedingung	$\varnothing$	l_b (cm)	Bemerkung
1	2	3	4	5	6	
1	Kragarm	Biegezugbew. oben	mäßig	20	103,6	
2		Rißbewehrung oben	mäßig	8	41,5	
3		Schlaufen und Stützbew. oben	mäßig	16	82,9	zur Endverankerung
4	Felder	Stützbew. oben	mäßig	20	103,6	
5		Rißbewehrung	mäßig	8	41,5	
6		Feldbewehrung	gut	25 / 20	90,7 / 72,5	
7		Stegbewehrung	gut	12	43,5	nur im guten Verbundbereich

6.3 Verankerung am Endauflager C

Mindestens ein Viertel der erforderlichen Feldbewehrung ist über das Auflager zu führen und dort zu verankern. Im vorliegenden Fall werden jedoch alle 5 Stäbe $\varnothing$ 20 der Feldbewehrung in das Endauflager geführt.

zu verankernde Zugkraft:

$$F_s = V_{Sd} \cdot \frac{a_l}{d} + N_{Sd}$$

$$V_{Sd} = \quad\quad = 544,88 \text{ kN}$$

$$F_s = \frac{544,88 \cdot 80,0}{142} + 0 = 307,0 \text{ kN}$$

$$\text{erf } A_s = \frac{F_s}{f_{yd}} = \frac{0,307 \cdot 10^4}{435} = 7,06 \text{ cm}^2$$

EC2, 5.2.2.3

EC2, 5.2.2.2

EC2, 5.2.2.2(2), Tab. 5.3, Z.2, für f_{ck} = 30 N/mm²

EC2, 5.2.2.2(2)

EC2, 5.2.2.1(2) und (3), Bild 5.1 d)

Auf der sicheren Seite liegend wird in den Platten mäßiger Verbund angenommen. Die Annahme guter Verbundbedingungen wäre jedoch vertretbar.

EC2, 5.2.2.3(2), Gl.(5.3)

EC2, 5.4.2.1.4(1)

EC2, 5.4.2.1.4(2), Gl.(5.15)

vgl. Abschn. 4.3.3, Auflager C

a_l: siehe Tab. 6.8, Z.7

erforderliche Verankerungslänge am Endauflager C:

$$\text{erf } l_C = l_{b,net}$$

Verankerung der Längsbewehrung $\varnothing$ 20:

$$l_{b,net} = \alpha_a \cdot l_b \cdot \frac{A_{s,req}}{A_{s,prov}} \geq l_{b,min}$$

α_a = 0,7 für Verankerungen mit Winkelhaken

$A_{s,req}$ = erforderliche Bewehrung = 7,06 cm²

$A_{s,prov}$ = vorhandene Bewehrung = 15,71 cm²

$$l_{b,net} = 0{,}7 \cdot 72{,}5 \cdot \frac{7{,}06}{15{,}71} = 22{,}81 \text{ cm}$$

$$l_{b,min} = 0{,}3 \cdot l_b \qquad \geq 10 \cdot \varnothing$$
$$\geq 10{,}0 \text{ cm}$$

$$l_{b,min} = 0{,}3 \cdot 72{,}5 = 21{,}8 \text{ cm}$$
$$= 10 \cdot 2{,}0 = 20{,}0 \text{ cm}$$
$$= \qquad = 10{,}0 \text{ cm}$$

vorhanden ist (siehe Bild 6.11):

$$\text{vorh } l_C = \frac{2}{3} \cdot b_C - \text{nom } c_l = \frac{2}{3} \cdot 50 - 3{,}5 = 29{,}8 \text{ cm}$$

Die vorhandene Tiefe reicht zur Verankerung der Stäbe $\varnothing$ 20 aus.

Länge der Winkelhaken l_H:

$$l_H \geq \left(1 + \frac{7}{2} + 5\right) \cdot \varnothing = 9{,}5 \cdot 2{,}0 = 19{,}0 \text{ cm}$$

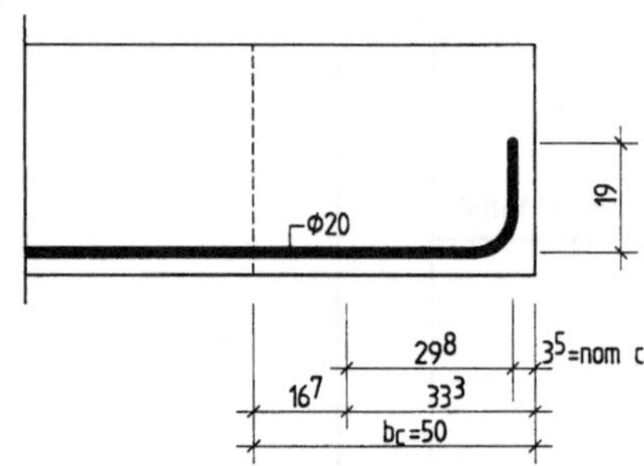

Bild 6.11: Verankerung der Stäbe am Endauflager C (indirekte Lagerung)

Querbewehrung im Verankerungsbereich:

Bei Verankerungen von Zugstäben ohne Querdruck aus Auflagerkräften (z.B. bei indirekten Auflagerungen) sollte eine Querbewehrung mit folgendem Querschnitt angeordnet werden:

$$\Sigma A_{st} = n \cdot A_{st} = 0{,}25 \cdot A_s$$

mit

n — Anzahl der Querstäbe innerhalb der Verankerungslänge

A_{st} — Querschnittsfläche eines Stabes der Querbewehrung

A_s — Querschnittsfläche eines verankerten Stabes der Längsbewehrung (hier $\varnothing$ 20)

$$\Sigma A_{st} = 0{,}25 \cdot 3{,}14 = 0{,}8 \text{ cm}^2$$

gewählt:

> Betonstahl BSt 500 S
>
> 2 Bügel $\varnothing$ 12
>
> vorh $\Sigma A_{st} = 2{,}26 \text{ cm}^2 > 0{,}8 \text{ cm}^2$

Marginalien (rechte Spalte):

EC2, 5.4.2.1.4(3)

EC2, 5.4.2.1.4(3), Bild 5.12 b), bei indirekter Auflagerung; l_C wird vom linken Drittelspunkt des Nebenträgers aus gemessen (siehe Bild 6.11).

EC2, 5.2.3.4.1(1), Gl.(5.4); l_b: vgl. Tab. 6.9, Z.6, Sp. 5, für $\varnothing$ = 20 mm

siehe oben

5 $\varnothing$ 20 der Feldbewehrung werden ins Endauflager C geführt.

maßgebender Wert

EC2, 5.2.3.4.1(1), Gl.(5.5), für die Verankerung von Zugstäben

b_C = 50 cm: Breite des Nebenträgers in Achse C; siehe Bild 6.1

EC2, 5.2.3.2(1), Bild 5.2 c)

Biegerollendurchmesser nach EC2, 5.2.1.2(2), Tab. 5.1, für BSt 500 S, $\varnothing$ 20 und Winkelhaken

EC2, 5.2.3.3

EC2, 5.2.3.3(1)

EC2, 5.2.3.3(2)

Ein Bügel liegt im Bereich des Winkelhakens (EC2, 5.2.3.3(3)).

6.4 Verankerung an den Zwischenauflagern A und B

Mindestens ein Viertel der Feldbewehrung ist jeweils über das Zwischenauflager zu führen und dort zu verankern. Diese Bedingung ist hier erfüllt (siehe Darstellung der Bewehrung).

Die Verankerungslänge sollte bei Verankerung mit geraden Stabenden mindestens $l_{b,net} = 10 \cdot \varnothing$ betragen.

Verankerungslänge somit:

für $\varnothing$ 25:	$l_{b,net}$	$= 10 \cdot 2{,}5$	$= 25$ cm
für $\varnothing$ 20:	$l_{b,net}$	$= 10 \cdot 2{,}0$	$= 20$ cm

6.5 Verankerung der Stäbe $\varnothing$ 20 am Kragarmende

6.5.1 Verankerung mit Winkelhaken

Für die Verankerung der Biegezugbewehrung am Kragarmende gelten die Regeln in EC2 für Endauflager bei indirekter Auflagerung sinngemäß. Das entsprechende Bemessungsmodell zeigt Bild 6.12.

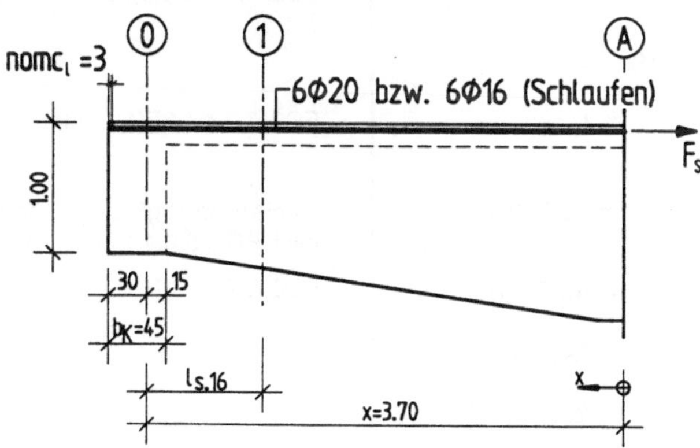

Bild 6.12: Bemessungsmodell für die Verankerung der Biegezugbewehrung am Kragarmende

In Achse 0 (x = 3,70 m) vorhandene Querkraft:

$$V_{Sd} \approx \gamma_G \cdot G_{k,2} + \frac{2}{3} \cdot b_K \cdot (\gamma_G \cdot G_{k,1} + \gamma_Q \cdot Q_{k,1})$$

$$= 291{,}6 + 0{,}3 \cdot (14{,}2 + 60) = 314{,}0 \text{ kN}$$

$$F_s = V_{Sd} \cdot \frac{a_l}{d} + N_{Sd} = \frac{314 \cdot 72{,}5}{92{,}0} = 247{,}5 \text{ kN}$$

$$\text{erf } A_s = \frac{247{,}5 \cdot 10^{-3} \cdot 10^4}{435} = 5{,}69 \text{ cm}^2$$

$$\text{vorh } A_s = \frac{6 \cdot 2{,}0^2 \cdot \pi}{4} = 18{,}85 \text{ cm}^2$$

erforderliche Verankerungslänge bei Verankerung mit Winkelhaken:

$$l_{b,net} = \frac{0{,}7 \cdot 103{,}6 \cdot 5{,}69}{18{,}85} = 21{,}9 \text{ cm}$$

$l_{b,min}$	$= 0{,}3 \cdot 103{,}6$		$= 31{,}1$ cm
	$= 10 \cdot 2{,}0$		$= 20{,}0$ cm
	$=$		$= 10{,}0$ cm
vorh l_b	$= \frac{2}{3} \cdot b_K - nom\ c_l$	$= \frac{2}{3} \cdot 45 - 3{,}0$	$= 27{,}0$ cm

---

EC2, 5.4.2.1.5; Auflager A wird wegen der Einspannwirkung des Kragarms als Zwischenauflager betrachtet.

EC2, 5.4.2.1.5(1), in Verbindung mit 5.4.2.1.4(1)

EC2, 5.4.2.1.5(2), und Bild 5.13 b)

Gemessen jeweils von der Auflagervorderkante

im Feld 1

im Feld 2 am Auflager B

EC2, 5.4.2.1.4(3), Bild 5.12 b)

x vom Auflager A aus gemessen

vgl. Abschn. 2.2.2.1, a) und b); b_K: Breite des Nebenträgers am Kragarmende

EC2, 5.4.2.1.4(2), Gl.(5.15); $N_{Sd} = 0$
a_l, d: siehe Tab. 6.8, Z.4

für 4 Stäbe $\varnothing$ 20 im Steg und 2 Stäbe unmittelbar neben dem Steg; die übrigen 4 Stäbe $\varnothing$ 20 werden nach der Zugkraft-Deckungslinie abgestuft (siehe Darstellung der Bewehrung).

EC2, 5.2.3.4.1(1), Gl.(5.4)

hier maßgebend; EC2, 5.2.3.4.1(1), Gl.(5.5), für die Verankerung von Zugstäben

Die vorhandene Länge reicht somit zur Verankerung der Stäbe mit Winkelhaken nicht aus. Deshalb wird eine Verankerung durch Schlaufen $\varnothing$ 16 gewählt. Hierfür sind folgende Nachweise zu erbringen:

siehe Bild 6.12
EC2, 5.2.3.2(2), und Bild 5.2 d)

– Verankerung der Schlaufen $\varnothing$ 16 links von der Achse ⓪ um das Maß $l_{b,net}$;

EC2, 5.4.2.1.4(3), und Bild 5.12 b)

– Übergreifungslänge $l_{s,16}$ für die Schlaufen $\varnothing$ 16 rechts von Achse ⓪;

EC2, 5.2.4.1.3; hierdurch ist die Achse ① festgelegt; siehe auch [A11], S. 22/23, Abschn. 18.6.3.2.

– Verankerung der Stäbe $\varnothing$ 20 der Biegezugbewehrung links von Achse ① aus.

6.5.2 Verankerung mit Schlaufen $\varnothing$ 16

Verankerungslänge $l_{b,net}$ für die 3 Schlaufen $\varnothing$ 16 (vorh $A_s = 12{,}06$ cm^2):

$$l_{b,net} = \frac{0{,}7 \cdot 82{,}9 \cdot 5{,}69}{12{,}06} \approx 27 \text{ cm}$$

EC2, 5.2.3.4.1(1), Gl.(5.4); mit $\alpha_a = 0{,}7$ für gekrümmte Zugstäbe (hier Schlaufen) und l_b nach Tab. 6.9, Z.3, Sp. 5

$$l_{b,min} = 0{,}3 \cdot 82{,}9 = 24{,}9 \text{ cm}$$

EC2, 5.2.3.4.1(1), Gl.(5)

$$= 10 \cdot 1{,}6 = 16{,}0 \text{ cm}$$

$$= \quad\quad = 10{,}0 \text{ cm}$$

Wegen $l_{b,net} \approx$ vorh l_b reicht die vorhandene Länge zur Verankerung der Schlaufen $\varnothing$ 16 aus.

EC2, 5.4.2.1.4(3), Bild 5.12 b)

Übergreifungslänge $l_{s,16}$ für die Schenkel der Schlaufen $\varnothing$ 16:

$$l_{s,16} = \alpha_1 \cdot l_{b,net} = \alpha_1 \cdot \alpha_a \cdot l_b \cdot \frac{A_{s,req}}{A_{s,prov}} \geq l_{s,min}$$

EC2, 5.2.4.1.3P(1), Gl.(5.7)

$$= 2{,}0 \cdot 1{,}0 \cdot 82{,}9 \cdot \frac{5{,}69}{12{,}06} = 78{,}3 \text{ cm}$$

für die volle Zugkraft der Stäbe $\varnothing$ 16; α_1 nach EC2, 5.2.4.1.3P(1), letzter Abs.

$$l_{s,min} = 0{,}3 \cdot 1{,}0 \cdot 2{,}0 \cdot 82{,}9 = 49{,}8 \text{ cm}$$

EC2, 5.2.4.1.3P(1), Gl.(5.8)

$$= 15 \cdot 1{,}6 = 24{,}0 \text{ cm}$$

$$= \quad\quad = 20{,}0 \text{ cm}$$

erforderliche Schlaufenlänge somit:

$$\text{erf } l_{Schl} = l_{b,net} + l_{s,16} = 27 + 78{,}3 = 105{,}3 \text{ cm}$$

l_{Schl}: Schlaufenlänge

gewählt wird:

$$\text{vorh } l_{Schl} = \quad\quad = 110 \text{ cm}$$

Verankerung der Stäbe $\varnothing$ 20 links von Achse ①:

$$l_{b,net} = \alpha_a \cdot l_b \cdot \frac{A_{s,req}}{A_{s,prov}} \begin{array}{l} \geq l_{b,min} \\ \geq d \end{array}$$

EC2, 5.2.3.4.1(1), Gl.(5.4)
EC2, 5.4.2.1.3(2), und Bild 5.11

In dieser Gleichung ist der erforderliche Bewehrungsquerschnitt $A_{s,req}$ noch unbekannt. Er wird über die Zugkraftlinie des Kragträgers bestimmt (Bild 6.13). Deren Ausgangswerte (M_{Sd}/z, Versatzmaße a_l) enthält Tab. 6.10.

Tab. 6.10: Ausgangswerte zur Bestimmung der Zugkraftlinie des Kragträgers

Zeile	x (m)	| M_{Sd} | (kNm)	z (m)	| M_{Sd} | /z (kN)	a_l (m)	Bemerkung
1	2	3	4	5	6	
1	0,20	1819,80	1,30	1400	1,12	Abschn. 4.2.1
2	1,62	898,82	1,10	818	0,961	siehe Tab. 6.6 und Tab. 6.8; Annahme: $z \approx 0{,}9 \cdot d$
3	2,62	419,20	0,97	432	0,849	
4	3,55	73,53	0,83	88,6	0,725	
5	4,00	0	0,83	0	0,725	

An der Stelle

$$x_1 = (l_{eff} - nom\ c_l - l_{Schl}) = 4,0 - 0,03 - 1,10 = 2,87\ m$$

x_1: Koordinate der Achse ①

entnimmt man Bild 6.13:

$$F_{s1} \approx\quad \approx 750\ kN$$

F_{s1}: Zugkraft in Achse ①; aus Bild 6.13 abgelesen

$$erf\ A_s = \frac{F_{s1}}{f_{yd}} = \frac{0,75 \cdot 10^4}{435} = 17,3\ cm^2$$

$erf\ A_s = A_{s,req}$; aus Tab. 6.9, Z. 1; l_b Sp. 5

$$l_{b,net} = \frac{1,0 \cdot 103,6 \cdot 17,3}{18,85} = 95,1\ cm$$

EC2, 5.2.3.4.1(1), Gl.(5.4), für gerade Stabenden und 6 Stäbe $\varnothing$ 20

$$l_{b,min} = 0,3 \cdot 103,6 = 31,1\ cm$$

EC2, 5.2.3.4.1(1), Gl.(5.5)

$$= 10 \cdot 2,0 = 20,0\ cm$$

$$= \quad = 10,0\ cm$$

$$= d = 0,92 + (1,42 - 0,92) \cdot \frac{1,13 - 0,45}{3,35} = 1,03\ m$$
$$< l_{Schl}$$

EC2, 5.4.2.1.3(2); siehe Bild 6.13
$l_{Schl} = 1,10\ m$; Länge der Schlaufen $\varnothing$ 16

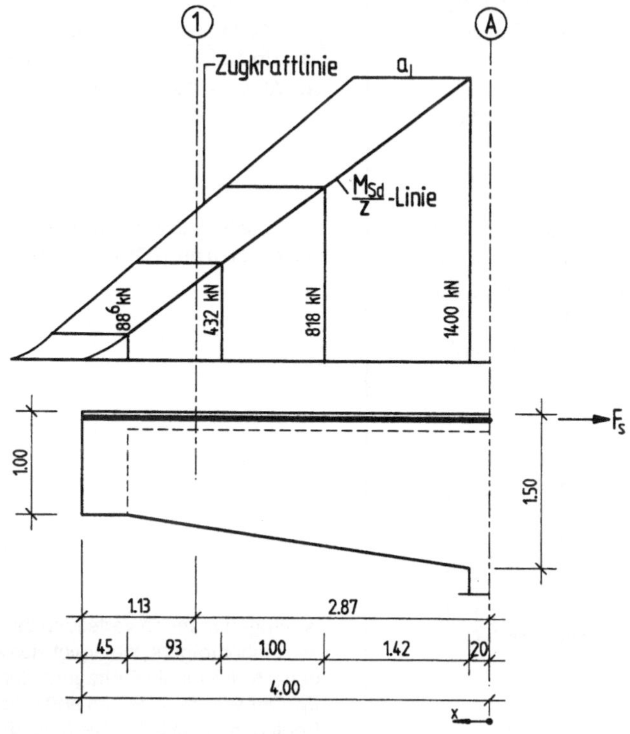

Bild 6.13: Zugkraftlinie des Kragträgers

Bezüglich der Querbewehrung im Verankerungsbereich siehe Abschn. 6.8.2

EC2, 5.2.3.3(1)

6.6 Verankerung außerhalb der Auflager

EC2, 5.4.2.1.3(2)

Stabenden sind von dem Punkt an, an dem der Stab rechnerisch für die Deckung der Zugkraftlinie nicht mehr erforderlich ist, mit der Länge $l_{b,net} \geq d$ zu verankern. Im vorliegenden Fall ist jeweils das Kriterium $l_{b,net} = d$ maßgebend. Das Maß d beträgt:

EC2, 5.4.2.1.3(2) und Bild 5.11

vgl. Tab. 6.9 für die Stäbe $\varnothing$ 16, $\varnothing$ 20 und $\varnothing$ 25.

– in Feld 1: $d = 1,41\ m$

vgl. Abschn. 4.2.3

– in Feld 2 und an den Stützen: $d = 1,42\ m$

vgl. Abschn. 4.2.1, 4.2.2 und 4.2.4

6.7   Übergreifungslänge der Steglängsbewehrung

$$l_s = l_{b,net} \cdot \alpha_1 = \alpha_a \cdot \alpha_1 \cdot l_b \cdot \frac{A_{s,prov}}{A_{s,req}} \qquad \geq l_{s,min}$$

Da alle Stäbe $\varnothing$ 12 in einem Querschnitt gestoßen werden, ist $\alpha_1 = 1,4$. Somit:

$$l_s = 1,0 \cdot 1,4 \cdot 43,5 \cdot 1,0 = 61,0 \text{ cm}$$

$$l_{s,min} = 0,3 \cdot 1,0 \cdot 1,4 \cdot 43,5 = 18,3 \text{ cm}$$
$$= 15 \cdot 1,2 = 18,0 \text{ cm}$$
$$= = 20,0 \text{ cm}$$

6.8   Anschluß der Nebenträger

6.8.1   Anschluß des Nebenträgers in Feld 1

Im Kreuzungsbereich des Haupt- und Nebenträgers in Feld 1 ist eine Aufhängebewehrung vorzusehen, die so bemessen werden muß, daß die wechselseitigen Auflagerreaktionen vollständig aufgenommen werden können. Diese Aufhängebewehrung sollte vorzugsweise aus Bügeln bestehen, die die Hauptbewehrung des unterstützenden Bauteils (Hauptträger) umfassen. Einige dieser Bügel dürfen außerhalb des unmittelbaren Kreuzungsbereichs angeordnet werden.

Da weitere Regelungen in EC2 nicht getroffen sind, wird der Nachweis sinngemäß nach [6.3] geführt. Das entsprechende Bemessungsmodell zeigt Bild 6.14.

Aufzuhängende Last aus dem Nebenträger:

$$F_N = \gamma_G \cdot G_{k,3} + \gamma_Q \cdot Q_{k,2} = 561,6 + 426,0 = 987,6 \text{ kN}$$

$$\text{erf } A_s = \frac{F_N}{f_{yd}} = \frac{0,988 \cdot 10^4}{435} = 22,7 \text{ cm}^2$$

Entsprechend dem in EC2 angenommenen Bemessungsmodell können 5 vorhandene Bügel $\varnothing$ 12 – 15 = 11,30 cm^2 innerhalb der Breite b_N auf die Aufhängebewehrung angerechnet werden, da eine Lastausbreitung unter 45° von der Unterkante des Nebenträgers in den Hauptträger erfolgt.

$$\text{erf } \Delta A_s = 22,7 - 11,30 = 11,40 \text{ cm}^2$$

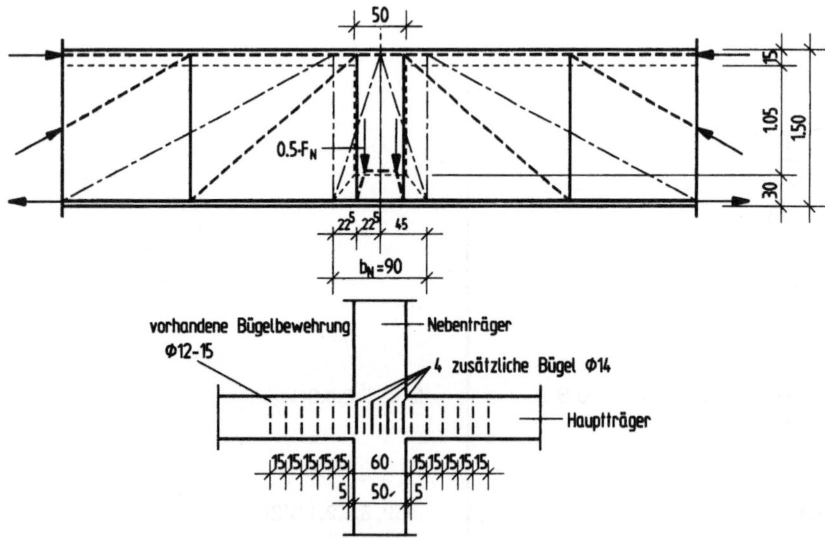

Bild 6.14: Bemessungsmodell für den Anschluß des Nebenträgers in der Mitte des Feldes 1 (nach [6.3])

gewählt:

> Betonstahl BSt 500 S
> 4 zweischnittige Bügel $\varnothing$ 14
> vorh $\Delta A_s = 12,31$ cm$^2 > 11,4$ cm^2

Diese Bügel werden gemäß Bild 6.14 angeordnet.

Randspalte:

EC2, 5.2.4.1.3

EC2, 5.2.4.1.3P(1), Gl.(5.7)

EC2, 5.2.4.1.3P(1), (i)

gerade Stabenden: $\alpha_a = 1,0$; l_b nach Tab. 6.9, Z.7, Sp. 5
EC2, 5.2.4.1.3P(1), Gl.(5.8)

EC2, 5.4.8.3

EC2, 5.4.8.3P(1) und (2)

Die Aufhängebewehrung des Nebenträgers ist nicht Gegenstand dieses Beispiels.

EC2, 5.4.8.3(2) und Bild 5.20
EC2, 5.4.8.3
[6.3], S. 416 bis 418, 4.2.4. Eine Bemessung nach [6.1], S. 139ff., 9.9, wäre ebenfalls möglich.
vgl. Abschn. 2.2.2.1 und 2.2.2.2

vgl. Abschn. 4.3.2; b_N: siehe Bild 6.14; siehe hierzu auch DIN 1045, 18.10.2(1)

b_N: angenommene Verteilungsbreite des Nebenträgers; sie ergibt sich aus dem Modell für die Eintragung der Last F_N. Der Wert $b_N = 90$ cm erfüllt beide Bedingungen in EC2, Bild 5.20, für den Hauptträger.

6.8.2 Anschluß des Nebenträgers am Kragarmende

Annahmen wie in Abschn. 6.8.1. Das entsprechende Bemessungsmodell zeigt Bild 6.15. Aufzunehmende Last aus dem Nebenträger:

$$F_N \quad = \gamma_G \cdot G_{k,2} \qquad\qquad = 291{,}60 \text{ kN}$$

vgl. Abschn. 2.2.2.1

$$\text{erf } A_s \quad = \frac{F_N}{f_{yd}} = \frac{0{,}292 \cdot 10^4}{435} \qquad = 6{,}71 \text{ cm}^2$$

gewählt:

> Betonstahl BSt 500 S
>
> 6 zweischnittige Bügel $\varnothing$ 10
>
> vorh $A_s = 9{,}42$ cm^2 > 6,71 cm^2

Wahl im Hinblick auf die erforderliche Querbewehrung im Verankerungsbereich der Stäbe $\varnothing$ 20: EC2, 5.2.3.3(2); vgl. Abschn. 6.5.2

Anordnung der Bügel $\varnothing$ 10 gemäß Bild 6.15.

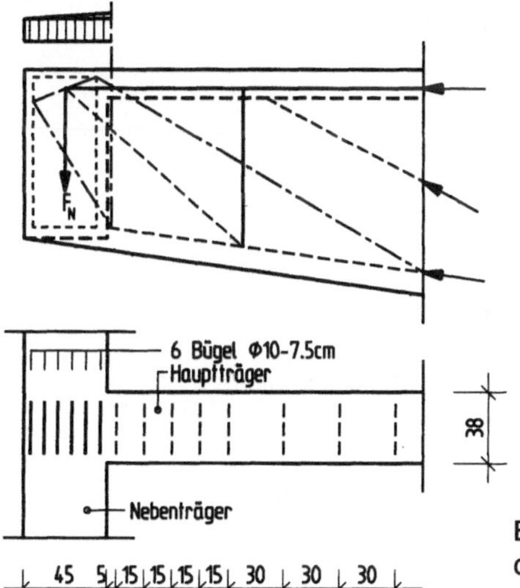

Bild 6.15: Bemessungsmodell für den Anschluß des Nebenträgers am Kragarmende

6.8.3 Indirekte Lagerung am Endauflager C

Am Endauflager C muß die Auflagerkraft $|\, V_{Sd,C}\,| = 544{,}88$ kN über eine Aufhängebewehrung in den lastabnehmenden Randträger eingetragen werden. Das entsprechende Bemessungsmodell zeigt Bild 6.16.

vgl. Tab. 6.3, Z.16, Sp.12

Für $|\, \max V_{Sd,C}\,| = 544{,}88$ kN ergibt sich die erforderliche Aufhängebewehrung zu:

$$\text{erf } A_s \quad = \frac{|\, \max V_{Sd,C}\,|}{f_{yd}} = \frac{0{,}545 \cdot 10^4}{435} \qquad = 12{,}5 \text{ cm}^2$$

gewählt:

> Betonstahl BSt 500 S
>
> 4 zweischnittige Bügel $\varnothing$ 14
>
> vorh $A_s = 12{,}3$ cm^2 $\approx$ 12,5 cm^2

Die Bügel werden im Kreuzungsbereich beider Träger gemäß Bild 6.16 angeordnet, damit sich die Druckstreben gleichmäßig abstützen können.

siehe Bild 6.16 b)

a)

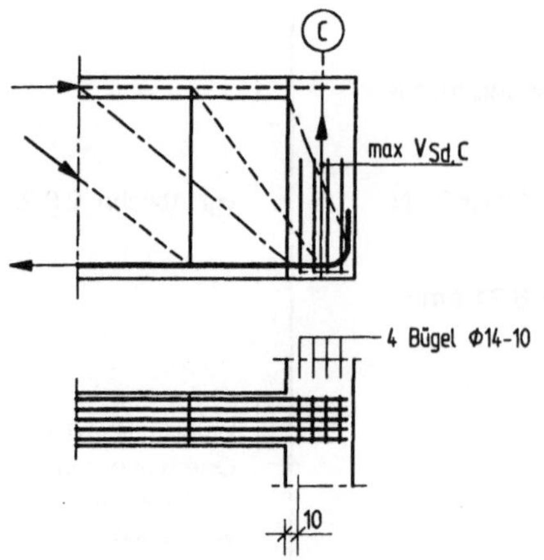

b)

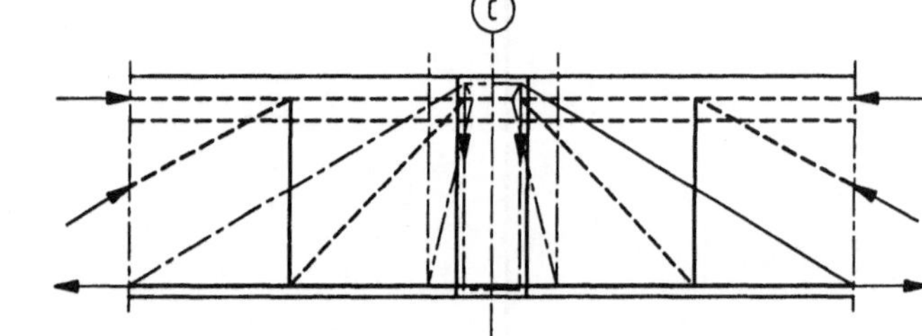

Bild 6.16: Bemessungsmodell und Anordnung der Aufhängebewehrung für die indirekte Lagerung am Endauflager ©;

a) Endauflager © des Durchlaufträgers;
b) Lastabnehmender Randträger am Endauflager ©

6.9 Mindest- und Höchstbewehrungsgrade, Mindestschubbewehrungsgrad

EC2, 5.4.2.1.1 und 5.4.2.2

6.9.1 Mindestbewehrung zur Vermeidung eines Versagens ohne Vorankündigung

EC2, 5.4.2.1.1(1)

$$\min A_s = 0,6 \cdot b_t \cdot \frac{d}{f_{yk}} = 0,6 \cdot 38 \cdot \frac{142}{500} = 6,5 \text{ cm}^2$$

EC2, 5.4.2.1.1(1), Gl.(5.14)

$$\text{bzw.} = 0,0015 \cdot b_t \cdot d = 0,0015 \cdot 38 \cdot 142 = 8,1 \text{ cm}^2$$

maßgebend

$$\text{vorh } A_s > \min A_s$$

vgl. Abschn. 4.2

6.9.2 Höchstbewehrungsgehalt

EC2, 5.4.2.1.1(2)

$$\max A_s = 0,04 \cdot A_c = 0,04 \cdot 38 \cdot 150 = 228 \text{ cm}^2 > \text{vorh } A_s = 34,36 \text{ cm}^2$$

in Feld 1; siehe Abschn. 4.2.3; A_c: Fläche des Steges

6.9.3 Mindestschubbewehrungsgrad

EC2, 5.4.2.2(5)

$$\varrho_w = \frac{A_{sw}}{s} \cdot \frac{1}{b_w \cdot \sin \alpha}$$

EC2, 5.4.2.2(5), Gl.(5.16)

mit

$$\varrho_w = \qquad = 0,0011$$

EC2, 5.4.2.2(5), Tab. 5.5, für BSt 500 S und C 30/37

$$b_w = \qquad = 0,38 \text{ m}$$

Stegbreite

$$\sin \alpha = \qquad = 1,0$$

$\alpha = 90°$ für lotrechte Bügel

wird

$$\min \frac{A_{sw}}{s} = \varrho_w \cdot b_w \cdot \sin \alpha = 0,0011 \cdot 0,38 \cdot 1,0 \cdot 10^4 = 4,18 \text{ cm}^2/\text{m}$$

$$< \text{vorh } \frac{A_{sw}}{s}$$

vgl. Abschn. 4.3.1

6.9.4 Zulässige Abstände der Bügel

a) im Bereich des Kragarms

$$\frac{V_{Sd}}{V_{Rd2}} = \frac{421,95}{1977} = 0,21 > 0,20$$

zulässiger Längsabstand: $s_{max} = 30\ cm$
$< 0,6\ d$

zulässiger Querabstand: $s_{t,max} = 30\ cm$

vorh $s_t = b_w - 2 \cdot nom\ c_w - 2 \cdot \dfrac{\varnothing_w}{2} = 38 - 2 \cdot 3,5 - 2 \cdot 0,5 = 30\ cm$

b) in Feld 1

$$\frac{V_{Sd}}{V_{Rd2}} = \frac{956,51}{2671} = 0,36 < 2/3$$

zulässige Abstände wie in a) oben

c) in Feld 2

$$\frac{V_{Sd}}{V_{Rd2}} = \frac{572,77}{2671} = 0,21 < 2/3$$

zulässige Abstände wie in a) oben

6.10 Zugkraftlinie und Zugkraft-Deckungslinie

Die Darstellung der Bewehrung enthält auch die Zugkraftlinie und die Zugkraft-Deckungslinie des Trägers. Deren Ausgangsgrößen sind in der nachfolgenden Tab. 6.11 zusammengestellt. Eine Bezeichnung der Achsen und der Momentennullpunkte zeigt Bild 6.17. Bezüglich der Zugkraft des Kragträgers siehe auch Abschn. 6.5.2.

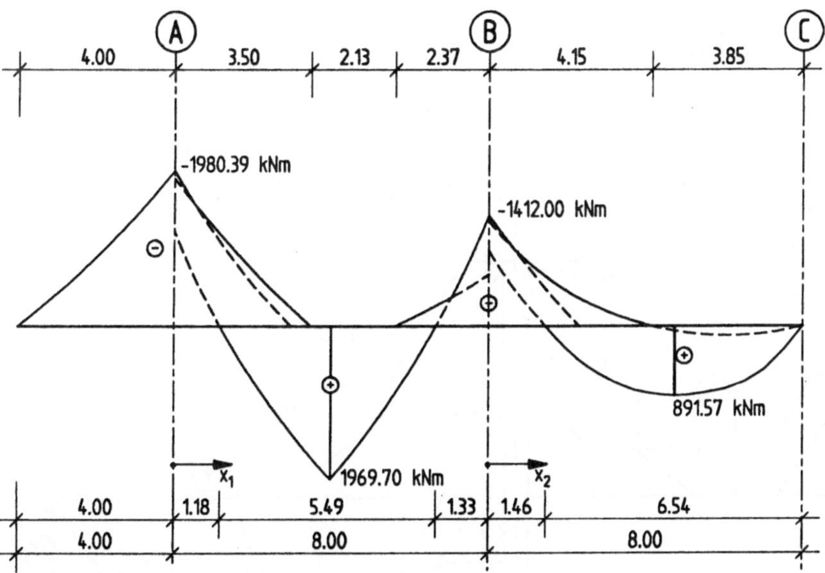

Bild 6.17: Momentengrenzlinien zur Ermittlung der Zugkraftlinie und der Zugkraft-Deckungslinie

---

Randbemerkungen (rechte Spalte):

EC2, 5.4.2.2(7) und (9)

siehe Tab. 6.6, Z. 1, Sp. 6 und 8

EC2, 5.4.2.2(7), Gl.(5.18)

EC2, 5.4.2.2(9), und Gl.(5.18)

nom c_w: siehe Abschn. 1.2, d)

vgl. Abschn. 4.3.2

vorh $s_{max} = 15\ cm$

vgl. Abschn. 4.3.3

vorh $s_{max} = 26\ cm$

EC2, 5.4.2.1.3

siehe Darstellung der Bewehrung

vgl. auch Bild 6.5

Ansicht

Zugkraft - Zugkraft-Deckungslinie (kN)

unicad

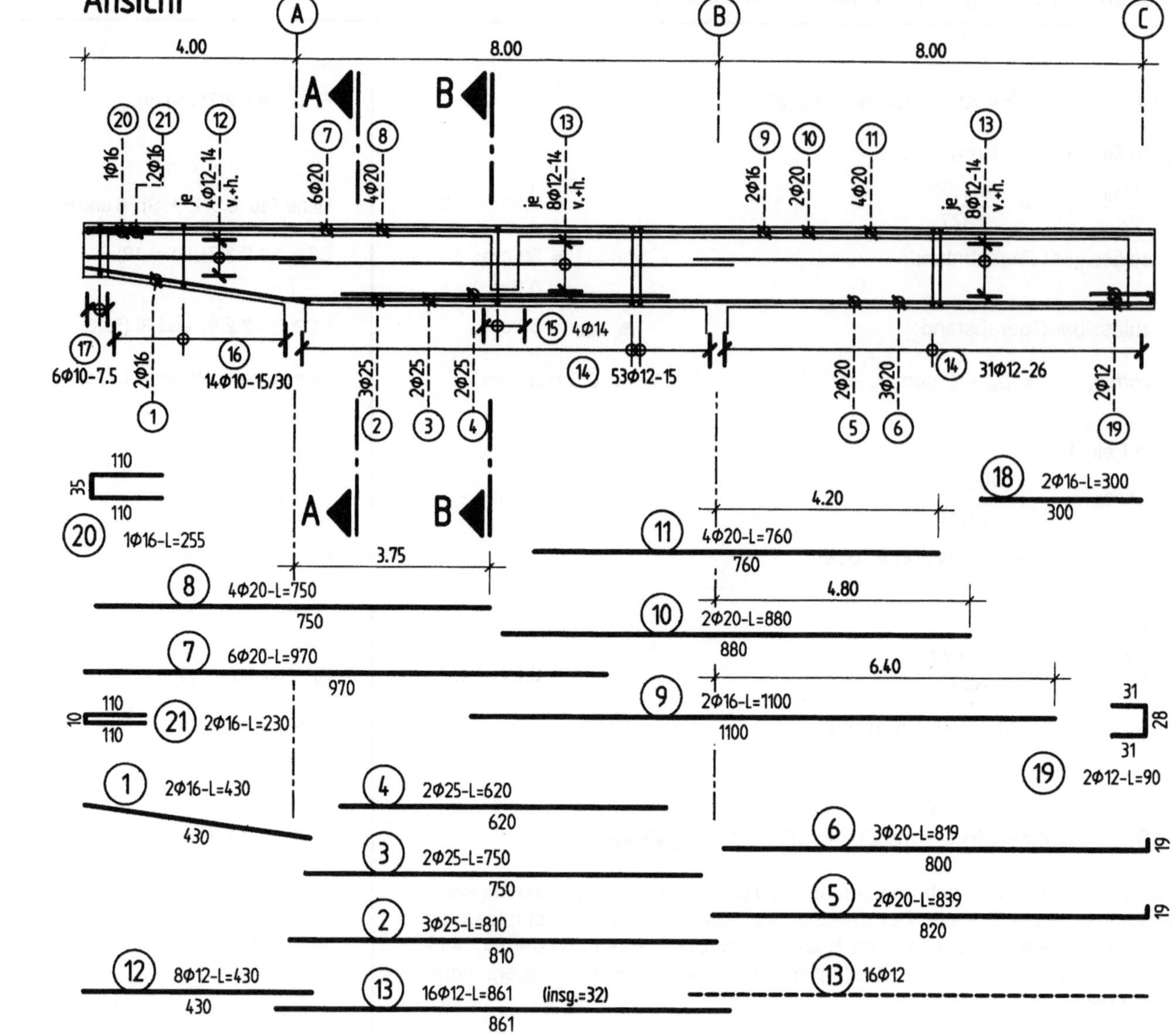

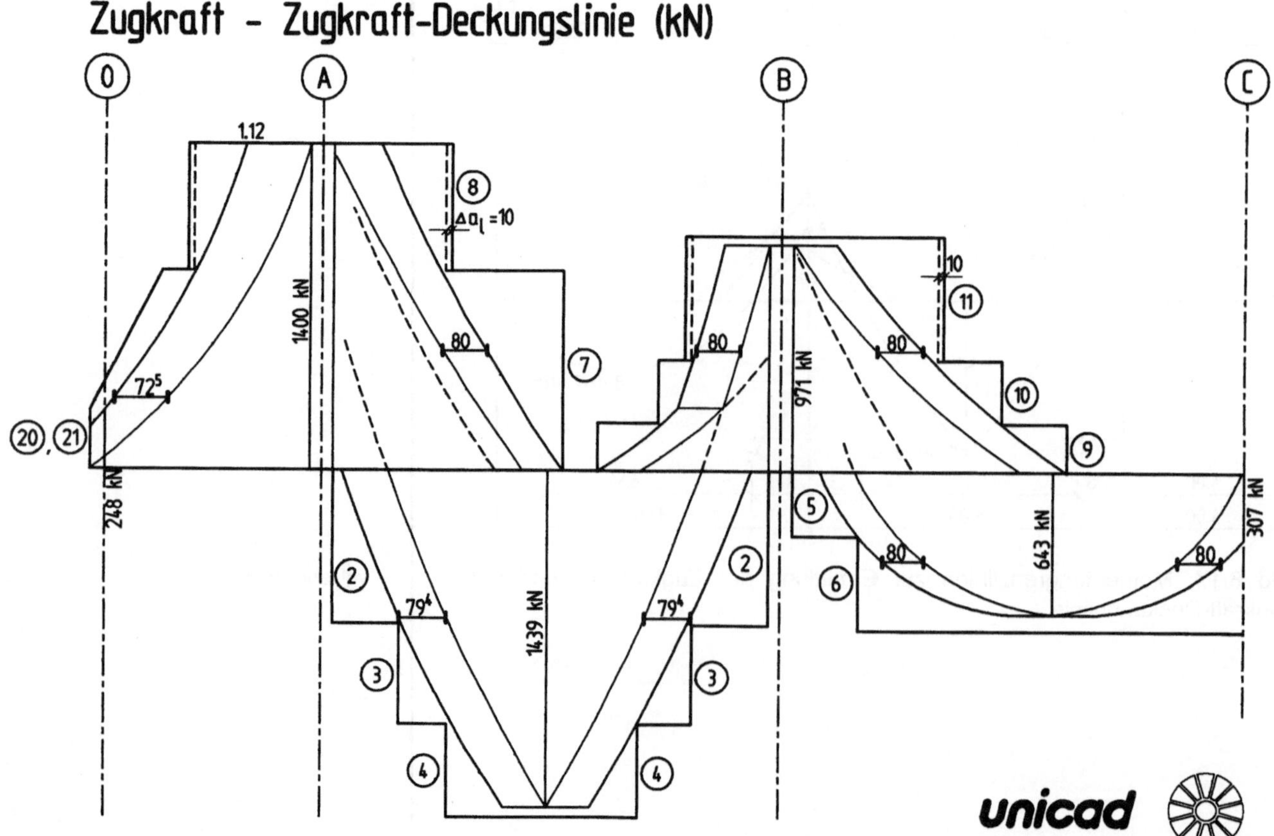

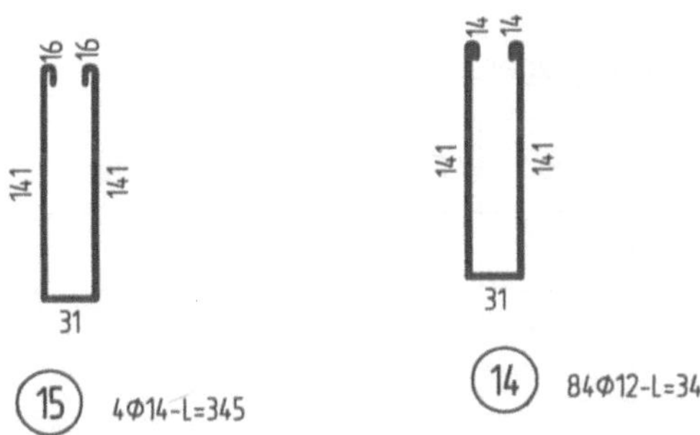

Schnitt A-A

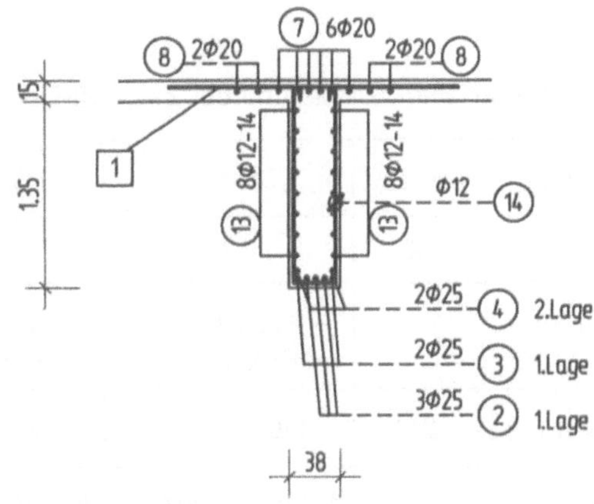

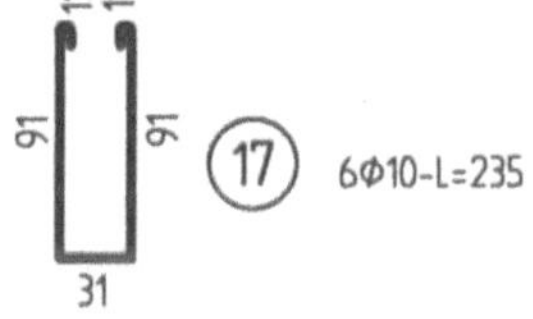

(16) 15Φ10		X1 ÷ X5 a=15cm	
		X6 ÷ X15 a=30cm	
FORM X	LAENGE X [cm]	LAENGE KONSTANT [cm]	LAENGE GESAMT [cm]
1	92	53	237
2	94	53	241
3	96	53	245
4	98	53	249
5	100	53	253
6	105	53	263
7	110	53	273
8	114	53	281
9	119	53	291
10	123	53	299
11	128	53	309
12	132	53	317
13	137	53	327
14	141	53	335
15	141	53	335

GESAMTLÄNGE = 4255 cm

Schnitt B-B

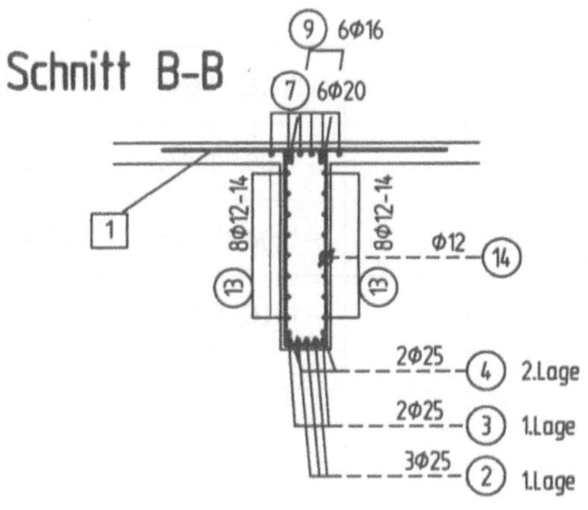

Verwendete Betonstahl-Listenmatten
3 x BSt 500 M   Umkehrmatte

1	589	150*7.5d - 7.20
	866	100*10.5 -1.80

Für Biegestellen ohne Angabe des Biegerollendurchmessers
gilt dessen Mindestwert.

$4*\Phi\ (\ \Phi < 20mm\ )$ bzw. $7*\Phi\ (\ \Phi \geq 20mm\ )$

Verankerung am Kragarmende

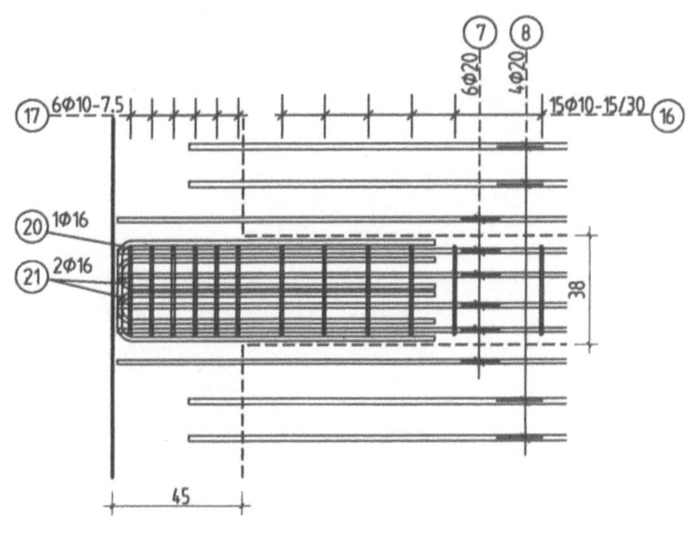

HOCHTIEF SOFTWARE

Beispiel 6:

Zweifeldriger Durchlaufbalken mit Kragarm

Darstellung der Bewehrung

Baustoffe:

Beton: C 30/37
Betonstahlmatten: BSt 500 M
Betonstahl: BSt 500 S
Betondeckung: nom c = 3.5cm

Tab. 6.11: Kennwerte der Zugkraftlinie und der Zugkraft-Deckungslinie des Durchlaufträgers

Zeile	Kennwert		Achse ⓞ	Stütze A	Stütze B	Stütze C	Feld 1	Feld 2	Bemerkung
	1		2	3	4	5	6	7	8
1	M_{Sd} (kNm)		≈ 0	(−1980,39) −1819,80	(−1412,00) −1292,75	0	1969,70	891,57	vgl. Abschn. 4.2
2	F_s (kN)		248	1400	971	307	1439	643	s. Abschn. 6.3 u. 6.5
3	a_l (cm)		72,5	111,8 bzw. 80,0 (122 bzw. 90)	80,0 (90,0)	80,0	79,4	80,0	siehe Abschn. 6.1; Klammerwerte für ausgelagerte Stäbe
4	Momenten-nullpunkte	x_{11}		(−1215,00 kNm)	(−1412,0 kNm)		1,18		siehe Tab. 6.5, Z.2
5		x_{12}		(−1906,39 kNm)	(−663,40 kNm)		3,50		siehe Tab. 6.4, Z.2
6		x_{13}		(−1906,39 kNm)	(−663,40 kNm)		5,63		siehe Tab. 6.4, Z.3
7		x_{14}		(−1215,00 kNm)	(−1412,0 kNm)		6,67		siehe Tab. 6.5, Z.2
8		x_{21}			(−968,9 kNm)	(0 kNm)		1,46	siehe Tab. 6.4, Z.5
9		x_{22}			(−1343,45 kNm)	(0 kNm)		4,15	siehe Tab. 6.4, Z.6

BEISPIEL 7: VORGESPANNTER DACHBINDER

## Inhalt													Seite

BEISPIEL 7: VORGESPANNTER DACHBINDER

Aufgabenstellung, Teilsicherheits- und Kombinationsbeiwerte

Zu bemessen ist der vorgespannte Dachbinder einer Lager- und Versandhalle mit im nachträglichen Verbund liegenden Spanngliedern (Bild 7.1).

Der Träger wird neben der Halle in einer Feldfabrik hergestellt und mit einem Kran in die endgültige Lage abgesetzt. Der Achsabstand der Binder beträgt 6,0 m. Die Dacheindeckung der Halle besteht aus Gasbetonplatten mit Folienabdichtung. Die Umweltbedingungen (Innenraum mit trockener Umgebung) entsprechen EC2, 4.1.2.2(2), Tab. 4.1, Z. 1.

Die Belastung ist vorwiegend ruhend. Alle horizontalen Einwirkungen (Wind, infolge von Tragwerksschiefstellungen) werden über die in die Fundamente eingespannten Hallenstützen abgetragen, so daß der Dachbinder nur für vertikale Einwirkungen zu bemessen ist.

Die Reibungswiderstände der Elastomerlager werden wegen Geringfügigkeit vernachlässigt.

Für die Nachweise in den Grenzzuständen der Tragfähigkeit bzw. Gebrauchstauglichkeit sind folgende Teilsicherheits- und Kombinationsbeiwerte vorgegeben:

a) Teilsicherheitsbeiwerte in den Grenzzuständen der Tragfähigkeit

- für ständige Einwirkungen   : γ_G = 1,35 bzw. 1,0
- für veränderliche Einwirkungen   : γ_Q = 1,50 bzw. 0
- für Einwirkungen infolge Vorspannung   : γ_P = 1,0
- für Beton   : γ_c = 1,50
- für Beton- und Spannstahl   : γ_s = 1,15

b) Kombinationsbeiwerte in den Grenzzuständen der Gebrauchstauglichkeit

- für die häufige Einwirkungskombination   : $\psi_{1,i}$ = 0,2
- für die quasi-ständige Einwirkungskombination : $\psi_{2,i}$ = 0

Literatur:

[7.1] Rossner, W., und Graubner, C.-A.: Spannbetonbauwerke. Teil 1: Bemessungsbeispiele nach DIN 4227. Berlin: Verlag Ernst & Sohn 1992.

[7.2] König, G., Tue, N., Bauer, Th., und Pommerening, D.: Untersuchung des Ankündigungsverhaltens der Spannbetontragwerke. Beton- und Stahlbetonbau 89 (1994), Heft 2, Seiten 45 bis 49, Heft 3, Seiten 76 bis 79.

[7.3] Holzenkämpfer, P., und Rostásy, F.S.: Spanngliedverankerungen im Beton – Umrechnung für die Anwendung nach EC2 Teil 1. Mitteilungen des Instituts für Bautechnik 1992, Heft 3, S. 85 bis 87.

[7.4] Cordes, H., Engelke, P., Jungwirth, D., und Thode, D.: Eintragung der Spannkraft-Einflußgrößen bei Entwurf und Ausführung. Mitteilungen des Instituts für Bautechnik 1983, Heft 2, S. 45 bis 58.

[7.5] Kupfer, H.: Bemessen von Spannbetonbauteilen nach DIN 4227 – einschließlich teilweiser Vorspannung. Beton-Kalender 1994 Teil I, S. 589 bis 670.

[7.6] Deneke, O., Holz, K., und Litzner, H.-U.: Übersicht über praktische Verfahren zum Nachweis der Kippsicherheit schlanker Stahlbeton- und Spannbetonträger. Beton- und Stahlbetonbau 80 (1985), Heft 9, S. 238 bis 243.

EC2, 2.2.2.3P(2), 2.2.2.4P(2), 2.2.3.2P(1)

EC2, 2.3.3

EC2, 2.3.3.1(1), Tab. 2.2; der zweite Zahlenwert gilt bei günstiger Auswirkung.

[A1], 2.3.3.1, Abs. (1)

EC2, 2.3.3.2(1), Tab. 2.3, für die Grundkombination; die außergewöhnliche Bemessungssituation im Sinne von EC2, 2.3.2.2P(2), Gl.(2.7b), ist nicht Gegenstand dieses Beispiels.

EC2, 2.3.4P(2); für die Teilsicherheitsbeiwerte gilt in der Regel $\gamma_F = \gamma_M = 1,0$.

[A1], Tab. R1, Z. 3, Sp. 3, für Schneelasten

[A1], Tab. R1, Z. 3, Sp. 4; der Fußzeiger i bezeichnet dabei die veränderliche Einwirkung (Verkehrslast) $Q_{k,i}$, die mit $\psi_{1,i}$ bzw. $\psi_{2,i}$ multipliziert wird. Im vorliegenden Beispiel ist i = 1, da als veränderliche Einwirkung nur die Schneelast wirkt (vgl. Abschn. 3.1).

1 Baustoffe

1.1 Beton

Mindestbetonfestigkeitsklasse für vorgespannte Bauteile mit nachträglichem Verbund: C 25/30

EC2, 4.2.3.5.2(1); bei Aufbringung einer Teilvorspannung ist [A1], Tab. R3, zu berücksichtigen.

Festigkeitsklasse in Abhängigkeit vom Wasserzementwert: in Tab. 3 von DIN V ENV 206 wird für vorgespannte Bauteile in der Umweltklasse 1 die Einhaltung eines maximalen Wasserzementwertes von w/z = 0,60 verlangt. Diese Forderung kann als erfüllt betrachtet werden, wenn die Betondruckfestigkeit f_{ck} bei Verwendung eines Zementes der Festigkeitsklasse C 42,5 der Betonfestigkeitsklasse C 30/37 entspricht.

DIN V ENV 206, 6.2.2 und Tab. 3, für die Umweltklasse 1 und Spannbeton, sowie 11.3.8, Tab. 20

gewählt wird: Beton der Festigkeitsklasse C 35/45

DIN V ENV 206, 7.3.1.1, Tab. 8

charakteristischer Wert der Betondruckfestigkeit: f_{ck} = 35 N/mm² — EC2, 3.1.2.4(3); Tab. 3.1, Z. 1, Sp. 6

Mittelwert der Betonzugfestigkeit: f_{ctm} = 3,2 N/mm² — EC2, 3.1.2.3(4); Tab. 3.1, Z. 2, Sp. 6

Elastizitätsmodul: E_{cm} = 33 500 N/mm² — EC2, 3.1.2.5.2(2); Tab. 3.2, Z. 1, Sp. 6

1.2 Betonstahl

Betonstahl: BSt 500 S — [A1], Tab. R2, Z. 2

charakteristische Festigkeit: f_{yk} = 500 N/mm² — [A1], Tab. R2, Z. 2, Sp. 6

Elastizitätsmodul: E_s = 200 000 N/mm² — EC2, 3.2.4.3(1)

1.3 Spannstahl

Querschnittsform: 7drähtige Litze

Spannstahlsorte: St 1570/1770

[A1], 3.3.4.5, Abs.(2): Nach bauaufsichtlichen Vorschriften dürfen nur solche Spannstähle und Spannverfahren verwendet werden, für die das Deutsche Institut für Bautechnik bauaufsichtliche Zulassungsbescheide für Anwendungen auch nach EC2 Teil 1 erteilt hat oder für die eine Zustimmung im Einzelfall erwirkt ist.

Festigkeitsklasse: $f_{p0.1k}$ = 1 500 N/mm²

f_{pk} = 1 770 N/mm²

Nach den Zulassungen des Deutschen Instituts für Bautechnik ist der charakteristische Wert $f_{p0.1k}$ der Streckgrenze des Spannstahls mit 1500 N/mm² anzusetzen.

Elastizitätsmodul: E_p = 200 000 N/mm² — Festlegung im bauaufsichtlichen Zulassungsbescheid

Relaxation: Klasse 2 (für Litzen) — EC2, 4.2.3.4.1(2)

Hüllrohrdurchmesser: $\varnothing_{duct}$ = 60 mm — durch das Spannverfahren vorgegeben

2 System, Bauteilmaße, Betondeckung

2.1 Wirksame Stützweite

EC2, 2.5.2.2.2

$$l_{eff} = l_n + a_1 + a_2$$

EC2, 2.5.2.2.2(1), Gl.(2.15), und Bild 2.4f)

$$l_{eff} = 24,80 + 2 \cdot \frac{0,20}{2} = 25,0 \text{ m}$$

Die Stützweite ist durch die Mitten der Elastomerlager eindeutig gegeben (siehe nachfolgendes Bild 7.1).

2.2 Mindestbauteilmaße, Mindestanzahl und Mindestabstände der Spannglieder

a) Mindestbauteilmaße

Festlegungen bezüglich der Mindestabmessungen vorgespannter Bauteile enthält EC2 nicht.

b) Mindestanzahl von Spanngliedern

Nach EC2 müssen einzelne Spannbetonbauteile in der vorgedrückten Zugzone eine Mindestanzahl von Spanngliedern aufweisen. Hierdurch soll mit hinreichender Zuverlässigkeit sichergestellt werden, daß das Versagen einer bestimmten Anzahl von Drähten nicht zum Versagen des Bauteils führt.

Die vorgenannte Anforderung kann als erfüllt angesehen werden, wenn in der vorgedrückten Zugzone wenigstens eine Litze mit sieben oder mehr Drähten (Drahtdurchmesser $\varnothing_{wire} \geq 4{,}0$ mm) vorgesehen ist.

Im vorliegenden Beispiel werden 2 Spannglieder mit siebendrähtigen Litzen, deren Einzeldrahtdurchmesser $\varnothing_{wire} = 5{,}0$ mm beträgt, verwendet. Die Anforderungen nach EC2 sind somit eingehalten.

c) Mindestabstände

Lichter lotrechter Mindestabstand der Hüllrohre bei Vorspannung mit nachträglichem Verbund:

$$s_{duct} \geq \varnothing_{duct}$$
$$\geq 50 \text{ mm}$$

vorhandener lichter Hüllrohrabstand in Feldmitte:

$$\text{vorh } s_{duct} = 23{,}5 - 9{,}5 - 2 \cdot \frac{6{,}0}{2} = 8{,}0 \text{ cm} > \varnothing_{duct}$$

EC2, 4.2.3.5.3

EC2, 4.2.3.5.3P(1)

EC2, 4.2.3.5.3(4)

aus bauaufsichtlicher Zulassung entnommen; $\varnothing_{wire}$ bezeichnet den Außendurchmesser des Drahtes.

EC2, 5.3.3

EC2, 5.3.3.2(1)

siehe Bild 7.1, Schnitt B–B

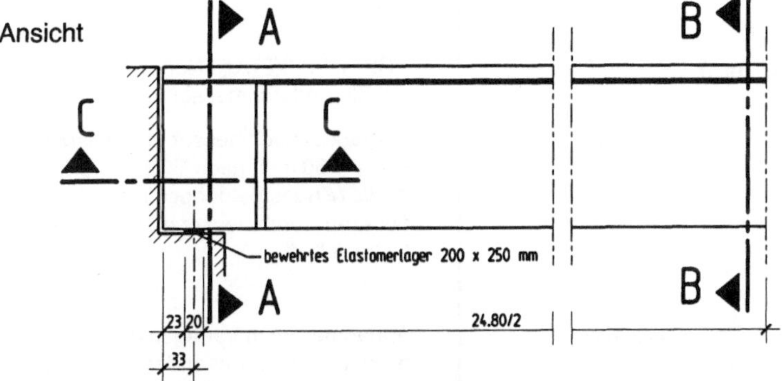

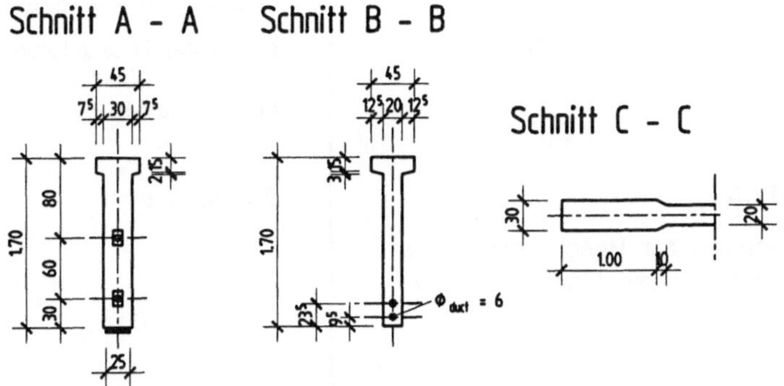

Bild 7.1: Ansicht des Dachbinders, Querschnitt an den Auflagern (Schnitt A–A und C–C) bzw. in Feldmitte (Schnitt B–B)

2.3 Betondeckung

EC2, 4.1.3.3

2.3.1 Betonstahl

a) in Abhängigkeit von den Umweltklassen (für die Bügel)

EC2, 4.1.3.3(6) und Tab. 4.2; der Fußzeiger w bezeichnet den Bezug auf die Bügel.

$\min c_{w1} = \quad = 15$ mm

EC2, Tab. 4.2, für Umweltklasse 1 und Betonstahl

b) zur sicheren Übertragung der Verbundkräfte ($d_g \leq 32$ mm)

EC2, 4.1.3.3(5); d_g: Nennwert des Größtkorndurchmessers

Bügel: $\min c_{w2} = \varnothing_w = 8$ mm

Annahme: Durchmesser der Bügel $\varnothing_w = 8$ mm

Längsstäbe: $\min c_l = \varnothing_l = 16$ mm

Annahme: Durchmesser der Längsstäbe $\varnothing_l = 16$ mm; vorhanden ist: $\min c_l = \min c_{w1} + \varnothing_w = 15 + 8 = 23$ mm.

c) Nennmaß der Betondeckung

$\text{nom } c_w = \min c_{w1} + \Delta h = 15 + 10 = 25$ mm

Betondeckung der Bügel, hier maßgebend

$\text{nom } c_l = \text{nom } c_w + \varnothing_w = 25 + 8 = 33$ mm

Betondeckung der Längsstäbe (untere Lage)

Die für den Feuerwiderstand erforderliche Mindestbetondeckung einschließlich der Maßabweichungen, die im Rahmen dieses Beispiels nicht weiter verfolgt werden, richten sich nach DIN 4102 Teil 4 (vgl. [A1], 4.1.3.3(10)).

2.3.2 Spannstahl

a) in Abhängigkeit von den Umweltklassen

EC2, 4.1.3.3(6) und Tab. 4.2: der Fußzeiger p bezeichnet den Bezug auf den Spannstahl.

$\min c_{p1} = \quad = 25$ mm

EC2, Tab. 4.2, für Umweltklasse 1 und Spannstahl.

b) zur sicheren Übertragung der Verbundkräfte ($d_g \leq 32$ mm)

EC2, 4.1.3.3(5); d_g: Nennwert des Größtkorndurchmessers

$\min c_{p2} = \varnothing_{duct} = 60$ mm

Vorgabe: Durchmesser des Hüllrohres $\varnothing_{duct} = 60$ mm; nach EC2, 4.1.3.3(12), ist die Mindestbetondeckung auf den äußeren Durchmesser des Hüllrohres zu beziehen.

c) Nennmaß der Betondeckung

$\text{nom } c_p = \min c_{p2} + \Delta h = 60 + 5 = 65$ mm

Annahme: Beim Verlegen der Spannglieder werden „Besondere Maßnahmen" im Sinne von DIN 1045, 13.2.1(4), getroffen, so daß Δh bei den Spanngliedern zu $\Delta h = 5$ mm angesetzt wird.

vorhanden ist:

$$\text{vorh } c_p = s_{p1} - \frac{\varnothing_{duct}}{2} = 95 - \frac{60}{2} = 65 \text{ mm}$$

s_{p1}: Abstand des unteren Spannglieds 1 vom unteren Querschnittsrand in Feldmitte, siehe Bild 7.1

2.4 Begrenzung der Biegeschlankheit

EC2, 4.4.3.2

Zur Überprüfung, ob die vorgegebene Trägerhöhe zur Beschränkung der Durchbiegung ausreicht, wird in Abschn. 6.3 eine überschlägige Durchbiegungsberechnung durchgeführt.

EC2, 4.4.3.1(5)

2.5   Querschnittswerte

Für die Berechnung der Auswirkungen der Vorspannung werden die Querschnittswerte des Trägers benötigt. Sie sind für den idealisierten Träger nach Bild 7.2 ermittelt und in Tab. 7.1 zusammengestellt. Folgende Annahmen wurden dabei getroffen:

- Hüllrohrdurchmesser: $\quad\quad \varnothing_{duct} = 6{,}0 \text{ cm}$

- Spannstahlquerschnitt: $\quad\quad A_{p1} = A_{p2} \quad\quad = 7{,}0 \text{ cm}^2$

- Verhältnis der Elastizitätsmoduln von Spannstahl und Beton:

$$\alpha_e = 200\,000/33\,500 = 5{,}97$$

Die Spannstahlfläche $A_p = 2 \cdot 7{,}0 = 14{,}0 \text{ cm}^2$ wurde in einer Nebenrechnung überschlägig aufgrund des Kriteriums festgelegt, daß im Feldquerschnitt unter der quasi-ständigen Einwirkungskombination, die für die Berechnung der Trägerdurchbiegung maßgebend ist, die Betonzugfestigkeit $f_{ctm} = 3{,}2 \text{ N/mm}^2$ nicht überschritten wird, d. h. der Querschnitt rechnerisch im Zustand I verbleibt. Die entsprechenden Nachweise werden hier in den Abschn. 6.1, b) und 6.3 geführt.

vgl. Abschn. 1.1 und 1.3; die Querschnittswerte in Tab. 7.1, Z.3, werden deshalb mit $(\alpha_e - 1) = 4{,}97$ berechnet.

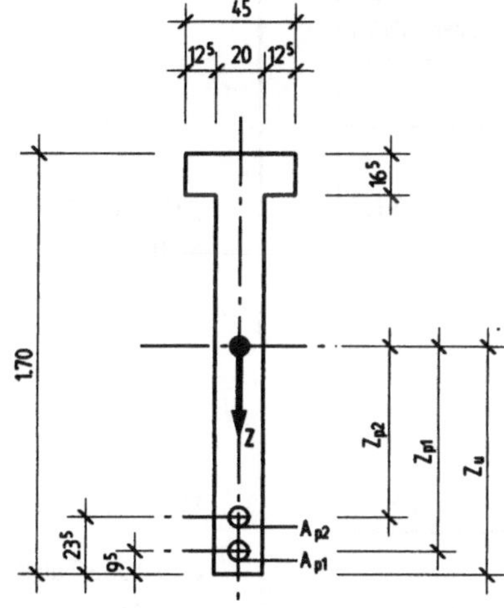

Bild 7.2: Idealisierter Querschnitt zur Berechnung der Querschnittswerte

Tabelle 7.1: Querschnittswerte des Dachbinders in Feldmitte

Zeile	Querschnitts-wert	A_c; A_{ci} (m^2)	I_c; I_{ci} (m^4)	z_u (m)	z_{p1} (m)	z_{p2} (m)
	1	2	3	4	5	6
1	Beton A_c	0,381	0,104	0,933	0,838	0,698
2	netto $A_{c,net}$	0,376	0,100	0,945	0,850	0,710
3	ideell A_{ci}	0,406	0,122	0,927	0,832	0,692

Aus Vereinfachungsgründen werden diese Kennwerte auch im Auflagerbereich verwendet.

Betonquerschnitt A_c: ohne Abzug der Betonstahl- bzw. Hüllrohrfläche netto $A_{c,net}$: unter Abzug der Hüllrohrfläche: $A_{duct} = 56{,}6 \text{ cm}^2$ für $\varnothing_{duct} = 6 \text{ cm}$ A_{ci}; I_{ci}: ideelle Querschnittswerte unter Berücksichtigung des Betonquerschnitts nach Bild 7.2, des Spannstahls $A_p = 14{,}0 \text{ cm}^2$ und der Betonstahlbewehrung $4 \varnothing 28$ bzw. $6 \varnothing 16$ (siehe Darstellung der Bewehrung).

3   Einwirkungen

3.1   Ständige und veränderliche Einwirkungen

EC2, 2.2.2

EC2, 2.2.2.1P(2), a); die Einwirkungen infolge Vorspannung werden in Abschn. 3.2 ermittelt.

3.1.1   Charakteristische Werte

Die den Dachbinder beanspruchenden ständigen und veränderlichen Einwirkungen (Eigenlasten und Schneelast) sind in Bild 7.3 dargestellt. Die entsprechenden Zahlenangaben enthält Tab. 7.2. Die Stegverbreiterung im Auflagerbereich (siehe Bild 7.1) wurde aus Gründen der Vereinfachung bei der Einzellast $G_{k,3}$ berücksichtigt.

EC2, 2.2.2.2P(1)

[A1], 2.2.2.2: Als charakteristische Werte der Einwirkungen gelten grundsätzlich die Werte der DIN-Normen, insbesondere der Normen der Reihe DIN 1055, und gegebenenfalls der bauaufsichtlichen Ergänzungen und Richtlinien.

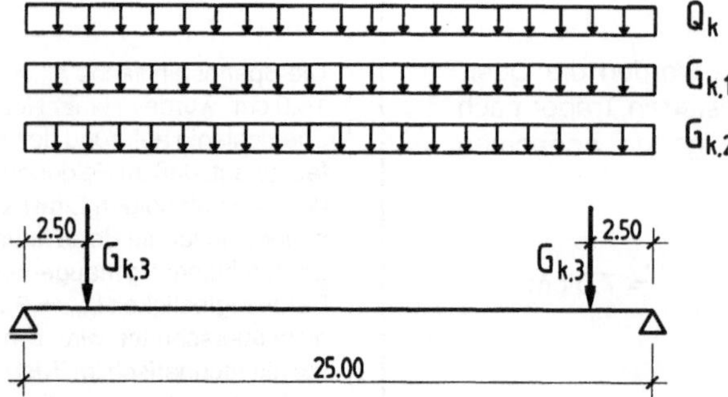

Bild 7.3: Ständige und veränderliche Einwirkungen des Dachbinders

Tabelle 7.2: Charakteristische Werte der ständigen und veränderlichen Einwirkungen

Zeile	Bezeichnung der Einwirkungen	Einzugsbreite (m)	Charakteristischer Wert kN bzw. kN/m	
	1	2	3	
1a	ständige Einwirkungen: Eigenlast des Dachbinders: $G_{k,1} = 0{,}381 \cdot 25$ kN/m³	–	$G_{k,1} =$ 9,5 kN/m	DIN 1055 Teil 1, 7.4.1.5; $A_c = 0{,}381$ m², siehe Bild 7.1, Schnitt B-B, und Tab. 7.1, Z. 1, Sp. 2
1b	Dacheindeckung: 1,67 kN/m²	6,0	$G_{k,2} =$ 10,0 kN/m	aus Nebenrechnung
1c	gleichmäßig verteilte Eigenlast insgesamt:		$G_k =$ 19,5 kN/m	
1d	Einzellasten aus abgehängter Bühne	–	$G_{k,3} = 188{,}0$ kN	Vorgabe
2	veränderliche Einwirkungen: Regelschneelast: $s_0 = 1{,}0$ kN/m²	6,0	$Q_k =$ 6,0 kN/m	DIN 1055 Teil 5, Tab. 2, Z.2, Sp. 4, für Schneelastzone III; Geländehöhe < 300 m über NN

3.1.2 Repräsentative Werte und Bemessungswerte

EC2, 2.2.2.3 und 2.2.2.4

3.1.2.1 Grenzzustände der Gebrauchstauglichkeit

EC2, 2.2.2.3 und 2.3.4

a) seltene Einwirkungskombination

$$G_k = G_{k,1} + G_{k,2} = \qquad = 19{,}5 \text{ kN/m}$$
$$G_{k,3} = \qquad = 188{,}0 \text{ kN}$$
$$Q_k = \qquad = 6{,}0 \text{ kN/m}$$

EC2, 2.3.4P(2), Gl.(2.9a); benötigt für Spannungsnachweise unter Gebrauchslast; vgl. Abschn. 6.1

b) häufige Einwirkungskombination

$$G_k = \qquad = 19{,}5 \text{ kN/m}$$
$$G_{k,3} = \qquad = 188{,}0 \text{ kN}$$
$$\psi_{1,1} \cdot Q_k = 0{,}2 \cdot 6{,}0 \qquad = 1{,}2 \text{ kN/m}$$
$$G_k + \psi_{1,1} \cdot Q_k = 19{,}5 + 1{,}2 \qquad = 20{,}7 \text{ kN/m}$$

EC2, 2.3.4P(2), Gl.(2.9b); benötigt für den Nachweis zur Beschränkung der Rißbreite, vgl. Abschn. 6.2.3

$\psi_{1,1}$: siehe Aufgabenstellung

c) quasi-ständige Einwirkungskombination

$$G_k = \qquad = 19{,}5 \text{ kN/m}$$
$$G_{k,3} = \qquad = 188{,}0 \text{ kN}$$
$$\psi_{2,1} \cdot Q_k = 0 \cdot 6{,}0 \qquad = 0 \text{ kN/m}$$
$$G_k + \psi_{2,1} \cdot Q_k = 19{,}5 + 0 \qquad = 19{,}5 \text{ kN/m}$$

EC2, 2.3.4P(2), Gl.(2.9c); benötigt für Spannungsnachweise unter Gebrauchslast sowie für die Berechnung der Durchbiegung, vgl. Abschn. 6.1 und 6.3

$\psi_{2,1}$: siehe Aufgabenstellung

3.1.2.2 Grenzzustände der Tragfähigkeit

Bemessungswerte der Einwirkungen für die Grundkombination:

$$\gamma_G \cdot G_k \qquad = 1,35 \cdot 19,5 \qquad\qquad = 26,4 \text{ kN/m}$$

$$\gamma_G \cdot G_{k,3} \qquad = 1,35 \cdot 188 \qquad\qquad = 253,8 \text{ kN}$$

$$\gamma_Q \cdot Q_k \qquad = 1,50 \cdot 6,0 \qquad\qquad = 9,0 \text{ kN/m}$$

$$\gamma_G \cdot G_k + \gamma_Q \cdot Q_k \quad = 26,4 + 9,0 \qquad = 35,4 \text{ kN/m}$$

EC2, 2.2.2.4 und 2.3.2.2

EC2, 2.3.2.2P(2), Gl.(2.7a); die außergewöhnliche Bemessungssituation nach EC2, 2.3.2.2P(2), Gl.(2.7b), wird im Rahmen dieses Beispiels nicht verfolgt.

3.2 Einwirkungen infolge Vorspannung

3.2.1 Spanngliedführung; Kennwerte des Spannverfahrens

3.2.1.1 Spanngliedführung

Es wird eine parabolische Spanngliedführung in zwei Lagen gewählt. Die Parabeln lassen sich mit den Koordinaten nach Bild 7.4 angeben zu

$$z_i\,(x) \qquad = 4 \cdot f_i \cdot (\xi - \xi^2), \quad \text{mit } \xi = \frac{x}{l_{tot}}$$

und

$$l_{tot} \qquad = 2 \cdot 12,83 \qquad\qquad = 25,66 \text{ m}$$

EC2, 2.2.2.1(3), 2.5.4 und 4.2.3

siehe Bild 7.4; die Abweichung der parabolisch geführten Spannglieder gegenüber einem geradlinigen Verlauf im Verankerungsbereich wird im Rahmen dieses Beispiels vernachlässigt.

l_{tot} bezeichnet die gesamte Trägerlänge, siehe Bild 7.4

Der Parabelstich beträgt mit Bild 7.4 für

– die (untere) Spanngliedlage 1: $f_1 = 0,3 - 0,095 \qquad = 0,205$ m

– die (obere) Spanngliedlage 2: $f_2 = 0,90 - 0,235 \qquad = 0,665$ m

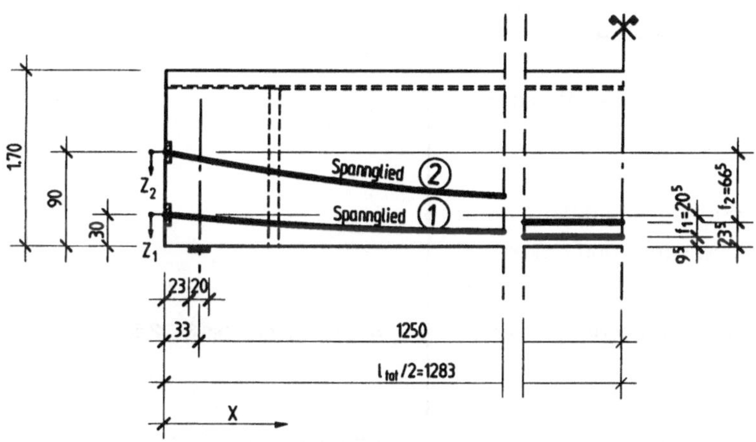

Bild 7.4: Geometrie der Spanngliedführung

3.2.1.2 Kennwerte des Spannverfahrens

Reibungsbeiwert: $\qquad\qquad\qquad \mu \qquad = 0,22$

aus bauaufsichtlicher Zulassung entnommen

ungewollter Umlenkwinkel: $\qquad\qquad k \qquad = 0,005 \text{ m}^{-1}$

Angabe im Bogenmaß; der Wert k ist ebenfalls den bauaufsichtlichen Zulassungen zu entnehmen.

Schlupf in den Spannankern: $\qquad\qquad \Delta l_{sl} \qquad = 3,0 \text{ mm}$

aus bauaufsichtlicher Zulassung

3.2.2 Einwirkungen infolge Vorspannung in den Grenzzuständen der Gebrauchstauglichkeit

EC2, 2.5.4.3

3.2.2.1 Übersicht

Mit Ausnahme

- der Grenzzustände der Rißbildung oder der Dekompression

EC2, 2.5.4.3(3), 4.4.2 und 4.4.2.1(7)

- des Nachweises von Fugen zwischen Fertigteilen

sowie

- des Nachweises von Ermüdungswirkungen

dürfen die Auswirkungen der Vorspannung in den Grenzzuständen der Gebrauchstauglichkeit mit dem Mittelwert $P_{m,t}$ ermittelt werden. Die zuvor genannten Nachweise sind demgegenüber mit dem oberen bzw. unteren charakteristischen Wert der Vorspannung, d. h. $P_{k,sup}$ bzw. $P_{k,inf}$, zu führen, der ebenfalls eine Funktion des Mittelwertes $P_{m,t}$ ist:

EC2, 2.5.4.3(3), a)

$$P_{k,sup} = r_{sup} \cdot P_{m,t}$$

$$P_{k,inf} = r_{inf} \cdot P_{m,t},$$

mit

EC2, 2.5.4.2P(3), Gl.(2.20)

$$r_{sup} = 1,1$$

$$r_{inf} = 0,9$$

EC2, 2.5.4.2(4)

Der Mittelwert der Vorspannkraft $P_{m,t}$ zur Zeit t an der Stelle x längs des Bauteils berechnet sich im Fall von Vorspannung mit nachträglichem Verbund zu:

EC2, 2.5.4.2P(1), b)

$$P_{m,t} = P_0 - \Delta P_c - \Delta P_\mu(x) - \Delta P_{sl} - \Delta P_t(t)$$

mit

EC2, 2.5.4.2P(1), b), Gl.(2.19), und 4.2.3.5.4(5), Gl.(4.8)

P_0 Vorspannkraft am Spannende des Spannglieds unmittelbar nach dem Vorspannen

ΔP_c Spannkraftverlust infolge elastischer Verformung des Bauteils bei der Spannkraftübertragung

$\Delta P_\mu(x)$ Spannkraftverlust infolge Reibung

ΔP_{sl} Spannkraftverlust infolge Schlupf in den Verankerungen

$\Delta P_t(t)$ Spannkraftverlust infolge Kriechens, Schwindens und Relaxation zur Zeit t.

Die einzelnen Anteile an der Vorspannkraft $P_{m,t}$ werden in den nachfolgenden Abschnitten berechnet.

Abschn. 3.2.2.2 bis 3.2.2.6

3.2.2.2 Vorspannkraft P_0 unmittelbar nach dem Vorspannen

EC2, 4.2.3.5.4

Höchstwert der am aktiven Ende des Spannglieds (x = 0 in Bild 7.4) unmittelbar nach dem Spannvorgang aufgebrachten Spannkraft:

EC2, 4.2.3.5.4P(2)

$$P_0 = A_p \cdot \sigma_{0,max}$$

A_p: Querschnittsfläche des Spannglieds

$\sigma_{0,max}$ ist durch den kleineren der beiden folgenden Grenzwerte festgelegt:

$$\sigma_{0,max} = 0,8 \cdot f_{pk} = 0,8 \cdot 1770 = 1416 \ N/mm^2$$

EC2, 4.2.3.5.4P(2), Gl.(4.5)

$$bzw. = 0,9 \cdot f_{p0.1k} = 0,9 \cdot 1500 = 1350 \ N/mm^2$$

hier maßgebender Wert; $f_{p0.1k}$: siehe Abschn. 1.3

[A1], 4.2.3.5.4(8): Ein Überspannen ist unter der Voraussetzung zulässig, daß die Spannpresse mit einer Genauigkeit von ± 5 % arbeitet, bezogen auf den Endwert der Vorspannung. Unter dieser Voraussetzung darf ausnahmsweise die höchste Pressenkraft P_{mo} auf $0,95 \cdot f_{p0.1k} \cdot A_p$ gesteigert werden ($0,95 \cdot f_{p0.1k} = 1425 \ N/mm^2$).

Die Vorspannkraft $P_{m0} = \sigma_{pm0} \cdot A_p$, die unmittelbar nach dem Spannen auf den Beton aufgebracht wird, ist durch den kleineren der beiden folgenden Werte σ_{pm0} festgelegt:

$$\sigma_{pm0} = 0{,}75 \cdot f_{pk} = 0{,}75 \cdot 1770 = 1327{,}5 \text{ N/mm}^2$$

bzw.

$$= 0{,}85 \cdot f_{p0.1k} = 0{,}85 \cdot 1500 = 1275{,}0 \text{ N/mm}^2$$

Die Spannungsdifferenz zwischen $\sigma_{0,max}$ und σ_{pm0} kann dazu genutzt werden, um Spannungsverluste aus Spanngliedreibung und Keilschlupf durch gezieltes Überspannen auszugleichen.

EC2, 4.2.3.5.4P(3); der Fußzeiger 0 bezeichnet den Zeitpunkt t = 0.

EC2, 4.2.3.5.4P(3), Gl.(4.6); [A1], 4.2.3.5.4: Bedingungen, die niedrigere Werte σ_{pm0} erfordern, liegen nicht vor.

siehe jedoch [A1], 4.2.3.5.4(8), zweiter Abs., und die Erläuterung oben

3.2.2.3 Spannkraftverluste aus Spanngliedreibung

Der Spannkraftverlust aus Reibung $\Delta P_\mu(x)$ in Spanngliedern mit nachträglichem Verbund darf nach EC2 abgeschätzt werden aus

$$\Delta P_\mu(x) = P_0 \cdot (1 - e^{-\mu \cdot (\Theta + k \cdot x)})$$

Hierin sind:

μ — Reibungsbeiwert zwischen Spannglied und Hüllrohr, hier $\mu = 0{,}22$

Θ — Summe der Umlenkwinkel über die Länge x (unabhängig von Richtung und Vorzeichen)

k — ungewollter Umlenkwinkel (pro Längeneinheit), abhängig von der Art des Spannglieds; im Rahmen dieses Beispiels wird k angenommen zu: $k = 0{,}005 \text{ m}^{-1}$.

Die Summe der Umlenkwinkel Θ_i (i = 1,2) berechnet sich bei der vorausgesetzten parabolischen Spanngliedführung zu:

$$\Theta_i(x) = \frac{8 \cdot f_i}{l_{tot}^2} \cdot x$$

d. h. für die

— (untere) Spanngliedlage 1: $\Theta_1(x) = \dfrac{8 \cdot 0{,}205}{25{,}66^2} \cdot x$

— (obere) Spanngliedlage 2: $\Theta_2(x) = \dfrac{8 \cdot 0{,}665}{25{,}66^2} \cdot x$

Die Werte $P_\mu/P_0 = e^{-\mu \cdot (\Theta_i + k \cdot x)}$ sind für die beiden Spanngliedlagen in Tab. 7.3 zusammengestellt.

EC2, 4.2.3.5.5(8)

EC2, 4.2.3.5.5(8), Gl.(4.9)

siehe Abschn. 3.2.1.2

siehe Bild 7.4

Angabe im Bogenmaß; siehe Abschn. 3.2.1.2

vgl. Abschn. 3.2.1.1

f_i: Parabelstich, vgl. Bild 7.4

$P_\mu = P_0 \cdot e^{-\mu \cdot (\Theta_i + k \cdot x)}$

Tabelle 7.3: Verhältnis P_μ/P_0 für die Spanngliedlagen 1 und 2

berechnet in den Querschnitten an den Trägerenden und in Feldmitte

Zeile	Spanngliedlage	$e^{-\mu \cdot (\Theta_i + k \cdot x)}$ für		
		x = 0	x = 12,83 m	x = 25,66 m
	1	2	3	4
1	1	1,0	0,979	0,959
2	2	1,0	0,963	0,929

Hieraus ergibt sich der in den Bildern 7.5 und 7.6 dargestellte Verlauf der Spannstahlspannungen über die Länge des Dachbinders.

vgl. Bild 7.5 und Bild 7.6

3.2.2.4 Spannkraftverluste infolge elastischer Trägerverformung

Die Spannglieder werden wechselseitig, d. h. bei x = 0 m (Spannglied 1) bzw. x = 25,66 m (Spannglied 2) so vorgespannt, daß die Spannkraftverluste infolge elastischer Trägerverformung vernachlässigbar klein bleiben. Sie werden deshalb im Rahmen dieses Beispiels nicht weiter verfolgt.

EC2, 4.2.3.5.5(6)

Genauere Angaben zum Spannvorgang enthält das Spannprotokoll, vgl. Abschn. 9.

3.2.2.5   Spannkraftverluste infolge Schlupf in den Spannankern

Beim Nachlassen des Spannglieds verringert sich die anfängliche Spannstahlspannung σ_{pm0} an der Anspannstelle als Folge des Schlupfes Δl_{sl} um den Wert $\Delta\sigma_{psl}$ (Bild 7.5). Am Ende des Nachlaßweges l_{sl} erhält man wieder die ursprüngliche Spannung $\sigma_{pm0}(x)$.

Zur Beschreibung des Spannkraftverlaufs über die Binderlänge ist somit die Kenntnis des Spannungsverlustes $\Delta\sigma_{psl}$ und des Nachlaßweges l_{sl} erforderlich. Ihrer Berechnung wird ein Schlupf von $\Delta l_{sl} = 3{,}0$ mm zugrunde gelegt.

EC2, 4.2.3.5.5(5); vgl. auch [7.1], S. 28ff, Abschn. 4.6.4, [7.4], Abschn. 2

siehe Abschn. 3.2.1.2

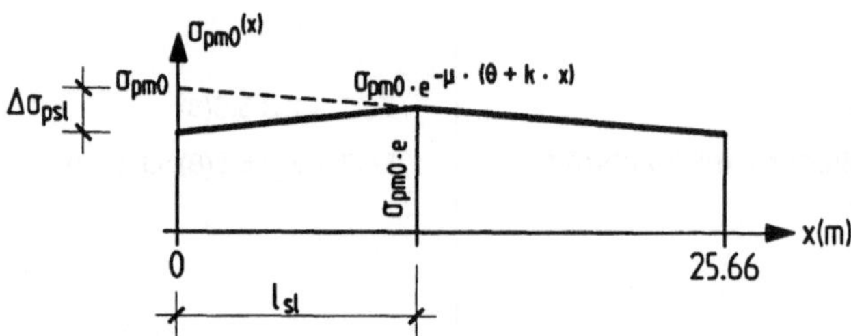

Bild 7.5: Prinzipieller Verlauf der Spannstahlspannung $\sigma_{pm0}(x)$ unter Berücksichtigung der Reibung μ und des Schlupfes Δl_{sl} in den Spannankern

Der Nachlaßweg l_{sl} ergibt sich aus den beiden folgenden Bedingungen (Bild 7.5):

$$\sigma_{pm0}\cdot e^{-\mu\cdot(\Theta_i+k\cdot l_{sl})} = (\sigma_{pm0} - \Delta\sigma_{psl})\cdot e^{+\mu\cdot(\Theta_i+k\cdot l_{sl})}$$

oder näherungsweise für kleine Exponenten $\mu\cdot(\Theta_i+k\cdot l_{sl})$:

$$\sigma_{pm0}\cdot[1-\mu\cdot(\Theta_i+k\cdot l_{sl})] = (\sigma_{pm0}-\Delta\sigma_{psl})\cdot[1+\mu\cdot(\Theta_i+k\cdot l_{sl})]$$

Darüber hinaus ist näherungsweise:

$$\Delta l_{sl} = 0{,}5\cdot\frac{\Delta\sigma_{psl}}{E_p}\cdot l_{sl}$$

oder

$$l_{sl} = \frac{2\cdot\Delta l_{sl}\cdot E_p}{\Delta\sigma_{psl}}$$

Durch Umformen dieser Gleichungen und mit dem Exponenten

$$\mu\cdot(\Theta_i+k\cdot l_{sl}) = \mu\cdot\left(\frac{8\cdot f_i}{l_{tot}^2}+k\right)\cdot l_{sl}$$

erhält man für l_{sl} die Näherungsbeziehung:

$$l_{sl} = \sqrt{\frac{\Delta l_{sl}\cdot E_p}{\sigma_{pm0}\cdot\mu\cdot\left(\dfrac{8\cdot f_i}{l_{tot}^2}+k\right)}}$$

In dieser Gleichung ist die Spannung σ_{pm0} noch unbekannt.

Der weiteren Berechnung wird die Annahme zugrunde gelegt, daß die Spannstahlspannung $\sigma_{pm0}(x)$ am Ende des Nachlaßweges l_{sl} gerade den zulässigen Wert nach Abschn. 3.2.2.2 erreicht, d. h.

$$\sigma_{pm0,e} = 1275\ \text{N/mm}^2,$$

wodurch

$$\sigma_{pm0} = 1275\cdot e^{+\mu\cdot(\Theta_i+k\cdot l_{sl})}$$

Die unter diesen Voraussetzungen iterativ aus den vorigen Gleichungen berechneten Werte σ_{pm0}, l_{sl} und $\Delta\sigma_{psl}$ sind in Tab. 7.4 für die Spanngliedlagen 1 und 2 zusammengestellt. Der Spannkraftverlauf ist in Bild 7.6 wiedergegeben, wobei angenommen wurde, daß das untere Spannglied (Lage 1 in Bild 7.4) bei $x = 0$ (d. h. am linken Trägerauflager), das obere Spannglied (Lage 2) am rechten Auflager angespannt wird.

[7.4], Abschn. 2; [7.5], S. 633, Abschn. 7.8.3

Annahme: Reibungsbeiwert μ beim Anspannen und Nachlassen gleich

Näherung, da $\sigma_{pm0}(x)$ nichtlinear verläuft.

vgl. Abschn. 3.2.1.1; f_i bezeichnet wiederum den Parabelstich.

E_p: Elastizitätsmodul des Spannstahls, hier $E_p = 200\,000$ N/mm², siehe Abschn. 1.3

Tabelle 7.4: Spannung σ_{pm0}, Spannungsverlust $\Delta\sigma_{psl}$ und Nachlaßweg l_{sl} für die Spanngliedlagen 1 und 2

Zeile	Spanngliedlage	σ_{pm0} (N/mm^2)	$\Delta\sigma_{psl}$ (N/mm^2)	l_{sl} (m)	Bemerkung
1	2	3	4		5
1	1	1310	71	16,7	angespannt bei $x = 0$
2	2	1322	94	12,6	angespannt bei $x = 25,66$ m

[A1], 4.2.3.5.4(8): Die höchstzulässige Spannungsgrenze $0,95 \cdot f_{p0.1k} = 0,95 \cdot 1500 = 1425$ N/mm^2 wird nicht erreicht.

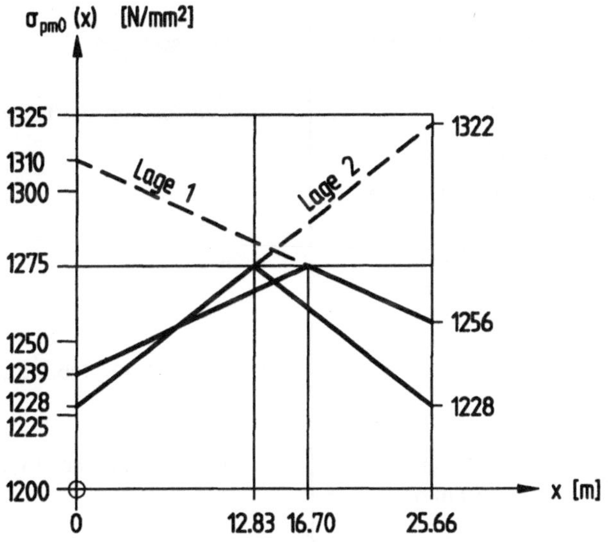

Bild 7.6: Spannkraftverlauf zum Zeitpunkt t = 0 für die Spanngliedlagen 1 und 2 unter Berücksichtigung der Reibung und des Schlupfes in den Verankerungen

Näherungsweise ist für die Spanngliedlage 2 $l_{sl} = l_{tot}/2 = 12,83$ m.

3.2.2.6 Zeitabhängige Spannkraftverluste

a) Ausgangsgleichung

4.2.3.5.5(9)

Zeitabhängige Spannkraftverluste berechnen sich nach EC2 aus:

$$\Delta\sigma_{p,c+s+r} = \frac{\varepsilon_s(t,t_0) \cdot E_p + \Delta\sigma_{pr} + \alpha \cdot \varphi(t,t_0) \cdot (\sigma_{cg} + \sigma_{cp0})}{1 + \alpha \cdot \dfrac{A_p}{A_c} \cdot \left(1 + \dfrac{A_c}{I_c} \cdot z_{cp}^2\right) \cdot [1 + 0,8 \cdot \varphi(t,t_0)]}$$

EC2, Gl.(4.10)

Hierin sind:

$\Delta\sigma_{p,c+s+r}$ Spannungsänderung in den Spanngliedern aus Kriechen, Schwinden und Relaxation an der Stelle x zum Zeitpunkt t

$\varepsilon_s(t,t_0)$ Schwindmaß

EC2, 3.1.2.5.5(2), Tab. 3.4

α $= \dfrac{E_p}{E_{cm}}$

mit α_e in Abschn. 2.5 identisch

E_p Elastizitätsmodul des Spannstahls; hier ist $E_p = 200\,000$ N/mm^2

siehe Abschn. 1.3

E_{cm} Elastizitätsmodul des Betons, hier ist $E_{cm} = 33\,500$ N/mm^2

siehe Abschn. 1.1

$\Delta\sigma_{pr}$ — Spannungsänderung in den Spanngliedern an der Stelle x infolge Relaxation. Diese darf EC2, Bild 4.8, für ein Verhältnis Ausgangsspannung/charakteristische Zugfestigkeit (σ_p/f_{pk}) entnommen werden, mit einer Ausgangsspannung von

$$\sigma_p = \sigma_{pg0} - 0,3 \cdot \Delta\sigma_{p,c+s+r} \; ,$$

wobei σ_{pg0} die anfängliche Spannung in den Spanngliedern aus Vorspannung und ständigen Einwirkungen ist.

EC2, 4.2.3.5.5(9), Gl.(4.11); durch diese Definition von σ_p würde eine iterative Berechnung von $\Delta\sigma_{p,c+s+r}$ erforderlich. Zu deren Vermeidung darf nach EC2 näherungsweise der 2. Anteil vernachlässigt oder $\sigma_p = 0,85 \cdot \sigma_{pg0}$ gesetzt werden.

$\varphi(t,t_0)$ — Kriechzahl

EC2, 3.1.2.5.5(2), Tab. 3.3

σ_{cg} — Betonspannung in Höhe der Spannglieder aus Eigenlast und anderen ständigen Einwirkungen

σ_{cp0} — Anfangswert der Betonspannung in Höhe der Spannglieder infolge Vorspannung

A_p — Querschnittsfläche aller Spannglieder im betrachteten Bereich; $A_p = 14,0 \text{ cm}^2$

siehe Abschn. 2.5

A_c — Fläche des Betonquerschnitts

Abschn. 2.5, Tab. 7.1, für die Feldmitte

I_c — Flächenmoment 2. Grades des Betonquerschnitts

z_{cp} — Abstand zwischen dem Schwerpunkt des Betonquerschnitts und den Spanngliedern.

Die zeitabhängigen Spannkraftverluste werden für den Querschnitt in Feldmitte zum Zeitpunkt $t = \infty$ berechnet.

siehe Bild 7.6

b) Endschwindmaß $\varepsilon_{cs\infty}$, Endkriechzahl $\varphi(\infty,t_0)$

wirksame Bauteildicke d_{eff}:

EC2, 3.1.2.5.5(2), Tab. 3.3 und 3.4

$$d_{eff} = \frac{2 \cdot A_c}{u} = \frac{2 \cdot 0,381 \cdot 10^3}{(2 \cdot 1,70 + 0,2 + 0,45 + 2 \cdot 0,125)} \begin{array}{l} = 177 \text{ mm} \\ \approx 150 \text{ mm} \end{array}$$

siehe Bild 7.2 und Tab. 7.1, Z.1, Sp. 2

Endschwindmaß bei Innenbauteilen: $\varepsilon_{cs\infty} = -0,6 \cdot 10^{-3}$

EC2, Tab. 3.4

Endkriechzahl
bei einem Belastungsalter von 28 Tagen: $\varphi(\infty,t_0) = 2,5$

EC2, Tab. 3.3; diese Annahme liegt auf der sicheren Seite.

c) Spannungsänderung infolge Relaxation

Zur Auswertung der oben angegebenen Gl.(4.11) aus EC2 ist zunächst die Kenntnis der anfänglichen Spannung in den Spanngliedern aus Vorspannung und ständigen Einwirkungen erforderlich.

Anfängliche Spannung in den Spanngliedern in Feldmitte:

$$\sigma_{pm0} = 0,5 \cdot \left[1275 + 1239 + \frac{12,83}{16,7} \cdot (1275 - 1239) \right] \quad = 1271 \text{ N/mm}^2$$

siehe Bild 7.6; Mittelwert in Feldmitte für die Spanngliedlagen 1 und 2; näherungsweise wird für die Lage 2 $\sigma_{pm0} = 1275 \text{ N/mm}^2$ gesetzt.

Dieser Wert beinhaltet bereits, bedingt durch den Spannvorgang, einen Teil der Spannungsänderung infolge der Trägereigenlast. Zur Berechnung der zeitabhängigen Verluste wird deshalb

$$\sigma_{pg0} = \sigma_{pm0} \quad\quad\quad\quad = 1271 \text{ N/mm}^2$$

gesetzt.

Zur Vereinfachung und auf der sicheren Seite liegend darf der Spannungsanteil $\Delta\sigma_p = 0,3 \cdot \Delta\sigma_{p,c+s+r}$ in Gl.(4.11) vernachlässigt werden. Von dieser Näherung wird hier Gebrauch gemacht:

$$\sigma_p = \sigma_{pg0} \quad\quad\quad\quad = 1271 \text{ N/mm}^2$$

$$\frac{\sigma_p}{f_{pk}} = \frac{1271}{1770} \quad\quad\quad\quad = 0,72$$

abgelesen aus EC2, Bild 4.8, für die Relaxationsklasse 2 (Litzen):

$$\Delta\sigma_{pr,1000} = \frac{2,5 + 0,2 \cdot 2,0}{100} \cdot 1271 \qquad = 37 \text{ N/mm}^2$$

$$\Delta\sigma_{pr,\infty} = 3 \cdot \Delta\sigma_{pr,1000} = 3 \cdot 37 \qquad = 111 \text{ N/mm}^2$$

EC2, 4.2.3.4.1(2)

Relaxationsverlust nach 1000 Stunden; interpoliert aus EC2, Bild 4.8, Klasse 2

EC2, 4.2.3.4.1(2)

d) Spannungen σ_{cg} und σ_{cp0} im Betonquerschnitt

– Betonspannung σ_{cg} in Höhe der Spannglieder infolge Eigenlasten:

Andere quasi-ständige Einwirkungen treten nicht auf, siehe Abschn. 3.1.2.1, c).

Biegemoment in Feldmitte infolge der ständigen Einwirkungen $G_{k,1}$, $G_{k,2}$ und $G_{k,3}$:

siehe Abschn. 3.1.1 und Bild 7.3; Abschn. 3.1.2.1, c)

Obwohl die Eigenlasten $G_{k,1}$ bis $G_{k,3}$ zu unterschiedlichen Zeitpunkten aufgebracht werden, wird die Spannung in den Spanngliedern für das Moment

$$M_{Sd,stän} = 19,5 \cdot \frac{25,0^2}{8} + 188,0 \cdot 2,5 \qquad = 1993,5 \text{ kNm}$$

ermittelt.

mittlere Betonzugspannung in der Mitte zwischen den Spanngliedlagen 1 und 2:

vgl. Tab. 7.1; angesetzt wird das Trägheitsmoment $I_{c,net}$

$$\sigma_{cg} = \frac{M_{Sd,stän}}{I_{c,net}} \cdot 0,5 \cdot (z_{p1} + z_{p2})$$

$$= \frac{1,994}{0,100} \cdot 0,5 \cdot (0,850 + 0,710) \qquad = 15,6 \text{ N/mm}^2$$

– Anfangswert der Betonspannung in Höhe der Spannglieder infolge Vorspannung:

Mittelwert zwischen den Lagen 1 und 2

$$\sigma_{cp0} = \frac{N_{p0}}{A_{c,net}} + \frac{M_{p0}}{I_{c,net}} \cdot 0,5 \cdot (z_{p1} + z_{p2})$$

$$N_{p0} = -\sigma_{pm0} \cdot A_p = -1271 \cdot 14,0 \cdot 10^{-4} \qquad = -1,78 \text{ MN}$$

σ_{pm0}: siehe Abschn. c) oben; $A_p = 14,0 \text{ cm}^2$

$$M_{p0} = N_{p0} \cdot 0,5 \cdot (z_{p1} + z_{p2}) = -1,78 \cdot 0,5 \cdot (0,850 + 0,710)$$
$$= -1,39 \text{ MNm}$$

siehe Tab. 7.1, Z.2, Sp. 5 und 6

$$\sigma_{cp0} = -\frac{1,78}{0,376} - \frac{1,39}{0,100} \cdot 0,5 \cdot (0,850 + 0,710)$$

$$= -4,73 - 10,84 \qquad = -15,57 \text{ N/mm}^2$$

somit ist für die Summe

$$\sigma_{cg} + \sigma_{cp0} = +15,60 - 15,57 \qquad \approx 0 \text{ N/mm}^2$$

e) Spannkraftverlust $\Delta\sigma_{p,c+s+r}$

$$\Delta\sigma_{p,c+s+r} = \frac{-0,6 \cdot 10^{-3} \cdot 200000 - 111 + 5,97 \cdot 2,5 \cdot 0}{1 + 5,97 \cdot \dfrac{14 \cdot 10^{-4}}{0,406} \cdot \left(1 + \dfrac{0,406}{0,122} \cdot 0,762^2\right) \cdot (1 + 0,8 \cdot 2,5)}$$

$$= -196 \text{ N/mm}^2$$

EC2, Gl.(4.10); Querschnittswerte $A_{c,i}$, I_{ci} und z_{cp} nach Tab. 7.1, Z. 3;

$$\alpha = \frac{200\,000}{33\,500} = 5,97$$

$$z_{cp} = 0,927 - 0,5 \cdot (0,095 + 0,235)$$
$$= 0,762 \text{ m}$$

Die mittlere Spannung in den Spanngliedern beträgt somit zum Zeitpunkt $t = \infty$ in Feldmitte:

$$\sigma_{pm\infty} = \sigma_{pm0} - \Delta\sigma_{p,c+s+r} = 1271 - 196 \qquad = 1075 \text{ N/mm}^2$$

3.2.3 Einwirkungen infolge Vorspannung in den Grenzzuständen der Tragfähigkeit

Bei den Nachweisen in den Grenzzuständen der Tragfähigkeit für Biegung mit Längskraft werden die Einwirkungen infolge Vorspannung in der Regel über die Vordehnung auf der Widerstandsseite R_d berücksichtigt.

Im Grenzzustand der Tragfähigkeit für Querkraft wird die günstige Wirkung der geneigten Spannglieder auf der Einwirkungsseite S_d erfaßt. Bei dem hier gewählten Standardverfahren wirkt sich die Vorspannung P_d zudem günstig auf die Widerstandsseite R_d aus.

EC2, 2.5.4.4.3; [A1], 2.3.3.1, Abs.(1)

EC2, 2.5.4.4.3P(1); vgl. Abschn. 5.2

EC2, 2.5.4.4.3(4) und 4.3.2.4.6(2)

EC2, 4.3.2.3(1), Gl.(4.18)

4 Schnittgrößenermittlung

EC2, 2.5

4.1 Schnittgrößen infolge ständiger und veränderlicher Einwirkungen

Die Schnittgrößen infolge Vorspannung werden in Abschn. 4.2 ermittelt.

4.1.1 Maximales Feldmoment in den Grenzzuständen der Gebrauchstauglichkeit

$$M_{Sd,selt} = \frac{(G_k + Q_k) \cdot l^2_{eff}}{8} + G_{k,3} \cdot a =$$

$$= \frac{25,5 \cdot 25,0^2}{8} + 188 \cdot 2,5 = 2462,2 \text{ kNm}$$

für die seltene Einwirkungskombination; vgl. Abschn. 3.1.2.1, a); a: Abstand der Einzellast $G_{k,3}$ von der Auflagermitte

$$M_{Sd,häuf} = \frac{20,7 \cdot 25,0^2}{8} + 188 \cdot 2,5 = 2087,2 \text{ kNm}$$

für die häufige Einwirkungskombination; vgl. Abschn. 3.1.2.1, b)

$$M_{Sd,stän} = \frac{19,5 \cdot 25,0^2}{8} + 188 \cdot 2,5 = 1993,5 \text{ kNm}$$

für die quasi-ständige Einwirkungskombination; vgl. Abschn. 3.1.2.1, c)

4.1.2 Schnittgrößen in den Grenzzuständen der Tragfähigkeit

EC2, 2.5.3.2.2

Extremales Feldmoment:

$$M_{Sd,max} = \frac{35,4 \cdot 25,0^2}{8} + 253,8 \cdot 2,5 = 3400,1 \text{ kNm}$$

vgl. Abschn. 3.1.2.2

Extremale Querkraft:

$$V_{Sd,max} = 35,4 \cdot \frac{25,0}{2} + 253,8 = 696,3 \text{ kN}$$

4.2 Schnittgrößen infolge Vorspannung

4.2.1 Grenzzustände der Gebrauchstauglichkeit

Die Schnittgrößen N_p, M_p und V_p sind für die Querschnitte in Feldmitte und an den Auflagern in Tab. 7.5 für $t = 0$ und $t = \infty$ zusammengestellt. Dabei wurde für die beiden Spanngliedlagen eine mittlere Spannstahlspannung σ_{pm} eingesetzt. Für den Querschnitt an den Auflagern wurden dabei vereinfachend die Angaben aus Tab. 7.1 übernommen. Die Spanngliedneigung beträgt in den Auflagerachsen ($\xi \approx 0$ bzw. $\xi \approx 1$) für

EC2, 2.5.4.2(5)
t = 0: Zeitpunkt bei Belastungsbeginn

vgl. Abschn. 3.2.1.1

$$- \text{ die Spanngliedlage 1: } \tan \alpha_1 = \frac{4 \cdot 0,205}{25,66} = 0,0320$$

$$- \text{ die Spanngliedlage 2: } \tan \alpha_2 = \frac{4 \cdot 0,665}{25,66} = 0,1037$$

im Mittel also $\quad \tan \alpha_m = 0,5 \cdot (0,0320 + 0,1037) = 0,0679$

Für den im Auflagerbereich verstärkten Querschnitt ist $z_u = 0,880$ m; der mittlere Abstand der Spannglieder z_{cp} ist somit $z_{cp} = 0,880 - 0,60 = 0,28$ m. Dieser Hebelarm ist dem Moment M_p an den Auflagern zugrunde gelegt.

siehe Bild 7.1, Schnitte A−A und C−C; z_u: Abstand der Nullinie vom unteren Querschnittsrand

Tabelle 7.5: Zusammenstellung der Schnittgrößen N_p, M_p und V_p infolge Vorspannung in den Grenzzuständen der Gebrauchstauglichkeit

Zeile	Schnitt	Schnittgrößen (kN), (kNm) zum Zeitpunkt					
		$t = 0$			$t = \infty$		
		N_p	M_p	V_p	N_p	M_p	V_p
	1	2	3	4	5	6	7
1	Auflager links	−1727,2	− 483,6	−117,3	−1452,8	− 406,8	− 98,6
2	Feld-mitte	−1779,4	−1387,9	0	−1505,0	−1146,8	0
3	Auflager rechts	−1738,8	− 486,9	−118,1	−1464,4	− 410,1	− 99,4

für $t = 0$ mit dem Spannungsverlauf nach Bild 7.6;
für $t = \infty$ mit $\Delta\sigma_{p,c+s+r} = -196$ N/mm² nach Abschn. 3.2.2.6, e)

für $x = 0$ m; vgl. Bild 7.6

z_{p1}, z_{p2} nach Tab. 7.1 für den idealisierten Querschnitt nach Bild 7.2; das Moment M_p wird für $t = 0$ mit den Werten für den Nettoquerschnitt, für $t = \infty$ mit den ideellen Querschnittswerten berechnet.

für $x = 25,66$ m; vgl. Bild 7.6

4.2.2 Grenzzustände der Tragfähigkeit

Die Schnittgrößen infolge Vorspannung in den Grenzzuständen der Tragfähigkeit werden mit Hilfe von Tab. 7.5 an den Stellen berechnet, wo sie für den jeweiligen Nachweis benötigt werden.

EC2, 2.5.4.4.3

siehe nachfolgenden Abschn. 5

5 Bemessung in den Grenzzuständen der Tragfähigkeit

EC2, 4.3

5.1 Bemessungswerte der Baustoffe

EC2, 2.2.3.2

Beton: C 35/45 $\qquad$ f_{ck} = 35 N/mm²

siehe Abschn. 1.1

$$f_{cd} = \frac{f_{ck}}{\gamma_c} = \frac{35}{1,5} = 23,33 \text{ N/mm}^2$$

EC2, 2.2.3.2P(1), Gl.(2.3); Bemessungswert der Betondruckfestigkeit

Betonstahl: BSt 500 $\qquad$ f_{yk} = 500 N/mm²

siehe Abschn. 1.2 und [A1], 3.2.1P(5), Tab. R2, Z. 2, Sp. 2 und 6

$$f_{yd} = \frac{f_{yk}}{\gamma_s} = \frac{500}{1,15} = 435 \text{ N/mm}^2$$

EC2, 2.2.3.2P(1), Gl.(2.3); Bemessungswert der Stahlfestigkeit an der Streckgrenze

Spannstahl: St 1570/1770 $\qquad$ f_{pk} = 1770 N/mm²

charakteristische Zugfestigkeit des Spannstahls; vgl. Abschn. 1.3

$$f_{pd} = 0,9 \cdot \frac{f_{pk}}{\gamma_s} = 0,9 \cdot \frac{1770}{1,15} = 1385 \text{ N/mm}^2$$

EC2, 4.2.3.3.3(2) und (6), Bild 4.6

5.2 Bemessung für Biegung mit Längskraft

EC2, 4.3.1

5.2.1 Bemessung des Feldquerschnitts im Endzustand

Bemessungswert des in Feldmitte infolge der Einwirkungen $G_{k,1}$, $G_{k,2}$, $G_{k,3}$ und Q_k aufzunehmenden Biegemomentes:

siehe Bild 7.3

$$M_{Sd,max} = = 3400 \text{ kNm}$$

vgl. Abschn. 4.1.2

Die Bemessung wird mit Hilfe der Tafeln für Plattenbalkenquerschnitte in [A2] durchgeführt.

[A2], S. 58/59, Abschn. 6.2.2.2.1

Mittlere Nutzhöhe von Betonstahl und Spannstahl für die Bewehrungsanordnung nach Bild 7.7:

$$d_m = 1,70 - \left(\frac{4 \cdot 2,0}{26,0} \cdot 4,1 + \frac{2 \cdot 2,0}{26,0} \cdot 7,7 + \frac{14,0}{26,0} \cdot 16,5\right) \cdot 10^{-2} = 1,58 \text{ m}$$

Der Bewehrungsquerschnitt A_s wird zunächst geschätzt.

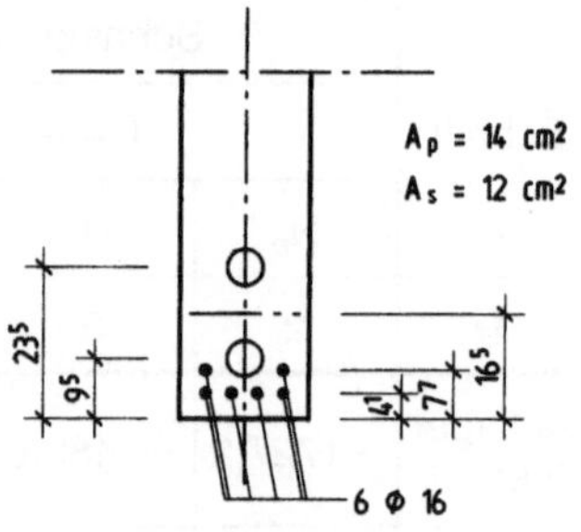

Bild 7.7: Geschätzte Bewehrungsanordnung zur Berechnung der mittleren Nutzhöhe d_m

Mit dem Hilfswert

[A2], S. 59, 6.2.2.2.1, Tafel 6.3a

[A2], S. 58, 6.2.2.2.1, Gl. (6.25)

$$\mu_{Sds} = \frac{M_{Sd,max}}{b_f \cdot d^2_m \cdot f_{cd}} = \frac{3,4}{0,45 \cdot 1,58^2 \cdot 23,33} = 0,13$$

entnimmt man Tafel 6.3a für das Verhältnis $\dfrac{h_f}{d} = \dfrac{0,165}{1,58} \approx 0,1$, $\dfrac{b_f}{b_w} = \dfrac{45}{20} \approx 2,25$ durch Interpolation:

vgl. Bild 7.2; für h_f wird der Mittelwert $h_f = 16,5$ cm eingesetzt.

$$1000 \cdot \omega = 146$$

wodurch

$$\text{erf } A_s = \frac{1}{f_{yd}} \cdot (\omega \cdot b_f \cdot d_m \cdot f_{cd} - A_p \cdot \sigma_{pd})$$

[A2], S. 58, Abschn. 6.2.2.2.1, Gl.(6.29a)

Für den Bemessungswert der Spannstahlspannung σ_{pd} gilt:

EC2, 2.5.4.4.3; [A1], 2.3.3.1, Abs.(1); [A2], S. 58, Gl.(6.29b)

$$\sigma_{pd} = (r_{inf} \cdot \varepsilon_{pm} + \Delta\varepsilon_p) \cdot E_p \le f_{pd} \qquad = 1385 \text{ N/mm}^2$$

Nach [A1], 2.3.3.1, Abs.(1), sind die Nachweise auch in den Grenzzuständen der Tragfähigkeit mit dem charakteristischen Wert der Vorspannkraft im Sinne von EC2, 2.5.4.2P(3), zu führen.

mit

ε_{pm} zur mittleren Vorspannkraft $P_{m,t}$ zugehörige Vordehnung des Spannstahls

EC2, 4.3.1.0; 4.3.1.2(2), Bild 4.11

$\Delta\varepsilon_p$ Änderung der Stahldehnung infolge der äußeren Einwirkungen

EC2, Bild 4.11

r_{inf} Beiwert zur Ermittlung des unteren charakteristischen Wertes der Vorspannung: $r_{inf} = 0,9$.

EC2, 2.5.4.2(4)

Die mittlere Vordehnung der Spanngliedlagen 1 und 2 beträgt zum Zeitpunkt $t = \infty$:

$$\varepsilon_{pm} = \frac{\sigma_{pm} - \Delta\sigma_{p,c+s+r}}{E_p} = \frac{1075}{200\,000} = 5,38 \text{ ‰}$$

vgl. Abschn. 3.2.2.6, e)

$$r_{inf} \cdot \varepsilon_{pm} = 0,9 \cdot 5,38 = 4,84 \text{ ‰}$$

Die zur Spannung $f_{p0.1k} = 1500$ N/mm² gehörige Stahldehnung berechnet sich zu:

siehe Abschn. 1.3

$$\varepsilon_{p0.1k} = \frac{1500}{200\,000} = 7,50 \text{ ‰}$$

Eine Nebenrechnung ergibt, daß für $\mu_{Sds} = 0,13$ und den vorgegebenen Querschnittsabmessungen

$$(r_{inf} \cdot \varepsilon_{pm} + \Delta\varepsilon_p) > \varepsilon_{p0.1k},$$

so daß für den weiteren Nachweis $f_{pd} = 1385$ N/mm^2 maßgebend wird:

$$\text{erf } A_s = \frac{1}{435} \cdot (0{,}146 \cdot 0{,}45 \cdot 1{,}58 \cdot 23{,}33 - 14{,}0 \cdot 10^{-4} \cdot 1385) \cdot 10^4$$

$$= 11{,}1 \text{ cm}^2$$

gewählt:

> BSt 500 S; 6 Stäbe $\varnothing$ 16
> vorh $A_s = 12{,}0$ cm^2 > erf $A_s = 11{,}10$ cm^2

[A2], S. 58, Gl.(6.29b)

Die Stäbe $\varnothing$ 16 werden entsprechend Bild 7.7 angeordnet.

5.2.2 Nachweis der vorgedrückten Zugzone

Es ist nachzuweisen, daß die Tragfähigkeit der vorgedrückten Zugzone unter der Einwirkungskombination aus Eigenlast $G_{k,1}$ und der Vorspannung nicht überschritten wird. Nach [A1] sind dabei folgende Teilsicherheitsbeiwerte bzw. charakteristischen Werte anzusetzen:

EC2, 2.3.3.1(5)
[A1], S. 2.3.3.1, Abs.(1) und (5)

– für die Eigenlast im Falle günstiger Wirkung: $\quad \gamma_G = 1{,}0$

[A1], S. 2, 2.3.3.1, Abs. (5)

– für die Vorspannung (charakteristischer Wert): $\quad \gamma_p = 1{,}0$

Der Nachweis wird in Form einer Bemessung des Feldquerschnitts für Biegung mit Längskraft zum Zeitpunkt t = 0 durchgeführt. Spannkraftverluste infolge Betonstauchungen werden auf der sicheren Seite liegend vernachlässigt.

EC2, 4.3.1

Maßgebend ist somit der Verlauf der Spannstahlspannungen nach Bild 7.6.

Bemessungswert des Feldmoments infolge Eigenlast $G_{k,1}$:

siehe Abschn. 3.1.1 und Bild 7.3

$$M_{Sd,G} = \gamma_G \cdot \frac{G_{k,1} \cdot l^2_{eff}}{8} = 1{,}0 \cdot \frac{9{,}5 \cdot 25{,}0^2}{8} = 742 \text{ kNm}$$

Charakteristischer Wert der Vorspannung:

[A1], 2.3.3.1, Abs. (1)

$$P_k = r_{sup} \cdot P_{m0} \qquad = 1{,}1 \cdot 1780 \qquad = 1958 \text{ kN}$$

vgl. Abschn. 4.2.1, Tab. 7.5, Z.2, Sp. 2 und 3

zugehöriges Biegemoment:

$$M_k = r_{sup} \cdot M_p \qquad = -1{,}1 \cdot 1388 \qquad = -1527 \text{ kNm}$$

Bemessungsschnittgrößen somit:

[A1], 2.3.3.1, Abs. (5)

$$N_{Sd} = -\gamma_p \cdot P_k \qquad = -1{,}0 \cdot 1958 \qquad = -1958 \text{ kN}$$

$$M_{Sd} = M_{Sd,G} + \gamma_p \cdot M_k = +742 - 1{,}0 \cdot 1527 \qquad = -785 \text{ kNm}$$

Abstand z_s der Normalkraft N_{Sd} vom Schwerpunkt des Obergurtes:

Der Schwerpunkt einer eventuell erforderlichen Zugbewehrung an der Trägeroberseite wird im Schwerpunkt des Obergurtes angenommen.

$$z_s = h - z_u - \frac{h_f}{2} = 1{,}70 - 0{,}945 - \frac{0{,}165}{2} = 0{,}67 \text{ m}$$

z_u nach Tab. 7.1, Z.2, Sp. 4, für den Nettoquerschnitt

Nutzhöhe:

$$d = h - \frac{h_f}{2} = 1{,}70 - \frac{0{,}165}{2} \approx 1{,}60 \text{ m}$$

$$\mu_{Sds} = \frac{0{,}785 - (-1{,}958) \cdot 0{,}67}{0{,}2 \cdot 1{,}60^2 \cdot 23{,}33} = 0{,}18 < 0{,}40$$

[A2], S. 52, Abschn. 6.2.2.1.3, Gl.(6.19)

abgelesen:

[A2], S. 53, Tafel 6.2a

$$\omega = 0{,}2055; \quad \sigma_{sd} = f_{yd} = 435 \text{ N/mm}^2$$

$$\text{erf } A_s = \frac{1}{435} \cdot (0{,}2055 \cdot 0{,}2 \cdot 1{,}6 \cdot 23{,}33 - 1{,}958) \cdot 10^4 < 0$$

[A2], S. 52, Gl.(6.21)

Schlußfolgerungen:

– wegen $\mu_{Sds} = 0{,}18 < \mu_{Sd,lim} = 0{,}4$ ist die Tragfähigkeit der vorgedrückten Zugzone nicht erreicht;

– eine Betonstahlbewehrung an der Trägeroberseite ist für diesen Grenzzustand nicht erforderlich.

5.3 Bemessung für Querkraft

5.3.1 Bemessungswert der aufzunehmenden Querkraft

$$V_{Sd} = V_{0d} - V_{pd}$$

mit $\quad V_{Sd}$ Bemessungswert der aufzunehmenden Querkraft

$\quad\quad V_{0d}$ Bemessungswert der Querkraft infolge der ständigen Einwirkungen $G_{k,1}$, $G_{k,2}$ und $G_{k,3}$ sowie der veränderlichen Einwirkung Q_k

$\quad\quad V_{pd}$ Querkraftkomponente infolge der geneigten Spannglieder parallel zu V_{0d}.

Der Bemessungswert V_{0d} darf bei direkter Lagerung und gleichmäßig verteilter Last in einem Schnitt mit dem Abstand d vom Auflagerrand ermittelt werden (Bild 7.8).

Querkraftanteil $V_{0d,1}$ infolge der gleichmäßig verteilten Lasten $G_{k,1}$, $G_{k,2}$ und Q_k im Abstand d vom Auflagerrand:

$$V_{0d,1} = (\gamma_G \cdot G_k + \gamma_Q \cdot Q_k) \cdot \left(\frac{l_{eff}}{2} - \frac{a_L}{2} - d\right) =$$

$$= 35{,}4 \cdot (12{,}5 - 0{,}10 - 1{,}65) = 380{,}55 \text{ kN}$$

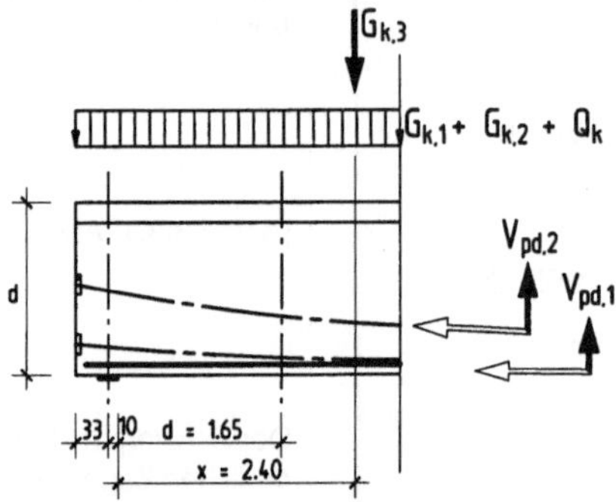

Bild 7.8: Einwirkungen im Auflagerbereich des Dachbinders (schematisch)

Querkraftanteil $V_{0d,2}$ infolge der Einzellast $G_{k,3}$:

$$V_{0d,2} = \gamma_G \cdot G_{k,3} = 253{,}8 \text{ kN}$$

Im Rahmen dieses Beispiels wird die aufnehmbare Querkraft V_{Rd} nach dem Standardverfahren ermittelt. Bei dieser Methode ist, sofern – wie hier – eine konzentrierte Einzellast im Abstand $x \leq 2{,}5 \cdot d$ vom Auflagerrand wirkt, eine Erhöhung der aufnehmbaren Querkraft in der Weise zulässig, daß der Grundwert der Bemessungsschubfestigkeit τ_{Rd} mit dem Beiwert β multipliziert wird:

$$\beta = 2{,}5 \cdot \frac{d}{x} \;;\; 1{,}0 \leq \beta \leq 3{,}0$$

Im vorliegenden Fall ist (Bild 7.8)

$$\beta = 2{,}5 \cdot \frac{1{,}65}{2{,}40} = 1{,}72$$

Randspalte:

EC2, 4.3.2

EC2, 4.3.2.4.6

EC2, 4.3.2.4.6(1), Gl.(4.32)

siehe Bild 7.3

EC2, 4.3.2.4.6(1); Die Querkraftkomponente V_{pd} ist positiv, wenn sie die gleiche Richtung aufweist wie V_{0d}.

EC2, 4.3.2.2(10); diese Regelung gilt auch bei direkter Lagerung und einer Kombination aus konzentrierten und gleichmäßig verteilten Lasten; siehe jedoch EC2, 4.3.2.2(9)

vgl. Abschn. 3.1.2.2; a_L: Auflagertiefe, hier $a_L = 20$ cm, siehe Bild 7.4; d: maßgebend ist die Betonstahlbewehrung; $d = h - \text{nom } c_w - \varnothing_w - \varnothing_l/2 = 170 - 2{,}5 - 0{,}8 - 1{,}6/2 \approx 165$ cm; vgl. Abschn. 5.2.1 und Bild 7.7

Auflagerkraft und Biegemoment sind nicht dargestellt.
vgl. Abschn. 3.1.2.2

EC2, 4.3.2.4.3; 4.3.2.2(9)

EC2, 4.3.2.2(9), Gl.(4.17); [A1], 4.3.2.2, Abs.(9) und Bild R2

Da dieses Verfahren bei gleichzeitigem Wirken von gleichmäßig verteilten Lasten und Einzellasten u. U. zu einer Überschätzung der Querkrafttragfähigkeit führt, wird in [A12] vorgeschlagen, den Querkraftanteil $V_{0d,2}$ infolge der Einzellast $G_{k,3}$ für die Ermittlung der Schubbewehrung mit dem Beiwert $\beta^* = 1/\beta$ abzumindern. Die aufzunehmende Querkraft infolge der ständigen und veränderlichen Einwirkungen beträgt somit:

[A12], S. 406 bis 408, Abschn. 3.3.3

Diese Vorgehensweise entspricht DIN 1045, 17.5.2(1).

– für die Ermittlung der Schubbewehrung:

EC2, 4.3.2.4.3(3), Gl.(4.24)

$$V^*_{0d} = V_{0d,1} + \beta^* \cdot V_{0d,2} = 380,6 + \frac{253,8}{1,72} = 528,2 \text{ kN}$$

– für den Nachweis der Druckstrebentragfähigkeit:

EC2, 4.3.2.4.3(4), Gl.(4.25)

$$V_{0d} = V_{0d,1} + V_{0d,2} = 380,6 + 253,8 = 634,4 \text{ kN}$$

Bezüglich der Auswirkung der geneigten Spannglieder im Auflagerbereich sind zwei Fälle zu unterscheiden:

EC2, 4.3.2.4.6(1) und (2); Bild 7.8

Fall 1: Die Spannung in den Spanngliedern übersteigt die charakteristische Festigkeit $f_{p0.1k}$ nicht:
Als maßgebende Vorspannkraft ist der unter Berücksichtigung der Spannkraftverluste berechnete Mittelwert $P_{m,t}$, multipliziert mit dem maßgebenden Teilsicherheitsbeiwert γ_p, einzusetzen.

Nach [A1], 2.3.3.1, Abs. (1), ist jedoch der charakteristische Wert der Vorspannkraft P_k mit $\gamma_p = 1,0$ zu multiplizieren.

Fall 2: Die Stahlspannung im Spannglied übersteigt $f_{p0.1k}$:
Die Spannkraft ergibt sich aus $f_{p0.1k}$, dividiert durch γ_s.

Die mittlere Spannung in den Spanngliedern an den Endauflagern beträgt nach Abzug der Verluste aus Reibung und Schlupf in den Verankerungen:

siehe Bild 7.6

– am linken Auflager:

$$\sigma_{pm0} = \frac{1239 + 1228}{2} = 1233,5 \text{ N/mm}^2$$

– am rechten Auflager:

$$\sigma_{pm0} = \frac{1256 + 1228}{2} = 1242,0 \text{ N/mm}^2$$

Auf der sicheren Seite liegend wird für die Spannstahlspannung zum Zeitpunkt $t = \infty$ angenommen, daß

$$\sigma_{pm,t} = \sigma_{pm0} - \Delta\sigma_{p,c+s+r} = 1233,5 - 196 = 1038 \text{ N/mm}^2$$

vgl. Abschn. 3.2.2.6, e)

Im Grenzzustand der Tragfähigkeit für Querkraft wird somit im Auflagerbereich die charakteristische Festigkeit des Spannstahls nicht überschritten. Maßgebend ist somit Fall 1.

$f_{p0.1k} = 1500$ N/mm^2; siehe Abschn. 1.3

Spanngliedneigungen im Abstand d vom Auflagerrand:

– Spanngliedlage 1: $\tan \alpha_1 = z'_1(x) = 4 \cdot f_1 \cdot \left(\dfrac{1}{l_{tot}} - \dfrac{2 \cdot x}{l_{tot}^2} \right)$

$$= 4 \cdot 0,205 \cdot \left(\frac{1}{25,66} - 2 \cdot \frac{1,65 + 0,43}{25,66^2} \right) = 0,0268$$

vgl. Bild 7.8:
$x = 0,33 + 0,10 + 1,65 = 2,08$ m

– Spanngliedlage 2: $\tan \alpha_2 = z'_2(x) = 4 \cdot f_2 \cdot \left(\dfrac{1}{l_{tot}} - \dfrac{2 \cdot x}{l_{tot}^2} \right)$

$$= 4 \cdot 0,665 \cdot \left(\frac{1}{25,66} - \frac{2 \cdot 2,08}{25,66^2} \right) = 0,0868$$

$$V_{pd} = r_{inf} \cdot \gamma_p \cdot \sigma_{pm,t} \cdot A_p \cdot \tan \alpha_i$$

[A1], 2.3.3.1, Abs.(1)

$$V_{pd} = 0,9 \cdot 1,0 \cdot 1038 \cdot 7,0 \cdot 10^{-4} \cdot (0,0268 + 0,0868) \cdot 10^3 = 74,3 \text{ kN}$$

Aufzunehmende Querkraft V_{Sd} somit:

EC2, 4.3.2.4.6(1), Gl.(4.32)

– für den Nachweis der Schubbewehrung:

vgl. Abschn. 5.3.2

$$V'_{Sd} = V^*_{0d} - V_{pd} = 528,2 - 74,3 = 453,9 \text{ kN}$$

– für den Nachweis der Druckstrebentragfähigkeit:

vgl. Abschn. 5.3.3

$$V_{Sd} = V_{0d} - V_{pd} = 634,4 - 74,3 = 560,1 \text{ kN}$$

5.3.2 Bemessungswert der durch die Schubbewehrung aufnehmbaren Querkraft

$$V_{Rd3} = V_{cd} + V_{wd}$$

mit

V_{cd} auf den Beton entfallender Anteil der Querkrafttragfähigkeit, $V_{cd} = V_{Rd1}$

V_{Rd1} Querkrafttragfähigkeit eines Bauteils ohne Schubbewehrung

V_{wd} auf die Schubbewehrung entfallender Anteil der Querkrafttragfähigkeit

$$V_{Rd1} = [\tau_{Rd} \cdot k \cdot (1{,}2 + 40 \cdot \varrho_l) + 0{,}15 \cdot \sigma_{cp}] \cdot b_w \cdot d$$

τ_{Rd} Grundwert der Bemessungsschubfestigkeit, $\tau_{Rd} = 0{,}30\ \text{N/mm}^2$

k Beiwert zur Berücksichtigung der Bauteildicke

$$k = 1{,}6 - d \geq 1{,}0 \quad ; \quad k = 1{,}0$$

$$\varrho_l \quad \varrho_l = \frac{A_{sl}}{b_w \cdot d} \leq 0{,}02; \ \varrho_l = \frac{4 \cdot 2{,}01 \cdot 10^{-4}}{0{,}20 \cdot 1{,}65} = 0{,}002$$

$$\sigma_{cp} \quad \sigma_{cp} = \frac{N_{Sd}}{A_c}$$

N_{Sd} Längskraft infolge Last oder Vorspannung (Druck positiv)

$$N_{Sd} = r_{inf} \cdot \gamma_p \cdot \sigma_{pm,t} \cdot A_p$$
$$= 0{,}9 \cdot 1{,}0 \cdot 1038 \cdot 14{,}0 \cdot 10^{-4} \cdot 10^3 = 1308\ \text{kN}$$

$$\sigma_{cp} = \frac{1{,}31}{0{,}406} = 3{,}22\ \text{N/mm}^2$$

b_w kleinste Querschnittsbreite innerhalb der Nutzhöhe; falls jedoch ein Steg verpreßte Spannglieder mit einem Durchmesser $\varnothing_{duct} > \dfrac{b_w}{8}$ enthält, sollte die Querkraft V_{Rd2} auf der Grundlage des Nennwerts der Stegbreite ermittelt werden:

$$b_{w,net} = b_w - 0{,}5 \cdot \Sigma\varnothing_{duct}$$

Im vorliegenden Fall ist $\varnothing_{duct} = 6\ \text{cm} > \dfrac{20}{8} = 2{,}5\ \text{cm}$

$$b_{w,net} = 20 - \frac{6{,}0}{2} = 17{,}0\ \text{cm}$$

d Nutzhöhe, bezogen auf die Betonstahlbewehrung; $d = 1{,}65\ \text{m}$

$$V_{Rd1} = [0{,}30 \cdot 1{,}0 \cdot (1{,}2 + 40 \cdot 0{,}002) + 0{,}15 \cdot 3{,}22] \cdot$$
$$\cdot\ 0{,}2 \cdot 1{,}65 \cdot 10^3 = 286\ \text{kN}$$

Durch die Schubbewehrung aufzunehmender Querkraftanteil:

$$V_{wd} = V'_{Sd} - V_{Rd1} = 453{,}9 - 286{,}0 = 168{,}0\ \text{kN}$$

Bei Anordnung von lotrechten Bügeln ($\alpha = 90°$) erhält man die erforderliche Schubbewehrung aus:

$$\text{erf}\ \frac{A_{sw}}{s_w} = \frac{V_{wd}}{0{,}9 \cdot d \cdot f_{ywd}} = \frac{0{,}168}{0{,}9 \cdot 1{,}65 \cdot 435} \cdot 10^4 = 2{,}60\ \text{cm}^2/\text{m}$$

Randbemerkungen (rechte Spalte):

EC2, 4.3.2.4.3(1)

EC2, 4.3.2.4.3(1), Gl.(4.22)

EC2, 4.3.2.3(1), Gl.(4.18)

EC2, 4.3.2.3(1), Gl.(4.18)

[A1], Tab. R4, für C 35/45

hier maßgebend

für 4 Stäbe $\varnothing$ 16, vgl. Darstellung der Bewehrung

vgl. Abschn. 5.3.1

$A_c = A_{ci}$: vgl. Tab. 7.1, Z. 3, Sp. 2

EC2, 4.3.2.2 (8)

vgl. Abschn. 5.3.3

vgl. Abschn. 1.3 und Bild 7.1, Schnitt B−B

EC2, 4.3.2.4.6(4); vgl. Abschn. 5.3.1

EC2, 4.3.2.2(8): bei der Ermittlung von V_{Rd1} ist b_w maßgebend.

EC2, 4.3.2.4.3(1), Gl.(4.22)

EC2, 4.3.2.4.3(2), Gl.(4.23)

gewählt:

> BSt 500 S; zweischnittige Bügel $\varnothing$ 8–20
>
> vorh $\dfrac{A_{sw}}{s_w}$ = 5,02 cm²/m > 2,60 cm²/m

Bügel gewählt im Hinblick auf den Mindestbewehrungsgrad nach EC2, 5.4.2.2(5), sowie auf die Unterstützung der Spannglieder und zur Erzielung eines ausreichend steifen Bewehrungskorbes.

Aufhängebewehrung zur Aufnahme der Eigenlast $G_{k,3}$:

$$\text{erf } A_{sw} = \frac{\gamma_G \cdot G_{k,3}}{f_{yd}} = 253,8 \cdot 10^{-3} \cdot \frac{10^4}{435} = 5,84 \text{ cm}^2$$

siehe Bild 7.3

$G_{k,3}$: siehe Abschn. 3.1.2.2

gewählt:

> BSt 500 S; 6 zweischnittige Bügel $\varnothing$ 8
>
> vorh A_{sw} = 6,03 cm²/m > 5,84 cm²/m

5.3.3 Nachweis der Druckstrebentragfähigkeit

$$V_{Rd2} = 0,5 \cdot \nu \cdot f_{cd} \cdot b_{w,net} \cdot 0,9 \cdot d \cdot (1 + \cot\alpha)$$

$$\nu = 0,7 - \frac{f_{ck}}{200} \geq 0,5$$

$$= 0,7 - \frac{35}{200} = 0,525$$

$$\cot 90° = 0$$

$$V_{Rd2} = 0,5 \cdot 0,525 \cdot 23,33 \cdot 0,17 \cdot 0,9 \cdot 1,65 \cdot 10^3 \qquad = 1546 \text{ kN}$$
$$> \quad 560 \text{ kN}$$

EC2, 4.3.2.4.3(4)

EC2, 4.3.2.4.3(4), Gl.(4.25)

EC2, 4.3.2.4.2(3), Gl.(4.21)

Bügelneigung $\alpha = 90°$

$= V_{Sd}$, vgl. Abschn. 5.3.1

Berücksichtigung der zusätzlichen Beanspruchung der Streben durch Längsdruck:

$$V_{Rd2,red} = 1,67 \cdot V_{Rd2} \cdot \left(1 - \frac{\sigma_{cp,eff}}{f_{cd}}\right) \leq V_{Rd2}$$

$$\sigma_{cp,eff} = \frac{N_{Sd}}{A_{ci}} = \frac{1,1 \cdot 1,0 \cdot 1038 \cdot 14 \cdot 10^{-4}}{0,406} = 3,93 \text{ N/mm}^2$$

$$V_{Rd2,red} = 1,67 \cdot V_{Rd2} \cdot \left(1 - \frac{3,93}{23,33}\right) = 1,38 \cdot V_{Rd2} \quad > V_{Rd2}$$

EC2, 4.3.2.2(4), Gl.(4.15)

vgl. Abschn. 5.3.1, maßgebend ist hier $r_{sup} = 1,1$

Dieser Nachweis wird somit nicht maßgebend.

5.4 Bemessung für die Grenzzustände der Tragfähigkeit infolge Tragwerksverformungen

EC2, 4.3.5, insbesondere 4.3.5.7, für den Nachweis der Kippsicherheit

5.4.1 Kippsicherheit im Endzustand

Im Endzustand wird das Kippen des druckbeanspruchten Obergurtes durch die Dachscheibe verhindert.

Es kann daher davon ausgegangen werden, daß die Kippsicherheit des Dachbinders zweifelsfrei feststeht. Rechnerische Untersuchungen sind daher nicht erforderlich.

Zur Erhöhung der Seitensteifigkeit des Obergurtes werden konstruktiv

EC2, 4.3.5.7P(1); ein rechnerischer Nachweis wäre z.B. nach dem Verfahren von STIGLAT möglich, siehe Literatur [5.2] in Beispiel 5.

gewählt:

> BSt 500 S   4 Stäbe $\varnothing$ 28

5.4.2   Kippsicherheit während des Anhebens

Die geometrischen Grenzen in EC2, bei deren Einhaltung auf einen rechnerischen Nachweis der Kippsicherheit verzichtet werden kann, wurden für gabelgelagerte Träger hergeleitet. Sie können deshalb in der Regel nicht für Zustände während des Anhebens und des Einbaus der Binder herangezogen werden.

EC2, 4.3.5.7(2), Gl.(4.77); [A1], 4.3.5.7, Abs.(2)

Im Rahmen dieses Beispiels wird deshalb ein rechnerischer Nachweis nach dem Verfahren von LEBELLE geführt, bei dem zu zeigen ist, daß

[7.6], S. 241, Abschn. 2.5

$$\gamma_G \cdot G_{k,1} \leq q_K \,,$$

worin q_K eine kritische Kipplast bezeichnet. Hier ist

siehe Abschn. 3.1.1 und Tab. 7.2; die Bezeichnung q_k aus [7.6] wird hier beibehalten.

$$\gamma_G \cdot G_{k,1} = 1{,}35 \cdot 9{,}5 \qquad\qquad = 12{,}83 \text{ kN/m}$$

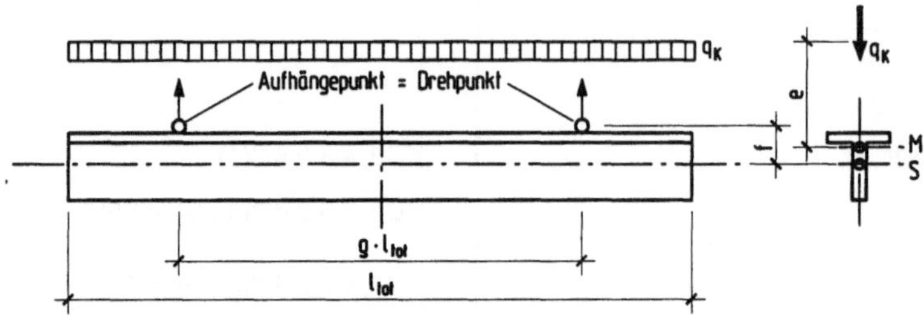

Bild 7.9: Berechnungsmodell für den kippgefährdeten, aufgehängten Träger nach LEBELLE (aus [7.6])

Die theoretische Kipplast berechnet sich nach [7.6] zu

[7.6], Abschn. 2.5, Gl.(8)

$$q_K = 16 \cdot \sqrt{\alpha} \cdot \gamma \cdot \frac{\sqrt{A_K}}{l_{tot}^3}$$

mit

α = Hilfswert, der über eine Leitfunktion $j(\alpha)$ Tab. 3 in [7.6] entnommen wird;

$$j(\alpha) = \frac{4 \cdot f}{l_{tot}} \cdot \sqrt{\frac{E_{cd} \cdot I_z}{G_{cd} \cdot I_T}}$$

f Abstand zwischen den Aufhängepunkten und dem Schwerpunkt S des Trägerquerschnitts (siehe Bild 7.9)

E_{cd} Bemessungswert des Elastizitätsmoduls des Betons

in Anlehnung an EC2, 4.2.1.3.3, a), (4), Gl.(4.1)

G_{cd} Bemessungswert des Schubmoduls des Betons; näherungsweise ist $G_{cd} = 0{,}4 \cdot E_{cd}$

[7.6], S. 239, Abschn. 2.2, 2. Abs.

I_T Flächenmoment 2. Grades für Torsion

I_x, I_z Flächenmoment 2. Grades um die x- bzw. z-Achse

l_{tot} Gesamtlänge des Binders; hier ist $l_{tot} = 25{,}66$ m

vgl. Bild 7.4

γ Hilfsfunktion: $\gamma = \sqrt{1 + 0{,}518 \cdot \delta^2} - 0{,}72 \cdot \delta$

nach [7.6], Abschn. 2.5, Gl.(9), mit $\beta_4 = 0$ für zur z-Achse symmetrische Plattenbalken

$$\delta = \frac{4 \cdot e}{l_{tot}} \cdot \sqrt{\frac{E_{cd} \cdot I_z}{G_{cd} \cdot I_T}}$$

e Abstand des Angriffspunktes der Last q_K vom Schubmittelpunkt M des Querschnitts (Bild 7.9)

$$A_K = E_{cd} \cdot I_z \cdot G_{cd} \cdot I_T \cdot \frac{I_x}{I_x - I_z}$$

[7.6], Abschn. 2.1

Für den weiteren Nachweis wird angenommen, daß

- der Träger in den Viertelspunkten aufgehängt wird, d.h. $\varrho = 0,5$;
- Schubmittelpunkt M und Schwerpunkt S näherungsweise zusammenfallen;
- die kritische Kipplast q_K an der Trägeroberkante angreift.

Wegen der beiden letzten Annahmen ist somit

$$e = f \quad = h - z_u$$

Eine hier nicht wiedergegebene Nebenrechnung zeigt, daß der Träger während des Anhebens vollständig überdrückt ist, d.h. im ungerissenen Zustand I verbleibt. Somit wird

$$I_x = I_{c,\,net} = \qquad\qquad = 0,100\ \text{m}^4$$

$$h - z_u \quad = 1,70 - 0,945 \qquad\qquad = 0,755\ \text{m}$$

$$I_z \quad = \frac{0,165 \cdot 0,45^3 + 1,535 \cdot 0,2^3}{12} \qquad = 2,27 \cdot 10^{-3}\ \text{m}^4$$

$$I_T \quad = 0,254 \cdot 0,45 \cdot 0,165^3 + 0,3 \cdot 1,535 \cdot 0,2^3 \qquad = 4,20 \cdot 10^{-3}\ \text{m}^4$$

$$E_{cd} \quad = \frac{33500}{1,5} \qquad\qquad = 22333\ \text{N/mm}^2$$

$$G_{cd} \quad = 0,4 \cdot 22333 \qquad\qquad = \ \ 8933\ \text{N/mm}^2$$

$$j\,(\alpha) \quad = 4 \cdot \frac{0,755}{25,66} \cdot \sqrt{\frac{22333 \cdot 2,27 \cdot 10^{-3}}{8933 \cdot 4,20 \cdot 10^{-3}}} \qquad = 0,136$$

interpoliert aus [7.6]:

$$\alpha \qquad\qquad\qquad\qquad \approx 110$$

$$\delta \quad = j\,(\alpha) \qquad\qquad = 0,136$$

$$\gamma \quad = \sqrt{1 + 0,518 \cdot 0,136^2} - 0,72 \cdot 0,136 \qquad = 0,90$$

$$A_K \quad = 22333 \cdot 2,27 \cdot 10^{-3} \cdot 8933 \cdot 4,2 \cdot 10^{-3} \cdot \frac{0,100}{0,100 - 2,27 \cdot 10^{-3}}$$

$$= 1946\ \text{MN}^2\text{m}^2$$

$$q_K \quad = 16 \cdot \frac{\sqrt{110}}{25,66^3} \cdot 0,90 \cdot \sqrt{1946} \cdot 10^3 \qquad = 394\ \text{kN/m}$$

$$> \gamma_G \cdot G_{k,1}$$

Die Kippsicherheit des Trägers während des Anhebens kann somit als gegeben betrachtet werden.

6 Nachweise in den Grenzzuständen der Gebrauchstauglichkeit

6.1 Begrenzung der Spannungen unter Gebrauchsbedingungen

a) Übersicht

Obwohl im vorliegenden Beispiel alle Bedingungen nach EC2 eingehalten sind, die einen Verzicht auf einen rechnerischen Nachweis der Spannungen im Grenzzustand der Gebrauchstauglichkeit gestatten, werden aus Anschauungsgründen folgende Nachweise geführt:

- Einhaltung der Betondruckspannung $\sigma_c \leq 0,45 \cdot f_{ck}$ unter der quasiständigen Einwirkungskombination;

- Einhaltung der zulässigen Spannstahlspannung $\sigma_p = 0,75 \cdot f_{pk}$ unter der seltenen Einwirkungskombination;

- Nachweis der Betondruckspannung in der vorgedrückten Zugzone unter der Kombination aus Eigenlast $G_{k,1}$ und Vorspannung.

Marginalien (rechte Spalte):

siehe Bild 7.9

sehr auf der sicheren Seite liegende Annahme; tatsächlich greift die Einwirkung $\gamma_G \cdot G_{k,1}$ im Schwerpunkt S an.

Abschn. 2.5, Tab. 7.1, Z.2, Sp. 3, für den Nettoquerschnitt

[A10], S. 104, Tafel 3.1, für Rechteckquerschnitte

für C 35/45

[7.6], S. 241, Tab. 3, für $\varrho = 0,5$

wegen der zuvor getroffenen Annahmen

[7.6], S. 241, Gl.(9), für $\beta_4 = \beta_1 = 0$

EC2, 4.3.5.7(2)

EC2, 4.4

EC2, 4.4.1

EC2, 4.4.1.2(2)

EC2, 4.4.1.1(3)

EC2, 4.4.1.1P(6) und (7)

EC2, 4.4.1.1(2)

b) Nachweis der Betondruckspannung σ_c unter der quasi-ständigen Einwirkungskombination

Nachweis in Feldmitte am oberen Querschnittsrand:

$$\sigma_{c,0} = \frac{P_{m,t}}{A_{ci}} - \frac{M_{Sd,stän} + M_{pt}}{I_{ci}} \cdot z_o$$

$$= \frac{-1{,}505}{0{,}406} - \frac{1{,}994 - 1{,}15}{0{,}122} \cdot (1{,}7 - 0{,}927) \; =$$

$$= -3{,}71 \quad - 5{,}35 \qquad\qquad = -9{,}1 \; \text{N/mm}^2$$

$$0{,}45 \cdot f_{ck} = 0{,}45 \cdot 35 \qquad\qquad = 15{,}8 \; \text{N/mm}^2$$

$$> |\sigma_{c,o}|$$

Nachweis am unteren Querschnittsrand:

$$\sigma_{c,u} = -3{,}71 \quad + \frac{1{,}994 - 1{,}15}{0{,}122} \cdot 0{,}927 \qquad =$$

$$= -3{,}71 \quad + 6{,}41 \qquad\qquad = +2{,}7 \; \text{N/mm}^2$$

$$< \quad 3{,}2 \; \text{N/mm}^2$$

Die Nachweise der Betondruckspannung im Verankerungsbereich der Spannglieder werden indirekt über die Größe der Ankerplatten im Abschn. 7.2.1 geführt.

c) Nachweis der Spannstahlspannung unter der seltenen Einwirkungskombination

Es ist der Nachweis zu führen, daß die Spannstahlspannung σ_p unter der seltenen Einwirkungskombination den Wert $0{,}75 \cdot f_{pk} = 0{,}75 \cdot 1770 = 1327{,}5 \; \text{N/mm}^2$ nicht überschreitet.

Spannstahlspannung in Feldmitte unter Berücksichtigung der Verluste infolge Reibung und Schlupf in den Verankerungen:

$$\sigma_{pm0} = \qquad\qquad = 1271 \; \text{N/mm}^2$$

Unter der Annahme, daß bis zum Aufbringen der gesamten ständigen und veränderlichen Einwirkungen bereits 30 % der zeitabhängigen Verluste $\Delta\sigma_{p,c+s+r}$ eingetreten sind, vermindert sich dieser Wert auf

$$\sigma_{pm1} = \sigma_{pm0} - 0{,}25 \cdot \Delta\sigma_{p,c+s+r} = 1271 - 0{,}30 \cdot 196 = 1213 \; \text{N/mm}^2$$

Der Spannungszuwachs im Spannstahl bzw. die Spannung σ_s im Betonstahl wird nach [A2] abgeschätzt zu:

$$\Delta\sigma_p \approx \sigma_s \approx \frac{1}{A_p + A_s} \cdot \left(\frac{M_s}{z} - P_{m,t} \right)$$

$$M_{Sd,selt} = \qquad\qquad = \quad 2462{,}2 \; \text{kNm}$$

$$N_{p,\infty} = \qquad\qquad = -1505{,}0 \; \text{kN}$$

$$M_{p,\infty} = \qquad\qquad = -1146{,}8 \; \text{kNm}$$

$$z = 0{,}9 \cdot d$$

$$d = h - d_1$$

$$A_s + A_p = 6 \cdot 2{,}0 + 14{,}0 \qquad\qquad = 26{,}0 \; \text{cm}^2$$

$$d_1 = \frac{1}{26{,}0} \cdot (4 \cdot 2{,}0 \cdot 4{,}1 + 2 \cdot 2{,}0 \cdot 7{,}7 + 7 \cdot 9{,}5 + 7 \cdot 23{,}5)$$

$$= 11{,}3 \; \text{cm}$$

$$d = 170 - 11{,}3 \qquad\qquad = 1{,}58 \; \text{m}$$

EC2, 4.4.1.1(3)

EC2, 2.5.4.3(3), b): für den Nachweis der Betondruckspannungen ist der Mittelwert $P_{m,t}$ der Vorspannung zu verwenden. Annahme: Die Rißschnittgröße wird unter der quasi-ständigen Einwirkungskombination nicht überschritten, d. h. der Querschnitt verbleibt im Zustand I.

vgl. Abschn. 4.1.1, 4.2.1, Tab. 7.5, Z.2, und Tab. 7.1, Z.3

EC2, 4.4.1.1(3)

$= f_{ctm}$ für C 35/45; EC2, 3.1.2.4(2), Tab. 3.1 EC2, 4.4.1.1(3); die Annahme in Abschn. 2.5 trifft somit zu.

EC2, 4.4.1.1(7)

vgl. Abschn. 3.2.2.6, c)

Zeitpunkt t_1

[A2], S. 118, Abschn. 10.4.2, Gl.(10.14)

auf den Schwerpunkt der Bewehrung bezogenes Biegemoment

vgl. Abschn. 4.1.1

vgl. Abschn. 4.2.1, Tab. 7.5, Z.2, Sp. 5, auf der sicheren Seite liegend für $t = \infty$

Annahme

d_1: Abstand des Schwerpunktes von Spannstahl und Betonstahl vom unteren Rand des Binders (siehe Bild 7.7).

$$M_s = M_{Sd,selt} + M_{p,\infty} - N_{p,\infty} \cdot (z_u - d_1)$$

$$= 2462,2 - 1146,8 + 1505 \cdot (0,927 - 0,113) \qquad = 2540,5 \text{ kNm}$$

$$\Delta\sigma_p \approx \sigma_s \approx \frac{1}{26,0} \cdot \left(\frac{2,541}{0,9 \cdot 1,58} - 1,505 \right) \cdot 10^4 = 109 \text{ N/mm}^2$$

$$\sigma_p = \sigma_{pm1} + \Delta\sigma_p = 1213 + 109 \qquad = 1322 \text{ N/mm}^2$$

$$0,75 \cdot f_{pk} = 0,75 \cdot 1770 \qquad = 1327 \text{ N/mm}^2$$

$$> \sigma_p$$

Die Bedingung nach EC2 ist somit eingehalten.

EC2, 4.4.1.1(7)

d) Nachweis der Betondruckspannung in der vorgedrückten Zugzone unter der Kombination aus Eigenlast $G_{k,1}$ und Vorspannung

$$\sigma_{c,u} = \frac{P_{m0}}{A_{c,net}} + \frac{0,125 \cdot G_{k,1} \cdot l^2_{eff} + M_{p0}}{I_{c,net}} \cdot z_u$$

$$= \frac{-1,779}{0,376} + \frac{0,742 - 1,39}{0,100} \cdot 0,945$$

$$= -4,73 - 6,13 \qquad = -10,86 \text{ N/mm}^2$$

$$0,6 \cdot f_{ck} = 0,6 \cdot 35 \qquad = 21,0 \text{ N/mm}^2$$

$$> \; | \sigma_{c,u} |$$

EC2, 4.4.1.1(2); im Rahmen dieses Beispiels wird angenommen, daß die Spannungsgrenze $0,6 \cdot f_{ck}$ auch für die vorgedrückte Zugzone maßgebend ist.

siehe Abschn. 3.1.1, Tab. 7.2, Z.1a; 4.2.1, Tab. 7.5, Z.2; 2.5, Tab. 7.1, Z.2

$0,125 \cdot G_{k,1} \cdot l^2_{eff} = 0,125 \cdot 9,5 \cdot 25,0^2$
$= 742 \text{ kNm}$

6.2 Grenzzustände der Rißbildung

EC2, 4.4.2

6.2.1 Anforderungen an vorgespannte Tragwerke

EC2, 4.4.2.1(7)

Bei den Vorgaben dieses Beispiels – d.h. Umweltklasse 1 und Vorspannung mit nachträglichem Verbund – ist der Bemessungswert der Rißbreite $w_k = 0,2$ mm unter der häufigen Einwirkungskombination einzuhalten. Die Vorspannung ist mit dem unteren charakteristischen Wert der Vorspannung zu berücksichtigen. Der weitere Nachweis wird über die Einhaltung des Stabdurchmessers des Betonstahls in Abschn. 6.2.3 geführt.

EC2, 4.4.2.1(7), Tab. 4.10, Z.1, für Vorspannung mit nachträglichem Verbund

EC2, 2.5.4.3(3), a)

EC2, 4.4.2.3

6.2.2 Mindestbewehrung

EC2, 4.4.2.2

In Spannbetonbauteilen ist eine Mindestbewehrung zur Rissebeschränkung nicht erforderlich, wenn

EC2, 4.4.2.2(6) und (7)

– der Querschnitt unter der seltenen Einwirkungskombination und dem maßgebenden charakteristischen Wert der Vorspannung unter Druck verbleibt; oder wenn

EC2, 4.4.2.2(6)

– bei Rechteckquerschnitten unter der Einwirkung des maßgebenden charakteristischen Wertes der Vorspannung die Höhe der Zugzone, die unter der Annahme eines gerissenen Querschnitts unter den Lastbedingungen der Erstrißbildung berechnet wurde, den kleineren Wert von h/2 oder 0,5 m nicht überschreitet.

EC2, 4.4.2.2(7), b); nach [A2], S. 115, Abschn. 10.2.2.1, gilt diese Regelung auch für die Stege von Plattenbalken.

Beide Bedingungen sind zunächst zu überprüfen.

EC2, 4.4.2.2(6)

Spannungen am unteren Querschnittsrand unter der seltenen Einwirkungskombination und dem unteren charakteristischen Wert der Vorspannung:

$$\sigma_{c,u} = \frac{-0,9 \cdot 1,505}{0,406} + \frac{2,463 - 0,9 \cdot 1,15}{0,122} \cdot 0,927 =$$

$$= -3,34 + 10,85 \qquad = +7,51 \text{ N/mm}^2$$

siehe Abschn. 4.1.1; 4.2.1, Tab. 7.5, Z.2, für t = ∞; 2.5, Tab. 7.1, Z.3

Die erste Bedingung ist somit nicht erfüllt.

Die zweite Bedingung kann nach [A2] als eingehalten betrachtet werden, wenn die Betondruckspannung infolge Vorspannung im Schwerpunkt des Querschnitts folgende Bedingung erfüllt:

$$| \sigma_{cS} | = \frac{| P_k |}{A_{c,i}} \geq h \cdot f_{ct,eff}$$

bzw. $\geq f_{ct,eff}$

Im vorliegenden Fall ist

$$| \sigma_{cS} | = 3,34 \ \text{N/mm}^2 < 1,7 \cdot 3,2 = 5,44 \ \text{N/mm}^2$$

bzw.

$$\frac{| \sigma_{cS} |}{\sigma_{cS}^*} = \frac{3,34}{5,44} = 0,62$$

Die zweite Bedingung ist somit ebenfalls nicht erfüllt. Eine Mindestbewehrung zur Rissebeschränkung ist erforderlich.

$$\min A_s = k_c \cdot k \cdot f_{ct,eff} \cdot \frac{A_{ct}}{\sigma_s}$$

k_c Beiwert zur Berücksichtigung der Spannungsverteilung im Querschnitt; abgelesen aus [A2], Bild 10.2, für

$$\frac{| \sigma_{cS} |}{\sigma_{cS}^*} = 0,62: k_c = 0,4 \cdot (1 - 0,62) = 0,152$$

k Beiwert zur Berücksichtigung von nichtlinear verteilten Eigenspannungen; hier ist wegen $h = 1,70$ m $k = 0,5$

$f_{ct,eff}$ wirksame Zugfestigkeit des Betons; $f_{ct,eff} = f_{ctm} = 3,2 \ \text{N/mm}^2$

A_{ct} Querschnittsfläche der Betonzugzone $A_{ct} = z_u \cdot b_w = 0,927 \cdot 0,2 = 0,186 \ \text{m}^2$

σ_s zulässige Spannung in der Bewehrung unmittelbar nach der Rißbildung; für die vorhandenen Stabdurchmesser $\varnothing = 16$ mm entnimmt man EC2, Tab. 4.11, für Spannbeton: $\sigma_s = 200 \ \text{N/mm}^2$

$$\min A_s = 0,152 \cdot 0,5 \cdot 3,2 \cdot 0,186 \cdot \frac{10^4}{200} = 2,26 \ \text{cm}^2$$

Vorhanden sind am unteren Querschnittsrand mindestens 4 $\varnothing$ 16.

$$= 8,00 \ \text{cm}^2$$

Im Steg werden angeordnet:

> Betonstahl BSt 500 S
> je Seite $\varnothing$ 8 – 20

6.2.3   Beschränkung der Rißbildung ohne direkte Berechnung für die statisch erforderliche Bewehrung

Der Nachweis wird über die Einhaltung des Grenzdurchmessers nach EC2, Tab. 4.11, geführt.

Nach EC2 sollte die Vorspannung als äußere Kraft betrachtet werden. Der Spannungszuwachs $\Delta\sigma_p$ infolge äußerer Belastung bleibt unberücksichtigt.

Stahlspannung σ_s unter der häufigen Einwirkungskombination:

$$\sigma_s = \frac{1}{A_p + A_s} \cdot \left(\frac{M_s}{z} - r \cdot P_{m,t} \right) ,$$

Randbemerkungen (rechte Spalte):

[A2], S. 115/116, Abschn. 10.2.2.1

[A2], S. 115, Abschn. 10.2.2.1, Gl.(10.1)

Diese Grenze ist für Bauteildicken $h \leq 1,0$ m maßgebend.

σ_{cS}: siehe Bedingung 1

[A2], S. 116, 10.2.2.2.; die mittlere Betonzugfestigkeit, hier $f_{ctm} = 3,2 \ \text{N/mm}^2$ nach EC2, Tab. 3.1, für C 35/45, ist maßgebend.

[A2], S. 116, Bild 10.2

EC2, 4.4.2.2(7), b)

EC2, 4.4.2.2(3), Gl.(4.78)

EC2, 4.4.2.2(3)

[A2], S. 116, Abschn. 10.2.2.2

z_u: siehe Abschn. 2.5, Tab. 7.1, Z.3, Sp. 4

Auf der sicheren Seite liegend wird der Nachweis mit $\varnothing$ und nicht über den Grenzdurchmesser $\varnothing^*$ geführt.

siehe Darstellung der Bewehrung

EC2, 4.4.2.2(4)

siehe Darstellung der Bewehrung

EC2, 4.4.2.3(2) und (3)

EC2, 4.4.2.3(2), 3. Abs.

[A2], S. 118, Abschn. 10.4.2, Gl.(10.14); für den Beiwert r ist je nach untersuchtem Querschnittsrand $r_{inf} = 0,9$ oder $r_{sup} = 1,1$ zu setzen.

worin M_s das auf den Schwerpunkt der Bewehrungslagen bezogene Biegemoment infolge der häufigen Einwirkungskombination und dem charakteristischen Wert der Vorspannung bezeichnet. Mit den Eingangswerten

z_u = = 0,927 m | *EC2, 4.4.2.3(3)* — *Abschn. 2.5, Tab. 7.1, Z.3, Sp. 4*

$z_o = h - z_u = 1,7 - 0,927$ = 0,773 m

wird für den

a) oberen Querschnittsrand zum Zeitpunkt t = 0

$$M_{Sd,häuf} = \frac{G_{k,1} \cdot l^2_{eff}}{8} = \frac{9,5 \cdot 25,0^2}{8} = 742 \text{ kNm}$$

siehe Abschn. 3.1.1, Tab. 7.2, und Bild 7.3; der Nachweis zur Beschränkung der Rißbreite wird für die Einwirkungskombination aus $G_{k,1}$ und dem oberen charakteristischen Wert der Vorspannung geführt.

P_{m0} = = 1779,4 kN

M_{p0} = = −1387,9 kNm

Abschn. 4.2.1, Tab. 7.5, Z.2

$$d \approx h - \frac{h_f}{2} = 1,70 - \frac{0,165}{2} = 1,6 \text{ m}$$

Annahme: Schwerpunkt der 4 $\varnothing$ 28 liegt im Abstand $h_f/2$ vom oberen Querschnittsrand.

$$A_s = 4 \cdot 2,8^2 \cdot \frac{\pi}{4} = 24,63 \text{ cm}^2$$

siehe Abschn. 5.4.1

$A_p = 0$

$z \approx 0,9 \cdot d = 0,9 \cdot 1,6 = 1,44 \text{ m}$

in Anlehnung an EC2, 4.3.2.4.4(3)

$M_s = - M_{Sd,häuf} + r_{sup} \cdot M_{p0} + r_{sup} \cdot P_{m0} \cdot (d - z_u)$

$\quad = - 0,742 + 1,1 \cdot 1,39 + 1,1 \cdot 1,78 \cdot (1,6 - 0,927) = 2,10 \text{ MNm}$

Vorzeichenregelung bezogen auf die 4 Stäbe $\varnothing$ 28 im Obergurt; $M_{Sd,häuf}$: siehe oben

$$\sigma_s = \frac{1}{24,63 \cdot 10^{-4}} \cdot \left(\frac{2,10}{1,44} - 1,1 \cdot 1,78 \right) < 0$$

Der Querschnitt ist rechnerisch im Schwerpunkt des Flansches überdrückt.

b) unteren Querschnittsrand zum Zeitpunkt t = ∞

$M_{Sd,häuf}$ = = 2087,2 kNm

siehe Abschn. 4.1.1

$P_{m,\infty}$ = = 1505,0 kN

Abschn. 4.2.1, Tab. 7.5, Z.2

$M_{p,\infty}$ = = −1146,8 kNm

$d = h - d_1 = 1,7 - 0,12 = 1,58 \text{ m}$

$z = 0,9 \cdot d = 0,9 \cdot 1,58 = 1,43 \text{ m}$

d_1: Schwerpunktabstand der Bewehrung aus Beton- und Spannstahl vom unteren Querschnittsrand, siehe Abschn. 6.1, c)

$$A_s + A_p = 6 \cdot 1,6^2 \cdot \frac{\pi}{4} + 14,0 = 26,0 \text{ cm}^2$$

für 6 $\varnothing$ 16 und $A_p = 14,0 \text{ cm}^2$

$M_s = 2,088 - 0,9 \cdot 1,15 + 0,9 \cdot 1,51 \cdot (0,927 - 0,12) = 2,15 \text{ MNm}$

berechnet mit $r_{inf} = 0,9$

$$\sigma_s = \frac{1}{26,0 \cdot 10^{-4}} \cdot \left(\frac{2,15}{1,43} - 0,9 \cdot 1,51 \right) = 56 \text{ N/mm}^2$$

abgelesen aus EC2, Tab. 4.11, für Spannbeton:

$\varnothing^* \geq 25 \text{ mm} > \text{vorh } \varnothing$ = 16 mm

Auf eine Vergrößerung des Tabellenwertes $\varnothing^*$ um den Beiwert

$$\eta_\varnothing = 0,1 \cdot \frac{h^*}{h - d} \geq 1,0$$

nach den Erläuterungen zu EC2, Tab. 4.11, bzw. [A2], S. 117, Abschn. 10.3.1, wird verzichtet.

6.2.4   Nachweis zur Beschränkung von Schrägrissen

Nach [A1] können die Anforderungen nach EC2, Abschn. 4.4.2.3(5), als eingehalten betrachtet werden, wenn die Bügelabstände nach EC2, Abschn. 5.4.2.2(7), eingehalten sind und der Mindestbügelbewehrungsgrad nach Abschn. 5.4.2.2(5) vorhanden ist.

6.3   Beschränkung der Durchbiegung

Die Angaben in EC2, 4.4.3.2, für Fälle, in denen auf einen rechnerischen Nachweis der Durchbiegung verzichtet werden kann, gelten für Tragwerke aus Stahlbeton. Daher wird im Rahmen dieses Beispiels die Durchbiegung des vorgespannten Dachbinders näherungsweise ermittelt.

Vorgaben:

Maßgebend ist die quasi-ständige Einwirkungskombination:

$$G_k + \psi_{2,1} \cdot Q_k = \qquad\qquad = 19{,}5 \text{ kN/m}$$

$$G_{k,3} \qquad = \qquad\qquad = 188 \text{ kN}$$

Unter dieser Kombination wird die Rißschnittgröße in Feldmitte am unteren Querschnittsrand nicht erreicht. Der Dachbinder darf deshalb als ungerissen betrachtet werden. Maßgebend sind somit die Querschnittswerte des Zustands I:

$$I_c \qquad = I_{ci} \qquad\qquad = 0{,}122 \text{ m}^4$$

Das Kriechen wird über den wirksamen Elastizitätsmodul berücksichtigt.

$$E_{c,eff} \qquad = \frac{E_{cm}}{1 + \varphi_\infty} = \frac{33\,500}{1 + 2{,}5} \qquad\qquad = 9570 \text{ N/mm}^2$$

Der Einfluß des Schwindens wird näherungsweise vernachlässigt.

Die Vorspannung wird für den Nachweis der Durchbiegung als äußere Einwirkung aufgefaßt und über die Umlenkkräfte u_i berücksichtigt:

$$u_i \qquad = z_i''(x) \cdot P_{m,t}$$

Mit $P_{m,t} \approx 1453$ kN wird für die

— Spanngliedlage 1:

$$u_1 \qquad = -\frac{8 \cdot f_i}{l_{tot}^2} \cdot \frac{P_{m,t}}{2} = -\frac{8 \cdot 0{,}205}{25{,}66^2} \cdot \frac{1453}{2} = -1{,}8 \text{ kN/m}$$

— Spanngliedlage 2:

$$u_2 \qquad = -\frac{8 \cdot f_2}{l_{tot}^2} \cdot \frac{P_{m,t}}{2} = -\frac{8 \cdot 0{,}665}{25{,}66^2} \cdot \frac{1453}{2} = -5{,}9 \text{ kN/m}$$

$$u_1 + u_2 \qquad = -1{,}8 - 5{,}9 \qquad\qquad = -7{,}7 \text{ kN/m}$$

Die negativen Momente an den Endauflagern werden auf der sicheren Seite liegend vernachlässigt.

Rechenwert der Durchbiegung in Feldmitte:

$$f = \frac{10^{-3} \cdot 10^3}{9570 \cdot 0{,}122} \cdot \left(\frac{5}{384} \cdot (19{,}5 - 7{,}7) \cdot 25{,}0^4 + \right.$$

$$\left. + \frac{1}{24} \cdot 188 \cdot 2{,}5 \cdot (3 \cdot 25{,}0^2 - 4 \cdot 2{,}50^2) \right)$$

$$= \frac{1}{9570 \cdot 0{,}122} \cdot 96247 \qquad\qquad = 83 \text{ mm}$$

Dieser Wert ist kleiner als der rechnerisch zulässige Wert von

$$\text{zul } f \qquad = \frac{l_{eff}}{250} = 25{,}0 \cdot \frac{10^3}{250} \qquad\qquad = 100 \text{ mm}$$

Randspalte:

EC2, 4.4.2.3(5)

[A1], 4.4.2.3, Abs. (5)

Bezüglich des Mindestbewehrungsgrades siehe Abschn. 7.1.4, bezüglich der Bügelabstände siehe Abschn. 7.1.5

EC2, 4.4.3

EC2, 4.4.3.2(2)

EC2, 4.4.3.3 und Anhang 4

[A1], Anhang 4, Abschn. A4.2

siehe Abschn. 3.1.2.1, c)

siehe auch Bild 7.3

siehe Abschn. 6.1, b)

EC2, Anhang 4, A4.3(2)

siehe Abschn. 2.5, Tab. 7.1, Z.3, Sp.3

EC2, Anhang 4, A4.3(2), Gl.(A4.3)

E_{cm} nach EC2, Tab. 3.2, für C 35/45; Kriechzahl φ_∞ nach Abschn. 3.2.2.6, b)

in Anlehnung an EC2, 4.4.2.3(2), 3. Abs.; Fußzeiger i = 1,2 für die Spanngliedlagen 1 und 2; näherungsweise wird $P_{m,t}$ über die gesamte Spanngliedlänge als konstant angenommen.

$z_i''(x)$: zweite Ableitung der Funktion $z_i(x)$ nach Abschn. 3.2.1.1

siehe Tab. 7.5, Z.1, Sp.5, für beide Spanngliedlagen

siehe Tab. 7.5

7 Bewehrungsführung, bauliche Durchbildung

EC2, 5

7.1 Betonstahlbewehrung

EC2, 5.2

7.1.1 Grundmaß der Verankerungslänge

EC2, 5.2.2.3

Verbundspannungen im Grenzzustand der Tragfähigkeit:

EC2, 5.2.2.2

$$f_{bd} = 3{,}40 \text{ N/mm}^2 \quad \text{gute Verbundbedingungen}$$

EC2, 5.2.2.2(2), Tab. 5.3, Z.2, für f_{ck} = 35 N/mm², d.h. für C 35/45

$$f_{bd} = 0{,}7 \cdot 3{,}4 = 2{,}38 \text{ N/mm}^2 \quad \text{mäßige Verbundbedingungen}$$

EC2, 5.2.2.2(2)

Grundmaß der Verankerungslänge:

EC2, 5.2.2.3(2), Gl.(5.3)

$$l_b = \frac{\varnothing}{4} \cdot \frac{f_{yd}}{f_{bd}} = 0{,}25 \cdot \varnothing \cdot \frac{435}{3{,}4} = 31{,}98 \cdot \varnothing \text{ für guten Verbund}$$

$$l_b = 0{,}25 \cdot \varnothing \cdot \frac{435}{2{,}38} = 45{,}69 \cdot \varnothing \text{ für mäßigen Verbund}$$

Die sich hieraus ergebenden Grundmaße der Verankerungslänge sind in Tab. 7.6 zusammengestellt.

Tabelle 7.6: Grundmaße der Verankerungslänge

siehe Darstellung der Bewehrung

Zeile	Bewehrung	Verbund	$\varnothing$ (mm)	l_b (cm)
	1	2	3	4
1	Biegezugbewehrung unten	gut	16	51,2
2	Stegbewehrung	mäßig	8	36,6
3	im Druckgurt oben	mäßig	28	128,0

7.1.2 Verankerung an den Endauflagern

EC2, 5.4.2.1.4(1)

Mindestens ein Viertel der erforderlichen Feldbewehrung ist über das Auflager zu führen und dort zu verankern. Im vorliegenden Fall werden 4 $\varnothing$ 16 der Feldbewehrung in das Endauflager geführt.

von 6 $\varnothing$ 16 in Feldmitte

Zu verankernde Zugkraft:

$$F_s = V_{Sd} \cdot \frac{a_l}{d} + N_{Sd}$$

EC2, 5.4.2.1.4(2), Gl.(5.15)

$$V_{Sd} = V_{Sd,max} - r_{inf} \cdot V_{pd}$$

vgl. Abschn. 4.1.2 und 4.2.1, Tab. 7.5, Z.1, Sp. 7

$$= 696{,}3 - 0{,}9 \cdot 98{,}6 \qquad = 607{,}6 \text{ kN}$$

Versatzmaß bei Bemessung der Schubbewehrung nach dem Standardverfahren:

EC2, 5.4.2.1.3(1); d = 1,65 m, siehe Abschn. 5.3.1

$$a_l = z \cdot \frac{1 - \cot \alpha}{2} \geq 0$$

$$a_l = 0{,}9 \cdot 165 \cdot \frac{1{,}0 - \cot 90°}{2} \qquad = 74{,}3 \text{ cm}$$

$$N_{Sd} = N_{p,\infty} \qquad = -1453 \text{ kN}$$

siehe Tab. 7.5, Z.1, Sp. 5, für t = ∞

$$F_s = 607{,}6 \cdot \frac{74{,}3}{165} - 0{,}9 \cdot 1453 \qquad < 0 \text{ kN}$$

d.h. eine Bewehrung zur Aufnahme von F_s ist rechnerisch nicht erforderlich.

erforderliche Verankerungslänge an den Endauflagern:

$$\text{erf } l_A = \frac{2}{3} \cdot l_{b,net}$$

Wegen erf $A_s = 0$ (Druckkraft) ist für $l_{b,net}$ der Mindestwert $l_{b,min}$ maßgebend:

$$l_{b,min} = 0,3 \cdot l_b \qquad\qquad \geq 10 \cdot \varnothing$$
$$\geq 100 \text{ mm}$$

$$l_{b,min} = 0,3 \cdot 51,2 \qquad\qquad = 15,4 \text{ cm}$$
$$l_{b,min} = 10 \cdot 1,6 \qquad\qquad = 16,0 \text{ cm}$$
$$l_{b,min} = \qquad\qquad = 10,0 \text{ cm}$$

$$\text{erf } l_A = \frac{2}{3} \cdot 16 \qquad\qquad = 11,0 \text{ cm}$$

gewählt:

$$\text{vorh } l_A \qquad\qquad = 40 \text{ cm}$$

7.1.3 Übergreifen der Bewehrungsstäbe

Die Stäbe der Biegezug-, Steg- und Obergurtbewehrung werden durch Übergreifen gestoßen.

Erforderliche Übergreifungslänge:

$$l_s = \alpha_1 \cdot l_{b,net} = \alpha_1 \cdot \alpha_A \cdot l_b \cdot \frac{A_{s,req}}{A_{s,prov}} \qquad\qquad \geq l_{s,min}$$

$$\alpha_A = 1,0 \quad \text{für Verankerungen mit geraden Stabenden}$$

$$\alpha_1 = 2,0, \text{ wenn mehr als 30 \% der Stäbe in einem Querschnitt gestoßen und die Abstände nach Bild 5.6 nicht eingehalten werden.}$$

$$A_{s,req}/A_{s,prov} \leqq 11,1/12,0 \qquad\qquad = 0,92$$
$$l_{s,min} = 0,3 \cdot \alpha_a \cdot \alpha_1 \cdot l_b \qquad\qquad \geq 15 \cdot \varnothing$$
$$\geq 200 \text{ mm}$$

Die entsprechenden Werte für die Stabdurchmesser $\varnothing$ 8, 16 und 28 mm sind in Tab. 7.7 zusammengestellt.

Tabelle 7.7: Erforderliche Übergreifungslängen erf l_s

Zeile	Bewehrung	$\varnothing$ (mm)	l_b (cm)	l_s (cm)	$l_{s,min}$ (cm)		
					$0,3 \cdot \alpha_A \cdot \alpha_1 \cdot l_b$	$15 \cdot \varnothing$	abs. Wert
	1	2	3	4	5	6	7
1	Biegezug-bewehrung	16	51,2	94,2	30,8	24,0	20,0
2	Stegbewehrung	8	36,6	47,2	15,4	12,0	20,0
3	im Obergurt	28	128,0	192,0	76,8	42,0	20,0

7.1.4 Mindest- und Höchstbewehrungsgehalte

a) Mindestbewehrung zur Vermeidung eines Versagens ohne Vorankündigung

Zur Vermeidung eines Versagens ohne Vorankündigung ist nach EC2 folgende Mindest-Betonstahlbewehrung in die Zugzone einzulegen:

$$\min A_s = 0,6 \cdot b_t \cdot \frac{d}{f_{yk}}$$

bzw. $$= 0,0015 \cdot b_t \cdot d$$

EC2, 5.4.2.1.4(3)

EC2, 5.4.2.1.4(3), Bild 5.12 a), bei direkter Auflagerung: l_A wird von der Vorderkante des Elastomerlagers aus gemessen.

EC2, 5.2.3.4.1(1), Gl.(5.5), für die Verankerung von Zugstäben

maßgebender Wert

aus konstruktiven Gründen

EC2, 5.2.4.1, 5.2.4.1.3

EC2, 5.2.4.1.3P(1), Gl.(5.7)

EC2, 5.2.3.4.1(1)

EC2, 5.2.4.1.3P(1), letzter Abs.

für die Stäbe $\varnothing$ 16, vgl. Abschn. 5.2.1

maßgebender Wert ist unterstrichen

berechnet mit $\alpha_1 = 1,4$

Annahme hier: $A_{s,req}/A_{s,prov} = 0,75$

EC2, 5.4.2.1.1

EC2, 5.4.2.1.1(1)

EC2, 5.4.2.1.1(1), Gl.(5.14)

worin

b_t mittlere Breite der Zugzone, hier $b_t = 0,2$ m

       vgl. Bild 7.1, Schnitt B-B, in Feldmitte

d Nutzhöhe des Querschnitts, bezogen auf die Betonstahlbewehrung. Hier ist

$$d = 1,65 \text{ m}$$

       siehe Abschn. 5.3.1

$$\min A_s = 0,6 \cdot 0,20 \cdot \frac{1,65}{500} \cdot 10^4 = 4,0 \text{ cm}^2$$

$$\text{bzw.} = 0,0015 \cdot 0,20 \cdot 1,65 \cdot 10^4 = 5,0 \text{ cm}^2$$

       maßgebender Wert

b) Mindestbewehrung zur Vermeidung eines Versagens ohne Vorankündigung im Falle möglicher Spannstahlbrüche

       [7.2]

Aufgrund neuer Erkenntnisse wird in [7.2] zur Vermeidung eines Versagens ohne Vorankündigung im Falle möglicher Spannstahlbrüche folgender Wert für die Mindest-Betonstahlbewehrung vorgeschlagen:

       [7.2], Abschn. 3.3, Gl.(11)

$$\min A_s = \lambda \cdot \frac{f_{ct} \cdot W_{cu}}{f_{yk} \cdot z_s} \cdot \eta$$

       in der Bezeichnungsweise von EC2

worin:

λ Verhältnis von Vollast zur häufigen Einwirkungskombination; die Vollast entspricht im vorliegenden Beispiel der seltenen Einwirkungskombination, wodurch

       vgl. Abschn. 4.1.1

$$\lambda = \frac{M_{Sd,selt}}{M_{Sd,häuf}} = \frac{2462,2}{2087,2} = 1,18$$

f_{ct} Zugfestigkeit des Betons; $f_{ct} = f_{ctm} = 3,2$ N/mm^2

       EC2, 3.1.2.4(3), Tab. 3.1, Z.2, Sp. 6, für C 35/45

W_{cu} Widerstandsmoment des Betonquerschnitts an der unteren Randfaser; $W_{cu} = \dfrac{0,104}{0,933} = 0,111$ m^3

       vgl. Abschn. 2.5, Tab. 7.1, Z.1, für den Betonquerschnitt

f_{yk} charakteristische Festigkeit des Betonstahls an der Streckgrenze; $f_{yk} = 500$ N/mm^2

       vgl. Abschn. 1.2

z_s innerer Hebelarm der Kräfte, bezogen auf den Betonstahlquerschnitt. Näherungsweise ist
$z_s = 0,9 \cdot d = 0,9 \cdot 1,65 = 1,5$ m

η Beiwert zur Berücksichtigung der Spanngliedgröße; angenommen wird $\eta = 1,3$.

       η ist in [7.2], Abschn. 3.3, mit f bezeichnet; [7.2], Abschn. 3.3, letzter Abs., und Bild 5

$$\min A_s = 1,18 \cdot \frac{3,2 \cdot 0,11}{500 \cdot 1,50} \cdot 1,3 \cdot 10^4 = 7,2 \text{ cm}^2 > 5,0 \text{ cm}^2$$

       siehe Abschn. a), oben

vorhanden sind mindestens:

BSt 500 S   4 $\varnothing$ 16
vorh $A_s = 8,0$ cm^2 > 7,2 cm^2

       Diese Bewehrung wird über die gesamte Länge des Dachbinders geführt; siehe Darstellung der Bewehrung.

c) Höchstbewehrung

       EC2, 5.4.2.1.1(2)

$$\max A_s = 0,04 \cdot A_c = 0,04 \cdot 0,381 \cdot 10^4 = 152 \text{ cm}^2 > \text{vorh } A_s = 24,63 \text{ cm}^2$$

       für 4 $\varnothing$ 28 im Obergurt; A_c: siehe Tab. 7.1, Z.1, Sp. 2; bei Bezug auf die Fläche des Obergurtes ist
$\max A_s = 0,04 \cdot 16,5 \cdot 45,0 = 29,7$ cm^2 > vorh A_s

d) Mindestbügelbewehrungsgrad

Mindestbewehrungsgrad:

$$\min\left(\frac{A_{sw}}{s_w}\right) = \min \varrho_w \cdot b_w \cdot \sin\alpha = 0{,}0011 \cdot 0{,}2 \cdot 1{,}0 \cdot 10^4 \quad = 2{,}2 \text{ cm}^2/\text{m}$$

EC2, 5.4.2.2(5)

EC2, 5.4.2.2(5), Gl.(5.16), für C 35/45 und BSt 500 S

vorhanden sind:

$$\boxed{\begin{array}{l} \text{BSt 500 S; zweischnittige Bügel } \varnothing\ 8\text{--}20 \\[2mm] \text{vorh}\left(\dfrac{A_{sw}}{s_w}\right) = 5{,}02 \text{ cm}^2/\text{m} > 2{,}2 \text{ cm}^2/\text{m} \end{array}}$$

siehe Abschn. 5.3.2

7.1.5 Längsabstand der Bügel

EC2, 5.4.2.2(7)

$$\frac{V_{Sd}}{V_{Rd2}} \quad = \frac{607{,}6}{1546} \qquad\qquad\qquad = 0{,}39$$

V_{Sd}: siehe Abschn. 7.1.2; ungünstig für den Querschnitt im theoretischen Auflager; V_{Rd2}: siehe Abschn. 5.3.3

$$\text{zul } s_w \quad = 0{,}6 \cdot d = 0{,}6 \cdot 165 \qquad\qquad = 99 \text{ cm}$$

$$\text{bzw.} \qquad\qquad\qquad\qquad\qquad\qquad \leqq 30 \text{ cm}$$

EC2, 5.4.2.2(7), Gl.(5.18)

$$\qquad\qquad\qquad\qquad\qquad\qquad\qquad > 20 \text{ cm}$$

= vorh s_w

7.2 Vorgespannte Bewehrung

EC2, 5.3

7.2.1 Verankerung der Spannglieder

EC2, 4.2.3.5.7

a) Übersicht

Nach [A1] ist die zur Aufnahme der Spaltzugkräfte aus Teilflächenbelastung hinter den Ankerplatten erforderliche Bewehrung den Zulassungsbescheiden für das gewählte Spannverfahren zu entnehmen.

[A1], 4.2.3.5.7, Abs. (4); Der Hinweis in [A1] auf EC2, 5.4.8.1, wird als gegenstandslos betrachtet, da EC2, 5.4.8.1(3), letzter Abs., die Anwendung des Verfahrens auf die Verankerung von Spanngliedern ausschließt.

Zudem dürfen nach [A1] nur solche Spannstähle und Spannverfahren verwendet werden, für die das Deutsche Institut für Bautechnik bauaufsichtliche Zulassungsbescheide für Anwendungen auch nach EC2 Teil 1 erteilt hat oder für die eine Zustimmung im Einzelfall erwirkt ist.

[A1], 3.3.4.5, Abs. (2)

In Ermangelung entsprechender Zulassungsbescheide für eine Anwendung nach EC2 Teil 1 werden die Nachweise nach [7.3] geführt.

Ausgangswerte:

zulässige Vorspannkraft nach DIN 4227 Teil 1:   zul F_{DIN} = 681 kN

aus bauaufsichtlicher Zulassung; Bezeichnung wie in [7.3]

zulässige Vorspannkraft nach EC2:   zul F_{EC} = 895 kN

aus [7.3], Abschn. 6, übernommen

Rechteckplattenverankerung nach Zulassungsbescheid: a/b = 80/110 mm

für Verankerung mit Minimalabständen

Betonfestigkeitsklasse nach Eurocode 2:   C 35/45

f_{ck} = 35 N/mm^2; siehe Abschn. 5.1; β_{WN} = 35 N/mm^2 nach DIN 1045, Tab. 1, aus Zulassungsbescheid entnommen

b) Abmessungen der Ankerplatten

erforderliche Fläche A_{EC} bzw. Seitenabmessungen a_{EC}, b_{EC} nach Eurocode 2:

[7.3], Abschn. 3.2

$$\text{erf } A_{EC} \quad = \text{erf } A_{DIN} \cdot \frac{\text{zul } F_{EC}}{\text{zul } F_{DIN}} \cdot \frac{0{,}97 \cdot \beta_{WN}}{f_{ck}}$$

[7.3], Gl.(7); die Fußzeiger EC bzw. DIN beziehen sich jeweils auf Eurocode 2 Teil 1 bzw. auf DIN 4227 Teil 1. Die Schwächung unter der Ankerplatte wird näherungsweise vernachlässigt.

für die Seitenabmessungen gilt:

$$\frac{a_{EC}}{b_{EC}} = \frac{a_{DIN}}{b_{DIN}}$$

$$\text{erf } A_{EC} = 8,0 \cdot 11,0 \cdot \frac{895}{681} \cdot \frac{0,97 \cdot 35}{35} = 8,0 \cdot 11,0 \cdot 1,275 = 112,2 \text{ cm}^2$$

$$a_{EC} = 8,0 \cdot \sqrt{1,275} \qquad\qquad = 9,0 \text{ cm}$$

$$b_{EC} = 11,0 \cdot \sqrt{1,275} \qquad\qquad = 12,5 \text{ cm}$$

c) Spaltzugbewehrung im Krafteinleitungsbereich

$$\text{erf } a_{s,EC} = \text{erf } a_{s,DIN} \cdot \sqrt{\frac{\text{zul } F_{EC} \cdot f_{ck}}{\text{zul } F_{DIN} \cdot 0,97 \cdot \beta_{WN}}}$$

$$= 1,01 \cdot \sqrt{\frac{895 \cdot 35}{681 \cdot 0,97 \cdot 35}} \qquad\qquad = 1,18 \text{ mm}^2/\text{mm}$$

gewählt:

> BSt 500 S:
> Bügeldurchmesser $\varnothing_w$ = 10 mm; Bügelabstand s_w = 50 mm
> vorh $a_{s,EC}$ > erf $a_{s,EC}$

Insgesamt werden zwei Bügel $\varnothing$ 10 angeordnet.

d) Achsabstände, Einzelheiten zur baulichen Durchbildung

Die Vorgaben in [7.3] können als eingehalten vorausgesetzt werden.

8 Einzelheiten zur Bewehrungsführung

Einzelheiten sind der Darstellung der Bewehrung zu entnehmen.

9 Spannprotokoll

Für das Aufbringen der Vorspannkraft muß ein Spannprogramm festgelegt werden. Das entsprechende Spannprotokoll muß mindestens die in EC2, 6.3.4.5.2, geforderten Angaben enthalten. Für das Verpressen der Spannglieder ist zusätzlich EC2, 6.3.4.6.3P(2), zu beachten.

Randbemerkungen:

[7.3], Gl.(9); durch die Nachweise nach [7.3] sind alle Kriterien bezüglich Spaltzugspannungen, Rißbildung, Kriechverformungen und Dauerhaftigkeit erfaßt.

[7.3], Abschn. 3.3

[7.3], Gl.(13), erf $a_{s,DIN}$ = 1,01 mm^2/mm; aus Zulassungsbescheiden übernommen

s_w wie im Zulassungsbescheid

n = 2 aus Zulassungsbescheid übernommen.

[7.3], Abschn. 6

EC2, 6.3.4.5

EC2, 6.3.4.5P(1)
EC2, 6.3.4.5P(2)

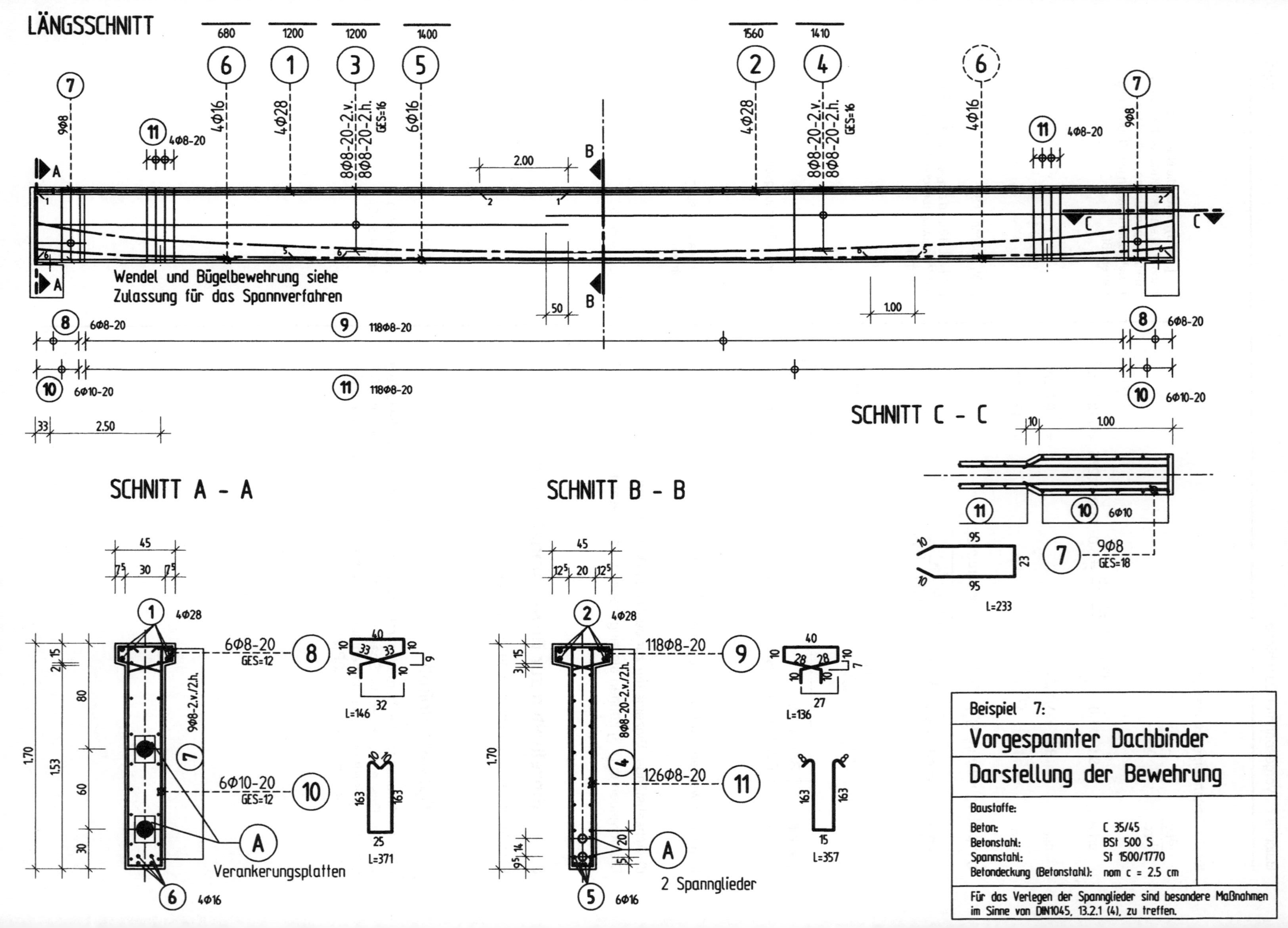

LÄNGSSCHNITT
SCHNITT C - C
SCHNITT A - A
SCHNITT B - B
Wendel und Bügelbewehrung siehe Zulassung für das Spannverfahren
Verankerungsplatten
2 Spannglieder
680 1200 1200 1400 1560 1410
9Ø8
4Ø8-20
4Ø16
4Ø28
8Ø8-20-2.v.
8Ø8-20-2.h.
GES=16
6Ø16
2.00
50
1.00
6Ø8-20
118Ø8-20
6Ø10-20
118Ø8-20
33 2.50
45
30
80
60
30
1.70
1.53
4Ø28
6Ø8-20 GES=12
9Ø8-2.v./2.h.
6Ø10-20 GES=12
4Ø16
40
33 33
L=146
32
163 163
25
L=371
118Ø8-20
8Ø8-20-2.v./2.h.
126Ø8-20
2 Spannglieder
6Ø16
40
28 28
27
L=136
163 163
15
L=357
10 95
95
23
9Ø8 GES=18
L=233
6Ø10
Beispiel 7:
Vorgespannter Dachbinder
Darstellung der Bewehrung
Baustoffe:
Beton: C 35/45
Betonstahl: BSt 500 S
Spannstahl: St 1500/1770
Betondeckung (Betonstahl):   nom c = 2,5 cm
Für das Verlegen der Spannglieder sind besondere Maßnahmen im Sinne von DIN1045, 13.2.1 (4), zu treffen.

BEISPIEL 8: HOCHBAU-INNENSTÜTZE

Inhalt

Beispiel 8: HOCHBAU-INNENSTÜTZE

Aufgabenstellung, Teilsicherheits- und Kombinationsbeiwerte

Zu bemessen ist eine Innenstütze im 1. Obergeschoß eines dreigeschossigen Hochbaus (Bild 8.1). Das Gebäude ist zur Aufnahme von Horizontalkräften durch Decken- und Wandscheiben hinreichend ausgesteift. Die Innenstütze ist mit den Unterzügen biegefest verbunden. Die Außenluft hat keinen Zugang (Innenräume), die Umweltbedingungen entsprechen somit EC2, Tab. 4.1, Z. 1. Die Belastung ist vorwiegend ruhend.

In diesem Beispiel werden Betonfestigkeitsklasse und Stützenquerschnitt so verändert, daß die Anwendung der Bemessungsdiagramme in [A2] für zwei Fälle gezeigt werden kann:

- Fall A: Betonquerschnitt statisch nicht voll ausgenutzt.
- Fall B: Betonquerschnitt statisch voll ausgenutzt.

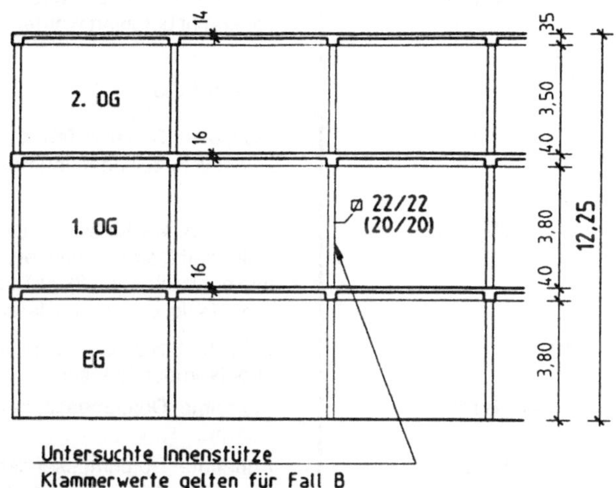

Untersuchte Innenstütze
Klammerwerte gelten für Fall B

Bild 8.1: Querschnitt durch das Tragwerk

Für die Nachweise in den Grenzzuständen der Tragfähigkeit sind folgende Teilsicherheits- und Kombinationsbeiwerte vorgegeben:

a) Teilsicherheitsbeiwerte

   – für ständige Einwirkungen   : γ_G = 1,35 bzw. 1,0

   – für veränderliche Einwirkungen   : γ_Q = 1,50 bzw. 0

   – für Beton   : γ_c = 1,50

   – für Betonstahl   : γ_s = 1,15

Seitenspalte (Randnotizen):

Literatur:

[8.1] Deutscher Beton-Verein E.V.: Merkblatt Betondeckung (Fassung März 1991). DBV-Merkblatt-Sammlung, Ausgabe 1991, S. 126 bis 136. Wiesbaden: Selbstverlag 1991.

[8.2] Kordina, K., und Quast, U.: Bemessung von schlanken Bauteilen für den durch Tragwerksverformungen beeinflußten Grenzzustand der Tragfähigkeit – Stabilitätsnachweis. Beton-Kalender 1993 Teil I, S. 459 bis 508.

EC2, 4.1.2.2(2), und DIN V ENV 206, Tab. 2

Die Querschnittsabmessungen werden im Rahmen dieses Beispiels ausschließlich nach statischen Gesichtspunkten festgelegt. In der Praxis sind auch die Anforderungen an den Brandschutz im Sinne von DIN 4102 Teil 4 zu beachten.

Mindestbewehrung nach EC2, 5.4.1.2.1, maßgebend

Die aussteifenden Wandscheiben sind nicht dargestellt bzw. befinden sich außerhalb des betrachteten Tragwerkteils.

EC2, 2.2.2.3P(2), 2.2.2.4P(2), 2.2.3.2P(1); die Grenzzustände der Gebrauchstauglichkeit sind für die Bemessung der Stütze nicht maßgebend und werden deshalb im Rahmen dieses Beispiels nicht untersucht.

EC2, 2.3.3.1(1), Tab. 2.2; der zweite Zahlenwert gilt bei günstiger Auswirkung.

EC2, 2.3.3.2(1), Tab. 2.3, für die Grundkombination; die außergewöhnliche Bemessungssituation im Sinne von EC2, 2.3.2.2P(2), Gl.(2.7 b), ist nicht Gegenstand dieses Beispiels.

b) Kombinationsbeiwerte

– für Schnee	:	$\psi_{0,1} = 0{,}7$
– für Verkehrslast in Versammlungsräumen	:	$\psi_{0,2} = 0{,}8$

EC2, 2.2.2.3P(2); die Beiwerte $\psi_{1,i}$ und $\psi_{2,i}$ werden im Rahmen dieses Beispiels nicht benötigt.

[A1], Tab. R1, Z. 3, Sp. 2

[A1], Tab. R1, Z. 1, Sp. 2

c) Baustoffe
- Betonstabstahl   BSt 500 S

[A1], Tab. R2, Z. 2; es sind keine weiteren Vorgaben an die Duktilität des Stahls erforderlich.

Die Betonfestigkeitsklasse wird in den Fällen A und B unterschiedlich gewählt.

Fall A: Betonquerschnitt statisch nicht voll ausgenutzt

1 Betonfestigkeitsklasse, Bauteilmaße, Betondeckung

1.1 Betonfestigkeitsklasse

Gewählt wird ein Beton C 40/50; bei dieser Betonfestigkeitsklasse gelten die Anforderungen an den maximal zulässigen Wasserzementwert nach Tab. 3 in DIN V ENV 206 als erfüllt.

EC2, 3.1.2.4

DIN V ENV 206, 7.3.1.1, Tab. 8; DIN V ENV 206, 6.2.2 und Tab. 3, für die Umweltklasse 1 und Stahlbeton, sowie 11.3.8, Tab. 20

1.2 Bauteilmaße

Vorgegeben sind die Querschnittsabmessungen

b = h =		= 22 cm
> min b bzw. min h		= 20 cm

vgl. Bild 8.1

EC2, 5.4.1.1(1), für Ortbetonstützen, die senkrecht betoniert werden.

1.3 Betondeckung

a) in Abhängigkeit von den Umweltklassen (für die Bügel)

$$\min c_{w1} = \qquad\qquad = 15 \text{ mm}$$

EC2, 4.1.3.3

EC2, 4.1.3.3(6) und Tab. 4.2; der Fußzeiger w bezeichnet den Bezug auf die Bügel.

EC2, Tab. 4.2, für Umweltklasse 1 und Betonstahl; eine Abminderung von $\min c_{w1}$ nach Anm. 3) zu Tab. 4.2 ist hier unzulässig, da Umweltklasse 1 vorliegt.

b) zur sicheren Übertragung der Verbundkräfte ($d_g \leq 32$ mm)

Bügel : $\min c_{w2} = \varnothing_w$		= 8 mm
Längsstäbe : $\min c_l\ \ = \varnothing_l$		= 12 mm

EC2, 4.1.3.3(5); d_g: Nennwert des Größtkorndurchmessers

Annahme: Durchmesser der Bügel $\varnothing_w \leq 8$ mm

Annahme: Durchmesser der Längsstäbe $\varnothing_l \leq 12$ mm; vorhanden sind $\min c_{w1} + \varnothing_w = 15 + 8 = 23$ mm.

c) Nennmaß der Betondeckung

nom c_w = $\min c_{w1}$ + Δh = 15 + 5		= 20 mm
nom c_l = nom c_w + $\varnothing_w$ = 20 + 8		= 28 mm

Betondeckung der Bügel, hier maßgebend

Betondeckung der Längsstäbe

Annahme: Δh = 5 mm; nach [A1], 4.1.3.3(8), sind Vorhaltemaße Δh < 10 mm nur zulässig, wenn besondere Maßnahmen nach DIN 1045/07.88, Abschn. 13.2.1(4), getroffen werden, vgl. deshalb Abschn. 5.4 des Falles B.

Die für den Feuerwiderstand erforderliche Mindestbetondeckung einschließlich der Maßabweichungen, die im Rahmen dieses Beispiels nicht weiter verfolgt werden, richten sich nach DIN 4102 Teil 4 (vgl. [A1], 4.1.3.3(10)).

2   Einwirkungen

2.1   Charakteristische Werte

Die charakteristischen Werte der Einwirkungen sind in Tab. 8.1 zusammengestellt.

Tabelle 8.1: Charakteristische Werte der Einwirkungen

Zeile	Einwirkung aus	Bezeichnung der Einwirkungen	Charakteristischer Wert (kN/m^2, kN)
1	2		3
1	Decke über dem 2. OG	ständige Einwirkungen (Eigenlasten): Bitumenpappdach mit Bekiesung, 3 cm Korkplatten, 14 cm Stahlbetondecke, Unterzüge 35/35 cm, Rohrleitungen, Unterdecke	$G_{k,1} = 5{,}25 \ kN/m^2$
2		veränderliche Einwirkung (Regelschneelast):	$Q_{k,1} = 0{,}75 \ kN/m^2$
3	Decke über dem 1. OG	ständige Einwirkungen: PVC-Belag, 4 cm Estrich, 1 cm Schalldämmschicht, 16 cm Stahlbetondecke, Unterzug 35/40 cm, Rohrleitungen, Unterdecke	$G_{k,2} = 6{,}50 \ kN/m^2$
4		veränderliche Einwirkung (Verkehrslast):	$Q_{k,2} = 5{,}00 \ kN/m^2$
5	Stützeneigenlast	$G_{k,3} = 25{,}0 \cdot 0{,}22^2 \cdot (3{,}5 + 3{,}8)$:	$G_{k,3} = 8{,}83 \ kN$

2.2   Repräsentative Werte und Bemessungswerte

Bemessungswerte der Einwirkungen für die Grundkombination:

a) ständige Einwirkungen, oberer Bemessungswert

$$G_{d,1} = \gamma_G \cdot (G_{k,1} + G_{k,2}) \quad = 1{,}35 \cdot (5{,}25 + 6{,}50) \quad = 15{,}87 \ kN/m^2$$

$$G_{d,2} = \gamma_G \cdot G_{k,3} \quad = 1{,}35 \cdot 8{,}83 \quad = 11{,}92 \ kN$$

b) ständige Einwirkungen, unterer Bemessungswert

$$G_{d,1} = \gamma_G \cdot (G_{k,1} + G_{k,2}) \quad = 1{,}0 \cdot (5{,}25 + 6{,}50) \quad = 11{,}75 \ kN/m^2$$

$$G_{d,2} = \gamma_G \cdot G_{k,3} \quad = 1{,}0 \cdot 8{,}83 \quad = 8{,}83 \ kN$$

Eine Überprüfung mit Hilfe der e_1/h-Diagramme in [A2] ergibt, daß der untere Bemessungswert der ständigen Einwirkungen im vorliegenden Beispiel für die Stützenbemessung nicht maßgebend wird. Die unteren Bemessungswerte $G_{d,1}$ und $G_{d,2}$ werden deshalb nicht weiter verfolgt.

c) veränderliche Einwirkungen, 1. Einwirkungskombination

$$Q_{d,1} = \gamma_Q \cdot (Q_{k,1} + \psi_{0,2} \cdot Q_{k,2}) = 1{,}5 \cdot (0{,}75 + 0{,}8 \cdot 5{,}00) \quad = 7{,}13 \ kN/m^2$$

Für diese Einwirkungskombination gelten die Hinweise in Abs. b) sinngemäß. Die 1. Kombination der veränderlichen Einwirkungen wird hier nicht weiter verfolgt.

d) veränderliche Einwirkungen, 2. Einwirkungskombination

$$Q_{d,2} = \gamma_Q \cdot (Q_{k,2} + \psi_{0,1} \cdot Q_{k,1}) = 1{,}5 \cdot (5{,}00 + 0{,}7 \cdot 0{,}75) \quad = 8{,}29 \ kN/m^2$$

Marginalien (rechte Spalte):

EC2, 2.2.2

EC2, 2.2.2.2P(1)

[A1], 2.2.2.2: Als charakteristische Werte der Einwirkungen gelten grundsätzlich die Werte der DIN-Normen, insbesondere der Normen der Reihe DIN 1055, und gegebenenfalls der bauaufsichtlichen Ergänzungen und Richtlinien.

DIN 1055 Teil 1, Abschn. 7

DIN 1055 Teil 5, Abschn. 4, und Tab. 2, Z. 2, Sp. 2 (Schneelastzone I)

DIN 1055 Teil 1, Abschn. 7

DIN 1055 Teil 3, Abschn. 6.1, Tab. 1, Z. 5b)

vgl. Bild 8.1

EC2, 2.2.2.3 und 2.2.2.4

EC2, 2.3.2.2P(2), Gl.(2.7 a); die außergewöhnliche Bemessungssituation nach EC2, 2.3.2.2P(2), Gl.(2.7 b), wird im Rahmen dieses Beispiels nicht verfolgt.

EC2, 2.3.2.3P(1) und P(2)

$\gamma_G = 1{,}35$

Stützeneigenlast

EC2, 2.3.2.3P(1) und P(2)

$\gamma_G = 1{,}0$

vgl. Bild 8.2 und [A2], S. 83, 9.1.3.2.3

Leiteinwirkung $Q_{k,1} = 0{,}75 \ kN/m^2$, siehe hierzu EC2, 2.0

Leiteinwirkung $Q_{k,2} = 5{,}0 \ kN/m^2$

Diese Kombination ist für die weiteren Nachweise maßgebend.

3 Schnittgrößenermittlung in den Grenzzuständen der Tragfähigkeit

EC2, 2.5.3.2.2

3.1 Stützenlängskraft

Längskraftanteil infolge Deckenlasten:

$$N_{Sd,1} = -(G_{d,1} + Q_{d,2}) \cdot l_x \cdot l_y = -(15,87 + 8,29) \cdot 5,0 \cdot 6,0 = -724,8 \text{ kN}$$

Die Maße l_x und l_y sind durch den Gebäudegrundriß vorgegeben.

Längskraftanteil infolge Stützeneigenlast:

$$-11,9 \text{ kN}$$

Stützenlängskraft:

$$N_{Sd} \approx -737 \text{ kN}$$

3.2 Biegemomente

Da alle horizontalen Kräfte von aussteifenden Scheiben aufgenommen werden können, dürfen bei Innenstützen trotz deren biegefester Verbindung mit den Stahlbetonbalken und -platten Biegemomente aus Rahmenwirkung infolge der lotrechten Belastung vernachlässigt werden.

EC2, 4.3.5.5.1P(2)

EC2, 4.3.5.3.4(1), Bild 4.26 b). EC2, 2.5.3.3(3), wird so ausgelegt, daß auch die Enden der die Platten und Balken unterstützenden Druckglieder als frei drehbar angenommen werden können.

4 Bemessung in den Grenzzuständen der Tragfähigkeit

EC2, 4.3

4.1 Bemessungswerte der Baustoffe

EC2, 2.2.3.2

Beton: C 40/50 $f_{ck} = 40 \text{ N/mm}^2$

EC2, 3.1.2.4(3), Tab. 3.1, Z. 1, Sp. 7

$$f_{cd} = \frac{f_{ck}}{\gamma_c} = \frac{40}{1,5} = 26,66 \text{ N/mm}^2$$

EC2, 2.2.3.2P(1), Gl.(2.3); Bemessungswert der Betondruckfestigkeit

Betonstahl: BSt 500 S $f_{yk} = 500 \text{ N/mm}^2$

[A1], 3.2.1, Abs. P(5); Tab. R2, Z. 2, Sp. 2 und 6

$$f_{yd} = \frac{f_{yk}}{\gamma_s} = \frac{500}{1,15} = 435 \text{ N/mm}^2$$

EC2, 2.2.3.2P(1), Gl.(2.3); Bemessungswert der Stahlfestigkeit an der Streckgrenze

4.2 Nutzhöhe

$$d = h - \text{nom } c_w - \varnothing_w - \frac{\varnothing_l}{2} = 22 - 2,0 - 0,8 - \frac{1,2}{2} = 18,6 \text{ cm}$$

vgl. Abschn. 1.3, c)

4.3 Bemessung für die Grenzzustände der Tragfähigkeit infolge Tragwerksverformungen (Knicksicherheitsnachweis)

EC2, 4.3.5

4.3.1 Übersicht

Die Stütze befindet sich in einem unverschieblichen Rahmen. Sie ist daher als Einzelbauteil zu betrachten und entsprechend zu bemessen. Im folgenden kommen deshalb die Regeln für Einzeldruckglieder in EC2 zur Anwendung.

EC2, 4.3.5.5.1P(1)

EC2, 4.3.5.5.3 und 4.3.5.6

4.3.2 Ersatzlänge und Schlankheit der Stütze

Da das Tragsystem hinreichend ausgesteift ist und die Biegemomente aus Rahmenwirkung vernachlässigt werden, darf die Stütze als unverschieblich sowie oben und unten gelenkig gelagert angesehen werden. Damit kann die Ersatzlänge l_0 gleich der Stützenlänge l_{col}, d.h. gleich der Geschoßhöhe gesetzt werden:

$$l_0 = \beta \cdot l_{col} = 1,0 \cdot l_{col} = 3,80 + 2 \cdot \frac{0,40}{2} = 4,20 \text{ m}$$

Schlankheit λ:

$$\text{vorh } \lambda = \frac{l_0}{i} = 420 \cdot \frac{\sqrt{12}}{22} = 66$$

Schlankheitsgrenzen, unterhalb derer die Auswirkungen nach Theorie II. Ordnung vernachlässigt werden können:

$$\text{grenz } \lambda = \qquad\qquad = 25$$

oder

$$\text{grenz } \lambda = \frac{15}{\sqrt{v_u}} = \frac{15}{\sqrt{\dfrac{|N_{Sd}|}{A_c \cdot f_{cd}}}} = \frac{15}{\sqrt{\dfrac{0,737}{0,22^2 \cdot 26,66}}} = 19,85$$

Wegen vorh $\lambda = 66 >$ grenz $\lambda = 25$ gilt das Druckglied als schlank.

Einzeldruckglieder in unverschieblichen Tragwerken brauchen, selbst wenn sie als schlank nach EC2, Abschn. 4.3.5.3.5, klassifiziert werden, nicht auf Einflüsse nach Theorie II. Ordnung untersucht zu werden, wenn:

$$\text{vorh } \lambda \leq \lambda_{crit}$$

mit

$$\lambda_{crit} = 25 \cdot \left(2 - \frac{e_{01}}{e_{02}} \right)$$

e_{01}, e_{02}: Lastausmitten der Längskraft an den Stützenenden; es wird angenommen, daß $|e_{02}| \geq |e_{01}|$.

Im Falle einer mittigen Beanspruchung der Stütze an ihren Enden ist der Quotient $e_{02}/e_{01} = 0/0$, d.h. numerisch unbestimmt. Wegen der zu erwartenden Verformungsfigur wird jedoch $e_{02}/e_{01} = 0$ gesetzt, wodurch

$$\lambda_{crit} = 25 \cdot (2 - 0) = 50$$
$$< \text{vorh } \lambda$$

Die Stütze ist somit auf Einflüsse nach Theorie II. Ordnung zu untersuchen.

4.3.3 Knicken nach zwei Richtungen

Die Stütze kann nach beiden Richtungen y und z ausweichen. Dennoch braucht kein genauerer Knicksicherheitsnachweis für schiefe Biegung mit Längsdruck im Sinne von EC2, 4.3.5.6.4(4), geführt zu werden, da die Stütze planmäßig mittig gedrückt ist, d.h. die Längsdruckkraft greift rechnerisch im Koordinatennullpunkt und somit innerhalb des schraffierten Bereichs in Bild 4.31 an. Somit sind getrennte Nachweise in die Richtungen der beiden Hauptachsen y und z erlaubt. Wegen der Querschnittssymmetrie und der planmäßig mittigen Beanspruchung wird jedoch der Nachweis nur in einer Hauptachsenrichtung geführt.

Randspalte (Verweise):

- EC2, 4.3.5.3.5
- EC2, 4.3.5.5.1P(2)
- EC2, 2.5.3.3(3)
- EC2, 4.3.5.3.5(1), und Bild 4.27 a), $k_A = k_B = \infty$
- EC2, 4.3.5.3.5(2)
- EC2, 4.3.5.1(5) und 4.3.5.3.5(2)
- EC2, 4.3.5.3.5(2); hier maßgebend
- EC2, 4.3.5.3.5(2); der größere Wert von grenz λ ist maßgebend.
- EC2, 4.3.5.5.3(2)
- EC2, 4.3.5.5.3(2), Gl.(4.62)
- siehe hierzu [8.2], S. 462, Abschn. 1.3, und [A 10], S. 108, Abschn. 4.1.6
- Dieser Wert entspricht lim λ in [A 10], S. 107, Bild 4.1.1, für $M_1/M_2 = 0$
- EC2, 4.3.5.2P(2)
- Koordinaten wie in EC2, Bild 4.31
- EC2, 4.3.5.6.4(1)
- EC2, 4.3.5.6.4(1)

4.3.4 Zusatzausmitte e_a

$$e_a = v \cdot \frac{l_0}{2}$$

$$l_0 = \qquad\qquad = 4,20 \text{ m}$$

v Schiefstellung gegen die Senkrechte nach EC2, Gl. (2.10)

$$v = \frac{1}{100 \cdot \sqrt{l}} \geq \frac{1}{200}$$

$$= \frac{1}{100 \cdot \sqrt{12,25}} = \frac{1}{350} \qquad\qquad < \frac{1}{200}$$

$$e_a = \frac{1}{200} \cdot \frac{420}{2} \qquad\qquad = 1,05 \text{ cm}$$

4.3.5 Kriechverformungen

In unverschieblichen Gebäuden können Kriechverformungen schlanker Druckglieder, die an ihren beiden Enden monolithisch mit Platten oder Trägern verbunden sind, normalerweise vernachlässigt werden, weil ihre Auswirkungen im allgemeinen durch andere Einflüsse, die bei der Berechnung unberücksichtigt blieben, aufgehoben werden.

Die Kriechverformungen werden deshalb im Rahmen dieses Beispiels nicht weiter verfolgt.

4.3.6 Bemessung der Stütze

Die Bemessung der Stütze erfolgt mit Hilfe der e_1/h-Diagramme in [A2], die auf den Grundlagen in EC2, 4.3.5.6, basieren.

Eingangswerte:

$$\frac{l_0}{h} = \frac{420}{22} \qquad\qquad = 19,1$$

$$\frac{e_1}{h} = \frac{e_a}{h} = \frac{1,05}{22} \qquad\qquad \approx 0,05$$

$$v_{Sd} = \frac{N_{Sd}}{A_c \cdot f_{cd}} = \frac{-0,737}{0,22^2 \cdot 26,66} \qquad\qquad = -0,57$$

$$h_1 = \text{nom } c_w + \varnothing_w + \frac{\varnothing_l}{2} = 2,0 + 0,8 + \frac{1,2}{2} \qquad = 3,4 \text{ cm}$$

$$\frac{h_1}{h} = \frac{3,4}{22} \qquad\qquad \approx 0,15$$

abgelesen (siehe Bild 8.2):

erf ω $= 0,06$

$$\text{erf } A_s = \text{erf } \omega \cdot A_c \cdot \frac{f_{cd}}{f_{yd}} = 0,06 \cdot 22^2 \cdot \frac{26,66}{435} \qquad = 1,78 \text{ cm}^2$$

$$\text{min } A_s = \frac{0,15 \cdot |N_{Sd}|}{f_{yd}} \geq 0,003 \, A_c$$

$$= \frac{0,15 \cdot 0,737}{435} \cdot 10^4 \qquad\qquad = 2,54 \text{ cm}^2$$

$$> 0,003 \cdot 22^2 \qquad\qquad = 1,45 \text{ cm}^2$$

gewählt:

> BSt 500 S 4 $\varnothing$ 12
> vorh $A_s = 4,52 \text{ cm}^2 = \text{min } A_s$

Marginalien:

EC2, 4.3.5.4

EC2, 4.3.5.4(3), Gl.(4.61)

Ersatzlänge der Stütze, vgl. Abschn. 4.3.2

EC2, 4.3.5.4(3)

EC2, 2.5.1.3(4), Gl.(2.10); l: Gesamthöhe des Tragwerks (vgl. Bild 8.1), siehe auch [8.2], S. 462, Abschn. 1.3

EC2, 4.3.5.5.3P(1)

EC2, Anhang 3, A3.4(9)

EC2, 4.3.5.6

Alternativ zu den e_1/h-Diagrammen in [A2] können für den Knicksicherheitsnachweis auch die μ_{Sd}-Nomogramme in [A2] verwendet werden; das Nomogramm R2-15 in [A2], S. 95, liegt hier jedoch außerhalb des Ablesebereichs.

h_1: siehe [A2], S. 94, Diagramm R2-15, und Bild 8.2

Bild 8.2 aus [A2], S. 94

EC2, 5.4.1.2.1(2), Gl.(5.13); 5.4.1.2.1(1) und (4): In jeder Ecke muß jedoch ein Stab $\varnothing$ 12 liegen.

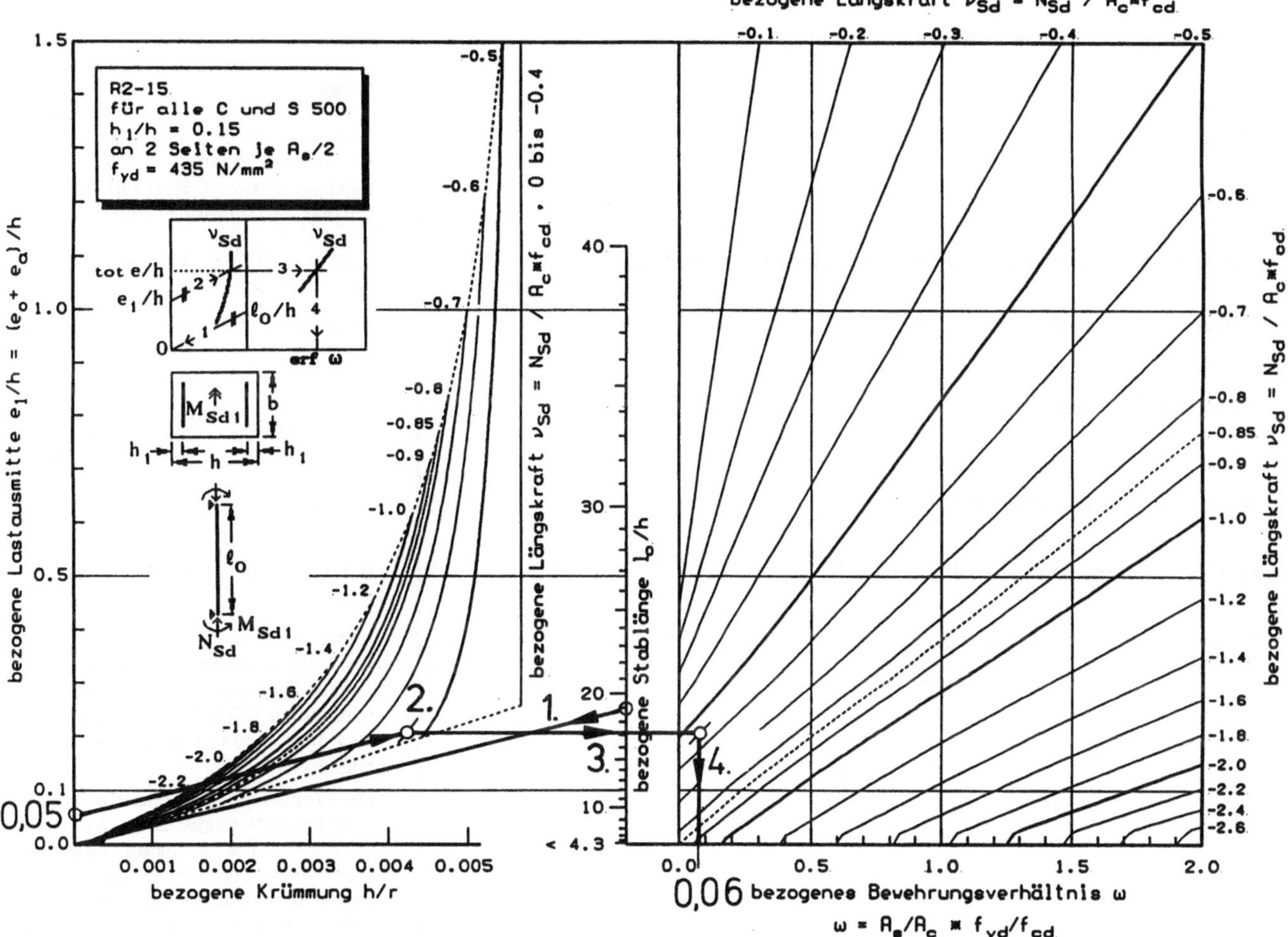

Bild 8.2: Anwendung der e_1/h-Diagramme in [A2]

5 Bewehrungsführung, bauliche Durchbildung

EC2,5

Die entsprechenden Nachweise werden für Fall B geführt.

Fall B: Betonquerschnitt statisch voll ausgenutzt

1 Betonfestigkeitsklasse, Bauteilmaße, Betondeckung

1.1 Betonfestigkeitsklasse

EC2, 3.1.2.4

Gewählt wird ein Beton C 30/37; bei dieser Betonfestigkeitsklasse und einem Zement der Festigkeitsklasse C 42,5 gelten die Anforderungen an den maximal zulässigen Wasserzementwert nach Tab. 3 in DIN V ENV 206 als erfüllt.

DIN V ENV 206, 7.3.1.1, Tab. 8; DIN V ENV 206, 6.2.2 und Tab. 3, für die Umweltklasse 1 und Stahlbeton, sowie 11.3.8, Tab. 20. Nach DIN V ENV 206, Tab. 3 und Tab. 20, wäre nur ein Beton der Festigkeitsklasse C 25/30 erforderlich.

1.2 Bauteilmaße

Vorgegeben sind die Querschnittsabmessungen

b = h = min b bzw. min h = 20 cm

vgl. Bild 8.1; EC2, 5.4.1.1(1), für Ortbetonstützen, die senkrecht betoniert werden.

1.3 Betondeckung

a) in Abhängigkeit von den Umweltklassen (für die Bügel)

$$\min c_{w1} \quad = \qquad\qquad = 15\ \text{mm}$$

b) zur sicheren Übertragung der Verbundkräfte ($d_g \leq 32$ mm)

$$\text{Bügel} \qquad : \min c_{w2} \qquad = \varnothing_w \qquad = 10\ \text{mm}$$

$$\text{Längsstäbe} \quad : \min c_l \qquad = \varnothing_l \qquad = 20\ \text{mm}$$

c) Nennmaß der Betondeckung

$$\text{nom } c_w \qquad = \min c_{w1} + \Delta h = 15 + 5 \qquad = 20\ \text{mm}$$

$$\text{nom } c_l \qquad = \text{nom } c_w + \varnothing_w = 20 + 10 \qquad = 30\ \text{mm}$$

2 Einwirkungen

2.1 Charakteristische Werte

Wie im Fall A. Auf eine genauere Ermittlung der Stützeneigenlast $G_{k,3}$ wird im Rahmen dieses Beispiels verzichtet.

2.2 Repräsentative Werte und Bemessungswerte

2.2.1 Grenzzustände der Tragfähigkeit

Wie im Fall A.

3 Schnittgrößenermittlung in den Grenzzuständen der Tragfähigkeit

3.1 Stützenlängskraft

Wie im Fall A:

$$N_{Sd} = -\ 737\ \text{kN}$$

Randspalte:

EC2, 4.1.3.3

EC2, 4.1.3.3(6) und Tab. 4.2; der Fußzeiger w bezeichnet den Bezug auf die Bügel.

EC2, Tab. 4.2, für Umweltklasse 1 und Betonstahl; eine Abminderung von $\min c_{w1}$ nach Anm. 3) zu Tab. 4.2 ist hier unzulässig, da Beton C 30/37 vorliegt.

EC2, 4.1.3.3(5); d_g: Nennwert des Größtkorndurchmessers

Annahme: Durchmesser der Bügel $\varnothing_w \leq 10$ mm

Annahme: Durchmesser der Längsstäbe $\varnothing_l \leq 20$ mm; vorhanden sind $\min c_l = \min c_{w1} + \varnothing_w = 15 + 10 = 25$ mm.

Betondeckung der Bügel, hier maßgebend.

Annahme: $\Delta h = 5$ mm; nach [A1], 4.1.3.3(8), sind Vorhaltemaße $\Delta h < 10$ mm nur zulässig, wenn besondere Maßnahmen nach DIN 1045/07.88, Abschn. 13.2.1(4), getroffen werden; vgl. deshalb Abschn. 5.4.

Die für den Feuerwiderstand erforderliche Mindestbetondeckung einschließlich der Maßabweichungen, die im Rahmen dieses Beispiels nicht weiter verfolgt werden, richten sich nach DIN 4102 Teil 4 (vgl. [A1], 4.1.3.3(10)).

EC2, 2.2.2

EC2, 2.2.2.2P(1)

[A1], 2.2.2.2: Als charakteristische Werte der Einwirkungen gelten grundsätzlich die Werte der DIN-Normen, insbesondere der Normen der Reihe DIN 1055, und gegebenenfalls der bauaufsichtlichen Ergänzungen und Richtlinien.

EC2, 2.2.2.3 und 2.2.2.4

EC2, 2.2.2.4

EC2, 2.5.3.2.2

3.2 Biegemomente

Schlußfolgerungen wie im Fall A.

4 Bemessung in den Grenzzuständen der Tragfähigkeit

EC2, 4.3

4.1 Bemessungswerte der Baustoffe

EC2, 2.2.3.2

Beton: C 30/37 $\quad f_{ck} = 30 \text{ N/mm}^2$

EC2, 3.1.2.4(3), Tab. 3.1, Z. 1, Sp. 5

$$f_{cd} = \frac{f_{ck}}{\gamma_c} = \frac{30}{1,5} \qquad = 20 \text{ N/mm}^2$$

EC2, 2.2.3.2P(1), Gl.(2.3); Bemessungswert der Betondruckfestigkeit

Betonstahl: BSt 500 S $\quad f_{yk} = 500 \text{ N/mm}^2$

[A1], 3.2.1P(5); Tab. R2, Z. 2, Sp. 2 und 6

$$f_{yd} = \frac{f_{yk}}{\gamma_s} = \frac{500}{1,15} \qquad = 435 \text{ N/mm}^2$$

EC2, 2.2.3.2P(1), Gl.(2.3); Bemessungswert der Stahlfestigkeit an der Streckgrenze

4.2 Nutzhöhe

$$d = h - \text{nom } c_w - \varnothing_w - \frac{\varnothing_l}{2} = 20 - 2,0 - 1,0 - \frac{2,0}{2} = 16,0 \text{ cm}$$

vgl. Abschn. 1.3, c)

4.3 Bemessung für die Grenzzustände der Tragfähigkeit infolge Tragwerksverformungen (Knicksicherheitsnachweis)

EC2, 4.3.5

4.3.1 Übersicht

Die Stütze befindet sich in einem unverschieblichen Rahmen. Sie ist daher als Einzelbauteil zu betrachten und entsprechend zu bemessen. Im folgenden kommen deshalb die Regeln für Einzeldruckglieder in EC2 zur Anwendung.

EC2, 4.3.5.5.1P(1)

EC2, 4.3.5.5.3 und 4.3.5.6

4.3.2 Ersatzlänge und Schlankheit der Stütze

EC2, 4.3.5.3.5

$$l_0 = \beta \cdot l_{col} = 1,0 \cdot l_{col} = 3,80 + 2 \cdot \frac{0,40}{2} \qquad = 4,20 \text{ m}$$

wie im Fall A

Schlankheit λ:

EC2, 4.3.5.3.5(2)

$$\text{vorh } \lambda = \frac{l_0}{i} = 420 \cdot \frac{\sqrt{12}}{20} \qquad = 73$$

Schlankheitsgrenzen, unterhalb derer die Auswirkungen nach Theorie II. Ordnung vernachlässigt werden können:

EC2, 4.3.5.1(5) und 4.3.5.3.5(2)

$$\text{grenz } \lambda = \qquad = 25$$

EC2, 4.3.5.3.5(2); hier maßgebend

oder

$$\text{grenz } \lambda = \frac{15}{\sqrt{\nu_u}} = \frac{15}{\sqrt{\dfrac{|N_{Sd}|}{A_c \cdot f_{cd}}}} = \frac{15}{\sqrt{\dfrac{0,737}{0,20^2 \cdot 20}}} = 15,63$$

Wegen

$$\text{vorh } \lambda = 73 > \text{grenz } \lambda = 25$$
$$> \lambda_{crit} = 50$$

gilt das Druckglied als schlank.

EC2, 4.3.5.3.5(2); der größere Wert von grenz λ ist maßgebend; $\lambda_{crit} = 50$ wie im Fall A

4.3.3 Knicken nach zwei Richtungen

EC2, 4.3.5.2P(2)

Schlußfolgerungen wie im Fall A.

4.3.4   Zusatzausmitte e_a

e_a =   = 1,05 cm

EC2, 4.3.5.4
wie im Fall A

4.3.5   Kriechverformungen

Schlußfolgerungen wie im Fall A.

EC2, 4.3.5.5.3P(1), und Anhang 3,
A3.4(9)

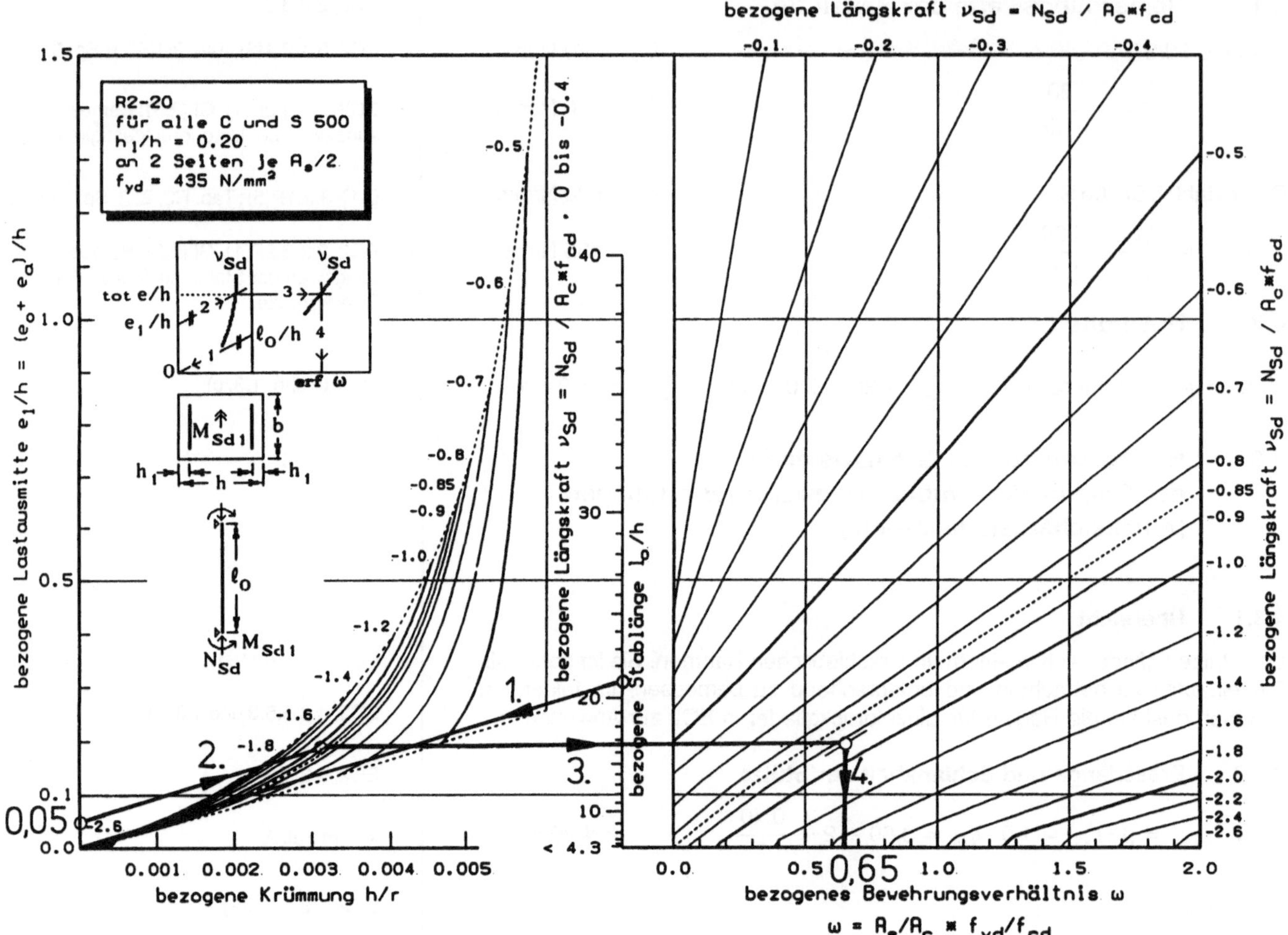

Bild 8.3: Ermittlung der erforderlichen Bewehrung erf A_s für den Fall B

4.3.6   Bemessung der Stütze

Die Bemessung der Stütze wird ebenfalls mit Hilfe der e_1/h-Diagramme in [A2] durchgeführt.

Eingangswerte:

$$\frac{l_0}{h} = \frac{420}{20} = 21,0$$

$$\frac{e_1}{h} = \frac{1,05}{20} \approx 0,05$$

$$\nu_{Sd} = \frac{-0,737}{0,20^2 \cdot 20,0} = -0,92$$

$$h_1 = \text{nom } c_w + \varnothing_w + \frac{\varnothing_l}{2} = 2,0 + 1,0 + \frac{2,0}{2} = 4,0 \text{ cm}$$

$$\frac{h_1}{h} = \frac{4,0}{20} = 0,20$$

EC2, 4.3.5.6

[A2], S. 83, 9.1.3.2.3; mit den nachfolgenden Eingangswerten und
$\mu_{Sd} = e_1 \cdot \nu_{Sd}/h = 0,05$ ist eine Ablesung im μ_{Sd}-Nomogramm R2-20 in [A2], S. 97, nicht möglich.

h_1: siehe Bild 8.3

abgelesen (siehe Bild 8.3):

$\text{erf } \omega = 0,65$

$$\text{erf } A_s = \text{erf } \omega \cdot A_c \cdot \frac{f_{cd}}{f_{yd}} = 0,65 \cdot 20^2 \cdot \frac{20}{435} = 11,96 \text{ cm}^2$$

Bild 8.3 aus [A2], S. 96

$$\text{min } A_s = \frac{0,15 \cdot |N_{Sd}|}{f_{yd}} = \frac{0,15 \cdot 0,737 \cdot 10^4}{435} = 2,54 \text{ cm}^2$$

EC2, 5.4.1.2.1(2), Gl.(5.13)

$$\text{bzw.} = 0,003 \cdot 20^2 = 1,20 \text{ cm}^2$$

gewählt:

> BSt 500 S 4 $\varnothing$ 20
> vorh A_s = 12,57 cm^2 > erf A_s

EC2, 5.4.1.2.1(1) u. (4): In jeder Ecke wird ein Stab $\varnothing$ 20 angeordnet.

5 Bewehrungsführung, bauliche Durchbildung

EC2, 5

5.1 Längsbewehrung

EC2, 5.4.1.2.1

Durchmesser:

$$\text{vorh } \varnothing_l = 20 \text{ mm} > \text{min } \varnothing_l = 12 \text{ mm}$$

EC2, 5.4.1.2.1(1)

vorhandener Bewehrungsquerschnitt im Bereich des Stützenfußes:

siehe Darstellung der Bewehrung

$$\text{vorh } \varrho_l = \text{vorh } A_s/A_c = 2 \cdot 12,57 \cdot \frac{10^2}{20^2} = 6,29 \% < 8,00 \%$$

EC2, 5.4.1.2.1(3); Annahme: alle 4 $\varnothing$ 20 der Stütze im EG werden im Bereich des Stützenfußes gestoßen.

5.2 Übergreifung der Längsstäbe

Die Stäbe $\varnothing$ 20 werden im Bereich des Stützenfußes nach den Regeln für Druckstäbe gestoßen.

EC2, 5.2.4.1.3

Verbundspannungen im Grenzzustand der Tragfähigkeit: Alle Stäbe liegen im Bereich mit guten Verbundbedingungen.

EC2, 5.2.2.2
EC2, 5.2.2.1(2), a)

$$f_{bd} = = 3,0 \text{ N/mm}^2$$

EC2, 5.2.2.2(2), Tab. 5.3, Z. 2, für C 30/37

Grundmaß der Verankerungslänge für die Stäbe $\varnothing$ 20:

EC2, 5.2.2.3(2), Gl.(5.3)

$$l_b = \frac{\varnothing}{4} \cdot \frac{f_{yd}}{f_{bd}} = 0,25 \cdot \frac{435}{3,0} \cdot 2,0 = 72,5 \text{ cm}$$

Übergreifungslänge l_s:

EC2, 5.2.4.1.3

$$l_s = l_{b,net} \cdot \alpha_1 \geq l_{s,min}$$

EC2, 5.2.4.1.3P(1), Gl.(5.7)

$$l_{b,net} = \alpha_a \cdot l_b \cdot \frac{A_{s,req}}{A_{s,prov}} \geq l_{b,min}$$

EC2, 5.2.3.4.1(1), Gl.(5.4)

mit $\alpha_a = 1,0$ für Verankerungen mit geraden Stabenden

$\dfrac{A_{s,req}}{A_{s,prov}} = 1,0$ für den voll ausgenutzten Stabquerschnitt

Annahme

$$l_{b,net} = l_b \cdot 1,0 \cdot 1,0 = 72,5 \cdot 1,0 \cdot 1,0 = 72,5 \text{ cm}$$

für die Stäbe $\varnothing$ 20

$$l_{b,min} = 0,6 \cdot l_b \geq 10 \, \varnothing \geq 100 \text{ mm}$$

EC2, 5.2.3.4.1(1), Gl.(5.6), für Druckstäbe

$$l_{b,net} = 72,5 \text{ cm} > 0,6 \cdot 72,50 = 43,5 \text{ cm}$$
$$> 10 \cdot 2,0 = 20,0 \text{ cm}$$
$$> 10,0 \text{ cm}$$

$\alpha_1 = 1$ für die Übergreifungslänge von Druckstößen

EC2, 5.2.4.1.3P(1)

$$l_s = 1,0 \cdot 72,5 = 72,5 \text{ cm}$$

$> l_{s,min}$ = 30 cm

Es wird eine Übergreifungslänge von l_s = 72,5 cm gewählt.

siehe Darstellung der Bewehrung

5.3   Bügelbewehrung

a) Bügel im Normalbereich

Durchmesser:

$$\text{vorh } \varnothing_w = 10\,\text{mm} \geq \min \varnothing_w \qquad\qquad = 6\,\text{mm}$$

$$\geq \frac{\varnothing_l}{4} = \frac{20}{4} \qquad\qquad = 5\,\text{mm}$$

Abstände:

$$\max s_w = 12 \cdot \varnothing_l \qquad = 12 \cdot 2{,}0 \qquad = 24{,}0\,\text{cm}$$

$$= b = h \qquad\qquad\qquad = 20{,}0\,\text{cm}$$

$$= \qquad\qquad\qquad\qquad = 30{,}0\,\text{cm}$$

gewählt:

> Bügel BSt 500 S $\varnothing$ 10
> $s_w = 20$ cm

b) Bügelabstände im Krafteinleitungsbereich am Stützenkopf und im Übergreifungsbereich der Stäbe $\varnothing$ 20

$$\max s_w = 0{,}6 \cdot 20 \qquad\qquad = 12{,}0\,\text{cm}$$

gewählt:

> $s_w = 12{,}0$ cm

5.4   Besondere Maßnahmen beim Verlegen der Bewehrung

Bei der Festlegung der Betondeckung (siehe Abschn. 1.3) wurde vorausgesetzt, daß beim Verlegen der Bewehrung besondere Maßnahmen im Sinne
von [8.1], Abschn. 6, getroffen werden. Zur Einhaltung der erforderlichen
Mindestbetondeckung werden Abstandhalter mit der Dicke $d_A = \text{nom } c_w = 2{,}0$
cm wie folgt eingebaut:

Abstand der Abstandhalter in Stützenlängsrichtung:

$$\text{vorh } s_1 = 100\,\text{cm} = \text{zul } s_1 \text{ für } \varnothing_l = 20\,\text{mm}$$

Anzahl der Abstandhalter über den Umfang:

   2 je Querschnittsseite

Randnotizen (rechte Spalte):

EC2, 5.4.1.2.2

EC2, 5.4.1.2.2(1)

EC2, 5.4.1.2.2(3)

maßgebender Wert

EC2, 5.4.1.2.2(4), wegen $\varnothing_l > 14$ mm

[A1], 4.1.3.3(8), und DIN 1045, 13.2.1(4)

[8.1], S. 133, Tab. 4, für Balken und Stützen

[8.1], S. 133, Tab. 4, für h $\leqq$ 100 cm

Schnitt A-A

Anschluss-bewehrung im 2.OG

Bewehrung der Unterzüge nicht dargestellt

Abstand der Abstandhalter s_1 = 100cm

A   A

② 4∅10/12

② 15∅10/20

② 6∅10/12

3.80

②

① 4∅20

① 4∅20 L=4.93

l_s =725

20   35

Anschluss-bewehrung im EG

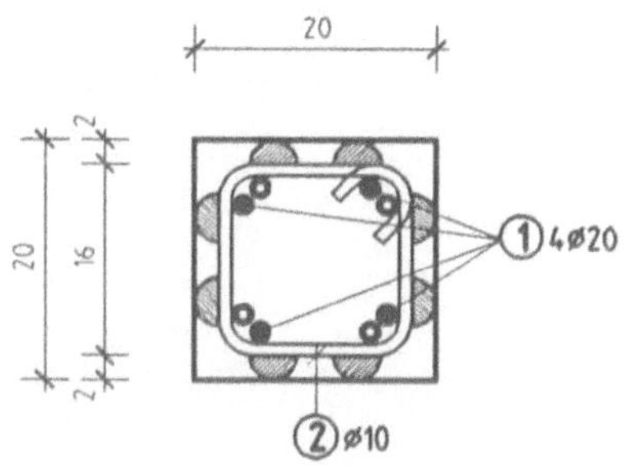

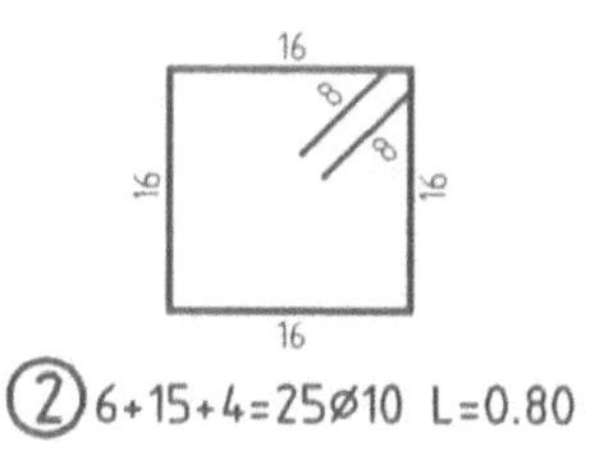

② 6+15+4=25∅10 L=0.80

Für Biegestellen ohne Angabe des Biegerollendurchmessers gilt dessen Mindestwert 4∅ (∅<20mm) bzw. 7∅ (∅≥20mm).

Beispiel 8

Hochbau-Innenstütze Fall B

Darstellung der Bewehrung

Baustoffe:

Beton   C 30/37

Betonstahl   BSt 500 S

Betondeckung der Bügel:

nom c_w = 2.0cm

Für das Verlegen der Bewehrung wurden besondere Massnahmen im Sinne von [8.1],Abschn.4,vereinbart.

BEISPIEL 9: HOCHBAU-RANDSTÜTZE

Inhalt

BEISPIEL 9: HOCHBAU-RANDSTÜTZE

Aufgabenstellung, Teilsicherheits- und Kombinationsbeiwerte

Zu bemessen ist die Ortbeton-Randstütze einer Halle für vorwiegend ruhende Lasten. Sie ist in ihr Fundament eingespannt und erhält ihre Lasten aus einem gelenkig aufgelagerten Fertigteilbinder. Die Lasten der mit einer Wärmedämmung versehenen Dacheindeckung werden von Pfetten auf die Binder übertragen.

Es wird vorausgesetzt, daß Wind und sonstige Kräfte in Hallenlängsrichtung von anderen Bauteilen aufgenommen werden und daß das Bauwerk durch Dehnfugen parallel zu den Bindern so unterteilt ist, daß Einwirkungen infolge von Zwang quer zu den Bindern vernachlässigt werden können.

Auch in Richtung der Binder (Querrichtung der Halle) kann die Bauwerkslänge als hinreichend klein angesehen werden, so daß, insbesondere wegen der vorgesehenen Wärmedämmung und der Herstellung mit Fertigteilen, Zwangbeanspruchungen aus Temperatur und Schwinden ebenfalls nicht berücksichtigt zu werden brauchen.

Die Stütze befindet sich in feuchter Umgebung ohne Frost. Die Umweltbedingungen entsprechen daher EC2, Tab. 4.1, Z.2a.

Für die Nachweise in den Grenzzuständen der Tragfähigkeit bzw. Gebrauchstauglichkeit sind folgende Teilsicherheits- und Kombinationsbeiwerte vorgegeben:

a) Teilsicherheitsbeiwerte in den Grenzzuständen der Tragfähigkeit

- für ständige Einwirkungen : γ_G = 1,35 bzw. 1,0
- für veränderliche Einwirkungen : γ_Q = 1,50 bzw. 0
- für Beton : γ_c = 1,50
- für Betonstahl : γ_s = 1,15

b) Kombinationsbeiwerte in den Grenzzuständen der Tragfähigkeit

- für Schneelasten : $\psi_{0,1}$ = 0,70
- für Windlasten : $\psi_{0,2}$ = 0,60

c) Kombinationsbeiwerte in den Grenzzuständen der Gebrauchstauglichkeit

Die Grenzzustände der Gebrauchstauglichkeit sind für die Bemessung der Stütze nicht maßgebend und werden deshalb im Rahmen dieses Beispiels nicht weiter verfolgt.

Literatur:

[9.1] Steinle, A., und Hahn, V.: Bauen mit Betonfertigteilen im Hochbau. Beton-Kalender 1988 Teil II, S. 343 bis 513.

[9.2] Rahlwes, K.: Lagerung und Lager von Bauwerken. Beton-Kalender 1989 Teil II, S. 397 bis 485.

[9.3] Kordina, K., und Nölting, D.: Zur Auflagerung von Stahlbetonbauteilen mittels unbewehrter Elastomerlager. Bauingenieur 56 (1981), S. 41 bis 44.

[9.4] Deutscher Beton-Verein E.V.: Merkblatt Betondeckung (Fassung März 1991). DBV-Merkblatt-Sammlung, Ausgabe 1991, S. 126 bis 136. Wiesbaden: Selbstverlag 1991.

[9.5] Kordina, K., und Quast, U.: Bemessung von schlanken Bauteilen für den durch Tragwerksverformungen beeinflußten Grenzzustand der Tragfähigkeit – Stabilitätsnachweis. Beton-Kalender 1993 Teil I, S. 459 bis 508.

DIN 4141 Teil 3 – Lager im Bauwesen; Lagerung für Hochbauten. Ausgabe September 1984.

EC2, 2.5.3.1 P(4)

siehe Bild 9.1

EC2, 2.5.3.1P(4)

EC2, 4.1.2.2(2), und DIN V ENV 206, Tab. 2

EC2, 2.2.2.3P(2), 2.2.2.4P(2), 2.2.3.2P(1)

EC2, 2.3.3.1(1), Tab. 2.2; der zweite Zahlenwert gilt bei günstiger Auswirkung.

EC2, 2.3.3.2(1), Tab. 2.3, für die Grundkombination; die außergewöhnliche Bemessungssituation im Sinne von EC2, 2.3.2.2P(2), Gl.(2.7 b), ist nicht Gegenstand dieses Beispiels.

[A1], 2.3.2.2, Tab.R1, Z. 3, Sp. 2

[A1], 2.3.2.2, Tab.R1, Z. 2, Sp. 2

EC2, 2.3.4P(2)

d) Baustoffe

- Beton C 30/37 (Stahlbeton); bei dieser Betonfestigkeitsklasse gelten bei Verwendung eines Zementes der Festigkeitsklasse CE 42,5 die Anforderungen an den maximal zulässigen Wasserzementwert nach Tab. 3 in DIN V ENV 206 als erfüllt.

- Betonstahl   BSt 500 S
- Scherbolzen   St 835/1030, glatt, rund

DIN V ENV 206, 7.3.1.1, Tab. 8; DIN V ENV 206, 6.2.2 und Tab. 3, für die Umweltklasse 2a und Stahlbeton, sowie 11.3.8, Tab. 20

[A1], Tab.R2, Z.2

Bauaufsichtlicher Zulassungsbescheid

1   System, Bauteilmaße, Betondeckung

1.1   Hallenquerschnitt

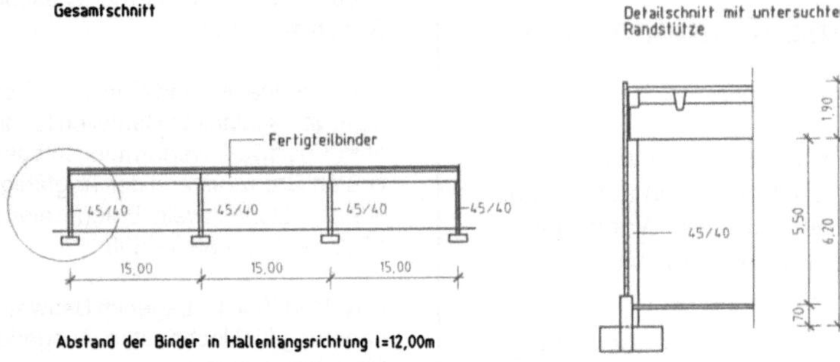

Bild 9.1: System und Bauteilmaße der Halle

1.2   Stützenkopf mit Auflagerausbildung

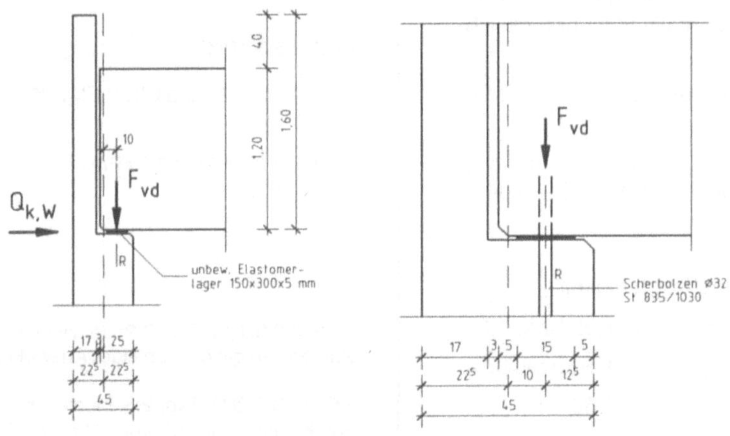

Der obere Teil der Stütze (Dicke h = 17 cm) ist unbelastet.

Die rechnerische Auflagerlinie R ist durch die Lagermitte vorgegeben (siehe EC2, 2.5.2.2.2(1), und Bild 2.4f))

Die Abmessungen des Elastomerlagers wurden nach [9.2], S. 457 bis 459, 7.8.4, ermittelt.

Bild 9.2: Details der Auflagerausbildung

1.3   Statisches System (Querrichtung)

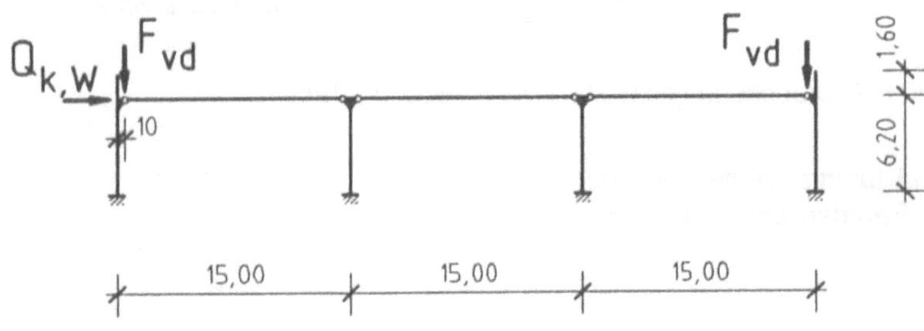

Annahme: die planmäßigen Ausmitten der lotrechten Einwirkungen sind an allen Stützen gleich groß.

Bild 9.3: Statisches System der Halle in Querrichtung

Überprüfung der Stützenabmessungen:

$\min b \quad = \min h = 200 \text{ mm} < \text{vorh } b \qquad = 400 \text{ mm}$

EC2, 5.4.1.1(1), für Stützen, die vor Ort senkrecht betoniert werden. Für Fertigteilstützen gilt $\min b = \min h = 140 \text{ mm}$.

1.4 Betondeckung

EC2, 4.1.3.3

a) in Abhängigkeit von den Umweltklassen (für die Bügel)

$$\min c_{w1} \quad = \qquad = 20 \text{ mm}$$

EC2, 4.1.3.3(6); der Fußzeiger w bezeichnet den Bezug auf die Bügel.

EC2, Tab. 4.2, für Umweltklasse 2a und Betonstahl; eine Abminderung von $\min c_{w1}$ nach Anm. 2) bzw. 3) zu Tab. 4.2 ist hier unzulässig, da keine plattenförmigen Bauteile vorliegen und Beton C 30/37 verwendet wird.

b) zur sicheren Übertragung der Verbundkräfte ($d_g \leq 32$ mm)

EC2, 4.1.3.3(5); d_g: Nennwert des Größtkorndurchmessers

$\text{Bügel} \qquad : \quad \min c_{w2} \quad = \varnothing_w \qquad = 10 \text{ mm}$

Annahme: Durchmesser der Bügelmatte $\varnothing_w \leq 10$ mm

$\text{Längsstäbe} : \quad \min c_l \quad = \varnothing_l \qquad = 20 \text{ mm}$

Annahme: Durchmesser der Längsstäbe $\varnothing_l = 20$ mm

c) Nennmaß der Betondeckung

$\text{nom } c_w \quad = \quad \min c_{w1} \quad + \Delta h = 20 + 5 \qquad = 25 \text{ mm}$

Betondeckung der Bügel, hier maßgebend

Annahme: $\Delta h = 5$ mm; nach [A1], 4.1.3.3(8), sind Vorhaltemaße $\Delta h < 10$ mm nur zulässig, wenn besondere Maßnahmen nach DIN 1045/07.88, Abschn. 13.2.1(4), getroffen werden; vgl. deshalb Abschn. 7.3

Die für den Feuerwiderstand erforderliche Mindestbetondeckung einschließlich der Maßabweichungen, die im Rahmen dieses Beispiels nicht weiter verfolgt werden, richten sich nach DIN 4102 Teil 4 (vgl. [A1], 4.1.3.3(10)).

2 Einwirkungen

EC2, 2.2.2

2.1 Charakteristische Werte

EC2, 2.2.2.2P(1)

a) lotrechte Einwirkungen (Auflagerkräfte des Binders)

[A1], 2.2.2.2: Als charakteristische Werte der Einwirkungen gelten grundsätzlich die Werte der DIN-Normen, insbesondere der Normen der Reihe DIN 1055, und gegebenenfalls der bauaufsichtlichen Ergänzungen und Richtlinien.

– ständige Einwirkung (Eigenlast): $\qquad G_k = 432 \text{ kN}$

Die Eigenlast der Stütze ist in G_k enthalten.

– veränderliche Einwirkung (Schneelast): $\qquad Q_{k,S} = \ 68 \text{ kN}$

Fußzeiger S für Schneelast

b) horizontale Einwirkungen (Wind)

Zur Vereinfachung werden alle Windlasten zusammengefaßt zu einer veränderlichen Ersatzlast

s. Bild 9.3

$$Q_{k,W} = \pm 40 \text{ kN}$$

DIN 1055 Teil 4, 5.2.2, 6.3.1 und Tab. 11; Fußzeiger W für Wind

2.2 Repräsentative Werte und Bemessungswerte

EC2, 2.2.2.3 und 2.2.2.4

2.2.1 Grenzzustände der Gebrauchstauglichkeit

EC2, 2.2.2.3 und 2.3.4

Diese Grenzzustände werden im Rahmen dieses Beispiels nicht weiter verfolgt.

vgl. Aufgabenstellung, Absatz c)

2.2.2 Grenzzustände der Tragfähigkeit

2.2.2.1 Bemessungswerte der Einwirkungen für die 1. Grundkombination

a) ständige Einwirkungen

- unterer Bemessungswert bei günstiger Wirkung ($\gamma_G = 1{,}0$):

$$\gamma_G \cdot G_k \quad = 1{,}0 \cdot 432 \qquad\qquad = 432{,}0 \text{ kN}$$

- oberer Bemessungswert bei ungünstiger Wirkung ($\gamma_G = 1{,}35$):

$$\gamma_G \cdot G_K \quad = 1{,}35 \cdot 432 \qquad\qquad = 583{,}2 \text{ kN}$$

b) veränderliche Einwirkungen

$$\gamma_Q \cdot Q_{k,S} \quad = 1{,}50 \cdot 68 \qquad\qquad = 102{,}0 \text{ kN}$$

$$\gamma_Q \cdot \psi_{0,2} \cdot Q_{k,w} \ = \pm\, 1{,}5 \cdot 0{,}6 \cdot 40 \qquad\quad = \pm\, 36{,}0 \text{ kN}$$

2.2.2.2 Bemessungswerte der Einwirkungen für die 2. Grundkombination

a) ständige Einwirkungen

Es gelten die Werte des vorstehenden Abschn. 2.2.2.1, a).

b) veränderliche Einwirkungen

$$\gamma_Q \cdot Q_{k,w} \quad = \pm\, 1{,}5 \cdot 40 \qquad\qquad = \pm\, 60{,}0 \text{ kN}$$

$$\gamma_Q \cdot \psi_{0,1} \cdot Q_{k,S} \ = 1{,}5 \cdot 0{,}7 \cdot 68 \qquad\qquad = \quad 71{,}4 \text{ kN}$$

3 Schnittgrößenermittlung

3.1 Grenzzustände der Gebrauchstauglichkeit

Diese Grenzzustände werden im Rahmen dieses Beispiels nicht weiter verfolgt.

3.2 Grenzzustände der Tragfähigkeit

3.2.1 Annahmen

Die Schnittgrößen werden zunächst am unverformt gedachten Tragsystem (Theorie I. Ordnung) ermittelt. Bei den Nachweisen in den Grenzzuständen der Tragfähigkeit infolge Tragwerksverformungen werden zusätzlich die Schnittgrößen infolge der Stabauslenkungen (Theorie II. Ordnung) erfaßt.

Es wird vorausgesetzt, daß in Hallenquerrichtung alle Stützen die gleiche Biegesteifigkeit haben. Genügend genau kann damit angenommen werden, daß auf die Randstütze ein Viertel der Windlast $Q_{k,w}$ entfällt.

Da die ständige Einwirkung G_k und die gleichmäßig über die Dachfläche hin anzusetzende Schneelast $Q_{k,S}$ das System symmetrisch belasten, kann wegen System- und Lastsymmetrie für die Ermittlung der Schnittgrößen infolge G_k und $Q_{k,S}$ nach der Theorie I. Ordnung ein unverschiebliches System angenommen werden (siehe Bild 9.4).

Randspalte:

EC2, 2.2.2.4

EC2, 2.3.2.2P(2), Gl.(2.7 a); Annahme hier: Leiteinwirkung $Q_{k,S}$ ist maßgebend ($\psi_{0,2} = 0{,}6$):
$\Sigma\gamma_G \cdot G_k + \gamma_Q \cdot Q_{k,S} + \gamma_Q \cdot \psi_{0,2} \cdot Q_{k,w}$

EC2, 2.2.2.4P(3), erster Spiegelstrich

Bei günstiger Wirkung ist der Teilsicherheitsbeiwert $\gamma_Q = 0$ (vgl. Aufgabenstellung); dieser Fall ist jedoch für die Bemessung der Stütze nicht maßgebend und wird nicht weiter verfolgt.

Annahme: Leiteinwirkung $Q_{k,w}$ ist maßgebend:
$\Sigma\gamma_G \cdot G_k + \gamma_Q \cdot Q_{k,w} + \gamma_Q \cdot \psi_{0,1} \cdot Q_{k,S}$

mit $\psi_{0,1} = 0{,}7$

EC2, 2.5

EC2, 2.5.3.2.2

EC2, 2.5.3.1P(3)
EC2, 4.3.5

EC2, 2.5.3.1P(3) und 2.5.1.4

3.2.2 Schnittgrößen am unverformt gedachten Tragsystem

Den qualitativen Momentenverlauf infolge der ständigen und veränderlichen Einwirkungen zeigt Bild 9.4. Zahlenwerte für die Bemessungswerte der Normalkraft N_{Sd} und der Biegemomente $M_{Sd,o}$ bzw. $M_{Sd,u}$ enthält Tab. 9.1, wobei auch die vereinfachte Einwirkungskombination nach EC2, Gl.(2.8b), berücksichtigt wurde.

Nach EC2 wären im allgemeinen Fall auch die Kombinationen mit dem unteren Bemessungswert der ständigen Einwirkung $G_{d,inf} = \gamma_{G,inf} \cdot G_k = 1{,}0 \cdot G_k$ zu untersuchen. Eine Nebenrechnung hat jedoch ergeben, daß diese im vorliegenden Beispiel nicht maßgebend sind. Sie werden deshalb nicht weiter verfolgt.

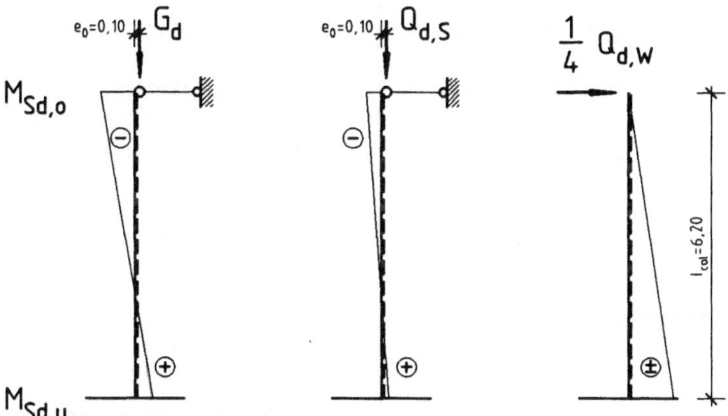

Bild 9.4: Qualitativer Momentenverlauf am unverformt gedachten Tragsystem;
a) infolge der ständigen Einwirkungen; b) infolge Schneelast;
c) infolge Windlast

Tabelle 9.1: Zusammenstellung der Einwirkungskombinationen

Zeile	Kombination	Einwirkung	N_{Sd} (kN)	$M_{Sd,o}$ (kNm)	$M_{Sd,u}$ (kNm)
	1	2	3	4	5
1		$G_d = 1{,}35 \cdot G_k$	− 583,20	− 58,32	+ 29,16
2	1. Einwirkungs-	$\gamma_Q \cdot Q_{k,S}$	− 102,00	− 10,20	+ 5,10
3	kombination	$\gamma_Q \cdot \psi_{0,2} \cdot Q_{k,W}$	0	0	± 55,80
4		Σ	− 685,20	− 68,52	+ 90,06
5		G_d	− 583,20	− 58,32	+ 29,16
6	2. Einwirkungs-	$\gamma_Q \cdot \psi_{0,1} \cdot Q_{k,S}$	− 71,40	− 7,14	+ 3,57
7	kombination	$\gamma_Q \cdot Q_{k,W}$	0	0	± 93,00
8		Σ	− 654,60	− 65,46	+ 125,73
9		G_d	− 583,20	− 58,32	+ 29,16
10	vereinfachte	$0{,}9 \cdot \gamma_Q \cdot Q_{k,S}$	− 91,80	− 9,18	+ 4,59
11	Kombination	$0{,}9 \cdot \gamma_Q \cdot Q_{k,W}$	0	0	± 83,70
12		Σ	− 675,00	− 67,50	+ 117,45

Randspalte:

EC2, 2.5.3.1P(3)

EC2, 2.3.3.1(8); Gl. (2.8a) wird im vorliegenden Beispiel nicht maßgebend.

EC2, 2.2.2.4P(3)

vgl. Abschn. 2.2.2.1 und 2.2.2.2 oben

G_d, $Q_{d,S}$, $Q_{d,W}$: Bemessungswert der ständigen Einwirkungen bzw. infolge von Schneelast und Windlast

siehe Abschn. 2.2.2.1 und 2.2.2.2 oben

vgl. Bild 9.4

$M_{Sd,u} = -0{,}5 \cdot M_{Sd,o}$

vgl. Abschn. 2.2.2.1

$M_{Sd,u} = 0{,}25 \cdot Q_{d,W} \cdot l_{col}$

vgl. Abschn. 2.2.2.2

Extremwert von $M_{Sd,u}$

EC2, 2.3.3.1(8), Gl. (2.8b)

4 Räumliche Steifigkeit und Stabilität

Die Stabilität in Längsrichtung ist durch andere Bauteile gesichert (siehe Aufgabenstellung). In Querrichtung sind aussteifende Bauteile im Sinne von EC2, 4.3.5.3.2, jedoch nicht vorhanden; eine gegenseitige Aussteifung der Stützen zum Zeitpunkt des Ausknickens wird nicht vorausgesetzt. Somit erhalten alle Stützen die kritische Last. Der Nachweis in den durch Tragwerksverformungen bedingten Grenzzuständen der Tragfähigkeit wird daher nicht am Gesamtsystem, sondern für jede Stütze gesondert geführt.

EC2, 4.3.5.3.2

Auf den Nachweis in Hallenlängsrichtung darf daher im Rahmen dieses Beispiels verzichtet werden.

d. h. die Traglast N_{Sd}

EC2, 4.3.5.5.3

5 Bemessung für die Grenzzustände der Tragfähigkeit infolge Tragwerksverformungen (Knicksicherheitsnachweis)

EC2, 4.3.5

5.1 Bemessungswerte der Baustoffe

Beton: C 30/37 $f_{ck} = 30$ N/mm^2

$$f_{cd} = \frac{f_{ck}}{\gamma_c} = \frac{30}{1,5} = 20 \text{ N/mm}^2$$

Betonstahl: BSt 500 $f_{yk} = 500$ N/mm^2

$$f_{yd} = \frac{f_{yk}}{\gamma_s} = \frac{500}{1,15} = 435 \text{ N/mm}^2$$

EC2, 2.2.3.2

EC2, 3.1.2.4(3), Tab. 3.1, Z. 1, Sp. 5

EC2, 2.2.3.2P(1), Gl.(2.3); Bemessungswert der Betondruckfestigkeit

[A1], 3.2.1, Abs. P(5); Tab. R2, Z. 2, Sp. 2 und 6

EC2, 2.2.3.2P(1), Gl.(2.3); Bemessungswert der Stahlfestigkeit an der Streckgrenze

5.2 Abstand h_1 der Bewehrung vom Querschnittsrand

$$h_1 = \text{nom } c_w + \varnothing_w + 0,5 \cdot \varnothing_l$$
$$= 2,5 + 1,0 + 0,5 \cdot 2,0 = 4,5 \text{ cm}$$

[A2]; S. 88, e_1/h-Diagramm R2-10; h_1 in Richtung der Querschnittsseite h = 45 cm für einlagige Bewehrung

Annahme: $\varnothing_w = 10$ mm und $\varnothing_l = 20$ mm

5.3 Ersatzlänge (Knicklänge)

Bei der Ermittlung der Ersatzlänge ist die Rahmenwirkung des Systems vernachlässigt. Die Randstütze wird als Einzelstütze betrachtet (Stützenkopf in Querrichtung verschieblich):

$$l_0 = \beta \cdot l_{col} = 2,0 \cdot 6,20 = 12,40 \text{ m}$$

EC2, 4.3.5.5.3 und 4.3.5.3.5

Eine elastische Einspannung der Stütze im Boden wird hier nicht vorausgesetzt.

EC2, 4.3.5.3.5(1) und Bild 4.27 b), für $k_A = 0$ und $k_B = \infty$

5.4 Schlankheitsgrenzen

$$\text{vorh } \lambda = \frac{l_0}{h} \cdot \sqrt{12} = \frac{12,4}{0,45} \cdot \sqrt{12} = 95,5 > 25$$

$$\nu_u = \frac{|N_{Sd}|}{A_c \cdot f_{cd}} = \frac{0,6852}{0,45 \cdot 0,4 \cdot 20} = 0,19$$

$$\frac{15}{\sqrt{\nu_u}} = \frac{15}{\sqrt{0,19}} = 34,4 < 95,5$$

Die Stütze gilt somit als schlank. Der Einfluß der Auswirkungen nach Theorie II. Ordnung ist daher zu berücksichtigen.

EC2, 4.3.5.3.5(2)

Für N_{Sd} wir der Höchstwert eingesetzt, vgl. Tab. 9.1, Z.4, Sp. 3.

EC2, 4.3.5.3.5(2) und 4.3.5.1(5); das Kriterium nach EC2, 4.3.5.5.3(2), Gl.(4.62), wird hier nicht maßgebend, da die Stütze in Querrichtung verschieblich ist.
EC2, 4.3.5.4
[A2], S. 85, Abschn. 9.4.1
EC2, 4.3.5.4(2)

5.5 Imperfektionen

Entsprechend den Empfehlungen in [A2] werden die Imperfektionen durch eine Schiefstellung des gesamten Tragwerks in Querrichtung um den Winkel ν berücksichtigt:

$$\nu = \frac{1}{100 \cdot \sqrt{l_{col}}} = \frac{1}{100 \cdot \sqrt{6,2}} = 1/249 < 1/200$$

EC2, 2.5.1.3(4), Gl.(2.10)
hier maßgebender Wert

Abminderung wegen der vier gekoppelten Stützen ($n = 4$):

$$\alpha_n = \sqrt{0,5 \cdot (1 + 1/n)} = \sqrt{0,5 \cdot (1 + 1/4)} = 0,79$$

$$\alpha_n \cdot \nu = 0,79 \cdot \frac{1}{200} = \frac{1}{253}$$

[A2], S. 85, Abschn. 9.4.1; EC2, 2.5.1.3(5), Gl.(2.11)

Zusatzmoment $M_{Sd,a}$ infolge Tragwerksschiefstellung:

$$M_{Sd,a} = \alpha_n \cdot \nu \cdot l_{col} \cdot N_{Sd} = 6,2 \cdot \frac{N_{Sd}}{253} = 0,0245 \cdot N_{Sd} \ (kNm)$$

Das Produkt $\alpha_n \cdot \nu$ ist im Nenner (253) bereits enthalten.

5.6 Kriechverformungen

Kriechverformungen müssen bei der Bemessung von schlanken Einzeldruckgliedern berücksichtigt werden, wenn sie – wie im vorliegenden Fall – die Standsicherheit des Tragwerks ungünstig beeinflussen.

EC2, 4.3.5.5.3P(1)

EC2, 4.3.5.5.3P(1); die erleichternde Regel in EC2, Anhang 3, Abschn. A3.4(9), ist hier nicht anwendbar, da das Tragwerk in Querrichtung verschieblich und das obere Stützenende nicht monolithisch mit dem Binder verbunden ist.

Entsprechend den Empfehlungen in [A2] werden die Kriechverformungen über eine Erhöhung der Ersatzlänge berücksichtigt:

$$l_{0,c} = l_0 \cdot \sqrt{1 + \frac{M_{Sd,c}}{M_{Sd,1}}}$$

[A2], S. 84 bis 86, Abschn. 9.2.5 u. 9.4.3

mit

$M_{Sd,c}$: kriecherzeugendes Moment infolge quasi-ständiger Einwirkungen

c: Fußzeiger für das Kriechen (englisch: creep)

$M_{Sd,1} = M_{Sd} + M_{Sd,a}$

Die Werte $l_{0,c}$ werden im nachfolgenden Abschn. 5.7 ermittelt.

M_{Sd} nach Tab. 9.1; $M_{Sd,a}$ nach Abschn. 5.5

5.7 Bemessung der Stütze

Die Stütze wird an der Einspannstelle mit Hilfe der Diagramme in [A2] für die Einwirkungskombinationen nach Tab. 9.1 bemessen, wobei eine symmetrische, über die Stützenlänge konstante, d.h. nicht gestaffelte Bewehrung vorausgesetzt ist.

[A2], S. 88 bis 113

Eingangswerte:

$$l_0 = = 12,40 \ m$$

vgl. Abschn. 5.3

$$\frac{h_1}{h} = \frac{4,5}{45} = 0,10$$

vgl. Abschn. 5.2

Maßgebend ist somit das Nomogramm R2-10 in [A2]. Die weiteren Eingangswerte sowie die Bemessungsergebnisse erf ω bzw. erf A_s sind in Tab. 9.2 zusammengestellt.

[A2], S. 93, μ-Nomogramm R2-10 (siehe Bild 9.5)

Tab. 9.2: Eingangsgrößen für die Bemessung; Bemessungsergebnisse

Zeile	Kombination	N_{Sd} (kN)	ν_{Sd} (1)	M_{Sd} (kNm)	$M_{Sd,a}$ (kNm)	$M_{Sd,1}$ (kNm)	μ_{Sd} (1)	$l_{0,c}$ (m)	$l_{0,c}/h$ (1)	erf ω (1)	erf A_s (cm²)
1	2	3	4	5	6	7	8	9	10	11	
1	1	−685,2	−0,19	90,06	16,79	106,85	0,066	14,00	31,1	0,23	19,1
2	2	−654,6	−0,18	125,73	16,04	141,77	0,088	13,62	30,3	0,27	22,4
3	vereinfachte Kombination	−675,0	−0,19	117,45	16,54	133,99	0,083	13,68	30,4	0,26	21,6

$$\nu_{Sd} = \frac{N_{Sd}}{A_c \cdot f_{cd}}$$

$$\mu_{Sd} = \frac{M_{Sd,1}}{A_c \cdot h \cdot f_{cd}}$$

$$erf \ A_s = \omega \cdot A_c \cdot \frac{f_{cd}}{f_{yd}}$$

$$l_{0,c} = l_0 \cdot \sqrt{1 + \frac{M_{Sd,c}}{M_{Sd,1}}}$$

$$M_{Sd,c} = M_{Sd,u} = 29,16 \ kNm \ (vgl. \ Tab. \ 9.1)$$

gewählt:

> BSt 500 S je Seite 4 $\varnothing$ 20
>
> vorh A_s = 25,13 cm^2 > erf A_s = 22,4 cm^2

Die Stäbe $\varnothing$ 12 in der Mitte der längeren Querschnittsseite h werden nach EC2 nicht gefordert; siehe die Darstellung der Bewehrung

μ-Nomogramm
R2 – 1 O

$$A_s = \frac{\omega}{f_{yd}/f_{cd}}\, A_c$$

Betonfestig-keitsklasse C	16/20	20/25	25/30	30/37	35/45	40/50	45/55	50/60
f_{yd}/f_{cd}	40.8	32.6	26.1	21.7	18.6	16.3	14.5	13.0

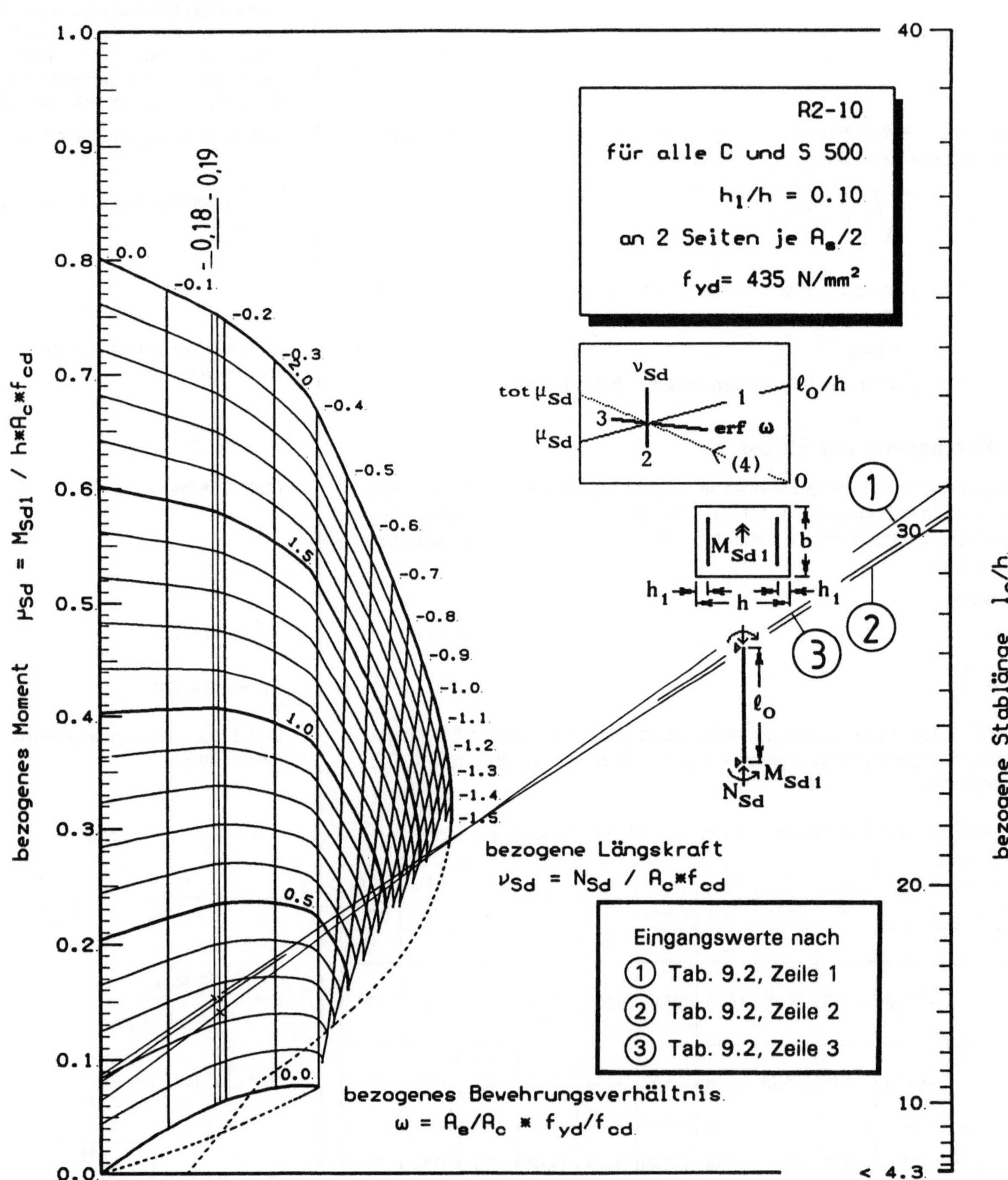

Bild 9.5: Ermittlung der erforderlichen Bewehrung am Einspannquerschnitt (Nomogramm R2-10 aus [A2], S. 93)

Mindestquerschnitt der Längsbewehrung:

$$\min A_s \;=\; \frac{0,15 \cdot N_{Sd}}{f_{yd}} \;=\; \frac{0,15 \cdot 0,6852}{435} \cdot 10^4 \qquad = 2,36 \text{ cm}^2$$

bzw.

$$= 0,003 \cdot A_c \;=\; 0,003 \cdot 40 \cdot 45 \qquad = 5,40 \text{ cm}^2$$

$$\text{vorh } A_s \;=\; 8 \; \varnothing \; 20 \qquad = 25,13 \text{ cm}^2 \qquad > \min A_s$$

EC2, 5.4.1.2.1(2)

EC2, 5.4.1.2.1(2), Gl.(5.13); N_{Sd} nach Tab. 9.2, Z.1, Sp. 2

6 Krafteinleitungsbereich unter den Binderauflagern

EC2, 2.5.1.1(6), 2.5.3.7.4 und 5.4.8.1

6.1 Übersicht

Nach EC2 ist in Tragwerksbereichen mit konzentrierten Einzellasten ein Nachweis der örtlich auftretenden Beanspruchungen gefordert. Folgende Nachweise sind dabei zu führen (Bild 9.6):

a) Nachweis der Aufnahme der Last F_{vd}

b) Nachweis der Aufnahme der Querzugkräfte F_t infolge der Behinderung der Querdehnung des unbewehrten Elastomerlagers

c) bei Überschreiten der zulässigen Betondruckspannungen, Nachweis der Aufnahme der Spaltzugkraft F_S und der Randzugkraft F_R

d) Nachweis der Tragfähigkeit des Scherbolzens zur anteiligen Weiterleitung der Horizontallast $Q_{k,W}$ auf die übrigen drei Stützen des Hallenquerschnitts.

EC2, 2.5.1.1(6)

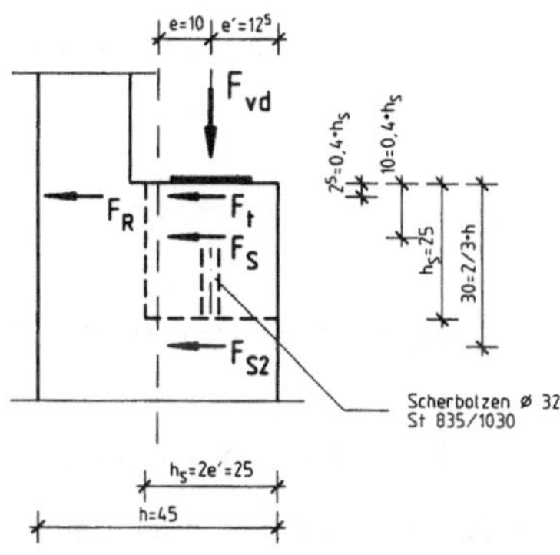

Bild 9.6: Im Krafteinleitungsbereich unter den Binderauflagern aufzunehmende Kräfte (nach [A6], S. 65, Bild 5.2)

6.2 Nachweis der Aufnahme der Last F_{vd}

EC2, 5.4.8.1

Es ist der Nachweis zu führen, daß

$$F_{vd} \;\leq\; F_{Rdu} = A_{c0} \cdot f_{cd} \cdot \sqrt{\frac{A_{c1}}{A_{c0}}} \;\leq\; 3,3 \cdot f_{cd} \cdot A_{c0}$$

EC2, 5.4.8.1(3), Gl.(5.22)

worin (siehe Bild 9.7):

A_{c0} Belastungsfläche (hier Fläche des Elastomerlagers)

A_{c1} größte Fläche, die geometrisch A_{c0} bei gleichem Schwerpunkt entspricht, der Fläche A_c einbeschrieben werden kann und in derselben Ebene wie die Belastungsfläche liegt.

Die aufnehmbare Kraft F_{Rdu} wird zunächst unter der Annahme ermittelt, daß der Fertigträger überhöht hergestellt worden ist und sich daher unter der Last F_{vd} über dem Auflager eine horizontale Tangente an die Biegelinie des Trägers und somit eine annähernd gleichmäßige Verteilung der Druckspannungen einstellt.

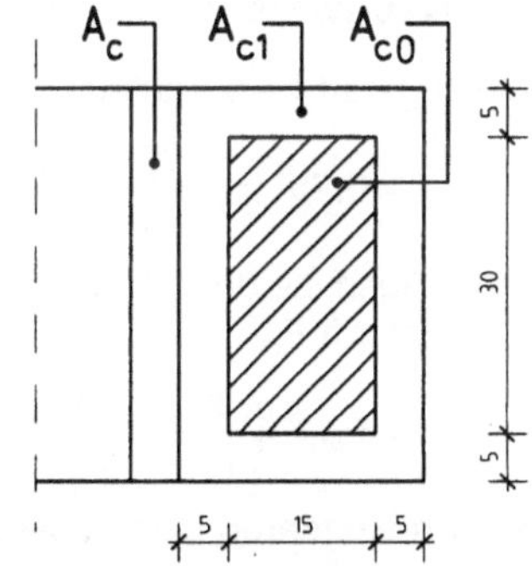

Bild 9.7: Erläuterung der Flächen A_{c0} und A_{c1}

EC2, 5.4.8.1(3), vorletzter Abs.; andernfalls ist F_{Rdu} abzumindern.

Abschn. 1.2, Bild 9.2

vgl. Bild 9.7; größte in A_c einschreibbare Fläche

vgl. Abschn. 5.1

Mit

$$A_{c0} \;= a \cdot b = 15 \cdot 30 \qquad\qquad = 450 \text{ cm}^2$$

$$A_{c1} \;= (a + 2 \cdot 5) + (b + 2 \cdot 5) = 25 \cdot 40 \qquad = 1000 \text{ cm}^2$$

$$f_{cd} \;= \qquad\qquad\qquad\qquad = 20 \text{ N/mm}^2$$

wird

$$F_{Rdu} \;= 450 \cdot 10^{-4} \cdot 20 \cdot 10^3 \cdot \sqrt{\frac{1000}{450}} \qquad = 1341 \text{ kN}$$

$$< 3,3 \cdot 20 \cdot 450 \cdot 10^{-4} \cdot 10^3 \qquad = 2970 \text{ kN}$$

$$F_{vd} = |\min N_{Sd}| = 685{,}2 \text{ kN}$$

$$< F_{Rdu}$$

vgl. Tab. 9.2, Z.1, Sp. 2

Zum Vergleich wird der ungünstigere Fall betrachtet, daß die Last F_{vd} ausmittig am Elastomerlager angreift und sich daher eine annähernd dreieckförmige Verteilung der Betondruckspannung σ_c einstellt. Die Ausmitte e_F der Last F_{vd} beträgt unter dieser Voraussetzung mit a = 15 cm:

EC2, 5.4.8.1(3), vorletzter Abs.

$$e_F = 2 \cdot \frac{a}{3} - \frac{a}{2} = 15 \cdot \left(\frac{2}{3} - \frac{1}{2}\right) = 2{,}5 \text{ cm}$$

Abmessungen des Ersatzlagers:

$$b^* = b = 30 \text{ cm}$$

In Richtung der Lagerlänge b = 30 cm tritt rechnerisch keine Ausmitte der Last F_{vd} auf.

$$a^* = a - 2 \cdot e_F = 15 - 5 = 10 \text{ cm}$$

EC2, 5.4.8.1(3)

Belastungsfläche A_{c0} : $A_{c0} = 30 \cdot 10 = 300 \text{ cm}^2$

Verteilungsfläche A_{c1} : $A_{c1} = (b + 2 \cdot s_L) \cdot (a^* + 2 \cdot s_L) = 800 \text{ cm}^2$

s_L: größtmöglicher Abstand zwischen der Kante des Elastomerlagers und den Stützenaußenkanten: $s_L = 5{,}0$ cm, siehe Bild 9.7

$$F_{Rdu} = 300 \cdot 10^{-4} \cdot 20 \cdot 10^3 \cdot \sqrt{\frac{800}{300}} = 979 \text{ kN}$$

$$> F_{vd}$$

$< 3{,}3 \cdot 300 \cdot 10^{-4} \cdot 20 \cdot 10^3 = 1980$ kN

Die Einleitung der konzentrierten Kraft F_{vd} ist somit nachgewiesen.

6.3 Nachweis der Aufnahme der Querzugkraft F_t

vgl. Bild 9.6

Für diesen Nachweis wird die Lagerungsklasse 2 im Sinne von DIN 4141 Teil 3 vorausgesetzt. Die Größe der Querzugkraft infolge der Behinderung der Querdehnung des Lagers beträgt:

DIN 4141 Teil 3, 3.2
[9.1], S. 461, 3.1.3, a), Gl.(3.1.3)

$$F_t = 1{,}5 \cdot F_{vd} \cdot t \cdot a \cdot 10^{-5} = 1{,}5 \cdot 685{,}2 \cdot 5 \cdot 150 \cdot 10^{-5} = 7{,}71 \text{ kN}$$

a, t: Breite bzw. Dicke des Elastomerlagers

Die erforderliche Bewehrung wird in Abschn. 6.4 ermittelt.

EC2, 2.5.3.7.4P(1), und [A6], S. 64 und 65, 5.2 und 5.3; es kann davon ausgegangen werden, daß die Bemessungsmodelle in [A6] die Anforderungen in EC2, 2.5.3.7.4P(1), erfüllen.

6.4 Nachweis der Aufnahme der Kräfte F_S und F_R

Die Spaltzugkraft F_S berechnet sich zu:

[A6], S. 64, 5.2, Gl.(5.3), und S. 65, 5.3, Bild 5.2

$$F_S = 0{,}25 \cdot F_{vd} \cdot \left(1 - \frac{a}{h_S}\right) = 0{,}25 \cdot 685{,}2 \cdot \left(1 - \frac{15}{25}\right) = 68{,}5 \text{ kN}$$

Infolge der Ausmitte der Last F_{vd} in bezug auf die Schwerachse der Stütze tritt die Randzugkraft F_R auf:

[A6], S. 64, 5.3, Gl.(5.4)

$$F_R = F_{vd} \cdot \left(\frac{e}{h} - \frac{1}{6}\right) = 685{,}2 \cdot \left(\frac{0{,}10}{0{,}45} - \frac{1}{6}\right) = 38{,}1 \text{ kN}$$

e: s. Bild 9.6

Größe der sekundären Spaltzugkraft F_{S2}:

[A6], S. 65, 5.3, letzter Abs.

$$F_{S2} = 0{,}3 \cdot F_R = 0{,}3 \cdot 38{,}1 = 11{,}5 \text{ kN}$$

Die erforderliche Bewehrung wird sinngemäß nach den Angaben in [9.1] ermittelt und angeordnet:

[9.1], S. 461, 3.1.3, a)

im Abstand

$$s_2 = 0{,}2 \cdot a = 3 \text{ cm unmittelbar unter dem Lager:}$$

[9.1], S. 461, 3.1.3, a), Bild 3.1.1; die Bezeichnung der Bewehrungen wird hier beibehalten.

$$\text{erf } A_{s2} \geq \frac{(0{,}2 \cdot F_S - F_t)}{f_{yd}}$$

$$\geq \frac{(0{,}02 \cdot F_{vd} + F_t)}{f_{yd}}$$

$$= (0{,}2 \cdot 68{,}5 - 7{,}71) \cdot 10^{-3} \cdot \frac{10^4}{435} = 0{,}2 \text{ cm}^2$$

$$= (0{,}02 \cdot 685{,}2 + 7{,}71) \cdot 10^{-3} \cdot \frac{10^4}{435} = 0{,}5 \text{ cm}^2$$

im Bereich $s_1 = 0,8 \cdot a = 12$ cm unmittelbar unter dem Lager:

$$\text{erf } A_{s1} = 0,8 \cdot \frac{F_S}{f_{yd}} = 0,8 \cdot 68,5 \cdot 10^{-3} \cdot \frac{10^4}{435} = 1,3 \text{ cm}^2$$

a: Lagerbreite, a = 15 cm, siehe Bild 9.7

erforderliche Bewehrung zur Aufnahme der Kraft F_R außerhalb des Lagers:

$$\text{erf } A_{sR} = \frac{F_R}{f_{yd}} = 38,1 \cdot 10^{-3} \cdot \frac{10^4}{435} = 0,9 \text{ cm}^2$$

vgl. Bild 9.6

Bewehrung zur Aufnahme der sekundären Spaltzugkraft F_{S2}:

$$\text{erf } A_{sS} = \frac{F_{S2}}{f_{yd}} = 11,5 \cdot 10^{-3} \cdot \frac{10^4}{435} = 0,3 \text{ cm}^2$$

gewählt:

> Bügel BSt 500 S, $\varnothing = 8$ mm bzw. 10 mm
> für erf A_{s2}
> bzw. A_{sR}: 1 vierschnittiger Bügel $\varnothing$ 8; vorh $A_s = 2,0$ cm^2
> für erf A_{s1}: 3 vierschnittige Bügel $\varnothing$ 8; vorh $A_s = 6,0$ cm^2
> für erf A_{sS}: 1 zweischnittiger Bügel $\varnothing$ 10; vorh $A_s = 1,6$ cm^2

Wahl erfolgt unter Berücksichtigung von [9.3] und im Hinblick auf Abschn. 6.5

> 0,9 cm^2

> 1,3 cm^2

> 0,3 cm^2

6.5 Weiterleitung der Horizontallast auf die abliegenden Stützen

Aufgrund der in Abschn. 3.2.1 getroffenen Annahmen ist ein Anteil von $0,75 \cdot Q_{d,w}$ auf die abliegenden Stützen des Hallenquerschnitts weiterzuleiten. Zudem tritt infolge des über die Stützenlänge veränderlichen Momentenverlaufs für die ständigen Einwirkungen bzw. für Schneelast die Querkraft

vgl. Bild 9.4

$$V_{Sd,o} = \frac{58,32 + 29,16 + 7,14 + 3,57}{6,2} = 15,84 \text{ kN}$$

vgl. Tab. 9.1, Z. 5 und 6; $\gamma_Q \cdot Q_{k,w}$ ist die maßgebende Leiteinwirkung

auf. Der Scherbolzen ist somit zu bemessen für:

$$F_{hd} = 0,75 \cdot Q_{d,w} + V_{Sd,o} = 0,75 \cdot 60 + 15,84 = 60,84 \text{ kN}$$

Die Horizontalkraft ΔH_o infolge Schiefstellung des Tragsystems ergibt sich zu:

vgl. Abschn. 5.5; EC2, 2.5.1.3(4) und Bild 2.1 c)

$$\Delta H_o = F_{vd} \cdot \alpha_n \cdot \nu = 685,2 \cdot \frac{1}{253} = 2,71 \text{ kN} < F_{hd}$$

EC2, 2.5.1.3(8): Der Scherbolzen ist für F_{hd} zu bemessen.

Die Tragfähigkeit des Scherbolzens wird nach [9.1] ermittelt.

Aufnehmbare Scherkraft F_{RB} des Bolzens:

[9.1], S. 474, 3.2.6

$$F_{RB} = 1,25 \cdot \frac{f_{yd}}{a + x_e} \cdot W = \frac{1,25 \cdot 835 \cdot 32^3 \cdot \pi}{1,15 \cdot 32 \cdot (0 + 32)} \cdot 10^{-3} = 91,2 \text{ kN} > F_{hd}$$

[9.1], S. 474, 3.2.6, Gl.(3.2.4)
W: Widerstandsmoment des Bolzens
a: Ausmitte von F_{RB} bezogen auf die Betonlagerfläche; Annahme: $a \approx 0$ mm
x_e: rechn. Einspanntiefe, $x_e = \varnothing_B$ = 32 mm

Aufnehmbare Scherkraft F_{Rc} des Betons:

$$F_{Rc} = \frac{f_{ck}}{\gamma_c} \cdot \frac{\varnothing_B^{2,1}}{333 + a \cdot 12,2} = \frac{30}{2,2} \cdot \frac{32^{2,1}}{333 + 0 \cdot 12,2} = 59,3 \text{ kN}$$

[9.1], S. 474, 3.2.6, Gl.(3.2.5); entsprechend [9.1] soll der globale Sicherheitsbeiwert $\gamma = 3,0$ betragen, wodurch über $\gamma \approx \gamma_c \cdot \gamma_F : \gamma_c = 3,0/1,42 = 2,2$ (γ_F: Teilsicherheitsbeiwert für Einwirkungen; Annahme: $\gamma_F = 1,42$).

Nach [9.1] kann dieser Wert etwa verdoppelt werden, wenn – wie im vorliegenden Beispiel – der Scherbolzen im Bereich von Lagerpressungen liegt:

[9.1], S. 474/475, 3.2.6

$$2 \cdot F_{Rc} = 2 \cdot 59,3 = 118,6 \text{ kN} > F_{hd}$$

Im Bereich der Bolzenlänge werden vierschnittige Bügel $\varnothing$ 8 angeordnet.

vgl. Abschn. 6.4 und die Darstellung der Bewehrung

7 Bewehrungsführung, bauliche Durchbildung

EC2, 5

7.1 Längsbewehrung

EC2, 5.4.1.2.1

7.1.1 Längsstabdurchmesser

vorh $\varnothing_l$ = 20 mm > min $\varnothing_l$ = 12 mm

EC2, 5.4.1.2.1(1)

7.1.2 Verankerung der Längsstäbe

a) Verbundspannungen im Grenzzustand der Tragfähigkeit

EC2, 5.2.2.2

f_{bd} = 3,00 N/mm^2 für gute Verbundbedingungen

EC2, 5.2.2.2(2), Tab. 5.3, Z.2, für f_{ck} = 30 N/mm^2

b) Grundmaß der Verankerungslänge

EC2, 5.2.2.3(2), Gl.(5.3)

$$l_b = \frac{\varnothing}{4} \cdot \frac{f_{yd}}{f_{bd}} = 0,25 \cdot 2,0 \cdot \frac{435}{3,0} \qquad = 72,5 \text{ cm}$$

für die Längsstäbe $\varnothing$ 20

c) Verankerungslänge $l_{b,net}$ oben (unter dem Binderauflager)

EC2, 5.2.3.4.1

$$l_{b,net} = \alpha_a \cdot l_b \cdot \frac{A_{s,req}}{A_{s,prov}} \geq l_{b,min}$$

EC2, 5.2.3.4.1(1), Gl.(5.4)

α_a = 1,0 für Verankerungen mit geraden Stabenden

$A_{s,req}$ = erforderliche Bewehrung   = 0 cm^2

$A_{s,prov}$ = vorhandene Bewehrung   = 12,56 cm^2

4 $\varnothing$ 20, siehe die Darstellung der Bewehrung

$$l_{b,net} = 1,0 \cdot 72,5 \cdot \frac{0}{12,56} \qquad = 0 \text{ cm}$$

$$l_{b,min} = 0,6 \cdot l_b \qquad\qquad\qquad \geq 10 \cdot \varnothing$$
$$\geq 100 \text{ mm}$$

EC2, 5.2.3.4.1(1), Gl.(5.6), für die Verankerung von Druckstäben

$$l_{b,min} = 0,6 \cdot 72,5 \qquad\qquad = 43,5 \text{ cm}$$
$$l_{b,min} = 10 \cdot 2,0 \qquad\qquad = 20,0 \text{ cm}$$
$$l_{b,min} = \qquad\qquad\qquad\quad = 10,0 \text{ cm}$$

d) Zugübergreifungsstoß am Stützenfuß (Zugzone)

EC2, 5.2.4.1, 5.2.4.1.3

Vollstoß (100 %), gerade Stabenden, gute Verbundbedingungen

$$l_s = \alpha_1 \cdot l_{b,net} = \alpha_1 \cdot \alpha_a \cdot l_b \cdot \frac{A_{s,req}}{A_{s,prov}} \geq l_{s,min}$$

EC2, 5.2.4.1.3P(1), Gl.(5.7)

α_1 = 2,0

α_a = 1,0 für gerade Stabenden

EC2, 5.2.4.1.3P(1), wegen Vollstoß und weil die Bedingungen in (ii) bzw. in EC2, Bild 5.6, nicht eingehalten sind.

$$\frac{A_{s,req}}{A_{s,prov}} = \frac{22,4}{25,13} \qquad\qquad = 0,89$$

vgl. Abschn. 5.7

$$l_s = 2,0 \cdot 1,0 \cdot 72,5 \cdot 0,89 \qquad = 129,0 \text{ cm}$$

$$l_{s,min} = 0,3 \cdot \alpha_1 \cdot \alpha_a \cdot l_b = 0,3 \cdot 2,0 \cdot 1,0 \cdot 72,5 \quad = 43,5 \text{ cm}$$

EC2, 5.2.4.1.3P(1), G.(5.8)

bzw.

$$= 15 \cdot \varnothing \quad = 15 \cdot 2,0 \qquad\qquad = 30,0 \text{ cm}$$

bzw.

$$= \qquad\qquad\qquad\qquad\qquad = 20,0 \text{ cm}$$

Gewählt wird eine Übergreifungslänge von l_s = 130 cm.

e) Druckübergreifungsstoß am Stützenfuß (Druckzone)

α_1 = 1,0

EC2, 5.2.4.1.3P(1), für Druckstäbe

$$l_s = 1,0 \cdot 1,0 \cdot 72,5 \cdot 0,89 \qquad = 64,5 \text{ cm}$$
$$> l_{s,min}$$

EC2, 5.2.4.1.3P(1), G.(5.7)

Um Verwechslungen auf der Baustelle zu vermeiden, werden die Druckstöße einschließlich der Bügel im Stoßbereich ebenso wie die Zugstöße ausgebildet.

f) Bewehrungsquerschnitt im Übergreifungsbereich an der Einspannstelle
vorhanden sind im Übergreifungsbereich: $2 \cdot 8 = 16 \; \varnothing \, 20$

$$\text{vorh } \varrho \quad = 16 \cdot \frac{\pi}{40 \cdot 45} \qquad\qquad = 2,8\,\%$$
$$< 8,0\,\%$$

EC2, 5.4.1.2.1(3)

7.2 Bügelbewehrung

EC2, 5.4.1.2.2

a) Bügel im Normalbereich

Durchmesser:

$$\text{vorh } \varnothing_l \quad = 20 \text{ mm}: \quad \min \varnothing_w = \frac{\varnothing_l}{4} \qquad\qquad \geq 6 \text{ mm}$$

EC2, 5.4.1.2.2(1); min $\varnothing_w$ = 6 mm ist hier maßgebend.

$$\text{gewählt:} \quad \text{Bügel mit} \quad \varnothing_w = 10 \text{ mm}$$

b) Abstände

$$\max s_w \quad \leq b \qquad\qquad\qquad\qquad = 40 \text{ cm}$$
$$\leq 12 \cdot \text{vorh } \varnothing_l \quad = 12 \cdot 2,0 \qquad = 24 \text{ cm}$$
$$\geq 30 \text{ cm}$$

EC2, 5.4.1.2.2(3)

hier maßgebend

$$\text{gewählt:} \quad \boxed{\text{BSt 500 S } \varnothing \, 10, \; s_w = 24 \text{ cm}}$$

Ausbildung der Bügel nach EC2, 5.2.5

Biegerollendurchmesser: $d_{br} = 4 \cdot \varnothing_w \qquad\qquad = 4,0 \text{ cm}$

EC2, 5.2.5(3) und Bild 5.7 b)

EC2, 5.2.5(2) und 5.2.1.2

c) Bügel im Übergreifungsbereich des Zugstoßes der Längsstäbe

$$\text{erf } \Sigma A_{sw} \quad = A_{sl} \text{ (für 1 } \varnothing \, 20) \qquad\qquad = 3,14 \text{ cm}^2$$

EC2, 5.2.4.1.2(2) und Bild 5.5 a)

$$\text{gewählt:} \quad \boxed{\begin{array}{l} \text{BSt 500 S 9 Bügel } \varnothing \, 10 \text{ (zweischnittig)} = 14 \text{ cm}^2 \\ s_w = 0,6 \cdot 24 \qquad\qquad\qquad\quad \approx 15 \text{ cm} \end{array}}$$

siehe Bild 9.8

EC2, 5.4.1.2.2(4), (ii)

Ausbildung der Bügel nach EC2, 5.2.5. Die Winkelhaken sind zu versetzen.

EC2, 5.2.5(3) und Bild 5.7 b)

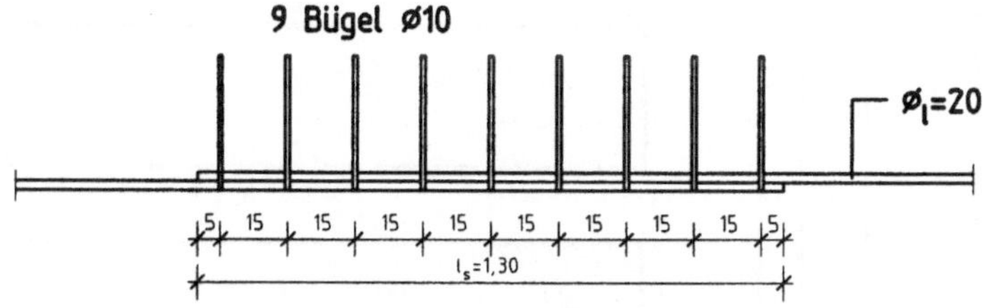

Bild 9.8: Anordnung der Querbewehrung (Bügel) im Übergreifungsbereich am Stützenfuß

7.3 Besondere Maßnahmen beim Verlegen der Bewehrung

[A1], 4.1.3.3(8), und DIN 1045, 13.2.1(4)

Bei der Festlegung der Betondeckung (siehe Abschn. 1.4) wurde vorausgesetzt, daß beim Verlegen der Bewehrung besondere Maßnahmen im Sinne von [9.4], Abschn. 6, getroffen werden. Zum Einhalten der erforderlichen Mindestbetondeckung werden Abstandhalter mit der Dicke $d_A = \text{nom } c_w = 2,5$ cm wie folgt eingebaut:

Abstand der Abstandhalter s_1 in Stützenlängsrichtung:

$$s_1 \qquad = 96 \text{ cm} < 100 \text{ cm für } \varnothing_l = 20 \text{ mm}$$

Anzahl der Abstandhalter über den Umfang:

2 je Querschnittsseite

[9.4], S. 133, Tab. 4, für Balken und Stützen

[9.4], S. 133, Tab. 4, für h $\leq$ 100 cm

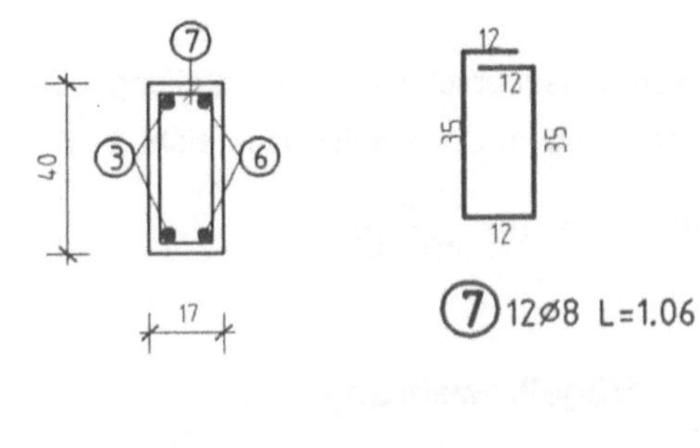

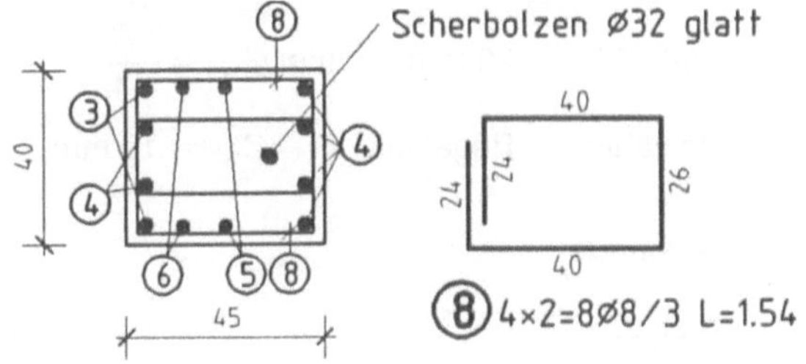

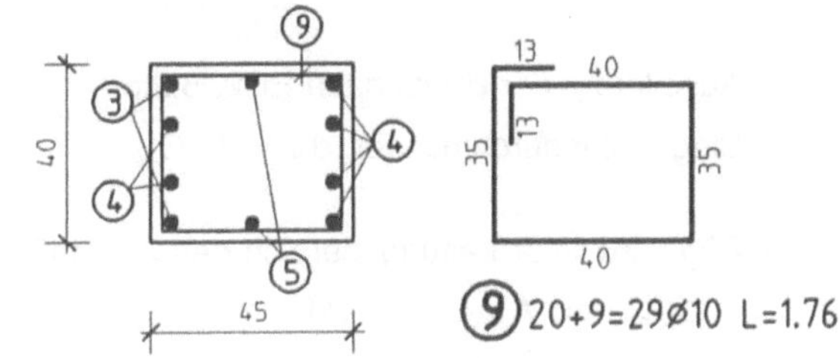

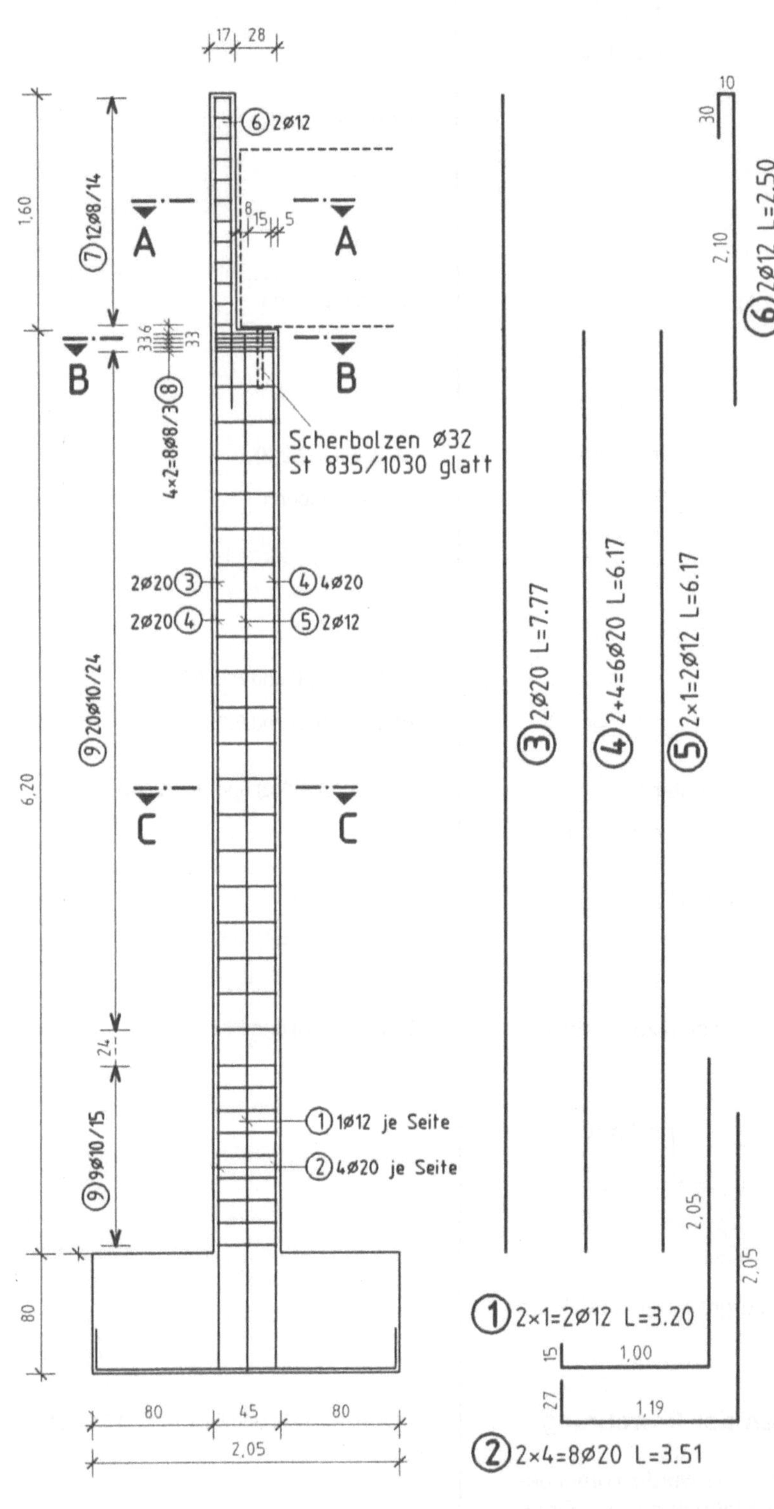

Fur das Verlegen der Bewehrung wurden besondere Massnahmen im Sinne von DIN 1045, 13.2.1 (4), vereinbart

Fur Biegestellen ohne Angabe des Biegerollendurchmessers gilt dessen Mindestwert 4Ø (Ø<20mm) bzw. 7Ø (Ø≥20mm)

Beispiel 9

Hochbau-Randstütze mit grosser Schlankheit

DICAD

Darstellung der Bewehrung

Baustoffe:
Beton   C 30/37
Betonstahl   BSt 500 S

Betondeckung:
nom c_v = 2.5cm

BEISPIEL 10: BLOCKFUNDAMENT

Inhalt

Beispiel 10: BLOCKFUNDAMENT

Aufgabenstellung, Teilsicherheits- und Kombinationsbeiwerte

Für eine Stahlbetonfertigteilstütze, die Teil eines durch Kerne ausgesteiften Skelettbaus ist, wird ein Blockfundament bemessen. Das Druckglied wirkt zunächst als Randstütze, wird daher neben einer Längskraft auch durch ein Biegemoment beansprucht. Nach einer späteren Erweiterung des Bauwerks befindet sich die Stütze im Gebäudeinnern. Die Belastung besteht rechnerisch dann nur noch aus einer planmäßig mittig angreifenden Längskraft. Das Fundament wird als quadratisches Stahlbetonplattenfundament konstanter Dicke mit einer Köcheraussparung für die Stütze ausgebildet (Bild 10.1).

Die Umweltbedingungen für das Fundament entsprechen EC2, Tab. 4.1, Z.5a (schwach chemisch angreifender Boden). Vorausgesetzt wird ein bindiger Baugrund. Die Belastung ist vorwiegend ruhend.

Für die Nachweise in den Grenzzuständen der Tragfähigkeit bzw. Gebrauchstauglichkeit sind folgende Teilsicherheits- und Kombinationsbeiwerte vorgegeben:

a) Teilsicherheitsbeiwerte in den Grenzzuständen der Tragfähigkeit

  - für ständige Einwirkungen   : γ_G = 1,35 bzw. 1,0
  - für veränderliche Einwirkungen   : γ_Q = 1,50 bzw. 0
  - für Beton   : γ_c = 1,50
  - für Betonstahl   : γ_s = 1,15

b) Kombinationsbeiwerte in den Grenzzuständen der Gebrauchstauglichkeit

  - für die häufige Einwirkungskombination   : $\psi_{1,i}$ = 0,7
  - für die quasi-ständige Einwirkungskombination : $\psi_{2,i}$ = 0,5

c) Baustoffe

  - für das Blockfundament: Beton C 30/37 (Stahlbeton); bei dieser Betonfestigkeitsklasse gelten bei Verwendung eines Zementes der Festigkeitsklasse CE 32,5 die Anforderungen an den maximal zulässigen Wasserzementwert nach Tab. 3 in DIN V ENV 206 als erfüllt.
  - für die Fertigteilstütze: C 40/50
  - Betonstahl: BSt 500 S

Literatur:

[10.1] Dieterle, H.: Zur Bemessung quadratischer Stützenfundamente aus Stahlbeton unter zentrischer Belastung mit Hilfe von Bemessungsdiagrammen. Heft 387 der DAfStb-Schriftenreihe 1987.

[10.2] Dieterle, H., und Rostásy, F. S.: Tragverhalten quadratischer Einzelfundamente aus Stahlbeton. Heft 387 der DAfStb-Schriftenreihe 1987.

[10.3] Dieterle, H., und Steinle, A.: Blockfundamente für Stahlbetonfertigstützen. Heft 326 der DAfStb-Schriftenreihe 1981.

[10.4] Steinle, A., und Hahn, V.: Bauen mit Betonfertigteilen im Hochbau. Beton-Kalender 1988 Teil II, S. 343 bis 513.

[10.5] Leonhardt, F., und Mönnig, E.: Vorlesungen über Massivbau. Dritter Teil, 3. Auflage. Berlin, Heidelberg, New York: Springer-Verlag 1977.

[10.6] Schlaich, J., und Schäfer, K.: Konstruieren im Stahlbetonbau. Beton-Kalender 1993 Teil II, S. 327 bis 486.

EC2, 4.1.2.2(2), und DIN V ENV 206, Tab. 2

EC2, 2.2.2.3P(2), 2.2.2.4P(2), 2.2.3.2P(1)

EC2, 2.3.3.1(1), Tab. 2.2; der zweite Zahlenwert gilt bei günstiger Auswirkung.

EC2, 2.3.3.2(1), Tab. 2.3, für die Grundkombination; die außergewöhnliche Bemessungssituation im Sinne von EC2, 2.3.2.2P(2), Gl.(2.7b), ist nicht Gegenstand dieses Beispiels.

EC2, 2.3.4P(2): für die Teilsicherheitsbeiwerte gilt in der Regel $\gamma_F = \gamma_M$ = 1,0.

[A1], Tab. R1, Z.4, Sp. 3

[A1], Tab. R1, Z.4, Sp. 4; der Fußzeiger i bezeichnet dabei die veränderliche Einwirkung (Verkehrslast) $Q_{k,i}$, die mit $\psi_{1,i}$ bzw. $\psi_{2,i}$ multipliziert wird.

DIN V ENV 206, 7.3.1.1, Tab. 8; DIN V ENV 206, 6.2.2 und Tab. 3, für die Umweltklasse 5a und Stahlbeton, sowie 11.3.8, Tab. 20

DIN V ENV 206, 7.3.1.1, Tab. 8

[A1], Tab.R2, Z.2

1   System, Bauteilmaße, Betondeckung

1.1   Vorbemerkung

Der folgenden Berechnung liegt ein Bemessungsmodell zugrunde, bei dem Stützenfuß, Füllbeton und Fundamentplatte monolithisch zusammenwirken, d. h. bei dem die in Höhe der Fundamentoberkante wirkenden Beanspruchungen aus der Stütze (Moment und Längskraft) über vertikale Schubspannungen in das Fundament abgetragen werden.

[10.5], S. 227 bis 230; [10.6], S. 458/459, 4.7.3, Bild 4.7–13a)

Diese Lastabtragung kann sich jedoch nur unter den folgenden Voraussetzungen einstellen:

vgl. Bild 10.1

– die Seitenflächen des Stützenfußes und die Innenflächen der Aussparung werden mit einer gewellten oder gezahnten Schalung hergestellt, deren Profiltiefe mindestens 1 cm beträgt;

– der Füllbeton weist die gleiche Betonfestigkeitsklasse wie die Stütze oder das Fundament auf. Dieser Beton muß gut verdichtet werden (z.B. mit einem Schwerttüttler). Deshalb muß die Fuge zwischen Stützenfuß und Blockfundament für das jeweilige Rüttelgerät ausreichend breit sein. Andererseits sollte die Fugenbreite nicht größer sein als das Maß, das für den Toleranzausgleich zwischen Stütze und Fundament unbedingt erforderlich ist.

Maßgebend ist die niedrigere Betonfestigkeitsklasse.

Schnitt I-I

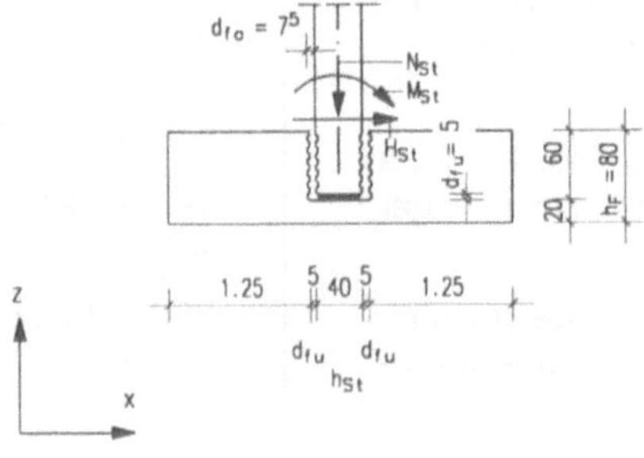

Grundriß

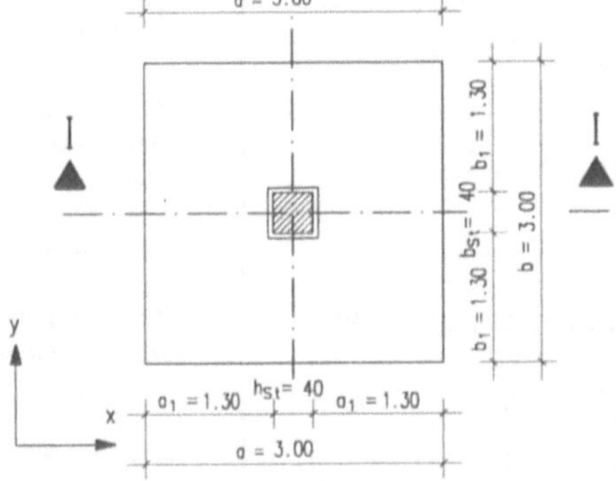

Bild 10.1: Grundriß des Blockfundaments und Schnitt I–I

1.2   Geometrische Vorgaben

Einbindetiefe t: $t = 1{,}5 \cdot h_{St} = 1{,}5 \cdot 40$ $= 60{,}0$ cm

[10.4], S. 453, Abschn. 2.6.4; siehe auch Bild 10.1

Fugenbreiten   :

– unten am Stützenfuß   : $d_{fu} =$ 5,0 cm

gewählt unter Berücksichtigung von [10.4], S. 453, Abschn. 2.6.4

– an der Oberkante Blockfundament : $d_{fo} =$ 7,5 cm

Profiltiefe t_p : $t_p =$ 1,0 cm

[10.4], S. 453

1.3 Betondeckung

a) in Abhängigkeit von den Umweltklassen

min c   =   = 25 mm

b) zur sicheren Übertragung der Verbundkräfte ($d_g \leq 32$ mm)

min c   = $\emptyset$ = 12 mm

c) für Beton, der auf vorbereiteten Untergrund eingebracht wird

min c   =   = 40 mm

d) Nennmaß der Betondeckung

nom c   = min c + Δh = 40 + 10   = 50 mm

bzw.   =   = 25 + 10   = 35 mm

2 Einwirkungen

2.1 Charakteristische Werte

Während der Nutzungsdauer des Bauwerks wird die Stütze sowohl ausmittig (im folgenden Lastfall 1) als auch planmäßig mittig beansprucht (Lastfall 2). Dementsprechend ergeben sich am Stützenfuß in Höhe der Fundamentoberkante folgende charakteristische ständige bzw. veränderliche Einwirkungen:

Tabelle 10.1: Charakteristische Werte der Einwirkungen an der Fundamentoberkante

Zeile	Bezeichnung der Einwirkungen	Charakteristischer Wert für	
		Lastfall 1	Lastfall 2
	1	2	3
	Einwirkungen parallel zur Stützenachse :		
1	– ständige Einwirkung : N_G =	– 460 kN	– 1350 kN
2	– veränderliche Einwirkung : N_Q =	– 518 kN	– 1500 kN
	Einwirkungen parallel zur Fundamentoberkante:		
3	– ständige Einwirkung : H_G =	40 kN	0
4	– veränderliche Einwirkung : H_Q =	44 kN	0
	Biegemoment am Stützenfuß:		
5	– ständige Einwirkung : M_G =	84 kNm	0
6	– veränderliche Einwirkung : M_Q =	95 kNm	0

2.2 Repräsentative Werte und Bemessungswerte der Einwirkungen am Stützenfuß

2.2.1 Grenzzustände der Gebrauchstauglichkeit

Quasi-ständige Einwirkungskombination im Lastfall 2:

$$N_G + \psi_{2,1} \cdot N_Q = -1350 - 0,5 \cdot 1500 = -2100 \text{ kN}$$

EC2, 4.1.3.3

EC2, 4.1.3.3(6), und Tab. 4.2

EC2, Tab. 4.2, für Umweltklasse 5a und Betonstahl; eine Abminderung von min c nach Anm. 2) zu Tab. 4.2 wäre hier zulässig (plattenförmiges Bauteil), wird im Rahmen dieses Beispiels jedoch nicht in Anspruch genommen.

EC2, 4.1.3.3(5); d_g: Nennwert des Größtkorndurchmessers; der Stabdurchmesser wird in EC2 mit $\emptyset$ bezeichnet.

EC2, 4.1.3.3(9); dieser Wert ist für die Fundamentunterseite maßgebend.

EC2, 4.1.3.3(8)

Δh = 10 mm; nach [A1], 4.1.3.3(8), sind Vorhaltemaße Δh < 10 mm nur zulässig, wenn besondere Maßnahmen nach DIN 1045/07.88, Abschn. 13.2.1(4), getroffen werden.

EC2, 2.2.2

EC2, 2.2.2.2P(1)

vgl. Aufgabenstellung

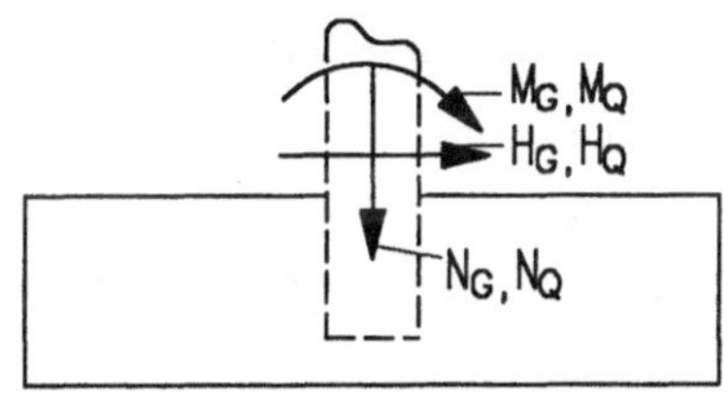

Bild 10.2: Einwirkungen in Höhe der Fundamentoberkante

Die Momente M_G und M_Q schließen bereits Auswirkungen nach Theorie II. Ordnung sowie die infolge Imperfektionen im Sinne von EC2, 4.3.5.4, ein.

EC2, 2.2.2.3 und 2.2.2.4

EC2, 2.2.2.3

Benötigt für den Nachweis der Rißbreitenbeschränkung, siehe Abschn. 5.2.2.

EC2, 2.3.4P(2), Gl.(2.9c)

2.2.2 Grenzzustände der Tragfähigkeit

Bemessungswerte der Einwirkungen:

a) Längskräfte

Lastfall 1:

$$\gamma_G \cdot N_G = -1{,}35 \cdot 460 \qquad\qquad = -\;621{,}0 \text{ kN}$$

$$\gamma_Q \cdot N_Q = -1{,}50 \cdot 518 \qquad\qquad = -\;777{,}0 \text{ kN}$$

Lastfall 2:

$$\gamma_G \cdot N_G = -1{,}35 \cdot 1350 \qquad\qquad = -1822{,}5 \text{ kN}$$

$$\gamma_Q \cdot N_Q = -1{,}50 \cdot 1500 \qquad\qquad = -2250{,}0 \text{ kN}$$

b) Horizontalkräfte

$$\gamma_G \cdot H_G = 1{,}35 \cdot 40 \qquad\qquad = \quad 54{,}0 \text{ kN}$$

$$\gamma_Q \cdot H_Q = 1{,}50 \cdot 44 \qquad\qquad = \quad 66{,}0 \text{ kN}$$

c) Biegemomente

$$\gamma_G \cdot M_G = 1{,}35 \cdot 84 \qquad\qquad = \quad 113{,}4 \text{ kNm}$$

$$\gamma_Q \cdot M_Q = 1{,}50 \cdot 95 \qquad\qquad = \quad 142{,}5 \text{ kNm}$$

3 Schnittgrößenermittlung

3.1 Grenzzustände der Gebrauchstauglichkeit

Die Schnittgrößen werden jeweils an der Stelle berechnet, wo sie benötigt werden.

3.2 Grenzzustände der Tragfähigkeit

3.2.1 Schnittgrößen an der Fundamentoberkante

a) Längskräfte

Lastfall 1:

$$N_{Sd} = \gamma_G \cdot N_G + \gamma_Q \cdot N_Q = -621{,}0 - 777{,}0 \qquad = -1398{,}0 \text{ kN}$$

Lastfall 2:

$$N_{Sd} = -1822{,}5 - 2250{,}0 \qquad\qquad = -4072{,}5 \text{ kN}$$

b) Horizontalkräfte

$$H_{Sd} = 54{,}0 + 66{,}0 \qquad\qquad = \quad 120{,}0 \text{ kN}$$

c) Biegemomente

$$M_{Sd,o} = 113{,}4 + 142{,}5 \qquad\qquad = \quad 255{,}9 \text{ kNm}$$

3.2.2 Schnittgrößen des Blockfundamentes in der Fundamentsohle

a) Lastfall 1: Ausmittige Belastung

Schnittgrößen im Schwerpunkt der Fundamentsohle:

$$N_{Sd} = \qquad\qquad\qquad\qquad = -1398{,}0 \text{ kN}$$

$$H_{Sd} = \qquad\qquad\qquad\qquad = \quad 120{,}0 \text{ kN}$$

$$M_{Sd} = M_{Sd,o} + H_{Sd} \cdot h_F = 255{,}9 + 120{,}0 \cdot 0{,}8 \qquad = \quad 351{,}9 \text{ kNm}$$

Margin notes:

- EC2, 2.2.2.4
- EC2, 2.3.2.2P(2), Gl.(2.7a)
- vgl. Tab. 10.1
- nur Lastfall 1, vgl. Tab. 10.1
- nur Lastfall 1, vgl. Tab. 10.1
- EC2, 2.5
- vgl. Abschn. 5.2.2
- EC2, 2.5.3.2.2 und 2.5.3.5.3
- nur Lastfall 1
- nur Lastfall 1
- vgl. Abschn. 3.2.1, a)
- vgl. Abschn. 3.2.1, b)
- ≈ 352 kNm

Für die Bemessung ist das Biegemoment aus der trapezförmigen Verteilung der Sohlnormalspannungen zu ermitteln:

$$\max \sigma_0 = \frac{N_{Sd}}{A_c} + \frac{M_{Sd}}{W_c} = \frac{1398}{3 \cdot 3} + \frac{6 \cdot 352}{3 \cdot 3^2}$$

$$= 155{,}3 + 78{,}2 \qquad = 234 \ kN/m^2$$

$$\min \sigma_0 = 155{,}3 - 78{,}2 \qquad = 77 \ kN/m^2$$

Im Schnitt III–III:

$$\sigma_{0,III} = \frac{N_{Sd}}{A_c} + \frac{M_{Sd}}{I_c} \cdot \frac{h_{St}}{2}$$

$$= 155{,}3 + \frac{12 \cdot 352}{3 \cdot 3^3} \cdot \frac{0{,}4}{2} \qquad = 166 \ kN/m^2$$

Im Schnitt IV–IV:

Mittelwert der Sohlnormalspannung:

$$\sigma_{0,m} = \frac{N_{Sd}}{A_c} \qquad = 155 \ kN/m^2$$

Biegemomente in den Schnitten III–III und IV–IV:

x-Richtung:

$$M_{Sd,III} = a_{III}^2 \cdot (2 \cdot \max \sigma_0 + \sigma_{0,III}) \cdot \frac{b}{6}$$

$$= 1{,}3^2 \cdot (2 \cdot 234 + 166) \cdot \frac{3{,}0}{6} \qquad = 535{,}8 \ kNm$$

y-Richtung:

$$M_{Sd,IV} = b_{IV}^2 \cdot \sigma_{0,m} \cdot \frac{a}{2}$$

$$= 1{,}3^2 \cdot 155 \cdot \frac{3{,}0}{2} \qquad = 393{,}0 \ kNm$$

b) Lastfall 2: Planmäßig mittige Belastung

$$M_{Sd} = N_{Sd} \cdot a \cdot \frac{(1 - h_{St}/a)^2}{8}$$

$$= 4072{,}5 \cdot 3{,}0 \cdot \frac{(1 - 0{,}4/3{,}0)^2}{8} \qquad = 1147{,}1 \ kNm$$

Für die Biegebemessung ist somit Lastfall 2 maßgebend. Für beide Richtungen gilt als Bemessungsmoment

$$M_{Sd} = 1147{,}1 \ kNm \ .$$

3.2.3 Bemessungswert der Querkraft in der Fundamentplatte

Für den Nachweis der Sicherheit gegen Durchstanzen ist nach EC2 die Querkraft V_{Sd} in dem Rundschnitt maßgebend, der einen Abstand von $1{,}5 \cdot d_m$ von den Stützenaußenkanten hat. Diese Querkraft errechnet sich aus der Stützenlängskraft N_{Sd} abzüglich einer Resultierenden der innerhalb des kritischen Rundschnitts wirkenden Sohlnormalspannungen. Die Berechnung von V_{Sd} wird im Abschn. 4.3.3 durchgeführt.

[A6], S. 35, 2.5.2.1, 3. Abs.

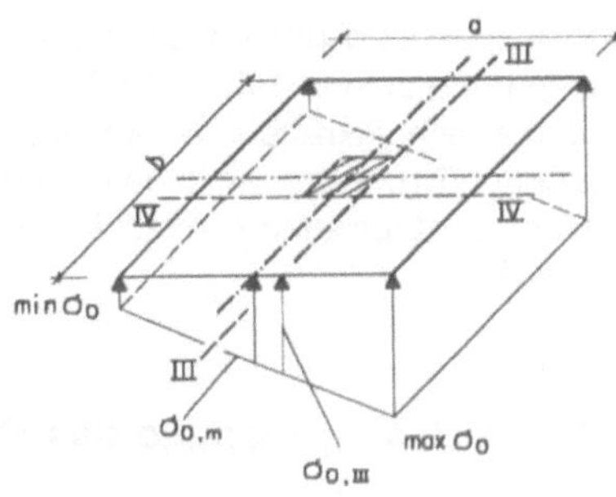

Bild 10.3: Rechnerischer Verlauf der Sohlnormalspannungen σ_0 im Lastfall 1

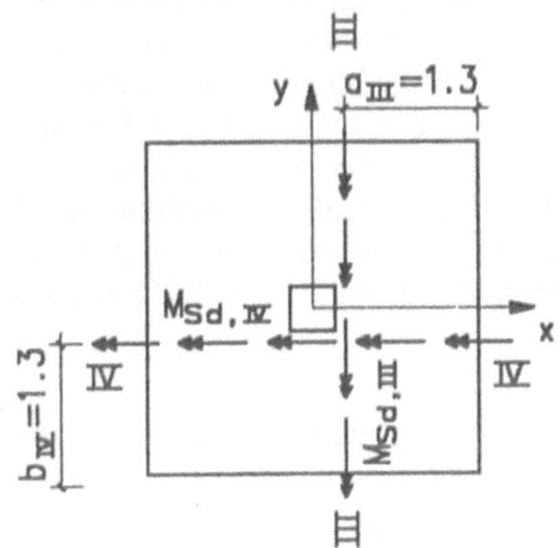

Bild 10.4: Biegemomente in den Schnitten III und IV

Bei der Ermittlung der Biegebewehrung wird die Eigenlast des Fundamentes vernachlässigt, da sie zur Biegebeanspruchung keinen Beitrag leistet.

[10.1], S. 97; N_{Sd}: vgl. Abschn. 3.2.1, a)

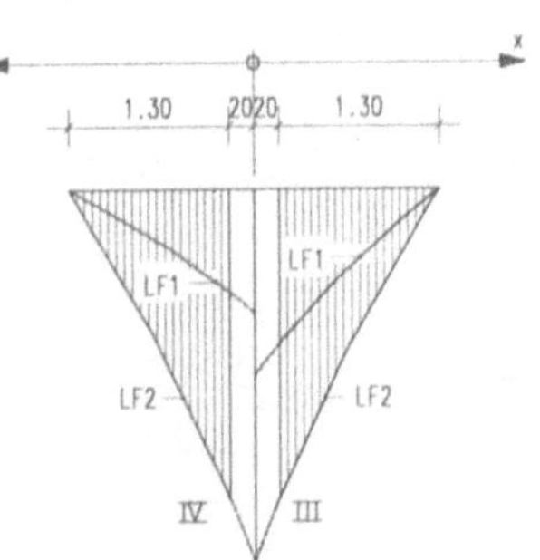

Bild 10.5: Qualitativer Verlauf der Biegemomente im Lastfall 1 und 2

EC2, 4.3.4.2.2(1)

d_m: mittlere Nutzhöhe aus beiden Richtungen

EC2, 4.3.4.1(5)

3.3 Schnittgrößen des Stützenfußes

Bei ausreichend rauhen Schalungsflächen von Stützenfuß und Fundamentaussparung zeigen zahlreiche Versuche an Köcher- bzw. Blockfundamenten,
daß die Schnittkräfte aus der Stütze durch ein System von zum Teil steil
geneigten Druckstreben in das Fundament abgetragen werden. Infolge dieser
Art der Lastabtragung treten im Stützenfuß rechnerisch keine zusätzlichen
Querkräfte auf.

3.4 Beanspruchung des Baugrunds

3.4.1 Übersicht

Für die Ermittlung von Beanspruchungen des Baugrunds ist der Übergang
auf das DIN 1054 zugrunde liegende, von EC2 abweichende Sicherheitskonzept zu berücksichtigen. Dabei sind die nach den Regeln in EC2 ermittelten Bemessungswerte der Einwirkungen im Grenzzustand der Tragfähigkeit
durch den jeweils ungünstigsten Teilsicherheitsbeiwert, mindestens jedoch
durch $\gamma_F = 1{,}35$, zu dividieren. Im Rahmen dieses Beispiels werden die
Einwirkungen im Grenzzustand der Tragfähigkeit deshalb durch den Teilsicherheitsbeiwert $\gamma_F = 1{,}35$ dividiert.

3.4.2 Einwirkungen im Lastfall 1

Eigenlast des Blockfundaments ($\gamma_F = 1{,}0$):

$$G_F = \gamma_b \cdot a \cdot b \cdot h_F = 25 \cdot 3{,}0 \cdot 3{,}0 \cdot 0{,}8 = 180 \text{ kN}$$

Einwirkungen im Schwerpunkt der Fundamentsohle:

$$F_v = \frac{-N_{Sd}}{\gamma_F} + G_F = \frac{1398}{1{,}35} + 180 = 1216 \text{ kN}$$

$$F_h = \frac{H_{Sd}}{\gamma_F} = \frac{120}{1{,}35} = 89 \text{ kN}$$

$$M = \frac{M_{Sd}}{\gamma_F} = \frac{352}{1{,}35} = 261 \text{ kNm}$$

Nachweis der Standsicherheit:

$$e_x = \frac{M}{F_v} = \frac{261}{1216} = 0{,}215$$

$$\frac{e_x}{a} = \frac{0{,}215}{3{,}0} = 0{,}072 < \frac{1}{6}$$

Nachweis der Sohlnormalspannungen:

Ersatzfläche A':

$$A' = b \cdot (a - 2 \cdot e_x) = 3{,}0 \cdot (3{,}0 - 2 \cdot 0{,}215) = 7{,}71 \text{ m}^2$$

$$\text{vorh } \sigma_0 = \frac{F_v}{A'} = \frac{1216}{7{,}71} = 158 \text{ kN/m}^2$$

$$\text{zul } \sigma_0 = 360 \cdot 0{,}9 \cdot 1{,}2 = 388 \text{ kN/m}^2 > \text{vorh } \sigma_0$$

Randbemerkungen:

[10.5], S. 228

[10.6], S. 458, Bild 4.7-13

[A1], Abschn. 1.3

Für den Nachweis der Sohlnormalspannung ist die Fundamenteigenlast miteinzurechnen.

vgl. Abschn. 3.2.2, a)

vgl. Abschn. 3.2.2, a)

vgl. Abschn. 3.2.2, a)

DIN 1054, 4.1.3.1

Nachweis für Gesamtlast

Resultierende aus Gesamtlast greift im
Kern an. Eine klaffende Fuge tritt somit
nicht auf.

DIN 1054, 4.2.2; es wird eine feste Kon-
sistenz des Bodens vorausgesetzt.

DIN 1054, 4.2.2, Tab. 4, und Abs. (8)
und (9); zul σ_0 durch Interpolation für h
= 0,8 m zwischen den Zeilen 1 und 2

3.4.3 Einwirkungen im Lastfall 2

$$F_v = \frac{-N_{Sd}}{\gamma_F} + G_F = \frac{4072,5}{1,35} + 180 = 3197 \text{ kN}$$

vgl. Abschn. 3.2.1, a)

$$F_h = 0$$

$$M = 0$$

$$\text{vorh } \sigma_0 = \frac{F_v}{A} = \frac{3197}{3,0^2} = 356 \text{ kN/m}^2 < \text{zul } \sigma_0$$

4 Bemessung in den Grenzzuständen der Tragfähigkeit

EC2, 4.3

4.1 Bemessungswerte der Baustoffe

EC2, 2.2.3.2

Beton: C 30/37 $f_{ck} = 30 \text{ N/mm}^2$

EC2, 3.1.2.4(3), Tab. 3.1, Z.1, Sp. 5

$$f_{cd} = \frac{f_{ck}}{\gamma_c} = \frac{30}{1,5} = 20 \text{ N/mm}^2$$

EC2, 2.2.3.2P(1), Gl.(2.3); Bemessungswert der Betondruckfestigkeit

Betonstahl: BSt 500 S $f_{yk} = 500 \text{ N/mm}^2$

[A1], 3.2.1P(5); Tab. R2, Z.2, Sp. 2 und 6

$$f_{yd} = \frac{f_{yk}}{\gamma_s} = \frac{500}{1,15} = 435 \text{ N/mm}^2$$

EC2, 2.2.3.2P(1), Gl.(2.3); Bemessungswert der Stahlfestigkeit an der Streckgrenze

4.2 Bemessung des Blockfundamentes für Biegung

EC2, 4.3.1

4.2.1 Nutzhöhen

Nutzhöhe in x-Richtung:

$$d_x = h_F - \text{nom } c - \frac{\varnothing_x}{2} = 80,0 - 5,0 - \frac{1,2}{2} = 74,4 \text{ cm}$$

Annahme: vorh $\varnothing_x = 12 \text{ mm}$

Nutzhöhe in y-Richtung:

$$d_y = d_x - \varnothing_y = 74,4 - 1,2 = 73,2 \text{ cm}$$

Annahme: vorh $\varnothing_y = $ vorh $\varnothing_x = 12 \text{ mm}$

Die Bemessung der Biegezugbewehrung wird für das Gesamtmoment M_{Sd} des Lastfalls 2 unter Zugrundelegung der Fundamentbreite b durchgeführt. Die Verteilung der Bewehrung in y-Richtung wird entsprechend dem theoretischen Momentenverlauf nach [A6] vorgenommen.

Zur Berechtigung dieser Annahme siehe [10.1], S. 99, 2.1.3.1, und S. 100, 2.2.2, 1.Abs.; $M_{Sd,III}$ ist für die Bemessung nicht maßgebend; s. a. [A6], S. 36, 2.5.2.1, und Tafel 2.9

4.2.2 Bemessung mit dimensionslosen Beiwerten in x-Richtung

[A2], S. 53, Abschn. 6.2.2.1.3, Tafel 6.2a

$$\mu_{Sds} = \frac{M_{Sd}}{b \cdot d_x^2 \cdot f_{cd}} = \frac{1147,1 \cdot 10^{-3}}{3,0 \cdot 0,744^2 \cdot 20} = 0,035$$

M_{Sd}: vgl. Abschn. 3.2.2, b), Lastfall 2

interpoliert aus Tafel 6.2a:

[A2], S. 53, Abschn. 6.2.2.1.3

$$\omega; \zeta = 0,0360; 0,973$$

$\zeta = z/d$

$$\text{erf } A_{sx}^{'} = \omega \cdot b \cdot d_x \cdot \frac{f_{cd}}{f_{yd}} = 0,036 \cdot 74,4 \cdot 300 \cdot \frac{20}{435} = 36,94 \text{ cm}^2$$

[A2], S. 52, Abschn. 6.2.2.1.3, Gl.(6.21)

4.2.3   Bemessung mit dimensionslosen Beiwerten in y-Richtung

$$\mu_{Sds} = \frac{M_{Sd}}{b \cdot d_y^2 \cdot f_{cd}} = \frac{1147,1 \cdot 10^{-3}}{3,0 \cdot 0,732^2 \cdot 20} = 0,036$$

[A2], S. 53, Abschn. 6.2.2.1.3, Tafel 6.2a

interpoliert aus Tafel 6.2a:

[A2], S. 53, Abschn. 6.2.2.1.3

$$\omega = 0,037$$

$$\text{erf } A_{sy} = \omega \cdot b \cdot d_y \cdot \frac{f_{cd}}{f_{yd}} = 0,037 \cdot 73,2 \cdot 300 \cdot \frac{20}{435} = 37,36 \text{ cm}^2$$

[A2], S. 52, Abschn. 6.2.2.1.3, Gl.(6.21)

4.2.4   Verteilung der Biegezugbewehrung

$$\frac{c}{b} = \frac{h_{St}}{b} = \frac{0,40}{3,00} \approx 0,10$$

nach [A6], S. 36, Tafel 2.9

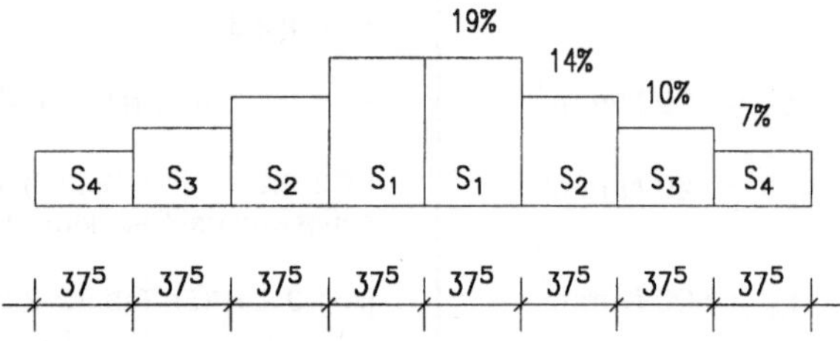

Bild 10.6: Verteilung der Biegezugbewehrung entsprechend dem theoretischen Momentenverlauf nach [A6]

[A6], S. 36, Tafel 2.9

Vereinfachend wird in x- und y-Richtung die gleiche Verteilung der Biegezugbewehrung vorgenommen.

Streifen S_1: A_{s1}	$= 0,19 \cdot 37,36$	$= 7,10 \text{ cm}^2$
Streifen S_2: A_{s2}	$= 0,14 \cdot 37,36$	$= 5,23 \text{ cm}^2$
Streifen S_3: A_{s3}	$= 0,10 \cdot 37,36$	$= 3,73 \text{ cm}^2$
Streifen S_4: A_{s4}	$= 0,07 \cdot 37,36$	$= 2,62 \text{ cm}^2$

4.2.5   Mindestbemessungsmomente für Platten-Stützen-Verbindungen bei ausmittiger Belastung

EC2, 4.3.4.5.3(1); maßgebend ist somit der Lastfall 1, da eine Lastausmitte vorausgesetzt wurde.

$$m_{Sdx} = m_{Sdy} \geq \eta \cdot V_{Sd}$$

EC2, 4.3.4.5.3(1), Gl.(4.59)

$$V_{Sd} = 1398 \text{ kN}$$

vgl. Abschn. 3.2.2, a)

$$\eta = -0,125$$

EC2, 4.3.4.5.3(1), Tab. 4.9, Z. 1

$$m_{Sdx} = m_{Sdy} = |\, 1398 \cdot 0,125 \,| = 175 \text{ kNm}$$

$$b_m = 0,3 \cdot l_x = 0,3 \cdot l_y = 0,3 \cdot 3 = 0,9 \text{ m}$$

EC2, 4.3.4.5.3(1), Tab. 4.9, Z.1; b_m: mitwirkende Plattenbreite, innerhalb der die Bewehrung zur Aufnahme des Mindestbemessungsmomentes m_{Sdx} bzw. m_{Sdy} anzuordnen ist.

$$\mu_{Sds} = \frac{175 \cdot 10^{-3}}{1,0 \cdot 0,732^2 \cdot 20} = 0,016$$

bezogen auf einen Meter Plattenbreite

interpoliert aus Tafel 6.2a:

[A2], S. 53, Abschn. 6.2.2.1.3

$$\omega = 0,016$$

$$\text{erf } A_s = \omega \cdot b \cdot d_y \cdot \frac{f_{cd}}{f_{yd}} = 0,016 \cdot 73,2 \cdot 90 \cdot \frac{20}{435} = 4,85 \text{ cm}^2$$

[A2], S. 52, Abschn. 6.2.2.1.3, Gl.(6.21); bezogen auf $b_m = 90$ cm

$$\text{erf } A_s = 4,85 \text{ cm}^2 < \text{vorh } A_s \geqq 2 \cdot 5,65 = 11,30 \text{ cm}^2$$

siehe Abschn. 4.2.6 und Bild 10.6

4.2.6 Wahl der Biegezugbewehrung in den Streifen S_1 bis S_4

vgl. Bild 10.6

Streifen S_1:	7 $\emptyset$ 12 mit A_s	=	7,92 cm²	> erf A_s	= 7,10 cm²
Streifen S_2:	5 $\emptyset$ 12 mit A_s	=	5,65 cm²	> erf A_s	= 5,23 cm²
Streifen S_3:	4 $\emptyset$ 12 mit A_s	=	4,52 cm²	> erf A_s	= 3,73 cm²
Streifen S_4:	3 $\emptyset$ 12 mit A_s	=	3,39 cm²	> erf A_s	= 2,62 cm²

$$\Sigma\, A_s = 21,48\ \text{cm}^2 > 37,36/2\ \text{cm}^2$$
$$= 18,68\ \text{cm}^2$$

erf A_s: vgl. Abschn. 4.2.4

Bez. der Mindestbewehrung zur Vermeidung eines Versagens ohne Vorankündigung siehe Abschn. 6.4.

bezogen auf die halbe Fundamentbreite

4.3 Bemessung im Grenzzustand der Tragfähigkeit für Durchstanzen

EC2, 4.3.4

4.3.1 Überprüfung des geometrischen Verhältnisses a_1/h_F

EC2, 4.3.4.1(3), Bild 4.16, und Bild 10.1 oben

$$a_1 = 130\ \text{cm}$$

$$h_F = 80\ \text{cm}$$
$$a_1 = 130\ \text{cm} < 2 \cdot h_F = 2 \cdot 80\ \text{cm} = 160\ \text{cm}$$

a_1: Vorsprung des Fundamentes, gemessen von der Stützenaußenkante, s. Bild 10.1

Der Hinweis bezüglich des Verhältnisses $a_1/h_F > 2$ in EC2, Bild 4.16, bedeutet hier, daß nach EC2 kein Nachweis gegenüber dem Grenzzustand der Tragfähigkeit für das Durchstanzen zu führen wäre. Die Begründung ist, daß bei geometrischen Verhältnissen $a_1/h_F < 2$ praktisch die gesamte Querkraft innerhalb des kritischen Rundschnitts über Druckstreben direkt auf den Baugrund übertragen wird, d.h. sich kein Durchstanzkegel einstellt.

EC2, 4.3.4.1(3), Bild 4.16

wegen $a_1/h_F < 2{,}0$ ist das Blockfundament keine „Platte" im Sinne von EC2, 4.3.4.1P(1)

Aus Vergleichsgründen wird der Nachweis gegenüber dem Grenzzustand der Tragfähigkeit für Durchstanzen dennoch im Rahmen dieses Beispiels geführt.

vgl. auch die Kriterien in [A6], S. 35, Abschn. 2.5.1, bezüglich der Ausführung unbewehrter Fundamente.

4.3.2 Festlegung des kritischen Rundschnitts

EC2, 4.3.4.2.2(1)

Abstand des kritischen Rundschnitts von der Stützenaußenfläche:

EC2, Bild 4.18, siehe auch Bild 10.7 unten

$$1{,}5 \cdot d_F = 1{,}5 \cdot 73{,}8 = 111\ \text{cm}$$

$$d_F = 0{,}5 \cdot (d_x + d_y) = 0{,}5 \cdot (74{,}4 + 73{,}2)$$
$$= 73{,}8\ \text{cm}$$

Umfang des kritischen Rundschnitts:

$$u_{krit} = 4 \cdot 0{,}4 + 2 \cdot \pi \cdot 1{,}11 = 8{,}57\ \text{m}$$

Vom kritischen Rundschnitt einbeschriebene Fläche:

$$A_{krit} = 0{,}4^2 + 4 \cdot 0{,}4 \cdot 1{,}11 + \pi \cdot 1{,}11^2 = 5{,}81\ \text{m}^2$$

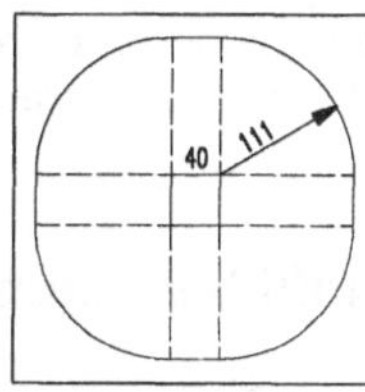

Bild 10.7: Kritischer Rundschnitt nach EC2, Bild 4.16 und 4.18

4.3.3 Bemessungswert der aufzunehmenden Querkraft v_{Sd}

a) Lastfall 1: (ausmittige Belastung)

[A2], S. 79, Abschn. 8.1, 8. Abs.

mittlere Sohlnormalspannung im Grenzzustand der Tragfähigkeit:

$V_{Sd} = -N_{Sd} = 1398\ \text{kN}$; siehe Abschn. 3.2.1, a)

$$\sigma_0 = \frac{V_{Sd}}{A} = \frac{1398}{3{,}0^2} = 155\ \text{kN/m}^2$$

Die abzugsfähige Sohlnormalspannung σ_0 berechnet sich nur aus der äußeren Längskraft, d.h. ohne den Anteil aus Fundamenteigenlast.

im kritischen Rundschnitt aufzunehmende Querkraft:

$$\text{red } V_{Sd} = V_{Sd} - \sigma_0 \cdot A_{krit} = 1398 - 155 \cdot 5{,}81 = 497{,}5\ \text{kN}$$

EC2, 4.3.4.3(4); Querkraft längs des kritischen Umfangs des Durchstanzkegels

$$v_{Sd} = \frac{\text{red } V_{Sd} \cdot \beta}{u_{krit}} = \frac{497{,}5 \cdot 1{,}40}{8{,}57} = 81{,}27\ \text{kN/m}$$

EC2, 4.3.4.3(4), Gl.(4.50); $\beta = 1{,}40$ für eine Randstütze (vgl. Aufgabenstellung)

b) Lastfall 2: (mittige Belastung)

mittlere Sohlnormalspannung im Grenzzustand der Tragfähigkeit:

$$\sigma_0 \quad = \frac{4072,5}{3,0^2} \qquad\qquad = 452,5 \text{ kN/m}^2$$

V_{Sd}: vgl. Abschn. 3.2.1, a)

im kritischen Rundschnitt aufzunehmende Querkraft:

$$\text{red } V_{Sd} \quad = V_{Sd} - \sigma_0 \cdot A_{krit} \quad = 4072,5 - 452,5 \cdot 5,81 \quad = 1444 \text{ kN}$$

$$V_{Sd} \quad = \frac{\text{red } V_{Sd} \cdot \beta}{u_{krit}} \quad = \frac{1444 \cdot 1,15}{8,57} \qquad = 194 \text{ kN/m}$$

Annahme: $\beta = 1,15$ wegen der möglichen einspannenden Wirkung des Fundamentes; der Wert $\beta = 1,0$ wäre wegen der getroffenen Annahmen (Innenstütze) auch vertretbar.

4.3.4 Aufnehmbare Querkraft von Fundamentplatten ohne Durchstanzbewehrung

EC2, 4.3.4.5.1

Im Bereich des kritischen Rundschnitts liegen in x- und y-Richtung insgesamt 36 Stäbe $\varnothing$ 12, wodurch

vgl. Darstellung der Bewehrung

$$\varrho_{lx} \quad = \frac{36 \cdot 1,13}{74,4 \cdot (40 + 2 \cdot 111)} \qquad = 0,002$$

EC2, 4.3.4.5.1(1)

$$\varrho_{ly} \quad = \frac{36 \cdot 1,13}{73,2 \cdot (40 + 2 \cdot 111)} \qquad = 0,002$$

$$\varrho_l \quad = \sqrt{\varrho_{lx} \cdot \varrho_{ly}} \qquad = \sqrt{0,002 \cdot 0,002} \quad = 0,002$$

EC2, 4.3.4.5.1(1)

$$d \quad = \frac{d_x + d_y}{2} \qquad = \frac{74,4 + 73,2}{2} \quad = 73,8 \text{ cm}$$

$$\tau_{Rd} \quad = 1,2 \cdot 0,28 \qquad\qquad = 0,34 \text{ N/mm}^2$$

$$k \quad = (1,6 - d) \geq 1,0 \qquad = (1,6 - 0,738) \quad = 0,862 < 1$$

$$k \quad = \qquad\qquad\qquad\qquad\qquad = 1,0$$

[A1], Tab. R4, für C 30/37; für den Nachweis gegen Durchstanzen sind die τ_{Rd}-Werte nach [A1], Tab. R4, mit 1,2 zu multiplizieren.

$$V_{Rd1} \quad = \tau_{Rd} \cdot k \cdot (1,2 + 40 \cdot \varrho_l) \cdot d \ =$$

EC2, 4.3.4.5.1(1), Gl.(4.56)

$$= 0,34 \cdot 1,0 \cdot (1,2 + 40 \cdot 0,002) \cdot 0,738 \cdot 10^3 \quad = 321 \text{ kN/m}$$

$$= \qquad\qquad\qquad\qquad\qquad\qquad\qquad > 194 \text{ kN/m}$$

Die Regelung nach EC2, 4.3.4.1(9), die in den beiden sich kreuzenden Bewehrungsrichtungen einen Mindestbewehrungsgrad von je 0,5 % festschreibt, gilt nicht für Fundamentplatten mit $h_F \geq 50$ cm.

EC2, 4.3.4.1(9)

[A1], 4.3.4.1, Abs. (9)

4.4 Kraftübertragung von der Stütze auf das Blockfundament

4.4.1 Übersicht

Die durch die äußeren Einwirkungen im Stützenfuß hervorgerufenen inneren Kräfte müssen über Druckfelder und Zugstreben auf das Blockfundament übertragen werden. Dabei stellen sich in den beiden Lastfällen 1 und 2 unterschiedliche Lastpfade ein.

[10.3], S. 21, Bild 6.5

vgl. Abschn. 2.1

a) Kraftübertragung im Lastfall 1 (planmäßig ausmittige Beanspruchung)

Die im Stützenfuß wirkende Zugkraft F_s und Druckkraft F_c werden durch ein System von Druckfeldern und Zugstreben auf das Blockfundament übertragen, das in Bild 10.8 schematisch dargestellt ist. Die Druckfelder sind darin durch ihre (theoretischen) strich-punktierten Begrenzungen dargestellt, ihre Resultierenden sind durch die Druckkräfte F_{c1} bis F_{c6} symbolisiert.

siehe Bild 10.8

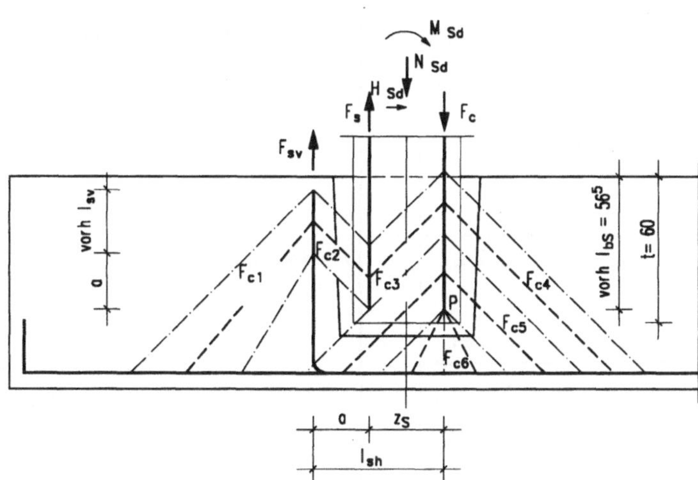

Bild 10.8: Modell der Kraftübertragung im Lastfall 1 (x-Richtung)

Für dieses Modell sind folgende Nachweise zu führen:

– Verankerung der Zugstäbe in der Stütze für die Kraft F_s (Verankerungslänge l_{bS});

– Aufnahme der Kraft F_{sv} im Blockfundament (lotrechte Bügel A_{sv});

– Übergreifen der lotrechten Bügel mit der Biegezugbewehrung im Stützenfuß (Übergreifungslänge l_{sv});

– Übergreifen der lotrechten Bügel mit der Biegezugbewehrung der Platte in x-Richtung (Übergreifungslänge l_{sh}).

Bei diesem Modell für kleine Ausmitten der Längskraft N_{Sd} wird die Horizontalkomponente der Druckkraft F_{c2} durch die Kraft F_{c1} aufgenommen, d. h. eine Horizontalbewehrung im Blockfundament ist statisch nicht erforderlich (für große Lastausmitten siehe jedoch Beispiel 11, Bild 11.6).

Das Modell wurde in Anlehnung an [10.6], S. 458 und 459, Abschn. 4.7.3, festgelegt.

vgl. Abschn. 4.4.2; S: Fußzeiger für Stütze

vgl. Abschn. 4.4.3

vgl. Abschn. 4.4.4

vgl. Abschn. 4.4.4

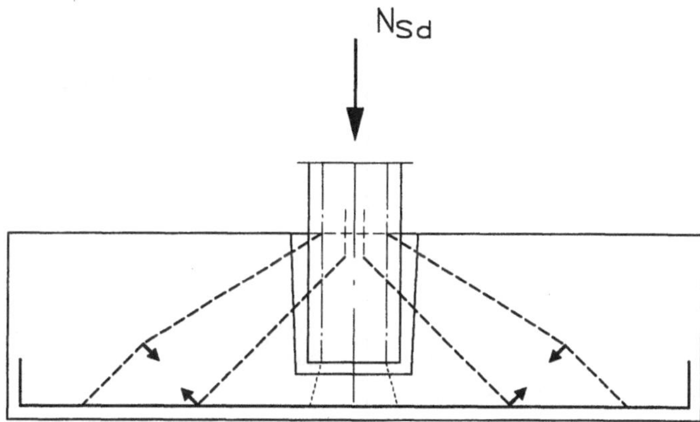

Bild 10.9: Modell der Kraftübertragung im Lastfall 2 (planmäßig mittige Beanspruchung)

b) Kraftübertragung im Lastfall 2 (planmäßig mittige Beanspruchung)

Die im Stützenfuß infolge der planmäßig mittig wirkenden Längskraft hervorgerufenen Druckkräfte werden über Druckfelder auf das Blockfundament übertragen (siehe Bild 10.9). Die Stäbe der Stützenlängsbewehrung sind von der Fundamentoberkante aus nach den Regeln für Druckstäbe zu verankern.

c) Hinweise zur Längsbewehrung in der Fertigteilstütze

Durch die in den Bildern 10.8 und 10.9 dargestellten Stabwerkmodelle sind die im Stützenfuß wirkenden Kräfte auf das Blockfundament zu übertragen. Deshalb ist die Kenntnis dieser Kräfte, insbesondere der in der Stützenlängsbewehrung, erforderlich. In der nachfolgenden Tab. 10.2 sind die Bemessungsschnittgrößen im Stützenfuß für die Lastfälle 1 und 2 mit der jeweils erforderlichen Bewehrung A_{s1} bzw. A_{s2} zusammengestellt, wobei letztere über die Hilfsmittel in [A2] ermittelt wurde. Für den Lastfall 2 ist eine Ersatzlänge des Druckglieds von $l_0 = 6$ m vorausgesetzt.

vgl. Abschn. 2.1

[10.3], S. 48, Abschn. 10.3, 4. Abs.; EC2, 5.2.3.4.1(1)

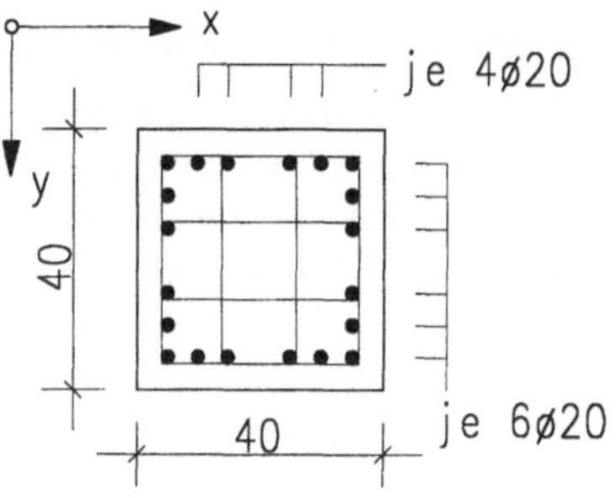

Bild 10.10: Anordnung der für Lastfall 2 erforderlichen Stützenlängsbewehrung

Tabelle 10.2: Bemessungsschnittgrößen und erforderliche Längsbewehrung
am Stützenfuß

Zeile	Last-fall	Bemessungs-schnittgrößen	ω_{tot}	erf A_{s1} = erf A_{s2}	Erläuterung	
1	2	2	3	4	5	
1	1	$N_{Sd} = -1398$ kN $\quad$ $M_{Sd} = 256$ kNm	0,15	7,36 cm^2	$\varepsilon_c = -3,5\%$ $\quad$ $\varepsilon_{s1} = 2,0\%$	
2	2	$N_{Sd} = -4072,5$ kN $\quad$ $M_{Sd} = 61,0$ kNm	0,36	17,66 cm^2	$M_{Sd} = N_{Sd} \cdot e_a$ $\quad$ $e_a = l_0/400$ $\quad$ $\varepsilon_c = -3,0\%$ $\quad$ $\varepsilon_{s1} = -0,7\%$	

Ermittelt für $f_{ck} = 40$ N/mm^2 und d_1/h = 0,15

[A2], S. 65, Tafel 6.4c

Annnahme

[A2], S. 94, e/h-Diagramm R2-15; der Querschnitt ist somit im Lastfall 2 vollständig überdrückt.

Gewählt werden je Seite 6 $\varnothing$ 20; vorh A_{s1} = vorh A_{s2} = 18,85 cm^2 (siehe Bild 10.10).

Da das Knicken senkrecht zur Beanspruchungsebene nicht untersucht wurde, werden hier ebenfalls 6 $\varnothing$ 20 je Seite angeordnet, vgl. Bild 10.10.

4.4.2 Verankerung der Stützenlängsbewehrung

a) Verbundspannung im Grenzzustand der Tragfähigkeit

Die Fertigteilstütze wird liegend betoniert. Wegen d $\approx$ 35 cm > 25 cm befindet sich die während des Betoniervorgangs oben liegende Bewehrung im Bereich mäßiger Verbundbedingungen, wodurch

$$f_{bd} = 0,7 \cdot 3,7 \qquad\qquad = 2,59 \text{ N/mm}^2$$

EC2, 5.2.2.2(2) und Tab. 5.3

EC2, 5.2.2.1(2) und (3), Bild 5.1c)

EC2, 5.2.2.2(2) und Tab. 5.3, für C 40/50

wird. EC2 gestattet in Fällen, in denen im Bereich der Verankerung ein Querdruck p senkrecht zur Bewehrungsrichtung wirkt, eine Erhöhung der Verbundspannung f_{bd} um den Faktor

$$\eta = \frac{1}{1 - 0,04 \cdot p} \leq 1,4.$$

EC2, 5.2.2.2(3)

Die in [10.3] beschriebenen Versuche belegen, daß bei Blockfundamenten von dieser Regelung Gebrauch gemacht werden darf und der Ansatz des Höchstwertes $\eta = 1,4$ gerechtfertigt ist. Hierdurch erhöht sich der Wert von f_{bd} auf

$$f'_{bd} = 1,4 \cdot f_{bd} = 1,4 \cdot 2,59 \qquad\qquad = 3,62 \text{ N/mm}^2$$

[10.3], S. 48, Abschn. 10.3, 2. Abs.; vgl. auch Bild 10.8

b) Grundmaß der Verankerungslänge

$$l'_b = 0,25 \cdot \varnothing \cdot \frac{f_{yd}}{f'_{bd}} = 0,25 \cdot 2,0 \cdot \frac{435}{3,62} \qquad = 60 \text{ cm}$$

EC2, 5.2.2.3

EC2, 5.2.2.3(2), Gl.(5.3), für $\varnothing = 20$ mm

c) Verankerung der Biegezugbewehrung im Lastfall 1

Im Lastfall 1 werden die Stäbe der Biegezugbewehrung mit den lotrechten Stäben der Stehbügel im Blockfundament durch Übergreifen gestoßen. Für diesen Nachweis ist zunächst die erforderliche Verankerungslänge für die Stäbe $\varnothing$ 20 mm zu ermitteln.

siehe Abschn. 4.4.4c)

[A11], S. 23, Abschn. 18.6.3.2: die Übergreifungslänge muß im Falle unterschiedlicher Stabdurchmesser mindestens gleich der Verankerungslänge des höher beanspruchten Stoßendes, d.h. hier der Stäbe $\varnothing$ 20, sein.

erforderliche Verankerungslänge:

$$l_{b,net} = \alpha_a \cdot l'_b \cdot \frac{A_{s,req}}{A_{s,prov}} \geq l_{b,min}$$

mit

α_a $\quad = 1,0$ für Verankerungen mit geraden Stabenden

$\dfrac{A_{s,req}}{A_{s,prov}} = \dfrac{7,36}{18,85}$ $\qquad\qquad\qquad = 0,39$

$l_{b,net}$ $\quad = 1,0 \cdot 60 \cdot 0,39$ $\qquad\qquad = 23,4$ cm

$l_{b,min}$ $\quad = 0,3 \cdot l'_b$ $\qquad = 0,3 \cdot 60$ $\qquad = 18,0$ cm

$\qquad\quad\;\; = 10 \cdot \varnothing$ $\qquad = 10 \cdot 2,0$ $\qquad = 20,0$ cm

$\qquad\quad\;\; =$ $\qquad\qquad\qquad\qquad = 10,0$ cm

vorh l_{bS} $\;\; = t - $ nom c_u $\quad = 60 - 3,5$ $\qquad = 56,5$ cm

d) Verankerung der auf Druck beanspruchten Stäbe der Stützenlängsbewehrung im Lastfall 2

$$l_{b,net} = \alpha_a \cdot l'_b \cdot \frac{A_{s,req}}{A_{s,prov}}$$

mit

α_a $\quad = 1,0$ für auf Druck beanspruchte Stäbe

$l_{b,net}$ $\quad = 1,0 \cdot 60 \cdot \dfrac{17,66}{18,85}$ $\qquad = 56,2$ cm

$\qquad\quad\;\; \geq 0,6 \cdot 60$ $\qquad\qquad = 36,0$ cm

bzw.

$\qquad\quad\;\; \geq 10 \cdot 2,0$ $\qquad\qquad = 20,0$ cm

$\qquad\quad\;\; \geq$ $\qquad\qquad\qquad\quad \geq 10,0$ cm

4.4.3 Bemessung der lotrechten Bügel des Blockfundamentes

Das Modell zur Übertragung der Zugkraft F_s vom Stützenfuß auf das Blockfundament ist schematisch in Bild 10.8 dargestellt. Danach steht die Kraft F_s zunächst im Gleichgewicht mit den lotrechten Komponenten der Resultierenden F_{c2} und F_{c3} der Druckfelder links und rechts des Bewehrungsstabes auf der Biegezugseite des Stützenfußes.

Über eine genauere Untersuchung dieses Modells ließe sich die Größe der Zugkraft F_{sv} in den lotrechten Bügeln des Blockfundamentes bestimmen. Hierauf wird jedoch im Rahmen dieses Beispiels verzichtet und statt dessen folgende Abschätzung gewählt:

Man liegt auf der sicheren Seite, wenn man die Kraft F_{sv} über die Gleichgewichtsbedingung um den Punkt P in Bild 10.8 ermittelt:

$$F_{sv} \cdot (a + z_S) = F_s \cdot z_S$$

wodurch

$$F_{sv} = \frac{z_S}{z_S + a} \cdot F_s$$

mit

$$F_s = A_{s,req} \cdot f_{yd} = 7,36 \cdot 10^{-4} \cdot 435 \cdot 10^3 = 321 \text{ kN}$$

EC2, 5.2.3.4.1

EC2, 5.2.3.4.1(1), Gl.(5.4)

aus der Stützenbemessung für den Lastfall 1; vgl. Tab. 10.2, Z.1, Sp. 4

EC2, 5.2.3.4.1(1), Gl.(5.5)

EC2, 5.2.3.4.1(1), Gl.(5.4)

EC2, 5.2.3.4.1(1)

EC2, 5.2.3.4.1(1), Gl.(5.6)

vorh $l_{bS} = 56,5$ cm, siehe oben

Bewehrungsquerschnitt A_{sv} für die Kraft F_{sv} in Bild 10.8

siehe Abschn. 4.4.1

Die Druckfelder sind in Bild 10.8 durch ihre strich-punktierten Begrenzungen und durch die gestrichelten Resultierenden F_{c1} bis F_{c6} symbolisiert.

Bei einer Neigung der Kräfte F_{c2} und F_{c3} von $\alpha = 45°$ wäre $F_{sv} = 0,5 \cdot F_s$.

z_S: gegenseitiger Abstand der Bewehrungsstäbe auf der Biegedruck- bzw. Biegezugseite im Stützenfuß sowie mit den Hebelarmen

$$z_S \quad = h_{St} - 2 \cdot d_1 = 40 - 2 \cdot 6{,}0 \qquad\qquad = 28{,}0 \text{ cm}$$

$$a \quad = d_1 + d_{fo} + \text{nom } c + \frac{\varnothing_{sv}}{2} = 6{,}0 + 7{,}5 + 3{,}5 + 0{,}6 \approx 18{,}0 \text{ cm}$$

$$F_{sv} \quad = \frac{28}{28 + 18} \cdot 321 \qquad\qquad = 196 \text{ kN}$$

$$\text{erf } A_{sv} = \frac{F_{sv}}{f_{yd}} = 195 \cdot 10^{-3} \cdot \frac{10^4}{435} \qquad = 4{,}5 \text{ cm}^2$$

aus der Stützenbemessung:
$d_1 = 0{,}15 \cdot h_{St} = 6{,}0 \text{ cm}$

vgl. Bild 10.1; d_{fo}: Fugenbreite oben

gewählt:

> **in x-Richtung:**
> 8 Stehbügel $\varnothing$ 12; vorh $A_{sv} = 9{,}05 \text{ cm}^2$
>
> **im Bereich der Seitenflächen der Stütze (y-Richtung):**
> 4 Stehbügel $\varnothing$ 12
>
> **Horizontalbügel:**
> 4 zweischnittige Bügel $\varnothing$ 10

gewählt im Hinblick auf die Verankerung der Stäbe

konstruktiv

ebenfalls konstruktiv; siehe Erläuterung zu Bild 10.8

4.4.4 Verankerung der lotrechten Stehbügel

a) Verbundspannungen im Grenzzustand der Tragfähigkeit

EC2, 5.2.2.2

Alle Stäbe liegen im Bereich mit guten Verbundbedingungen:

EC2, 5.2.2.1(2), a)

$$f_{bd} \quad = \qquad\qquad = 3{,}0 \text{ N/mm}^2$$

bzw.

EC2, 5.2.2.2(2), Tab. 5.3, Z. 2, für C 30/37

$$f'_{bd} \quad = 1{,}4 \cdot 3{,}0 \qquad\qquad = 4{,}2 \text{ N/mm}^2$$

Der Ansatz von $\eta = 1{,}4$ ist durch den Querdruck infolge der Kräfte F_{c1} und F_{c2} gerechtfertigt.

b) Grundmaß der Verankerungslänge; erforderliche Verankerungslänge

EC2, 5.2.2.3(2), Gl.(5.3)

$$l_b \quad = \frac{\varnothing}{4} \cdot \frac{f_{yd}}{f_{bd}} = \frac{1{,}2}{4} \cdot \frac{435}{3{,}0} \qquad = 43{,}5 \text{ cm}$$

bzw.

$$l'_b \quad = \frac{l_b}{\eta} = \frac{43{,}5}{1{,}4} \qquad\qquad = 31{,}1 \text{ cm}$$

$$A_{s,req} \qquad\qquad = 4{,}50 \text{ cm}^2$$

$$A_{s,prov} \qquad\qquad = 9{,}05 \text{ cm}^2$$

siehe Abschn. 4.4.3

$$l_{b,net} = 1{,}0 \cdot 43{,}5 \cdot \frac{4{,}5}{9{,}0} \qquad = 21{,}8 \text{ cm}$$

maßgebender Wert

$$l_{b,min} = 0{,}3 \cdot 43{,}5 \qquad\qquad = 13{,}1 \text{ cm}$$

$$= 10 \cdot 1{,}2 \qquad\qquad = 12{,}0 \text{ cm}$$

$$= 10{,}0 \text{ cm}$$

EC2, 5.2.3.4.1(1), Gl.(5.5), für Zugstäbe

für $l'_b = 31{,}1$ cm wird:

$$l'_{b,net} = 1{,}0 \cdot 31{,}1 \cdot \frac{4{,}5}{9{,}0} \qquad = 15{,}6 \text{ cm}$$

maßgebender Wert

$$l'_{b,min} = 0{,}3 \cdot 31{,}1 \qquad\qquad = 9{,}4 \text{ cm}$$

$$= 10 \cdot 1{,}2 \qquad\qquad = 12{,}0 \text{ cm}$$

$$= 10{,}0 \text{ cm}$$

c) Übergreifung der vertikalen Schenkel der Stehbügel mit der Biegezugbewehrung im Stützenfuß

Übergreifungslänge l_{sv}:

$$l_{sv} \quad = \alpha_1 \cdot l_{b,net} \qquad\qquad \geq l_{s,min}$$

$\alpha_1 \quad = 1{,}4 \quad$ für auf Zug beanspruchte Stäbe, wenn – wie im vorliegenden Fall – 30 % der Stäbe oder mehr in einem Querschnitt gestoßen sind.

$$l_{b,net} \quad = \alpha_a \cdot l'_b \cdot \frac{A_{s,req}}{A_{s,prov}} \qquad\qquad \geq l_{b,min}$$

$\alpha_a \quad = 1{,}0$

Im vorliegenden Fall werden Stäbe mit unterschiedlichem Durchmesser ($\varnothing$ = 12 mm bzw. 20 mm) durch Übergreifen gestoßen. Angaben hierfür sind in EC2 nicht enthalten. Es bestehen jedoch keine Bedenken, die Regelungen in [A11] sinngemäß anzuwenden. Nach [A11] liegt man auf der sicheren Seite, wenn man den Nachweis für das höher beanspruchte Stoßende führt:

$$l_{sv} \quad = 1{,}4 \cdot 23{,}4 \qquad\qquad\qquad = 32{,}8 \text{ cm}$$

$$l_{s,min} \quad = 0{,}3 \cdot 1{,}4 \cdot 1{,}0 \cdot 60 \qquad\quad = 25{,}2 \text{ cm}$$

$$\qquad\quad = 15 \cdot \varnothing = 15 \cdot 2{,}0 \qquad\quad = 30{,}0 \text{ cm}$$

$$\qquad\qquad\qquad\qquad\qquad\qquad\quad = 20{,}0 \text{ cm}$$

Zu diesem Wert ist nach [10.4] bzw. [A13] der Abstand a zwischen den Stehbügeln und der Biegezugbewehrung im Stützenfuß hinzu zu addieren:

$$\text{erf } l_{sv} \quad = a + l_{sv} = 18{,}0 + 32{,}8 \qquad = 51{,}0 \text{ cm}$$

$$\text{vorh } l_{sv} \quad = t - 2 \cdot \text{nom } c = 60 - 2 \cdot 3{,}5 \qquad = 53{,}0 \text{ cm}$$

Eine Querbewehrung im Übergreifungsbereich ist nicht erforderlich.

Konstruktiv werden jedoch 4 zweischnittige Bügel $\varnothing$ 10 angeordnet.

d) Übergreifung der horizontalen Schenkel der Stehbügel mit der Biegezugbewehrung der Fundamentplatte

Übergreifungslänge l_s:

$$l_{sh} \quad = \alpha_1 \cdot l_{b,net} \qquad\qquad \geq l_{s,min}$$

$\alpha_1 \quad = 1{,}4 \quad$ für auf Zug beanspruchte Stäbe, wenn – wie im vorliegenden Fall – 30 % der Stäbe oder mehr in einem Querschnitt gestoßen sind.

$$l_{sh} \quad = 1{,}4 \cdot 21{,}8 \qquad\qquad\qquad = 30{,}5 \text{ cm}$$

$$l_{s,min} \quad = 0{,}3 \cdot 1{,}0 \cdot 1{,}4 \cdot 43{,}5 \qquad = 18{,}3 \text{ cm}$$

$$\qquad\quad = 15 \cdot \varnothing = 15 \cdot 1{,}2 \qquad\quad = 18{,}0 \text{ cm}$$

$$\qquad\quad = \qquad\qquad\qquad\qquad\qquad = 20{,}0 \text{ cm}$$

Maßgebend ist der Wert erf l_{sh} = 30,5 cm.

Marginalien (rechte Spalte):

Übergreifungslänge l_{sv} in Bild 10.8

EC2, 5.2.4.1.3

EC2, 5.2.4.1.3P(1), Gl.(5.7)

EC2, 5.2.4.1.3P(1)

Die Mindestabstände nach EC2, Bild 5.6, sind hier eingehalten.

EC2, 5.2.3.4.1(1), Gl.(5.4)

EC2, 5.2.3.4.1(1), für Verankerungen mit geraden Stabenden

[A11], S. 22/23, Abschn. 18.6.3.2, insbesondere Bild 22

für die Stäbe $\varnothing$ 20 mm, siehe Abschn. 4.4.2, c)

EC2, 5.2.4.1.3P(1), Gl.(5.8)

[10.4], S. 454, Bild 2.6.27; [A13], 5.4.10, Bild 5.122a; diese Annahme setzt eine Neigung der Druckstreben zwischen diesen Bewehrungen von α = 45° voraus.

EC2, 5.2.4.1.2(1); vorh $\varnothing$ = 12 mm

vgl. Abschn. 4.4.3

für die Stäbe $\varnothing$ 12 mm der Vertikalbügel bzw. der Biegezugbewehrung des Blockfundamentes

EC2, 5.2.4.1.3

EC2, 5.2.4.1.3P(1), Gl.(5.7)

EC2, 5.2.4.1.3P(1)

$l_{b,net}$: vgl. Abschn. 4.4.4, b)

EC2, 5.2.4.1.3P(1), Gl.(5.8); für Übergreifung mit geraden Stabenden, d.h. α_a = 1,0.

5 Nachweise in den Grenzzuständen der Gebrauchstauglichkeit

EC2, 4.4

5.1 Begrenzung der Spannungen unter Gebrauchsbedingungen

EC2, 4.4.1

Der Nachweis gilt hier als erfüllt, da alle Bedingungen nach EC2, 4.4.1.2(2), als eingehalten angesehen werden können.

EC2, 4.4.1.2(2)

5.2 Grenzzustände der Rißbildung

EC2, 4.4.2

5.2.1 Mindestbewehrung zur Rißbreitenbeschränkung

EC2, 4.4.2.2

Bei den vorliegenden Fundamentabmessungen und den vorhandenen Sohlnormalspannungen unter Gebrauchslasten kann man davon ausgehen, daß eine mögliche, durch Bodenreibung verursachte Zwangzugkraft wesentlich kleiner als die Rißschnittgröße ist. Auf einen Nachweis der Mindestbewehrung kann daher verzichtet werden.

EC2, 4.4.2.2(4)

5.2.2 Nachweis für die statisch erforderliche Bewehrung

EC2, 4.4.2.3

Der Nachweis zur Beschränkung der Rißbreite wird über die Einhaltung des Grenzdurchmessers nach EC2, 4.4.2.3(2), Tab. 4.11, geführt.

Die Stahlspannung wird nach EC2, 4.4.2.1(6), für die quasi-ständige Einwirkungskombination berechnet. Maßgebend ist das Moment des Lastfalls 2 an der Fundamentunterkante.

EC2, 4.4.2.1(6)

$$M_{stän} = (1350 + 0,5 \cdot 1500) \cdot 3,0 \cdot \frac{(1 - 0,4/3,0)^2}{8} = 591,5 \text{ kNm}$$

Kombinationsbeiwert $\psi_{2,1} = 0,5$ für die quasi-ständige Einwirkungskombination

$$\text{vorh } \sigma_{s,stän} = \frac{M_{stän}}{z \cdot \text{vorh } A_s}$$

$$z = \zeta \cdot d = 0,97 \cdot 73,2 \qquad = 71,0 \text{ cm}$$

ζ: vgl. Abschn. 4.2.2

$$\text{vorh } A_s = 2 \cdot 21,48 \qquad = 43,0 \text{ cm}^2$$

vorh A_s: vgl. Abschn. 4.2.6

$$\text{vorh } \sigma_{s,stän} = \frac{591,5 \cdot 10^{-3}}{0,71 \cdot 43,0 \cdot 10^{-4}} \qquad \approx 200 \text{ N/mm}^2$$

Grenzdurchmesser:

$$\varnothing^* = \qquad \approx 25 \text{ mm}$$

$$> 12 \text{ mm}$$

EC2, 4.4.2.3(2), Tab. 4.11, für Stahlbeton; auf die mögliche Erhöhung von $\varnothing^*$ wird hier verzichtet.

$= \text{vorh } \varnothing$

6 Bewehrungsführung, bauliche Durchbildung des Blockfundamentes

EC2, 5

6.1 Grundmaß der Verankerungslänge

EC2, 5.2.2.3

Verbundspannungen im Grenzzustand der Tragfähigkeit:

EC2, 5.2.2.2

Alle Stäbe der Biegezugbewehrung der Platte liegen im Bereich mit guten Verbundbedingungen:

EC2, 5.2.2.1(2), b)

$$f_{bd} = \qquad = 3,0 \text{ N/mm}^2$$

EC2, 5.2.2.2(2), Tab. 5.3, Z. 2, für C 30/37

Grundmaß der Verankerungslänge:

$$l_b = \frac{\varnothing}{4} \cdot \frac{f_{yd}}{f_{bd}} = \frac{1,2}{4} \cdot \frac{435}{3,0} \qquad = 43,5 \text{ cm}$$

EC2, 5.2.2.3(2), Gl.(5.3)

6.2 Verankerung der Biegezugbewehrung an den Plattenrändern

Alle Stäbe werden bis zu den Plattenrändern geführt und dort mit Winkelhaken verankert. Am Plattenrand ist das Moment Null. Die Biegezugbewehrung wird an der Stelle $x_0 = $ nom $c + l_{br} = 5 + 3,6 \approx 9$ cm verankert, und zwar für die Zugkraft der um das Versatzmaß a_l nach außen verschobenen M_{Sd}/z-Linie (siehe Bild 10.11).

EC2, Tab. 5.1: $d_{br} = 4 \cdot \varnothing$;
$l_{br} = d_{br}/2 + \varnothing = 3 \cdot \varnothing = 3,6$ cm;
[10.2], S. 81, 6.2

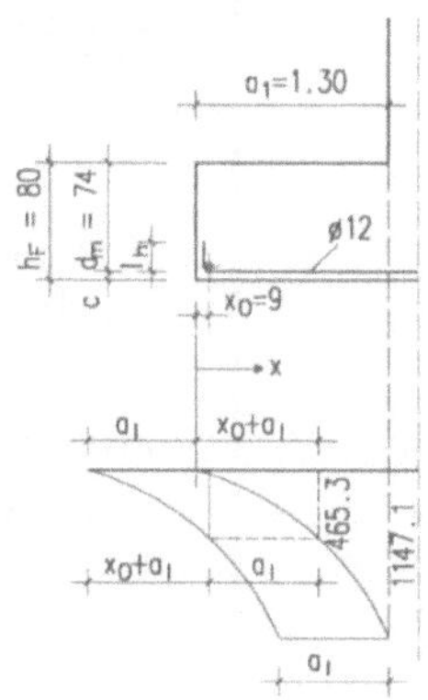

Bild 10.11: Verankerung der Biegezugbewehrung am Plattenrand

Nach EC2 beträgt das Versatzmaß für Platten ohne Schubbewehrung:

EC2, 5.4.3.2.1(1)

$$a_l = 1,0 \cdot d_m \qquad\qquad = 0,738 \text{ m}$$

vgl. Abschn. 4.2.1

$$M_{x0} = N_{Sd} \cdot \frac{(x_0 + a_l)^2}{2 \cdot a} = 4072,5 \cdot \frac{(0,09 + 0,738)^2}{2 \cdot 3,0} = 465,3 \text{ kNm}$$

$$\text{erf } A_{s,x0} \approx \text{erf } A_{sy} \cdot \frac{M_{x0}}{M_{xa}} = 37,4 \cdot \frac{465,3}{1147,1} = 15,2 \text{ cm}^2$$

erforderliche Verankerungslänge:

$$l_{b,net} = \alpha_a \cdot l_b \cdot \frac{A_{s,req}}{A_{s,prov}} \qquad\qquad \geq l_{b,min}$$

EC2, 5.2.3.4.1(1), Gl.(5.4)

$$\alpha_a = \qquad\qquad = 0,7$$

EC2, 5.2.3.4.1(1) und 5.2.3.2(1), Bild 5.2 b), für Winkelhaken

$A_{s,req}$: erforderliche Bewehrung $\qquad = 15,2 \text{ cm}^2$

siehe oben

$A_{s,prov}$: vorhandene Bewehrung $\qquad = 43,0 \text{ cm}^2$

vgl. Abschn. 4.2.6

$$l_{b,net} = 0,7 \cdot 43,5 \cdot \frac{15,2}{43,0} \qquad\qquad = 10,8 \text{ cm}$$

$$l_{b,min} = 0,3 \cdot l_b \quad = 0,3 \cdot 43,5 \qquad = 13,1 \text{ cm}$$

EC2, 5.2.3.4.1(1), Gl.(5.5), für Zugstäbe

$$= 10 \cdot \varnothing \quad = 10 \cdot 12 \qquad = 12,0 \text{ cm}$$

$$= \qquad\qquad = 10,0 \text{ cm}$$

Maßgebend ist somit $l_{b,net} = l_{b,min}$ $\qquad = 13,1$ cm

gewählt:

Hakenlänge: ü $= 20$ cm

vorh $l_{b,net} = l_h = l_{br} + $ ü $= 3,6 + 20$ $\qquad = 23,6$ cm

$> $ erf $l_{b,net}$

6.3 Größtabstände der Bewehrungsstäbe

max s_l $= 1,5 \cdot 80$ $= 120$ cm

bzw. $= 35$ cm

> 13 cm

EC2, 5.4.3.2.1(4)

maßgebender Höchstwert

= vorh s_l, s. Darstellung der Bewehrung

6.4 Mindestbewehrung zur Vermeidung eines Versagens ohne Vorankündigung

EC2, 5.4.3.2.1(3), in Verbindung mit EC2, 5.4.2.1.1(1), Gl.(5.14)

$$\min A_s = \frac{0,6 \cdot b \cdot d_m}{f_{yk}} = \frac{0,6 \cdot 300 \cdot 73,8}{500} = 26,57 \text{ cm}^2$$

maßgebend ist die gesamte Fundamentbreite

bzw. $= 0,0015 \cdot b \cdot d_m = 0,0015 \cdot 300 \cdot 73,8 = 33,21 \text{ cm}^2$

$< 43,00 \text{ cm}^2$

maßgebender Wert

= vorh A_s; vgl. Abschn. 4.2.6

Schnitt I–I

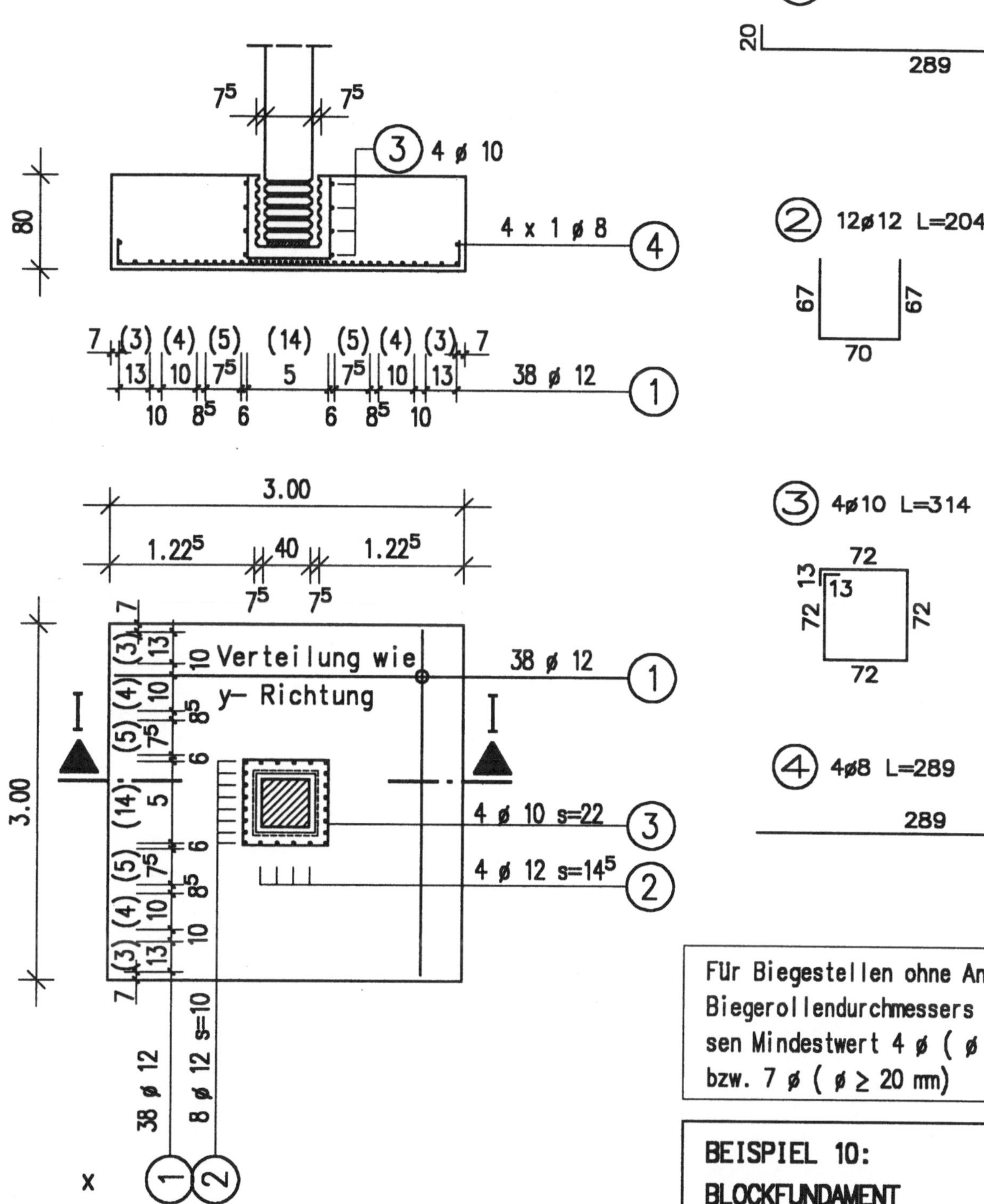

① 76ø12 L=329
20
289

② 12ø12 L=204
67 67
70

③ 4ø10 L=314
72
13 13
72 72
72

④ 4ø8 L=289
289

Für Biegestellen ohne Angabe des
Biegerollendurchmessers gilt dessen Mindestwert 4 ø (ø < 20 mm)
bzw. 7 ø (ø ≥ 20 mm)

BEISPIEL 10:
BLOCKFUNDAMENT

DARSTELLUNG DER BEWEHRUNG

BAUSTOFFE: C 30/37
BETONSTAHL: BSt 500S
BETONDECKUNG: nom c = 5 cm

BETON MIT HOHEM WIDERSTAND GEGEN
SCHWACHEN CHEMISCHEN ANGRIFF

RIB Stuttg

BEISPIEL 11: BLOCKFUNDAMENT FÜR EINE INDUSTRIEHALLE

Inhalt

BEISPIEL 11: BLOCKFUNDAMENT FÜR EINE INDUSTRIEHALLE

Literatur:

Literatur wie in Beispiel 10

Aufgabenstellung, Teilsicherheits- und Kombinationsbeiwerte

Für die Fertigteilrandstütze einer Industriehalle ist ein Blockfundament zu bemessen. Die Stütze ist durch eine ausmittig angreifende Vertikallast und eine Horizontallast auf Biegung mit Längskraft beansprucht. Damit sich keine klaffende Fuge unter dem Fundament einstellt, ist dieses unsymmetrisch zur Stützenlängsachse angeordnet. Es wird darüber hinaus als rechteckiges Stahlbetonplattenfundament konstanter Dicke mit einer Köcheraussparung für die Fertigteilstütze ausgebildet.

Die Umweltbedingungen für das Fundament entsprechen EC2, Tab. 4.1, Z.2a (feuchte Umgebung ohne Frost). Vorausgesetzt werden ein nichtbindiger Baugrund und ein setzungsempfindliches Bauwerk. Die Belastung ist vorwiegend ruhend.

Für die Nachweise in den Grenzzuständen der Tragfähigkeit bzw. Gebrauchstauglichkeit sind folgende Teilsicherheits- und Kombinationsbeiwerte vorgegeben:

a) Teilsicherheitsbeiwerte in den Grenzzuständen der Tragfähigkeit

- für ständige Einwirkungen : γ_G = 1,35 bzw. 1,0
- für veränderliche Einwirkungen : γ_Q = 1,50 bzw. 0
- für Beton : γ_c = 1,50
- für Betonstahl : γ_s = 1,15

b) Kombinationsbeiwerte in den Grenzzuständen der Gebrauchstauglichkeit

- für die häufige Einwirkungskombination : $\psi_{1,i}$ = 0,7
- für die quasi-ständige Einwirkungskombination : $\psi_{2,i}$ = 0,5

c) Baustoffe

- für das Blockfundament: Beton C 25/30 (Stahlbeton); bei dieser Betonfestigkeitsklasse gelten bei Verwendung eines Zementes der Festigkeitsklasse CE 32,5 die Anforderungen an den maximal zulässigen Wasserzementwert nach Tab. 3 in DIN V ENV 206 als erfüllt.
- für die Fertigteilstütze: C 45/55
-              Betonstahl: BSt 500 S

Gegenüber dem Beispiel 10 soll hier der Bemessungsgang nach EC2 für den in der Praxis häufigen Fall einer überwiegend ausmittigen Fundamentbeanspruchung aufgezeigt werden.

siehe Bild 11.1

EC2, 4.1.2.2(2), und DIN V ENV 206, Tab. 2

EC2, 2.2.2.3P(2), 2.2.2.4P(2), 2.2.3.2P(1)

EC2, 2.3.3.1(1), Tab. 2.2; der zweite Zahlenwert gilt bei günstiger Auswirkung.

EC2, 2.3.3.2(1), Tab. 2.3, für die Grundkombination; die außergewöhnliche Bemessungssituation im Sinne von EC2, 2.3.2.2P(2), Gl.(2.7b), ist nicht Gegenstand dieses Beispiels.

EC2, 2.3.4P(2); für die Teilsicherheitsbeiwerte gilt in der Regel $\gamma_F = \gamma_M = 1,0$.

[A1], Tab. R1, Z. 4, Sp. 3

[A1], Tab. R1, Z. 4, Sp. 4; der Fußzeiger i bezeichnet dabei die veränderliche Einwirkung (Verkehrslast) $Q_{k,i}$, die mit $\psi_{1,i}$ bzw. $\psi_{2,i}$ multipliziert wird.

DIN V ENV 206, 7.3.1.1, Tab. 8; DIN V ENV 206, 6.2.2 und Tab. 3, für die Umweltklasse 2a und Stahlbeton, sowie 11.3.8, Tab. 20

DIN V ENV 206, 7.3.1.1, Tab. 8

[A1], Tab. R2, Z. 2

1   System, Bauteilmaße, Betondeckung

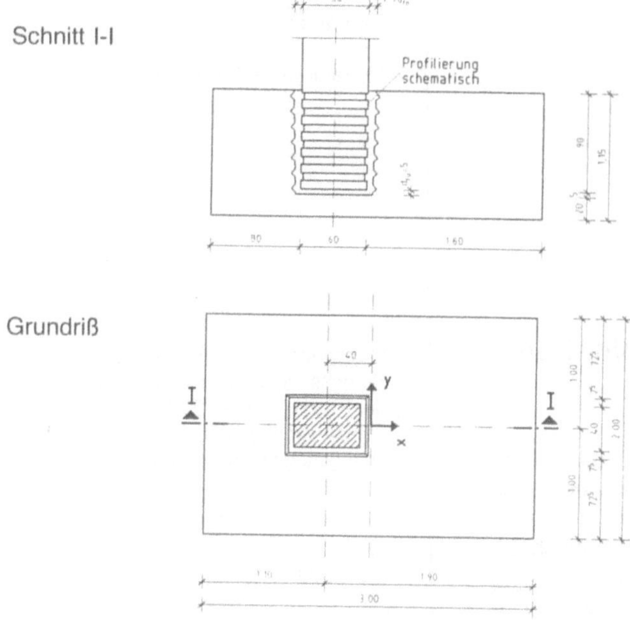

Gesamtdicke der Stütze: h_{St} = 60 cm

Bild 11.1: Grundriß des Blockfundamentes und Schnitt I-I

1.1   Geometrische Vorgaben

Einbindetiefe t: $t \geq 1{,}5 \cdot h_{St}$ = $1{,}5 \cdot 60$		= 90,0 cm
Fugenbreiten	:	
– unten am Stützenfuß	:	d_{fu} = 5,0 cm
– an der Oberkante Blockfundament	:	d_{fo} = 7,5 cm
Profiltiefe t_p	:	t_p = 1,0 cm

[10.4], S. 453, Abschn. 2.6.4; siehe auch Bild 11.1

gewählt unter Berücksichtigung von [10.4], S. 453, Abschn. 2.6.4

[10.4], S. 453

1.2   Betondeckung

EC2, 4.1.3.3

a) in Abhängigkeit von den Umweltklassen

min c   =   = 20 mm

EC2, 4.1.3.3(6), und Tab. 4.2

EC2, Tab. 4.2, für Umweltklasse 2a und Betonstahl; eine Abminderung von min c nach Anm. 2) zu Tab. 4.2 (plattenförmiges Bauteil) wäre hier zulässig, wird im Rahmen dieses Beispiels jedoch nicht in Anspruch genommen.

b) zur sicheren Übertragung der Verbundkräfte ($d_g \leq 32$ mm)

min c   = $\emptyset$ = 20 mm

EC2, 4.1.3.3(5); d_g: Nennwert des Größtkorndurchmessers

Der Stabdurchmesser wird in EC2 mit $\emptyset$ bezeichnet; Annahme: $\emptyset \leq 20$ mm

c) für Beton, der auf vorbereiteten Untergrund eingebracht wird

min c   =   = 40 mm

EC2, 4.1.3.3(9); dieser Wert ist für die Fundamentunterseite maßgebend.

d) Nennmaß der Betondeckung

nom c   = min c + Δh = 40 + 10   = 50 mm

EC2, 4.1.3.3(8)

Δh = 10 mm; nach [A1], 4.1.3.3(8), sind Vorhaltemaße Δh < 10 mm nur zulässig, wenn besondere Maßnahmen nach DIN 1045/07.88, Abschn. 13.2.1(4), getroffen werden.

bzw.

nom c   = min c + Δh = 20 + 10   = 30 mm

maßgebend für die Fundamentoberseite und die geschalten Seitenflächen

2 Einwirkungen

2.1 Charakteristische Werte

Tabelle 11.1: Charakteristische Werte der Einwirkungen an der Fundamentoberkante

Zeile	Bezeichnung der Einwirkungen	Charakteristischer Wert
	1	2
	Einwirkungen parallel zur Stützenachse :	
1	– ständige Einwirkung : $N_G =$	– 257 kN
2	– veränderliche Einwirkung : $N_Q =$	– 573 kN
	Einwirkungen parallel zur Fundamentoberkante:	
3	– ständige Einwirkung : $H_G =$	0
4	– veränderliche Einwirkung : $H_Q =$	55 kN
	planmäßige Biegemomente am Stützenfuß (Th. I. Ordnung) :	
5	– ständige Einwirkung : $M_G =$	96 kNm
6	– veränderliche Einwirkung : $M_Q =$	270 kNm
	Biegemomente aus ungewollter Lastausmitte e_a und Auswirkungen nach Th. II. Ordnung :	
7	– ständige Einwirkung : $\Delta M_G =$	48 kNm
8	– veränderliche Einwirkung : $\Delta M_Q =$	106 kNm

2.2 Repräsentative Werte und Bemessungswerte der Einwirkungen am Stützenfuß

2.2.1 Grenzzustände der Gebrauchstauglichkeit

Für den Nachweis zur Beschränkung der Rißbreite für die statisch erforderliche Bewehrung wird die quasi-ständige Einwirkungskombination benötigt:

$$N_G + \psi_{2,1} \cdot N_Q = - 257 - 0,5 \cdot 573 \qquad = - 543,5 \text{ kN}$$

$$H_G + \psi_{2,1} \cdot H_Q = 0 + 0,5 \cdot 55 \qquad = 27,5 \text{ kN}$$

$$M_G + \Delta M_G + \psi_{2,1} \cdot (M_Q + \Delta M_Q) = 96 + 48 + 0,5 \cdot (270 + 106) = 332,0 \text{ kNm}$$

2.2.2 Grenzzustände der Tragfähigkeit

Bemessungswerte der Einwirkungen für die Grundkombination:

a) Längskräfte

$$\gamma_G \cdot N_G + \gamma_Q \cdot N_Q = - 1,35 \cdot 257 - 1,5 \cdot 573 \qquad = - 1206,5 \text{ kN}$$

b) Horizontalkräfte

$$\gamma_G \cdot H_G + \gamma_Q \cdot H_Q = 0 + 1,5 \cdot 55 \qquad = 82,5 \text{ kN}$$

c) Biegemomente

$$\gamma_G \cdot (M_G + \Delta M_G) = 1,35 \cdot (96 + 48) \qquad = 194,4 \text{ kNm}$$

$$\gamma_Q \cdot (M_Q + \Delta M_Q) = 1,5 \cdot (270 + 106) \qquad = 564,0 \text{ kNm}$$

EC2, 2.2.2

EC2, 2.2.2.2P(1)

Die Summen der Vertikalkräfte $N_G + N_Q$ = −830 kN sowie der Horizontalkräfte $H_G + H_Q$ = 55 kN wurden aus [A4], S. 236, übernommen.

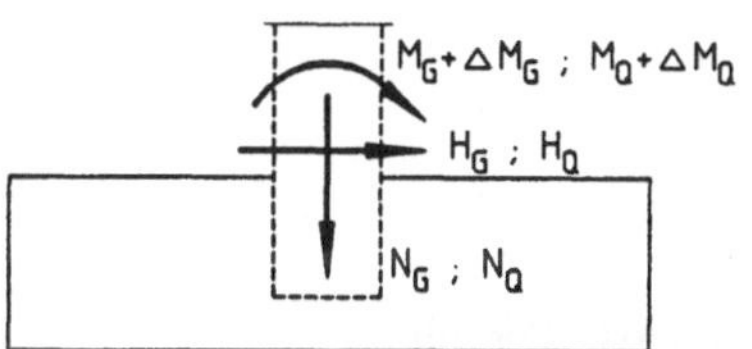

Bild 11.2: Einwirkungen in Höhe der Fundamentoberkante

EC2, 4.3.5.1(5): Bei der Bemessung des Fußes der Fertigteilstütze sind Auswirkungen nach Theorie II. Ordnung zu berücksichtigen, so daß auch das die Stütze einspannende Blockfundament für diese Auswirkungen zu bemessen ist (EC2, 4.3.5.5.1P(2)).

EC2, 2.2.2.3 und 2.2.2.4

EC2, 2.2.2.3

vgl. Abschn. 5.2.2
EC2, 4.4.2.3(3)

$\psi_{2,1}$: s. Aufgabenstellung, Abschn.b)

[A1], 2.3.2.2, Tab. R1, Z.4, Sp. 4: Obwohl H_Q auch einen Anteil infolge Wind enthält, wird die gesamte Horizontalkraft mit $\psi_{2,1}$ multipliziert.

EC2, 2.2.2.4

EC2, 2.3.2.2P(2), Gl.(2.7a)

Die Momente M_Q und ΔM_Q haben dieselben veränderlichen Einwirkungen als Ursache und gelten daher als *eine* veränderliche Einwirkung im Sinne von EC2, Gl. (2.7a).

3   Schnittgrößenermittlung

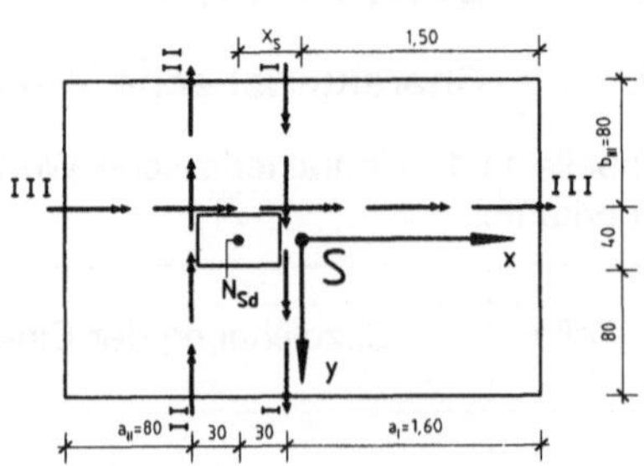

Bild 11.3: Bezeichnungen der Schnitte

3.1   Grenzzustände der Gebrauchstauglichkeit

Die Schnittgrößen in den Grenzzuständen der Gebrauchstauglichkeit werden
an den Stellen berechnet, wo sie für die entsprechenden Nachweise erforderlich sind.

3.2   Grenzzustände der Tragfähigkeit

3.2.1   Schnittgrößen an der Fundamentoberkante

Siehe Abschn. 2.2.2

3.2.2   Schnittgrößen des Blockfundamentes in der Fundamentsohle

Die Schnittgrößen in der Fundamentsohle werden auf den Schwerpunkt S des
Blockfundamentes bezogen (Bild 11.3):

a) Normalkraft

$$N_{Sd} = \gamma_G \cdot N_G + \gamma_Q \cdot N_Q \qquad\qquad = -1206,5 \text{ kN}$$

vgl. Abschn. 2.2.2

b) Horizontalkraft

$$H_{Sd} = \gamma_G \cdot H_G + \gamma_Q \cdot H_Q \qquad\qquad = 82,5 \text{ kN}$$

c) Biegemoment

$$M_{Sd} = \gamma_G \cdot (M_G + \Delta M_G) + \gamma_Q \cdot (M_Q + \Delta M_Q)$$
$$+ H_{Sd} \cdot h_F + N_{Sd} \cdot x_S = 194,4 + 564 + 82,5 \cdot 1,15$$
$$- 1206,5 \cdot (1,9 - 1,5) \qquad\qquad = + 370,7 \text{ kNm}$$

Einbindetiefe $h_F = 1,15$ m, $x_S = 0,4$ m;
siehe Bild 11.1

Eine Nebenrechnung hat ergeben, daß
diese Einwirkungskombination für die
Bemessung des Fundamentes maßgebend ist.

[A6], S. 35, 2.5.2.1, 3. Abs.
Bei der Ermittlung der Biegebewehrung
wird die Eigenlast des Fundamentes
vernachlässigt, da sie zur Biegebeanspruchung keinen Beitrag leistet.

d) Sohlnormalspannungen

Für die Bemessung der Biegezugbewehrung ist das Biegemoment aus der
trapezförmigen Verteilung der Sohlnormalspannungen zu ermitteln:

$$\max \sigma_0 = \frac{N_{Sd}}{A_c} + \frac{M_{Sd}}{W_c} =$$

$$= \frac{1206,5}{6,0} + 6 \cdot \frac{370,7}{2,0 \cdot 3,0^2}$$

$$= 201,1 + 123,6 \qquad\qquad = 324,7 \text{ kN/m}^2$$

bei $x = 1,50$ m

$$\min \sigma_0 = 201,1 - 123,6 \qquad\qquad = 77,5 \text{ kN/m}^2$$

Sohlnormalspannungen in den Schnitten I – I und II – II:

vgl. Bild 11.3

$$\sigma_{0,I} = \frac{N_{Sd}}{A_c} + x_I \cdot \frac{M_{Sd}}{I_c}$$

$$= 201,1 - 0,1 \cdot \frac{370,7 \cdot 12}{2,0 \cdot 3,0^3} \qquad\qquad = 192,9 \text{ kN/m}^2$$

$x_I = 1,5 - 1,6 = -0,10$ m

$$\sigma_{0,II} = \frac{N_{Sd}}{A_c} + x_{II} \cdot \frac{M_{Sd}}{I_c} =$$

$$= 201,1 - 0,7 \cdot \frac{370,7 \cdot 12}{2,0 \cdot 3,0^3} \qquad\qquad = 143,5 \text{ kN/m}^2$$

$x_{II} = x_I - 0,60 = -0,70$ m

e) Biegemomente in den Schnitten I – I, II – II und III – III

vgl. Bild 11.3

$$M_{Sd,I} = a_I^2 \cdot b \cdot \frac{(2 \cdot \max \sigma_0 + \sigma_{0,I})}{6}$$

$$= 1{,}6^2 \cdot 2{,}0 \cdot \frac{(2 \cdot 324{,}7 + 192{,}9)}{6} = 718{,}8 \text{ kNm}$$

$$M_{Sd,II} = a_{II}^2 \cdot b \cdot \frac{(2 \cdot \min \sigma_0 + \sigma_{0,II})}{6} =$$

$$= 0{,}8^2 \cdot 2{,}0 \cdot \frac{(2 \cdot 77{,}5 + 143{,}5)}{6} = 63{,}7 \text{ kNm}$$

$$M_{Sd,III} = \frac{b_{III}^2 \cdot \sigma_{0,III}}{2} = \frac{0{,}8^2 \cdot 192{,}9}{2} = 61{,}8 \text{ kNm/m}$$

für $\sigma_{0,III} = \sigma_{0,I} = 192{,}9 \text{ kN/m}^2$

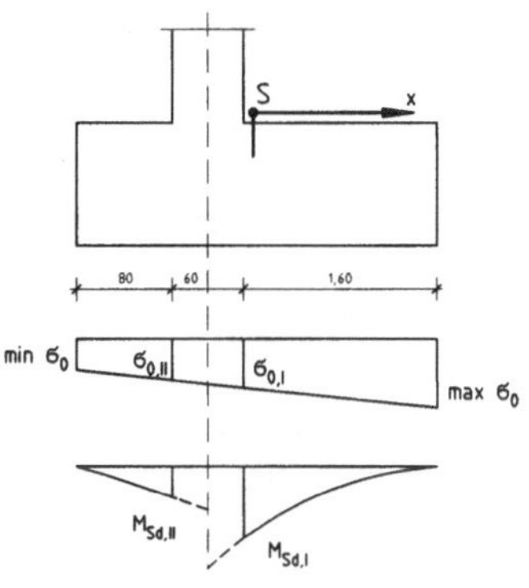

Bild 11.4: Qualitativer Verlauf der Sohlnormalspannungen und der Biegemomente in x-Richtung

3.2.3 Bemessungswert der Querkraft in der Fundamentplatte

Für den Nachweis der Sicherheit gegen Durchstanzen ist nach EC2 die Querkraft V_{Sd} in dem Rundschnitt maßgebend, der einen Abstand von $1{,}5 \cdot d_m$ von den Stützenaußenkanten hat. Diese Querkraft errechnet sich aus der Stützenlängskraft N_{Sd} abzüglich einer Resultierenden der innerhalb des kritischen Rundschnitts wirkenden Sohlnormalspannungen. Die Berechnung von V_{Sd} wird, sofern ein Nachweis erforderlich ist, in Abschn. 4.3 durchgeführt.

EC2, 4.3.4.2.2(1)
d_m: mittlere Nutzhöhe aus beiden Richtungen

EC2, 4.3.4.1(5)

3.3 Schnittgrößen des Stützenfußes

[10.5], S. 228

Bei ausreichend rauhen Schalungsflächen von Stützenfuß und Fundamentaussparung zeigen zahlreiche Versuche an Köcher- bzw. Blockfundamenten, daß die Schnittkräfte aus der Stütze durch ein System von zum Teil steil geneigten Druckstreben in das Fundament abgetragen werden. Infolge dieser Art der Lastabtragung treten im Stützenfuß rechnerisch keine zusätzlichen Querkräfte auf.

[10.6], S. 458, Bild 4.7-13

3.4 Beanspruchung des Baugrunds

3.4.1 Übersicht

Für die Ermittlung von Beanspruchungen des Baugrunds ist der Übergang auf das DIN 1054 zugrunde liegende, von EC2 abweichende Sicherheitskonzept zu berücksichtigen. Dabei sind die nach den Regeln in EC2 ermittelten Bemessungswerte der Einwirkungen im Grenzzustand der Tragfähigkeit durch den jeweils ungünstigsten Teilsicherheitsbeiwert, mindestens jedoch durch $\gamma_F = 1{,}35$, zu dividieren. Im Rahmen dieses Beispiels werden deshalb die Einwirkungen im Grenzzustand der Tragfähigkeit durch $\gamma_F = 1{,}35$ abgemindert.

[A1], Abschn. 1.3

3.4.2   Einwirkungen

Eigenlast des Blockfundaments ($\gamma_F = 1{,}0$):

$$G_F = \gamma_b \cdot a \cdot b \cdot h_F = 25 \cdot 3{,}0 \cdot 2{,}0 \cdot 1{,}15 \qquad = 172{,}5 \text{ kN}$$

Für den Nachweis der Sohlnormalspannung ist die Fundamenteigenlast miteinzurechnen.

Einwirkungen im Schwerpunkt der Fundamentsohle:

$$F_v = \frac{-N_{Sd}}{\gamma_F} + G_F = \frac{1206{,}5}{1{,}35} + 172{,}5 \qquad = 1066{,}2 \text{ kN}$$

vgl. Abschn. 3.2.2, a)

$$F_h = \frac{H_{Sd}}{\gamma_F} = \frac{82{,}5}{1{,}35} \qquad = 61{,}2 \text{ kN}$$

vgl. Abschn. 3.2.2, b)

$$M = \frac{M_{Sd}}{\gamma_F} = \frac{370{,}7}{1{,}35} \qquad = 274{,}6 \text{ kNm}$$

vgl. Abschn. 3.2.2, c)

3.4.3   Nachweis der Standsicherheit

DIN 1054, 4.1.3.1

$$e_x = \frac{M}{F_v} = \frac{274{,}6}{1066{,}2} \qquad = 0{,}258$$

$$\frac{e_x}{a} = \frac{0{,}258}{3{,}0} \qquad = 0{,}086$$

$$< \frac{1}{6}$$

Resultierende aus Gesamtlast greift im Kern an. Eine klaffende Fuge tritt somit nicht auf.

3.4.4   Nachweis der Sohlnormalspannungen

DIN 1054, 4.2.1

Ersatzfläche A':

$$A' = b \cdot (a - 2 \cdot e_x) = 2{,}0 \cdot 3{,}0 \cdot (1 - 2 \cdot 0{,}086) \qquad = 4{,}97 \text{ m}^2$$

$$\text{vorh } \sigma_0 = \frac{F_v}{A'} = \frac{1066{,}2}{4{,}97} \qquad \approx 215 \text{ kN/m}^2$$

$$\text{zul } \sigma_0 = \qquad = 240 \text{ kN/m}^2$$

$$> \text{vorh } \sigma_0$$

Annahme: zul σ_0 wurde durch ein Baugrundgutachten festgelegt.

4   Bemessung in den Grenzzuständen der Tragfähigkeit

EC2, 4.3

4.1   Bemessungswerte der Baustoffe

EC2, 2.2.3.2

Beton: C 25/30 $f_{ck} = 25 \text{ N/mm}^2$

EC2, 3.1.2.4(3), Tab. 3.1, Z.1, Sp. 4

$$f_{cd} = \frac{f_{ck}}{\gamma_c} = \frac{25}{1{,}5} \qquad = 16{,}66 \text{ N/mm}^2$$

EC2, 2.2.3.2P(1), Gl.(2.3); Bemessungswert der Betondruckfestigkeit

Betonstahl: BSt 500 S $f_{yk} = 500 \text{ N/mm}^2$

[A1], 3.2.1P(5); Tab. R2, Z. 2, Sp. 2 und 6

$$f_{yd} = \frac{f_{yk}}{\gamma_s} = \frac{500}{1{,}15} \qquad = 435 \text{ N/mm}^2$$

EC2, 2.2.3.2P(1), Gl.(2.3); Bemessungswert der Stahlfestigkeit an der Streckgrenze

4.2 Bemessung des Blockfundamentes für Biegung

EC2, 4.3.1

4.2.1 Nutzhöhen

Nutzhöhe in x-Richtung:

$$d_x = h_F - nom\,c - \frac{\varnothing_x}{2} = 115 - 5,0 - \frac{2,0}{2} = 109,0\ cm$$

Annahme: vorh $\varnothing_x$ = 20 mm

Nutzhöhe in y-Richtung:

$$d_y = d_x - \frac{\varnothing_x + \varnothing_y}{2} = 109 - 2,0 = 107,0\ cm$$

Annahme: vorh $\varnothing_y$ = vorh $\varnothing_x$ = 20 mm

4.2.2 Bemessung des Blockfundamentes in x-Richtung (Schnitt I – I)

vgl. Bild 11.3

Die Bemessung der Biegezugbewehrung in x-Richtung wird zunächst für das Gesamtmoment $M_{Sd,I}$ unter Zugrundelegung eines Ersatzbalkens im Sinne von [10.4] mit der Ersatzbreite $b_{eff} = c_y + d_m$ durchgeführt. Die Verteilung der Bewehrung in y-Richtung wird wegen $b_y > b_{eff}$ und im Hinblick auf das Durchstanzen entsprechend dem theoretischen Momentenverlauf nach [A6] vorgenommen.

[10.4], S. 454, Abschn. 2.6.4, Bild 2.6.26; c_y: Breite der Stütze in y-Richtung

[A6], S. 36, 2.5.2.1, und Tafel 2.9; vgl. Abschn. 4.2.5;

Bemessung mit dimensionslosen Beiwerten:

[A2], S. 53, Abschn. 6.2.2.1.3, Tafel 6.2a

$$b_{eff} = c_y + d_m = 0,4 + \frac{1,09 + 1,07}{2} = 1,48\ m$$

[10.4], S. 454, Abschn. 2.6.4

$$\mu_{Sds} = \frac{M_{Sd,I}}{b_{eff} \cdot d_x^2 \cdot f_{cd}} = \frac{0,719}{1,48 \cdot 1,09^2 \cdot 16,66} = 0,024$$

$M_{Sd,I}$: siehe Abschn. 3.2.2, e)

interpoliert aus Tafel 6.2a:

$$\omega = 0,0245$$

$$erf\ A_{sx} = \frac{\omega \cdot b \cdot d_x \cdot f_{cd}}{f_{yd}} = \frac{0,0245 \cdot 200 \cdot 109 \cdot 16,66}{435} = 20,45\ cm^2$$

[A2], S. 52, Abschn. 6.2.2.1.3, Gl.(6.21); erf A_{sx} ermittelt für die gesamte Fundamentbreite b

4.2.3 Bemessung des Blockfundamentes in y-Richtung

Bemessung im Schnitt III – III

$$\mu_{Sds} = \frac{61,8 \cdot 10^{-3}}{1,0 \cdot 1,07^2 \cdot 16,66} \approx 0,004$$

vgl. Abschn. 3.2.2, e)

interpoliert:

$$\omega = 0,004$$

[A2], S. 53, Abschn. 6.2.2.1.3, Tafel 6.2a

$$erf\ a_{sy} = \frac{0,004 \cdot 100 \cdot 107 \cdot 16,66}{435} = 1,64\ cm^2/m$$

[A2], S. 52, Abschn. 6.2.2.1.3, Gl.(6.21)

4.2.4 Mindestbewehrung zur Vermeidung eines Versagens ohne Vorankündigung

EC2, 5.4.3.2.1(3), in Verbindung mit 5.4.2.1.1(1), Gl. (5.14)

$$min\ a_s = \frac{0,6 \cdot b \cdot d_m}{f_{yk}} = \frac{0,6 \cdot 100 \cdot 108}{500} = 12,96\ cm^2/m$$

EC2, 5.4.2.1.1(1), Gl.(5.14), für einen Meter Plattenbreite und d_m = 1,08 m

$$bzw. = 0,0015 \cdot b \cdot d_m = 0,0015 \cdot 100 \cdot 108 = 16,20\ cm^2/m$$

Die Mindestbewehrung zur Vermeidung eines Versagens ohne Vorankündigung ist somit für die Bemessung des Blockfundamentes in x- und y-Richtung maßgebend.

4.2.5 Wahl der Bewehrung

a) in x-Richtung

erforderliche Gesamtbewehrung:

$$\text{erf } A_{sx} = 2{,}0 \cdot 16{,}2 = 32{,}40 \text{ cm}^2$$

für die Fundamentbreite b = 2,0 m

Diese Bewehrung wird über die Fundamentbreite entsprechend dem theoretischen Momentenverlauf verteilt:

[A6], S. 36, 2.5.2.1, Tafel 2.9, für

$$\frac{b_{St}}{b} = \frac{0{,}4}{2{,}0} = 0{,}2.$$

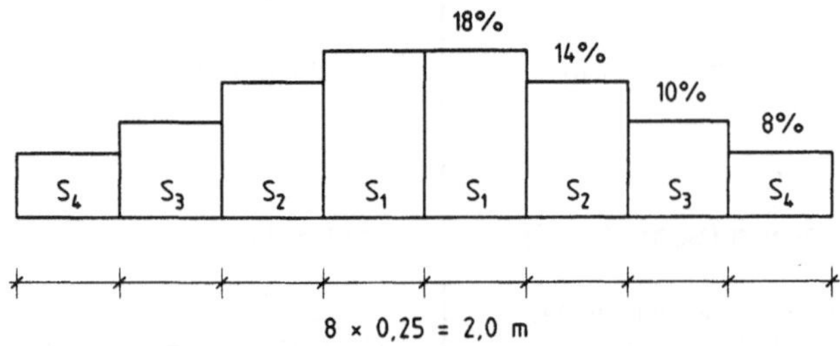

Bild 11.5: Verteilung der Biegezugbewehrung in y-Richtung über die Fundamentbreite

Tabelle 11.2: Zusammenstellung der gewählten Bewehrung

Zeile	Streifen	erf $A_{sx,i}$ (cm²)	gewählt — — —
		2	3
1	S_1	5,83	2 ∅ 20
2	S_2	4,54	1 ∅ 20
3	S_3	3,24	1 ∅ 20
4	S_4	2,59	1 ∅ 20

i: Fußzeiger für die Streifen 1 bis 4

Vorhanden sind 10 ∅ 20 mm. Die geringfügige Unterschreitung von erf A_{sx} ist unbedenklich.

b) in y-Richtung

gewählt:

$$\varnothing\ 20\text{–}19,\ \text{vorh } a_{sy} = 16{,}53 \text{ cm}^2/\text{m}$$
$$> \text{erf } a_{sy} = 16{,}20 \text{ cm}^2/\text{m}$$

4.3 Bemessung im Grenzzustand der Tragfähigkeit für Durchstanzen

EC2, 4.3.4

$$\text{vorh } \frac{a_l}{h_F} = \frac{1{,}6}{1{,}15} = 1{,}40 \qquad < 2{,}0$$

EC2, Bild 4.16, unterer Bildteil; a_l: s. Bild 11.3

$$1{,}5 \cdot d_m = 1{,}5 \cdot 1{,}08 \qquad \approx 1{,}6 \text{ m}$$

Aufgrund der geometrischen Verhältnisse ist ein Nachweis im Grenzzustand der Tragfähigkeit für Durchstanzen nicht erforderlich.

EC2, 4.3.4.2.2(1) und Bild 4.18; d.h. das Fundament liegt vollständig im theoretischen Durchstanzkegel.

4.4 Kraftübertragung von der Stütze auf das Blockfundament

4.4.1 Übersicht

Die durch die äußeren Einwirkungen im Stützenfuß hervorgerufene Zugkraft F_s und Druckkraft F_c werden durch ein System von Druckfeldern und Zugstreben auf das Blockfundament übertragen, das in Bild 11.6 schematisch dargestellt ist. Die Druckfelder sind dabei durch die schraffierten Bereiche, ihre Resultierenden durch die Kräfte F_{c1} und F_{c2} symbolisiert.

[10.3], S. 21, Bild 6.5; [10.4], S. 454, Bild 2.6.27; [10.6], S. 458, Bild 4.7-13(a)

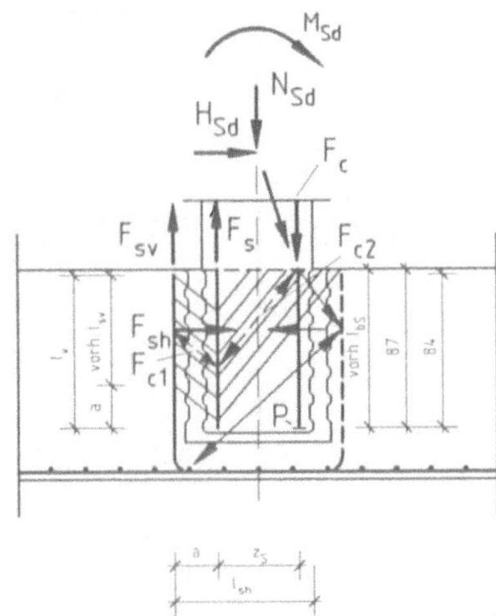

Bild 11.6: Modell der Kraftübertragung im Stützenfuß

Das Modell wurde nach [10.3], S. 21, Bild 6.5, [10.4], S. 454, Bild 2.6.27, und [A13], Abschn. 5.4.10, Bild 5.122a, festgelegt.

Für dieses Modell sind folgende Nachweise zu führen:

– Verankerung der Zugstäbe in der Stütze für die Kraft F_s (Verankerungslänge l_{bS});

vgl. Abschn. 4.4.2; Fußzeiger S für Stütze

– Aufnahme der Kraft F_{sv} im Blockfundament (lotrechte Bügel A_{sv});

vgl. Abschn. 4.4.3

– Übergreifen der lotrechten Bügel mit der Biegezugbewehrung im Stützenfuß (Übergreifungslänge l_{sv});

vgl. Abschn. 4.4.4

– Übergreifen der lotrechten Bügel mit der Biegezugbewehrung der Platte in x-Richtung (Übergreifungslänge l_{sh}).

vgl. Abschn. 4.4.4

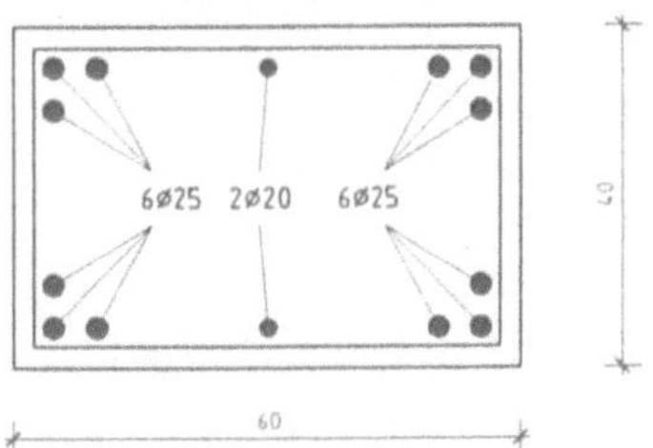

Bild 11.7: Anordnung der Stützenlängsbewehrung (schematisch)

4.4.2 Verankerung der Stützenlängsbewehrung

a) erforderliche Bewehrung im Stützenfuß

Für die Einwirkungskombination im Stützenfuß aus

vgl. Abschn. 2.2.2

$$N_{Sd} = \quad\quad = -1206{,}5 \text{ kN}$$

$$M_{Sd} = 194{,}4 + 564{,}0 \quad\quad = 758{,}4 \text{ kNm}$$

erhält man den Beiwert ω_{tot} aus [A2] zu $\quad \omega_{tot} = 0{,}25$.

[A2], S. 64, Tafel 6.4b, für $d_1/h = 0{,}10$ und C 45/55, d. h. $f_{cd} = 30$ N/mm²

$$\text{erf } A_{s1} = \frac{0{,}5 \cdot 0{,}25 \cdot 40 \cdot 60 \cdot 30}{435} = 20{,}7 \text{ cm}^2$$

erforderliche Bewehrung auf der Biegezug- bzw. Biegedruckseite

gewählt werden:

je Seite 6 Ø 25; vorh A_{s1} $\quad\quad = 29{,}4$ cm²

Die Stäbe sind entsprechend Bild 11.7 angeordnet.

b) Verbundspannung im Grenzzustand der Tragfähigkeit

EC2, 5.2.2.2(2) und Tab. 5.3

Die Fertigteilstütze wird liegend betoniert. Wegen b > 25 cm befindet sich die während des Betoniervorgangs oben liegende Bewehrung im Bereich mäßiger Verbundbedingungen, wodurch

EC2, 5.2.2.1(2) und (3), Bild 5.1 c); $b_{St} = 40$ cm

$$f_{bd} = 0{,}7 \cdot 4{,}0 \quad\quad = 2{,}8 \text{ N/mm}^2$$

EC2, 5.2.2.2(2) und Tab. 5.3, für C 45/55

c) Grundmaß der Verankerungslänge

$$l_b = \frac{0,25 \cdot \varnothing \cdot f_{yd}}{f_{bd}} = \frac{0,25 \cdot 2,5 \cdot 435}{2,8} = 97 \text{ cm}$$

EC2 gestattet in Fällen, in denen im Bereich der Verankerung ein Querdruck p senkrecht zur Bewehrungsrichtung wirkt, eine Erhöhung der Verbundspannung f_{bd} um den Faktor

$$\eta = \frac{1}{1 - 0,04 \cdot p} \leq 1,4.$$

Die in [10.3] beschriebenen Versuche belegen, daß bei Blockfundamenten für den Stützenfuß von dieser Regelung Gebrauch gemacht werden darf und der Ansatz des Höchstwertes $\eta = 1,4$ gerechtfertigt ist. Hierdurch verringert sich das Grundmaß der Verankerungslänge auf

$$l_b' = \frac{l_b}{\eta} = \frac{97}{1,4} = 70,0 \text{ cm}$$

d) erforderliche Verankerungslänge

$$l_{b,net} = \alpha_a \cdot l_b' \cdot \frac{A_{s,req}}{A_{s,prov}} \geq l_{b,min}$$

mit

α_a = 1,0 für Verankerungen mit geraden Stabenden

$$\frac{A_{s,req}}{A_{s,prov}} = \frac{20,7}{29,4} = 0,71$$

$$l_{b,net} = 1,0 \cdot 70 \cdot 0,71 = 50,0 \text{ cm}$$

$$l_{b,min} = 0,3 \cdot l_b' \qquad = 0,3 \cdot 70 \qquad = 21,0 \text{ cm}$$

$$= 10 \cdot \varnothing \qquad = 10 \cdot 2,5 \qquad = 25,0 \text{ cm}$$

$$= 10,0 \text{ cm}$$

Maßgebend ist somit der Wert $l_{b,net}$ $= l_{bS}$ $= 50,0 \text{ cm}$

vorh l_{bS} $= t - \text{nom } c = 90 - 3,0$ $= 87,0 \text{ cm}$ $> 50,0 \text{ cm}$

4.4.3   Bemessung der lotrechten Bügel des Blockfundamentes

Das Modell zur Übertragung der Zugkraft F_s vom Stützenfuß auf das Blockfundament ist schematisch in Bild 11.6 dargestellt. Danach steht die Kraft F_s zunächst im Gleichgewicht mit den lotrechten Komponenten der Resultierenden F_{c1} und F_{c2} der Druckfelder links und rechts des Bewehrungsstabes auf der Biegezugseite des Stützenfußes.

Über eine genauere Untersuchung dieses Modells ließe sich die Größe der Zugkraft F_{sv} in den lotrechten Bügeln des Blockfundamentes bestimmen. Hierauf wird jedoch im Rahmen dieses Beispiels verzichtet und statt dessen folgende Abschätzung gewählt:

Man liegt auf der sicheren Seite, wenn man die Kraft F_{sv} über die Gleichgewichtsbedingung um den Punkt P in Bild 11.6 ermittelt:

$$F_{sv} \cdot (a + z_S) = F_s \cdot z_S$$

wodurch

$$F_{sv} = \frac{z_S}{z_S + a} \cdot F_s$$

Randbemerkungen (rechte Spalte):

EC2, 5.2.2.3

EC2, 5.2.2.3(2), Gl.(5.3), für $\varnothing = 25 \text{ mm}$

EC2, 5.2.2.2(3)

[10.3], S. 48, Abschn. 10.3, 2. Abs.; [A13], 5.2.2.2

Im Grenzzustand der Tragfähigkeit wird der Stützenfuß durch das Biegemoment gegen die Wände der Köcheraussparung gepreßt.

EC2, 5.2.3.4.1

EC2, 5.2.3.4.1(1), Gl.(5.4)

EC2, 5.2.3.4.1(1)

vgl. Abschn. 4.4.2, a)

EC2, 5.2.3.4.1(1), Gl.(5.5)

Bild 11.6; nom c = 30 mm; vgl. Abschn. 1.2, d)

Bewehrungsquerschnitt A_{sv} zur Aufnahme der Kraft F_{sv} in Bild 11.6

siehe Abschn. 4.4.1

Die Druckfelder sind in Bild 11.6 schraffiert dargestellt.

Der Punkt P ist durch das Stabende auf der Biegedruckseite festgelegt.

z_S: gegenseitiger Abstand der Bewehrungsstäbe auf der Biegedruck- bzw. Biegezugseite im Stützenfuß mit den Hebelarmen

$$z_S = h - 2 \cdot d_1 = 60 - 2 \cdot 6{,}0 = 48{,}0 \text{ cm}$$

aus der Stützenbemessung:
$d_1 = 0{,}10 \cdot h = 6{,}0 \text{ cm}$

$$a = d_1 + d_{fo} + \text{nom c} + \frac{\varnothing_{sv}}{2} = 6{,}0 + 7{,}5 + 3{,}0 + 0{,}8 \approx 17{,}0 \text{ cm}$$

vgl. Bild 11.6; d_{fo}: Fugenbreite oben

$$F_s = \text{vorh } A_{s1} \cdot f_{yd} \cdot \frac{A_{s,req}}{A_{s,prov}}$$

vgl. Abschn. 4.4.2, d)

$$= 29{,}4 \cdot 10^{-4} \cdot 435 \cdot 10^3 \cdot 0{,}71 \approx 910 \text{ kN}$$

Vorhanden sind am gezogenen Rand
6 Stäbe $\varnothing$ 25.

$$F_{sv} = 910 \cdot \frac{48}{48 + 17} = 672 \text{ kN}$$

d.h. rund 74 % von F_s

$$A_{sv} = \frac{F_{sv}}{f_{yd}} = \frac{0{,}672 \cdot 10^4}{435} = 15{,}5 \text{ cm}^2$$

gewählt:

x-Richtung:	
10 Bügel $\varnothing$ 16;	vorh A_{sv} = 20,10 cm²
y-Richtung (konstruktiv):	
6 Bügel $\varnothing$ 16;	vorh A_{sv} = 12,06 cm²
Horizontalbügel:	
8 zweischnittige Bügel $\varnothing$ 12;	vorh A_{sh} = 18,10 cm² > 15,50 cm²

Pos. ④

Pos. ③

Pos. ⑤
$F_{sh} \approx F_{sv}$ bei einer Druckfeldneigung von 45°; vgl. Bild 11.6

4.4.4 Verankerung der lotrechten Stehbügel

a) Verbundspannungen im Grenzzustand der Tragfähigkeit

EC2, 5.2.2.2

Alle Stäbe liegen im Bereich mit guten Verbundbedingungen: .

EC2, 5.2.2.1(2), a)

$$f_{bd} = \quad = 2{,}7 \text{ N/mm}^2$$

EC2, 5.2.2.2(2), Tab. 5.3, Z. 2, für C 25/30

Neben dem Vorhandensein eines Querdrucks nennt EC2 Teil 1–3 [A13] weitere Kriterien, die eine Erhöhung der Verbundspannung f_{bd} um den Faktor $\eta = 1{,}4$ gestatten. Hierzu gehören:

[A13], Abschn. 5.2.2.2

- die allseitige Betondeckung der Stäbe; sie muß bei Ansatz des Erhöhungsfaktors η mindestens $10 \cdot \varnothing$ betragen, d.h. im vorliegenden Fall mindestens $10 \cdot 1{,}6 = 16 \text{ cm}$;

$\varnothing$: Stabdurchmesser

- das Vorhandensein einer Spaltzugbewehrung; hier sind im Verankerungsbereich Stäbe $\varnothing$ 12 vorhanden.

Da beide der zuvor genannten Kriterien eingehalten sind, ist der Ansatz des Erhöhungsfaktors η innerhalb der Übergreifungslänge l_{sv} gerechtfertigt, wodurch

siehe Bild 11.6

$$f'_{bd} = 1{,}4 \cdot 2{,}7 = 3{,}78 \text{ N/mm}^2$$

b) Grundmaß der Verankerungslänge

EC2, 5.2.2.3(2), Gl.(5.3)

$$l_b = \frac{\varnothing}{4} \cdot \frac{f_{yd}}{f_{bd}} = \frac{1{,}6}{4} \cdot \frac{435}{2{,}7} = 64{,}5 \text{ cm}$$

bzw.

$$l'_b = \frac{l_b}{\eta} = \frac{64{,}5}{1{,}4} = 46{,}1 \text{ cm}$$

c) Übergreifen der vertikalen Schenkel der Stehbügel mit der Biegezugbewehrung im Stützenfuß

Übergreifungslänge l_{sv}:

$$l_{sv} = \alpha_1 \cdot l_{b,\,net} \qquad\qquad \geq l_{s,\,min}$$

α_1 = 1,4   für auf Zug beanspruchte Stäbe, wenn – wie im vorliegenden Fall – 30 % der Stäbe oder mehr in einem Querschnitt gestoßen sind.

Im vorliegenden Fall sind Stäbe unterschiedlichen Durchmessers ($\varnothing$ = 16 mm bzw. 25 mm) durch Übergreifen zu stoßen. Regelungen hierfür enthält EC2 nicht. Es bestehen jedoch keine Bedenken, die Empfehlungen in [A11] in Verbindung mit Eurocode 2 sinngemäß anzuwenden.

Diese Empfehlungen bestehen insbesondere in (siehe Bild 11.8):

– der Ermittlung der Übergreifungslänge l_{s1} für die größere Zugkraft F_{s1} an den Stoßenden, hier also für die Stäbe $\varnothing$ 25 mm;

– in der Abminderung dieser Länge durch den Beiwert

$$\alpha_s = \frac{1 + \alpha}{2} \text{ mit}$$

$$\alpha = \frac{A_{s2,\,req}}{A_{s1,\,req}} \geq 0,6$$

– die Übergreifungslänge l_s muß jedoch mindestens gleich der erforderlichen Verankerungslänge $l_{b,net1}$ für die größere Zugkraft F_{s1} sein.

Hier ist

$$\alpha = \frac{15,5}{20,7} \qquad\qquad = 0,75$$
$$> 0,60$$

$$\alpha_s = \frac{1 + 0,75}{2} \qquad\qquad = 0,88$$

$$l_{sv} = 1,4 \cdot l_{b,\,net} \cdot \alpha_s = 1,4 \cdot 50,0 \cdot 0,88 \qquad = 62,0 \text{ cm}$$
$$> 50,0 \text{ cm}$$

Mindestwerte:

$$l_{s,\,min} = 0,3 \cdot 1,4 \cdot 1,0 \cdot 70 \qquad\qquad \approx 30,0 \text{ cm}$$
$$= 15 \cdot \varnothing = 15 \cdot 2,5 \qquad\qquad = 38,0 \text{ cm}$$
$$= 20,0 \text{ cm}$$

Zu dem Wert l_{sv} ist nach [10.4] bzw. [A13] der Abstand a zwischen den Stehbügeln und der Biegezugbewehrung im Stützenfuß hinzu zu addieren:

$$erf\ l_{sv} = a + l_{sv} = 17,0 + 62,0 \qquad = 79,0 \text{ cm}$$

$$vorh\ l_{sv} = t - 2 \cdot nom\ c = 90 - 2 \cdot 3,0 \qquad = 84,0 \text{ cm}$$

erforderliche Querbewehrung:

$$\Sigma A_{st} = A_{s,25} \qquad\qquad = 4,9 \text{ cm}^2$$

vorhanden sind 8 $\varnothing$ 12 $\qquad\qquad = 18,1 \text{ cm}^2$

Übergreifungslänge l_{sv} in Bild 11.6

EC2, 5.2.4.1.3

EC2, 5.2.4.1.3P(1), Gl.(5.7)

EC2, 5.2.4.1.3P(1)

siehe Abschn. 4.4.2, a) und 4.4.3

EC2, 5.2.4.1, gilt für Stäbe gleichen Durchmessers.

[A11], S. 22/23, Abschn. 18.6.3.2 und Bild 22. Die Regelungen in DIN 1045 und EC2 basieren auf denselben Versuchen und Grundlagen.

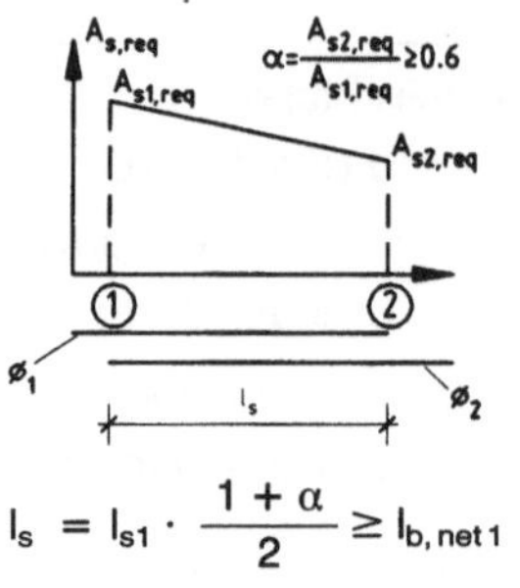

$$l_s = l_{s1} \cdot \frac{1 + \alpha}{2} \geq l_{b,\,net1}$$

Bild 11.8: Übergreifungslänge l_s bei ungleichen Kräften F_s an den Stabenden (nach [A11], Bild 22)

vgl. Abschn. 4.2.2, a), und 4.4.3

vgl. Abschn. 4.4.2, d)

= $l_{b,\,net1}$ für die Stäbe $\varnothing$ 25

EC2, 5.2.4.1.3P(1), Gl.(5.8), für die Stäbe $\varnothing$ 25

[10.4], S. 454, Bild 2.6.27; [A13], 5.4.10, Bild 5.122a; diese Annahme setzt eine Neigung der Druckstreben zwischen diesen Bewehrungen von α = 45° voraus.

EC2, 5.2.4.1.2(2); vorh $\varnothing$ = 25 mm

vgl. Abschn. 4.4.3; Pos. ⑤ in der Darstellung der Bewehrung

d) Übergreifung der horizontalen Schenkel der Stehbügel mit der Biegezugbewehrung der Fundamentplatte

Übergreifungslänge l_{sh}:

l_{sh}	$= \alpha_1 \cdot l_{b,net}$	$\geq l_{s,min}$	EC2, 5.2.4.1.3; siehe Bild 11.6

EC2, 5.2.4.1.3; siehe Bild 11.6

$$l_{sh} = \alpha_1 \cdot l_{b,net} \qquad \geq l_{s,min}$$

EC2, 5.2.4.1.3P(1), Gl.(5.7)

$$\alpha_1 = 1,4$$

EC2, 5.2.4.1.3P(1)

$$l_{sh} = \frac{1,4 \cdot 64,5 \cdot 15,5}{20,1} = 70,0 \text{ cm}$$

l_b: vgl. Abschn. 4.4.4, b); der Beiwert η darf hier nicht in Ansatz gebracht werden.

$$l_{s,min} = 0,3 \cdot 1,0 \cdot 1,4 \cdot 64,5 = 27,1 \text{ cm}$$

EC2, 5.2.4.1.3P(1), Gl.(5.8); Übergreifung mit geraden Stabenden

$$= 15 \cdot \varnothing = 15 \cdot 1,6 = 24,0 \text{ cm}$$

$$= 20,0 \text{ cm}$$

Maßgebend ist der Wert erf l_{sh} = 70 cm < vorh l_{sh} = 90 cm.

s. Darstellung der Bewehrung, Pos. ④

Querbewehrung im Übergreifungsbereich:

EC2, 5.2.4.1.2(2); vorh $\varnothing$ = 16 mm

vorh A_{st} = $\varnothing$ 20 − 19,0 cm > erf A_{st} = 3,14 cm²

vgl. Abschn. 4.2.5, b)

5 Nachweise in den Grenzzuständen der Gebrauchstauglichkeit

EC2, 4.4

5.1 Begrenzung der Spannungen unter Gebrauchsbedingungen

EC2, 4.4.1

Der Nachweis gilt hier als erfüllt, da alle Bedingungen nach EC2, 4.4.1.2(2), als eingehalten angesehen werden können.

EC2, 4.4.1.2(2)

5.2 Grenzzustände der Rißbildung

EC2, 4.4.2

5.2.1 Mindestbewehrung zur Rißbreitenbeschränkung

EC2, 4.4.2.2

Bei den vorliegenden Fundamentabmessungen und den vorhandenen Sohlnormalspannungen unter Gebrauchslasten kann man davon ausgehen, daß eine mögliche, durch Bodenreibung verursachte Zwangzugkraft wesentlich kleiner als die Rißschnittgröße ist. Auf einen Nachweis der Mindestbewehrung wird daher verzichtet.

EC2, 4.4.2.2(4)

5.2.2 Nachweis für die statisch erforderliche Bewehrung

EC2, 4.4.2.3

Der Nachweis zur Beschränkung der Rißbreite wird über die Einhaltung des Grenzdurchmessers nach EC2, 4.4.2.3(2), Tab. 4.11, geführt.

Der Nachweis wird nur in x-Richtung geführt.

Für den Nachweis ist bei Stahlbeton die quasi-ständige Einwirkungskombination maßgebend. Anstelle einer genaueren Berechnung dieses Momentes unter dieser Lastkonfiguration bei Berücksichtigung der Kombinationsbeiwerte $\psi_{2,i}$ nach dem Abschn. „Aufgabenstellung", Abs. b), wird die Stahlspannung $\sigma_{s,stän}$ auf der sicheren Seite liegend abgeschätzt zu:

EC2, 4.4.2.3(3)

$$\sigma_{s,stän} = \frac{A_{sx,req}}{A_{sx,prov}} \cdot \frac{f_{yd}}{\gamma_F}$$

mit
$$\frac{A_{sx,req}}{A_{sx,prov}} = \frac{20,4}{31,4} \approx 0,65$$

vgl. Abschn. 4.2.2 und 4.2.5; vorhanden sind in x-Richtung 10 $\varnothing$ 20, siehe Darstellung der Bewehrung

$$f_{yd} = \frac{500}{1,15} = 435 \text{ N/mm}^2$$

γ_F Teilsicherheitsbeiwert für die Einwirkungen. Auf der sicheren Seite liegend wird gesetzt: γ_F = 1,35

$$\sigma_{s,stän} \leq \frac{0,65 \cdot 435}{1,35} \approx 210 \text{ N/mm}^2$$

$$\varnothing^* \geq 24 \text{ mm} \qquad > 20 \text{ mm}$$

EC2, 4.4.2.3(2), Tab. 4.11, für Stahlbeton; auf eine mögliche Erhöhung um den Faktor $f = \dfrac{h}{10 \cdot (h-d)}$ wird verzichtet.

6 Bewehrungsführung, bauliche Durchbildung des Blockfundamentes

EC2, 5

6.1 Grundmaß der Verankerungslänge

EC2, 5.2.2.3

Verbundspannungen im Grenzzustand der Tragfähigkeit:

EC2, 5.2.2.2

Alle Stäbe liegen im Bereich mit guten Verbundbedingungen:

EC2, 5.2.2.1(2), b)

$$f_{bd} = \quad = 2{,}7 \text{ N/mm}^2$$

EC2, 5.2.2.2(2), Tab. 5.3, Z.2, für C 25/30

Grundmaß der Verankerungslänge:

EC2, 5.2.2.3(2), Gl.(5.3)

$$l_b = \frac{\varnothing}{4} \cdot \frac{f_{yd}}{f_{bd}} = \frac{2{,}0}{4} \cdot \frac{435}{2{,}7} = 80{,}6 \text{ cm}$$

für die Stabdurchmesser $\varnothing = 20$ mm

6.2 Verankerung der Biegezugbewehrung an den Plattenrändern

Alle Stäbe werden bis zu den Plattenrändern geführt und dort mit Winkelhaken verankert. Am Plattenrand ist das Moment Null. Die Biegezugbewehrung wird an der Stelle $x_0 = \text{nom c} + l_{br} = 5 + 9 = 14$ cm verankert, und zwar für die Zugkraft der um das Versatzmaß a_l nach außen verschobenen M_{Sd}/z-Linie.

EC2, Tab. 5.1: $d_{br} = 7 \cdot \varnothing$
$l_{br} = d_{br}/2 + \varnothing = 4{,}5 \cdot \varnothing = 9{,}0$ cm;
[10.2], S. 81, 6.2

Versatzmaß für Platten ohne Schubbewehrung: $a_l = d_x \quad = 109$ cm

EC2, 5.4.3.2.1(1); [10.2], S. 81, Abschn. 6.2

$$M_{x0} \leq \frac{b \cdot \max \sigma_0 \cdot (x_0 + a_l)^2}{2} = \frac{2{,}0 \cdot 324{,}7 \cdot (0{,}14 + 1{,}09)^2}{2} = 491{,}2 \text{ kNm}$$

$\max \sigma_0$: siehe Abschn. 3.2.2, d)

$$\text{erf } A_{sx0} = \frac{\text{erf } A_{sx} \cdot M_{x0}}{M_{Sd,l}} = \frac{20{,}45 \cdot 491{,}2}{718{,}8} = 14{,}0 \text{ cm}^2$$

erf A_{sx}: vgl. Abschn. 4.2.2

erforderliche Verankerungslänge:

EC2, 5.2.3.4.1

$$l_{b,net} = \frac{\alpha_a \cdot l_b \cdot A_{s,req}}{A_{s,prov}} \geq l_{b,min}$$

EC2, 5.2.3.4.1(1), Gl.(5.4)

$$\alpha_a = \quad = 0{,}7$$

EC2, 5.2.3.4.1(1) und 5.2.3.2(1), Bild 5.2(b), für eine Verankerung mit Winkelhaken

$A_{s,req}$: erforderliche Bewehrung $= 14{,}0 \text{ cm}^2$

siehe oben

$A_{s,prov}$: vorhandene Bewehrung $= 31{,}4 \text{ cm}^2$

vgl. Abschn. 4.2.5, a)

$$l_{b,net} = \frac{0{,}7 \cdot 80{,}6 \cdot 14{,}0}{31{,}4} = 25{,}2 \text{ cm}$$

l_b: siehe Abschn. 6.1

$$l_{b,min} = 0{,}3 \cdot l_b \quad = 0{,}3 \cdot 80{,}6 \quad = 24{,}2 \text{ cm}$$
$$= 10 \cdot \varnothing \quad = 10 \cdot 2{,}0 \quad = 20{,}0 \text{ cm}$$
$$= \quad = 10{,}0 \text{ cm}$$

EC2, 5.2.3.4.1(1), Gl.(5.5), für die Verankerung von Zugstäben

gewählt:

> Hakenlänge: ü $= 30$ cm
>
> vorh $l_{b,net}$ $= l_h = l_{br} + ü = 9{,}0 + 30 = 39{,}0$ cm
>
> $> \text{erf } l_{b,net}$

$= 25{,}2$ cm

6.3 Größtabstände der Bewehrungsstäbe

$$\max s_l = 1{,}5 \cdot h_F = 1{,}5 \cdot 115 \quad = 172 \text{ cm}$$

EC2, 5.4.3.2.1(4)

$$\text{bzw.} = 35 \text{ cm}$$

Diese Werte sind größer als der vorhandene Stababstand

$$\text{vorh } s_l \leq 30 \text{ cm}$$

siehe Abschn. 4.2.5, Tab. 11.2, u. die Darstellung der Bewehrung

6.4 Biegerollendurchmesser

Beim Anschluß der lotrechten Bügel des Blockfundamentes an die Biegezug-
bewehrung der Fundamentplatte wird die Zugkraft F_{sv} um 90° umgelenkt. Zur
Beschränkung der dadurch hervorgerufenen Querzugspannungen muß der
Biegerollendurchmesser betragen:

$$d_{br} \quad = 10 \cdot \varnothing = 10 \cdot 1{,}6 \qquad\qquad = 16 \text{ cm}$$

EC2, 5.2.1.2

siehe Abschn. 4.4.4, d)

EC2, 5.2.1.2(2), Tab. 5.1

für eine seitliche Betondeckung von
min c = 100 mm > 7 · $\varnothing$

Schnitt I-I

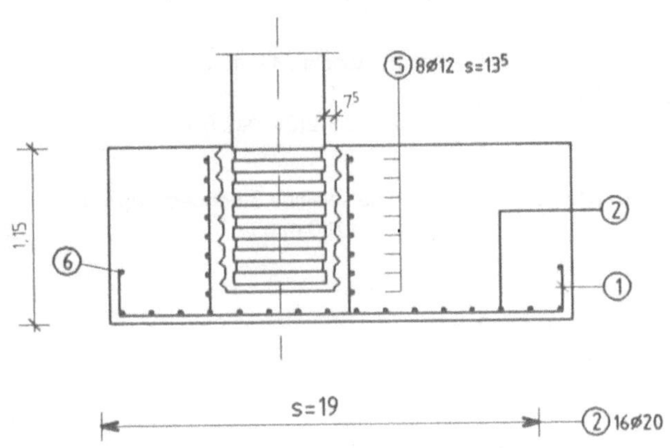

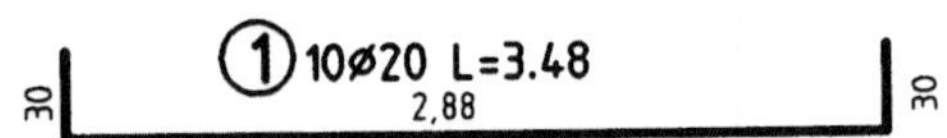

Schnitt II-II

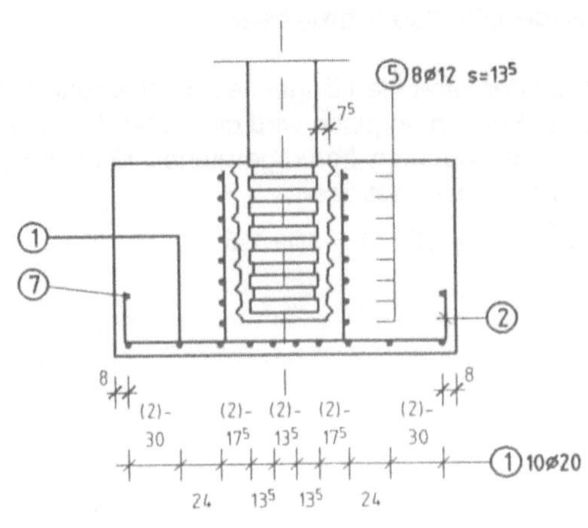

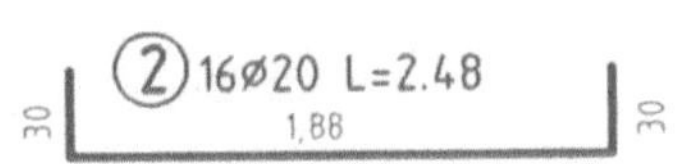

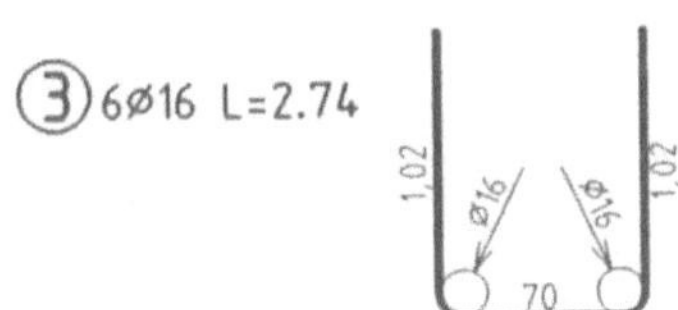

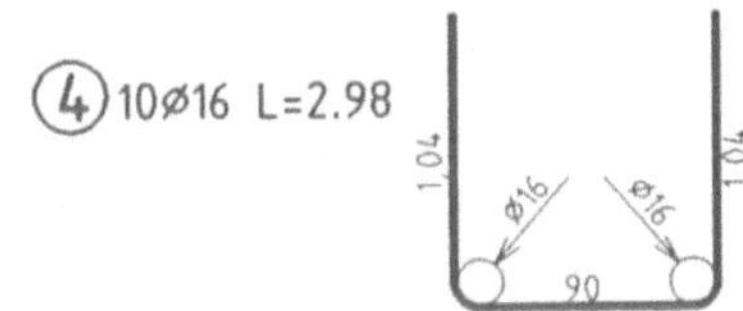

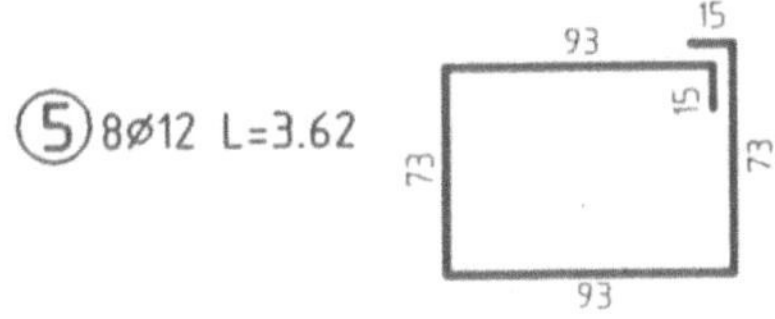

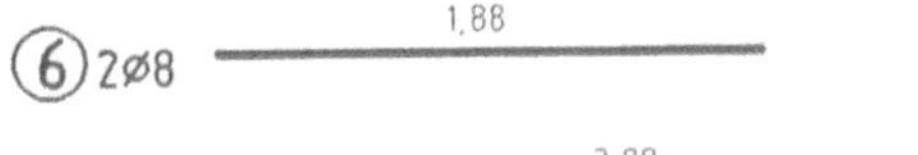

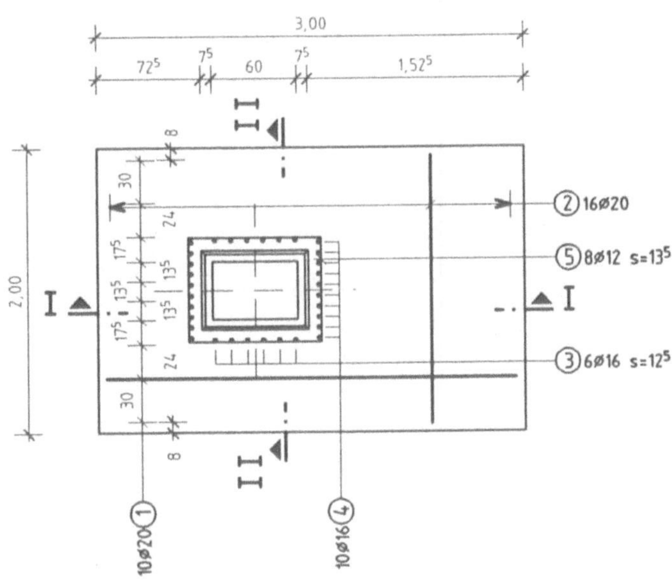

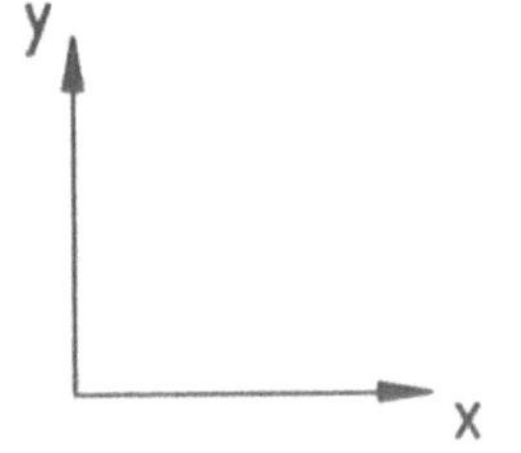

Für Biegestellen ohne Angabe des Biegerollendurchmessers
gilt dessen Mindestwert 4⌀ (⌀<20mm) bzw. 7⌀ (⌀≥20mm)

Beispiel 11
**Blockfundament
einer Industriehalle**

Darstellung der Bewehrung

Baustoffe:
Beton   C 25/30
Betonstahl BSt 500 S

Betondeckung:
nom c = 5.0cm

Stichwortverzeichnis

In diesem Verzeichnis sind die wesentlichen Stichworte zum Bemessungskonzept in Eurocode 2 zusammengestellt. Sehr häufig vorkommende Begriffe, die praktisch in jedem Beispiel enthalten sind, wurden jedoch nicht aufgeführt.

In der Kopfzeile des Verzeichnisses sind die Beispiele 1 bis 11 durchnumeriert. In den zugehörigen Spalten findet der Leser die Seitenzahl, wo der entsprechende Begriff erscheint.

Beispiel: der Begriff „Abminderungsbeiwert δ" findet sich auf Seite 1-6.

List of key words

This list includes key words which are important in relation with the design concept in Eurocode 2. However, key words which are used in practically all examples are not included in this list.

With regard to the application, the examples 1 to 11 are listed in the headline on each page. The page number where the key word is used is given in the respective column.

Example: The key word "Abminderungsbeiwert δ", i. e. "moment redistribution factor δ" is used on page 1-6.

Beispiel	1	2	3	4	5	6	7	8	9	10	11
Abminderungsbeiwert δ	6					15, 17					
Abstände											
– Längsbewehrung, Platten	16	16	22	21f						21	18
– Querbewehrung, Platten	16	16	22	21f							
– Längsstäbe, Druckglieder								14	15		
– der Stäbe zur Rißbreitenbeschränkung	s. Rißbreitenbeschränkung										
Anschluß											
– Gurtplatten (Plattenbalken)						22					
– Nebenträger						32					
Aufhängebewehrung											
– lotrechte						33					
Auflager											
– Auflagerlinie	4	3	3	3	4	4	5				
– Auflagertiefe	4	3	4								
– Endauflager	4	3	4		4	4	5				
– Zwischenauflager	4	3	4								
Auflagerung											
– direkte	13	13	18	3			32				
– indirekte						33					
– auf Elastomerlagern					4		3				
– auf Mauerwerk	4										
Auslagerung der Bewehrung											
– Biegezugbewehrung						17ff					
– erf. Versatzmaß						30	31				
Ausmitte											
– Fundamentbelastung										5	5
– planmäßige									7	5	5
– Zusatzausmitte								8	8	5	5
Ausrundung											
– des Stützmomentes	7	7									
Aussteifung durch											
– waagerechte und lotrechte Bauteile							3		3		
– Deckenscheiben								3			
– Kern										3	
– Wandscheiben								3			
– aussteifende Bauteile						3					
– Stützen									8		
Balken											
– auf elastischer Bettung					4		3				
– Fertigbalken					4						
– mit veränderlicher Höhe							3				
– Balkenbemessung					7	16ff	17ff				
– Plattenbalken	s. Plattenbalken										
Beförderungszustand						6	24f				
Belastung											
– Belastungsumordnung		5									
– vorwiegend ruhend	3	3	3	3	3	3	3	3	3	3	3

Beispiel	1	2	3	4	5	6	7	8	9	10	11
Bemessungswerte											
– der Baustoffe	7	7	7	9	7	16	17	6	8	9	8
Beschränkung der Stahlspannung	s. Spannungsgrenzen in den Grenzzuständen der Gebrauchstauglichkeit										
Besondere Maßnahmen beim Verlegen der Bewehrung				21	23		36f	14	15		
Betondeckung											
– allgemein	4	4	4	4	4	5	6	4	5	5	4
– Verringerung bei plattenförmigen Bauteilen		4									4
– Verringerung bei besonderen Maßnahmen	4			4	5		6	4	5		
Betonstahlmatten											
– Biegebewehrung	8f	7f									
– Bügelmatten					24						
– Einachsmatten	8f										
– Lagermatten	8f	7f	16								
– Listenmatten				10							
– Umkehrmatte						24					
Betonzusammensetzung											
– C 20/25	3										
– C 25/30		3		3							3
– C 30/37			3			4	4		4	3	
– C 35/45					3						
– C 40/50								4			
– C 45/55											3
– Beton für Außenbauteile		3	3			3			3		
– Beton mit hohem Widerstand gegen schwachen chemischen Angriff				3							
Biegedruckzone											
– Bewehrungsgrad	8	7	7		8	16ff	18	8	9		
Biegerollendurchmesser											
– Auf- und Abbiegungen			22	22f							
– Schlaufen						37f	36f				
– Winkelhaken			22		24		36f	15	16	21	18
Blockfundament											
– rauhe Schalungsfläche										4	4
Bodenpressung											
– zulässige										8	8
– als Einwirkung										8	8
Bolzen (Auflagersicherung)									11		
Brandverhalten	4	4		4	5	5	6	4	3		
Bügel											
– Balken						20ff	23				
– Druckglieder								14	15		
– Stoß, Verankerungsbereich									15		
– Bügelmatten					13						
– Bügelschenkel, Verankerung										16	13
– Steckbügel						37f	36f				

Beispiel	1	2	3	4	5	6	7	8	9	10	11
Dachdecke, -terrasse		3									
Decken											
– Deckenplatten	3	3									
– Flachdecke				3							
Dehnfugen									3		
Drillbewehrung		15									
Druckglieder								3	3		
Druckplatte											
– Plattenbalken						3					
Duktilität											
– bei Schriftgrößenumlagerung	8			3	4						
Durchbiegung, Beschränkung											
– Biegeschlankheit	12			4	5	5, 26	6				
– Berechnung		9 ff		14 ff	17 ff		30				
Durchlaufträger, -platten											
– zwei Felder	3	3				3					
– drei Felder			3								
– unendlich viele Felder				6							
– mit Kragarm						3					
Durchstanzen											
– Flachdecken				10 ff							
– Fundamente										11 f	10
Einschneiden des Schubspannungs-diagramms			22								
Einspannung											
– nicht berücksichtigte		15									
Einspannende Bauteile									3	4	3
Einspanntiefe (Block)										4	4
Einwirkungen											
– charakteristische Werte	5	4 f	5	5	5	5 f	8	5	5	5	5
– repräsentative Werte	5	5	5	5	6	6	8	5	5	5	5
– ständige	5	4	5	5	5	6 f	8	5	5	5	5
– infolge Lotabweichung								8	9		
– Windlasten	3								3		
– infolge Vorspannung							9				
Einwirkungskombination											
– quasi-ständige	3, 5	5	6	8	6	6 f	8			5	
– häufige	3, 5			8	6	6 f	8				
– seltene	5		6	8			8				
Elastomerlager	s. Lager										
Endauflager	s. Auflager										
Ersatzlänge								7	8		
Ersatzquerschnitt	s. Torsion										
Ersatzstützweite				6							

Beispiel	1	2	3	4	5	6	7	8	9	10	11
Kern, aussteifender										3	
Kernquerschnitt (Torsion)	s. Ersatzquerschnitt										
Kippen											
– Nachweis					14 ff						
– während des Anhebens							24				
Knicksicherheitsnachweis								6	8		
Köcherfundament	s. Blockfundament										
Kombinationsbeiwerte	3	3	3	3	3	3	3	3	3	3	3
Kontakt (Ortbeton/Fertigteil)											
– Kontaktfuge										4	4
– Kontaktfläche										4	
Kraftübertragung											
– von der Stütze in das Blockfundament										13	11
Kragträger						3					
Kriechen											
– bei Druckgliedern								8	9		
– bei Kriechumlagerungen								8	9		
Krümmungen											
– allgemein		11		14 ff	18 f						
– Verteilungsbeiwert		12		16 ff	19						
Längsschub	s. Gurtplattenanschluß										
Lager											
– Elastomerlager					4		3		4		
– Lasteintragungsbereich									11		
Lasten	s. Einwirkungen										
Lichtweitenmoment	s. Momente										
Lotabweichung								8	8		
Matten	s. Betonstahlmatten										
Mindestbewehrung											
– in Druckgliedern								13	15		
– Querbewehrung in Platten		15									
– Querbewehrung bei Übergreifungsstößen									15		
– Schubbewehrung in Balken					11	34					
– Durchstanzen				11						12	10
zur Rißbreitenbeschränkung	s. Rißbreitenbeschränkung										
– zur Verhinderung eines Versagens ohne Vorankündigung	14	15		21	23	34	32 f			20	
– im Fall möglicher Spannstahlbrüche							33				
Mitwirkende Plattenbreite	s. Plattenbalken										

Beispiel	1	2	3	4	5	6	7	8	9	10	11
Momente											
– in Fundamentplatten			6							6	6
– in Flachdecken				9							
– Umlagerungsmomente	6f						15				
– Zusatzmomente (Theorie II. Ordnung)								8	9		
– Mindestbemessungswerte bei Durch-laufkonstruktionen	8		7			15					
– Mindestbemessungswerte bei Platten-Stützen-Verbindungen				11f						10	
– Anschnittmomente			7			16f					
Momentengrenzlinie	7	16	22	22	24	36f					
Monolithische Verbindung				3							
Montagezustand					6		24				
Nebenträger-Anschluß						32					
Nutzhöhe											
– allgemein	8	7	7	9	7	16	18	6	8	9	9
Platten											
– einachsig gespannt	3		3								
– zweiachsig gespannt		3									
– punktförmig gestützte				3							
– Fundamentplatten			3								
Plattenbalken											
– Anschluß der Gurtplatten						22f					
– Auslagerung der Bewehrung						17					
– Mitwirkende Plattenbreite						18					
– TT-Deckenplatten					3						
Plattenecken, abhebbare		6, 15									
Profilierung der Schalung										4	4
Punktförmige Stützung				3							
Plastizitätstheorie				9							
Querbewehrung											
– bei Übergreifungsstößen									14f		
– Mindestwert bei Platten		14		8							
– Stoß der	15	15	20								
– Verankerung der			19								
Querbiegung (Plattenbalken)					23						
Querkraft											
– bei auflagernahen Lasten	9		8				20				
– beim Durchstanzen				10						11f	10
– aufnehmbare Querkraft ohne Schub-bewehrung	9	8	9		11f	20ff					
– aufnehmbare Querkraft der Beton-druckstrebe	10	9	9		11ff	20ff	23				
– aufnehmbare Querkraft der Schub-bewehrung			9ff		13	20ff	22f				
Räumliche Steifigkeit								3	8	3	3